幻方丛林·下册

HUANFANG CONGLIN · XIACE

沈文基 著

追求完美 / 创造完美 / 分享完美

U0349205

科学技术文献出版社
SCIENTIFIC AND TECHNICAL DOCUMENTATION PRESS

·北京·

图书在版编目（CIP）数据

幻方丛林：全3册 / 沈文基著. —北京：科学技术文献出版社，2018.9（2025.1重印）
ISBN 978-7-5189-4561-0

Ⅰ.①幻…　Ⅱ.①沈…　Ⅲ.①数学－普及读物　Ⅳ.①O1-49

中国版本图书馆 CIP 数据核字（2018）第 130765 号

幻方丛林（下册）

策划编辑：孙江莉　应佩祎　责任编辑：王瑞瑞　赵　斌　责任校对：文　浩　责任出版：张志平

出 版 者　科学技术文献出版社
地　　址　北京市复兴路15号　邮编 100038
编 务 部　（010）58882938，58882087（传真）
发 行 部　（010）58882868，58882870（传真）
邮 购 部　（010）58882873
官方网址　www.stdp.com.cn
发 行 者　科学技术文献出版社发行　全国各地新华书店经销
印 刷 者　北京虎彩文化传播有限公司
版　　次　2018年9月第1版　2025年1月第4次印刷
开　　本　710×1000　1/16
字　　数　1200千
印　　张　63
书　　号　ISBN 978-7-5189-4561-0
定　　价　198.00元（全3册）

版权所有　违法必究
购买本社图书，凡字迹不清、缺页、倒页、脱页者，本社发行部负责调换

序言

幻方发源于《周易》洛书九宫算，这千年之谜业已成为风靡世界的一项好玩、健脑、启智的大众化数学游戏。幻方迷宫的重重大门似乎由一串串异常精密、错综复杂而又变化无穷的连环锁扣着的，入门也许并不难，但"通其变，极其数"（《周易·系辞》）走出迷宫，却又谈何容易。本书在总结"幻方—完全幻方—自乘幻方"及"幻方—幻方群—幻方丛林"纵横两条发展主线的基础上，站在幻方研究前沿多层面挖掘、开拓新课题，并注入了更为丰富的自然与人文元素，融"象数理"于一炉，不断提升幻方游戏的趣味性与挑战性，向广大玩家提供了一个更高的创新平台。

幻方按组合性质分为幻方与完全幻方两大门类，完全幻方是幻方的最优化组合形式，乃贯穿于幻方研究的一个主攻方向。其中的"不规则"幻方并非说没有规则，而是说这类幻方具有非逻辑、非程序化的复杂规则，因此仍然是当今幻方群系统检索与彻底清算的主要障碍。然而一旦得其构图妙招绝技，幻方的这个"不规则"概念将自行消失。其中的自乘幻方是具有一次、平方、立方……连续等幂和关系的经典幻方，这是幻方兼备外延数学性质的一个重大发现，由此把幻方的数理内涵提升到了一个前所未有的高度，故我称之为"幻方迷宫中的迷宫"。自乘幻方已经破题，但仍然是当前探索其组合原理与构图方法的一个热门课题。从洛书到完全幻方诞生是幻方发展的第一座里程碑，代表作首见于印度 11 世纪"耆那 4 阶完全幻方"；第二座里程碑是自乘幻方的发现，代表作是法国 G. Pfeffermann 于 1890 年首创的 8 阶、9 阶平方幻方；第三座里程碑是自乘完全幻方的发现，代表作是我国李文 2011 年创作的 32 阶完全平方幻方。正可谓路漫漫其修远兮，上下五千年求索之。

目前，幻方构图方法与计算技术已达到了相当水平，不难构造出千千万万的幻方图形，但能精准清算其全部解的只有 4 阶、5 阶完全幻方群而已，同时也只停留在"只见树木，不见森林"阶段。然而，幻方与幻方群是两个不同层次的研究课题，必须克服"重图轻理"的偏向，切实启动对幻方群内在的组织结构、相互转化及其整体组合规律的深入探讨。本书重要的贡献：提出了完全幻方群第一定律——"就位机会均等律"，完全幻方群第二定律——"边际定位递减律"等

1

前沿幻方组合理论。

幻方的"另类"发展状况，我以广袤、神奇的"幻方丛林"来形容。如有反幻方、等差幻方、等比幻方、等积幻方、双重幻方、高次幻方、素数幻方、$2(2k+1)$阶广义完全幻方、互文幻方、回文幻方、分形幻方、棋步幻方乃至各种特殊、稀缺数系巧妙入幻等；又如有幻立方、四维幻方及幻圆、幻球、幻环、幻六角等变形组合体等。"另类幻方"都发源于经典幻方，它们以不同的组合条件与设计要求，局部改变了幻方游戏规则，从而开辟了前所未有的幻方游戏新路子。但我认为："另类幻方"都可作为一个子单元或逻辑片段而包容于阶次足够大的经典幻方内部，因此"另类幻方"将极大地丰富经典幻方精品创作。

在"幻方丛林"发展中，本书凸显了三大主体迷宫：①完全幻方——幻方第一迷宫，完全幻方 n 行、n 列及 $2n$ 条泛对角线全部等和，每一数都处在整体联系中的最佳位置，全盘数字都是"活"的，这种全方位等和关系表明它是幻方的最优化组合形式。②完全等差幻方——幻方第二迷宫。完全等差幻方存在两种表现形式：一是"泛"完全等差幻方，乃指 n 行、n 列及左、右 n 条泛对角线之和各为 4 条相同的等差数列；二是"纯"完全等差幻方，指 n 行、n 列及 $2n$ 条泛对角线之和统一为一条连续数列。它是等和完全幻方的姊妹篇，其构图趣味性与挑战性可与之相媲美。"泛"完全等差幻方已创作成功，实现了等差幻方问世以来跨越式发展，为幻方第二迷宫树立了发展的一座里程碑。③素数幻方——幻方第三迷宫。素数入幻已有 100 多年的研究历史，各式连续素数幻方、自选素数幻方、孪生素数幻方对、哥德巴赫幻方对等具有空前的挑战性，近年来我国爱好者们悉心钻研取得了举世瞩目的成果。大量实例显示，任何一个奇素数都存在一次以上的机会被组织到幻方的等和关系中来。据此，本书提出：幻方是建立"素数新秩序"最适当的组合形式这个新命题，立论基本点是从最小奇素数"3"开始，存在无限多个符合入幻条件的 k 阶连续素数配置及其构图方案。素数数系存在"幻方新秩序"这一构想，具有合理性与一定的学术价值，本书抛砖引玉，希望能在数论探讨中立题立论。

幻方好玩，玩好幻方。《幻方丛林（全 3 册）》是一部幻方科普专著，精益求精，贯彻"知识与趣味"兼备，"普及与创新"结合，"传承与超越"并发的创作理念，由此形成了如下一大特色：彰显幻方美学，痴迷于独具匠心的幻方设计。幻方是一门"数雕艺术"，它以数字化方式注入物象、图案、符号、纹饰乃至汉字等广泛主题，创作令人拍案叫绝的"高、精、尖、新、奇、特、异、怪、诡"幻方精品，追求幻方深邃的数理美、高远的意境美与多彩的视觉美，品位高雅，给人以愉悦、启迪与联想。总之，这既是幻方竞技，又是幻方欣赏。

沈文基

2018 年 7 月

上　册

中　册

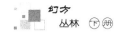

下　册

第 19 篇　数雕艺术 ······················· 713

第 20 篇　奇方异幻 ······················· 735

高次幻方

18世纪西方数学家们尝试以平方数制作幻方，起初所得到的都只是"平方数行列图"，克里斯蒂安·博耶第成功创作了第1个7阶平方数幻方（一次不等和）。然而，在大于7阶领域中，幻方爱好者锲而不舍，进而发现了一次等和兼容二次等和、三次等和……幂次不断升级的高次幻方。这就是说，原初设计的"单幂次"等和关系，已提升到了建立"多幂次"等和关系的高次幻方。

20世纪90年代，高次幻方成了我国幻方爱好者的一个热门课题，构图技术突飞猛进，有一大批高次幻方、最优化高次幻方精品问世，尤其是计算机的应用，创新作品不断刷新纪录。高次幻方以"自选数"配置方案入幻为特点，因而属于广义幻方范畴。然而，高次幻方发展的重要意义，在于与经典幻方游戏规则"接轨"的探索，这将成为人们追求的下一个重点目标。

开创者们的"平方数幻方"

18 世纪西方数学家们别出心裁以自选"平方数"制作幻方，由于局限在 3 阶或 4 阶，开创者们所填出的都只是"平方数行列图"或者"平方数准幻方"等，本文采集了这些具有探索性的初期成果，为研究高次幻方的起源、发展提供了宝贵的史料。

一、欧拉的平方数 4 阶行列图

著名数学家欧拉于 1770 年创作了第一个"4 阶平方数幻方"（注：两条主对角线的平方和不相等），基本组合性质如下（图 16.1）。

68^2	29^2	41^2	37^2
17^2	31^2	79^2	32^2
59^2	28^2	23^2	61^2
11^2	77^2	8^2	49^2

图 16.1

① 4 行、4 列的平方和等于"25566"，2 条主对角线的平方和等于"8515"；因此称之为"4 阶平方数行列图"。

② 幂"底"为非连续数列，其 4 行、4 列的一次和不相等，当初并不追求幂"底"的一次和关系。总之，这是一个以 16 个非连续平方数填制的广义 4 阶行列图。

二、李·所罗斯的平方数 3 阶准幻方

李·所罗斯发现了一个比较接近于幻方性质的 3 阶平方数准幻方，其 3 行、3 列及一条主对角线的平方和都等于"21609"，但另一条主对角线的平方和却等于"38307"（图 16.2）。

127^2	46^2	5^2
2^2	113^2	94^2
74^2	82^2	97^2

图 16.2

数学家们非常重视查找 3 阶平方数幻方，认为它涉及椭圆曲线，并与证明费马大定理有关。研究结果表明，若要找出 3 阶平方数幻方，它的中心一格内的数字，必须是一个大于 2.5×10^{25} 的数，令人望而却步。

三、凯文·布朗的平方数 3 阶行列图

数学家的脑子灵活，在以幻方形式为平方数组建立一种新次序方面，可谓呕心沥血。现介绍凯文·布朗创作的两个特殊 3 阶平方数行列图。

其一，素数平方数 3 阶行列图

布朗用 9 个素数的平方构造了一个 3 阶行列图（图 16.3），其 3 行、3 列的平方和等于"5691"。这是广义幻方向素数领域进发的一个大胆尝试，预示着"平方数幻方"的发展将又有了

11^2	23^2	71^2
61^2	41^2	17^2
43^2	59^2	19^2

图 16.3

一个新品种。

其二，平方数 3 阶等指行列图

通常，要求"平方数幻方"的各行、各列的平方数之和相等。

图 16.4

而布朗创作的这个平方数 3 阶行列图（图 16.4），其各行、各列的平方数之和可表以一个幂形指数，即幻指"$3249 = 57^2$"。布朗的这个平方数 3 阶行列图的"等指"关系如下：

$$4^2 + 23^2 + 52^2 = 57^2; \quad 32^2 + 44^2 + 17^2 = 57^2; \quad 47^2 + 28^2 + 16^2 = 57^2;$$

$$4^2 + 32^2 + 47^2 = 57^2; \quad 23^2 + 44^2 + 28^2 = 57^2; \quad 52^2 + 17^2 + 16^2 = 57^2.$$

"平方数幻方"各行、各列及两条主对角线的平方数组之和表以一个平方数，这是一个新的非常苛刻的要求，预示着凯文·布朗为"平方数幻方"的发展又设计了一个新品种，我称之为"指数幻方"或"幂形幻方"。一般"平方数幻方"的幻和不能表以幂形指数，正是这一点差异，致使"指数幻方"更为高深莫测，至今无人给出成果。

综上所述，开创者们的"平方数幻方"研究，虽然没有真正的"幻方"成果，但"平方数"入幻游戏的挑战性与趣味性，吸引了之后一二百年无数幻方爱好者们的奋斗，并向着"高次幻方"方向发展。

克里斯蒂安·博耶的 7 阶平方数幻方

一、7 阶平方数幻方简介

克里斯蒂安·博耶曾创作了 5 阶、6 阶、7 阶多个平方数行列图，其中有一幅是 7 阶平方数幻方修成正果（图 16.5）：它由"0～48"连续数列的平方数构成，其 7 行、7 列及 2 条主对角线的"平方和"都等于"5432"（注：其"一次和"不相等，所以乃为一个"单次"平方数幻方），这是一幅精妙绝伦的平方数幻方稀世珍品。

25^2	45^2	15^2	14^2	44^2	5^2	20^2
16^2	10^2	22^2	6^2	46^2	26^2	42^2
48^2	9^2	18^2	41^2	27^2	13^2	12^2
34^2	37^2	31^2	33^2	0^2	29^2	4^2
19^2	7^2	35^2	30^2	1^2	36^2	40^2
21^2	32^2	2^2	39^2	23^2	43^2	8^2
17^2	28^2	47^2	3^2	11^2	24^2	38^2

图 16.5

18 世纪开创者们曾梦寐以求的以平方数制作的"平方数幻方"，终于被博耶创作成功了。这是人们迄今所见唯一的一个阶次最小的"单次"平方数幻方，从此完美地圆了先人的一个百年之梦。

然而，若"0～48"连续数列加"1"，即可变成"1～49"自然数列，因此博耶的这幅 7 阶平方数幻方，已显示同经典幻方的游戏规则相接轨的设计理念，令人震惊！当然，若代入"1～49"自然数列，其 7 行、7 列及 2 条主对角线的"平方和"关系将失去原本的平衡。总之,博耶这幅7阶平方数幻方的重要价值在于它是"平方数幻方"发展过程中发生两个方向性"转折"的分水岭。一个转折是向"平方幻方"(即高次幻方)方向发展,另一个转折是向"自乘幻方"方向发展。

在这两个"转折"之前,开创者们对"平方数幻方"的探索之路艰难曲折,而博耶披荆斩棘首创7阶平方数幻方成功之后,"平方数幻方"专题又从此终结了。因为跨过了7阶分水岭,人们发现了更高、更美的广义"平方幻方"的存在。

"平方幻方"不同于"平方数幻方",这是两个有所区别的概念。所谓"平方数幻方",指以平方数构造的广义幻方,一般不必考虑"一次和"的组合性质,因而这是求平方和相等的"单次"广义幻方。然而,"平方幻方"乃是要求一次等和又兼容二次等和,具备"一身而二任"数学关系的广义幻方。在有的科普书籍中,平方幻方曾有"双重"幻方之称,为了与"等和等积"双重幻方区别开来,我建议平方幻方的"双重"幻方之名称可弃之不用,而且纳入广义高次幻方范畴。

迄今,还没有第2个7阶平方数幻方问世。小于7阶即3~6阶是否存在平方数幻方?据手头的资料看,还没有这方面的作品介绍。如上文所说,若要找出3阶平方数幻方,它的中心一格内的数字必须是一个大于 2.5×10^{25},因此作为一种幻方游戏,大众"玩家"们又不得不止步了。但在大于7阶领域中,可谓"柳暗花明又一村",平方幻方、立方幻方⋯⋯高次幻方不断涌现,幻方爱好者们的兴趣与研究重心已转移到了高次幻方课题上来了。在中外幻方爱好者锲而不舍的努力下,"平方数幻方"向高次幻方(包括平方幻方)方向的发展,突飞猛进,取得了辉煌成果。

博耶这幅由连续数列的平方构造的"0字头"7阶平方数幻方,虽然一次不等和,但已与经典幻方的游戏规则接轨,从幻方发展轨迹看,它给出了一个重要启示,即在平方幻方、立方幻方⋯⋯高次幻方领域中,是否也有可能由幂形连续数列来构造呢?跨过7阶,中外幻方爱好者取得了成功,尤其是1至 n 自然数列制作的平方幻方与立方幻方,其一次时就是经典幻方,二次时就是平方幻方,它从广义高次幻方序列脱颖而出,可另称之为"自乘幻方",乃寓于经典幻方之中的一座最高峰,我喻之为"幻方迷宫中的迷宫"。

二、7阶平方数幻方重构

从幻方发展的逻辑而论,克里斯蒂安·博耶首创的这幅"0字头连续数列"7阶平方数幻方,拉开广义"平方幻方"、经典"自乘幻方"两大迷宫的序幕,开辟了通向广义"平方幻方"、经典"自乘幻方"两大迷宫之路。为了深入了解这幅7阶平方数幻方,现以它的化简形态即"商—余"正交方阵透视其数理结构特点(图16.6)。

$\left(\right.$

3	6	2	1	6	0	2
2	1	3	0	6	3	5
6	1	2	5	3	1	1
4	5	4	4	0	4	0
2	0	4	4	0	5	5
2	4	0	5	3	6	1
2	3	6	0	1	3	5

$\times 7 +$

4	3	1	7	2	5	6
2	3	1	6	4	5	7
6	2	4	6	6	6	5
6	2	3	5	0	1	4
5	7	7	2	1	1	5
7	4	2	4	2	1	1
3	7	5	3	4	3	3

$\left. \right)^2 =$

25^2	45^2	15^2	14^2	44^2	5^2	20^2
16^2	10^2	22^2	6^2	46^2	26^2	42^2
48^2	9^2	18^2	41^2	27^2	13^2	12^2
34^2	37^2	31^2	33^2	0^2	29^2	4^2
19^2	7^2	35^2	30^2	1^2	36^2	40^2
21^2	32^2	2^2	39^2	23^2	43^2	8^2
17^2	28^2	47^2	3^2	11^2	24^2	38^2

图 16.6

由于“0”的加入，它的“商一余”两方阵表现出了“生成”因子的特殊性，而且从其编码结构看，乃为无章可循的“乱数方阵”。两方阵在一次时就建立了两方阵的正交关系，而在各数码的“平方”时建立起了 7 行、7 列及 2 条主对角线的“互补”整合关系。

总之，“0 字头”连续数列的平方数，其 49 个数的内部二级步长结构，对于建立幻方等和关系而言，其构图机制的错综复杂超乎寻常，手工构图难度相当高。但“不规则”经典 7 阶幻方的重构方法，只要不是“伤筋动骨”，有的也适用于这幅“单次”广义 7 阶平方数幻方的重构。举例如图 16.7 所示。

32^2	9^2	28^2	37^2	45^2	7^2	10^2
23^2	27^2	11^2	0^2	44^2	1^2	46^2
21^2	48^2	17^2	34^2	25^2	19^2	16^2
39^2	41^2	3^2	33^2	14^2	30^2	6^2
8^2	12^2	38^2	4^2	20^2	40^2	42^2
2^2	18^2	47^2	31^2	15^2	35^2	22^2
43^2	13^2	24^2	29^2	5^2	36^2	26^2

35^2	19^2	36^2	30^2	7^2	40^2	1^2
47^2	17^2	24^2	3^2	28^2	38^2	11^2
22^2	16^2	26^2	6^2	10^2	42^2	46^2
31^2	34^2	29^2	33^2	37^2	4^2	0^2
2^2	21^2	43^2	39^2	32^2	8^2	23^2
15^2	25^2	5^2	14^2	45^2	20^2	44^2
18^2	48^2	13^2	41^2	9^2	12^2	27^2

17^2	21^2	19^2	34^2	48^2	16^2	25^2
28^2	32^2	7^2	37^2	9^2	10^2	45^2
47^2	2^2	35^2	31^2	18^2	22^2	15^2
3^2	39^2	30^2	33^2	41^2	6^2	14^2
11^2	23^2	1^2	0^2	27^2	46^2	44^2
24^2	43^2	36^2	9^2	13^2	26^2	5^2
38^2	8^2	40^2	4^2	12^2	42^2	20^2

图 16.7

图 16.7 是以博耶的 7 阶平方数幻方为样本，采用“杨辉口诀周期编绎法”辑录的 3 个 7 阶平方数幻方，它们行、列、对角线上的数字，都为配置相同而次序重排的异构体。或许通过“对应数组交换法”，也可以重组样本。

20 世纪 80 年代后，“单次”平方数幻方已不再被重点研究，因为在大于 7 阶的平方幻方、立方幻方……高次幻方中，已经涵盖了“平方等和”关系。但是，作为唯一可见的与经典幻方游戏规则接轨的最小“单次”7 阶平方数幻方，有其存在的独特价值与魅力。迄今，博耶的作图方法仍然是个不解之秘，而多多创作这类平方数幻方，不断积累经验，这对于解决特种数系、稀缺数系等的入幻，具有重要的借鉴作用。

探索者们的 4 ~ 7 阶广义"平方幻方"

什么是"平方幻方"？即以自选"平方数"制作的一次等和、二次等和的广义幻方。这与 18 世纪开创者们"平方数幻方"的游戏规则有所不同，它不仅要求平方和相等，且要求一次和也相等，可谓"一身而二任"，两个幻方共处一体。平方幻方是高次幻方的"二层楼建筑"。近 100 多年来，从 8 阶至 100 阶的平方幻方记录，已几乎被中外幻方爱好者们填满。当前，幻方高手们又回过头来，把热情投向了低于 8 阶的"平方幻方"的深入研究。据高治源《平方幻方发展史》一文介绍，法国高次网站站长 Christian Boyerd，以及我国高次幻方爱好者们在低阶领域都取得了相当好的结果，举例如下。

第一例：Christian Boyerd 的二次 4 阶行列图

Christian Boyerd 于 2003 年创作了一个罕见的 4 阶平方行列图，基本组合性质如下（图 16.8）。

① 4 行、4 列每 4 个数的一次和等于"143"。

② 4 行、4 列每 4 个数的平方和等于"7063"。

显然，这个一次和、平方和具有二重次等和关系的"平方行列图"，比欧拉"4 阶平方数行列图"上了一个台阶。

1^2	35^2	46^2	61^2
37^2	71^2	13^2	22^2
43^2	26^2	67^2	7^2
62^2	11^2	17^2	53^2

图 16.8

第二例：Christian Boyerd 的广义 5 阶幻方 / 平方行列图

Christian Boyerd 创作了一幅更精彩的广义 5 阶幻方 / 平方行列图，基本组合性质如下（图 16.9）。

① 5 行、5 列及 2 条主对角线的一次和都等于"120"。

② 5 行、5 列的平方和都等于"3970"（注：2 条主对角线的平方和不相等）。

显然，这 25 个非连续数，终于在 5 阶中实现了幻方必须具备的一次等和关系；同时，这 25 个非连续数的平方又实现了行、列的等和关系，这在同类研究中是最好的。

3^2	37^2	20^2	44^2	16^2
34^2	35^2	1^2	12^2	38^2
41^2	8^2	24^2	40^2	7^2
10^2	36^2	47^2	13^2	14^2
32^2	4^2	28^2	11^2	45^2

图 16.9

第三例：张清泉的广义 6 阶完全幻方 / 平方准幻方

我国高次幻方高手张清泉，以 36 个非连续自然数创作了两个 6 阶完全幻方 / 平方准幻方，其基本组合性质如下（图 16.10）。

55^2	74^2	135^2	49^2	78^2	137^2
38^2	123^2	103^2	42^2	125^2	97^2
75^2	139^2	50^2	77^2	133^2	54^2
127^2	98^2	39^2	121^2	102^2	41^2
134^2	51^2	79^2	138^2	53^2	73^2
99^2	43^2	122^2	101^2	37^2	126^2

57^2	74^2	136^2	49^2	80^2	138^2
38^2	124^2	105^2	44^2	126^2	97^2
76^2	141^2	50^2	78^2	133^2	56^2
129^2	98^2	40^2	121^2	104^2	42^2
134^2	52^2	81^2	140^2	54^2	73^2
100^2	45^2	122^2	102^2	37^2	128^2

图 16.10

①如图 16.10 左所示，6 行、6 列及 12 条泛对角线的一次幻和等于"528"；其 6 行、6 列及一条对角线的平方幻和等于"53980"。

②如图 16.10 右所示，6 行、6 列及 12 条泛对角线的一次幻和等于"534"；其 6 行、6 列及一条对角线的平方幻和等于"55066"。

广义 6 阶完全幻方本身不可多见，加上又兼容 6 阶平方准幻方，因而属于另类幻方的顶尖杰作。据分析发现，张清泉的这两个 6 阶完全幻方 / 平方准幻方，其 36 个非连续自然数配置方案，如图 16.11 所示，存在微妙的依存关系。这是一种构图诀窍，值得研究。

+2		+1		+2	+1
	+1	+2	+2	+1	
+1	+2		+1		+2
+2		+1		+2	+1
	+1	+2	+2	+1	
+1	+2		+1		+2

图 16.11

以上 Christian Boyerd 的广义 5 阶幻方，以及张清泉的这广义 6 阶完全幻方，虽然外延的数学关系——即平方等和关系还没有达到"平方幻方"的标准要求，但是他们的创作意义在于发起了"平方幻方"向最优化方向发展的冲锋号，这预示着"平方完全幻方"概念已开始进入幻方爱好者们的视线。

第四例：Christian Boyerd 的广义 7 阶幻方 / 平方准幻方

法国 Christian Boyerd 于 2001 年创作的第一个 7 阶幻方 / 平方准幻方（图 16.12），组合性质如下：① 7 行、7 列及 2 条主对角线的一次幻和等于"196"，广义 7 阶幻方成立；② 7 行、7 列及一条主对角线的平方和等于"7244"，7 阶平方准幻方成立。

51^2	8^2	29^2	21^2	26^2	11^2	50^2
32^2	10^2	53^2	18^2	33^2	43^2	7^2
25^2	34^2	44^2	1^2	41^2	9^2	42^2
19^2	39^2	2^2	28^2	54^2	17^2	37^2
14^2	47^2	15^2	55^2	12^2	22^2	31^2
49^2	13^2	23^2	38^2	3^2	46^2	24^2
6^2	45^2	30^2	35^2	27^2	48^2	5^2

图 16.12

2002 年德国人 Waiter Trump 制作了 13 个类似性质的广义 7 阶幻方 / 平方准幻方。由此，中外幻方爱好者们基本认定小于 8 阶不可能存在"一次幻方 / 平方幻方"，而最好的结果也只能得到一条主对角线不等和的平方准幻方。

据资料，英国剑桥大学路加博士于 2004 年证明即便采用非连续数列，3～6 阶不存在平方幻方（请注意，他没有说 7 阶）。

我国幻方专家潘凤雏使用计算机证明采用连续自然数列，不存在 7 阶平方幻方，因为其 86 个等价组只能构造"接近"的 7 阶平方幻方（最好结果至少有 3 条线的平方和不

1	38	17	33	9	44	12
7	20	22	3	37	40	39
46	14	21	13	25	43	6
30	11	41	42	10	5	29
27	35	2	32	45	8	19
26	16	18	36	0	24	48
31	34	47	9	28	4	15

图 16.13

相等）。他创作的一个"接近"的 7 阶平方幻方，如图 16.13 所示，由"0～48"连续数列构成，其一次幻和等于"168"；然而，若自我相乘，有 7 行、5 列及一条主对角线的平方和等于"5432"，而其中有两列与一条主对角线的平方和不等。总之，这幅"0"字头 7 阶幻方已成为"7 阶平方幻方"研究的终结之作。

总之，7 阶是中外幻方爱好者们研究"平方幻方"存在范围的一个关键性阶次。目前，对非连续数列 7 阶平方幻方是否有解尚抱有一点期望。

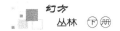
苏茂挺的广义 18 阶平方完全幻方

在形形色色的另类幻方发展中，如今高次幻方已成为国内幻方爱好者的一个热门课题，佳作如雨后春笋般涌现。苏茂挺于 2000 年创作的两幅广义 18 阶平方完全幻方，尤其令人赞美。他在自由选择 324 个非连续、互不重复数字（$min = 1$，$max = 1401$）条件下，实现了广义高次幻方的最优化。为便于学习与欣赏最优化高次幻方精品，现摘录如下（图 16.14）。

1	225	711	1086	560	137	988	1378	1305	71	227	729	1114	500	87	946	1316	1237
712	327	893	1321	469	90	132	1375	1190	652	277	851	1259	401	20	130	1357	1162
564	147	968	1356	1285	6	201	699	1069	496	77	966	1338	1257	66	251	741	1131
449	25	106	1345	1145	648	267	871	1281	421	85	156	1387	1207	716	337	873	1299
1240	2	191	719	1091	516	142	992	1368	302	70	261	721	1109	544	82	942	1326
1167	668	332	897	1311	466	89	166	1367	1185	696	272	847	1269	404	21	96	1365
1121	561	146	1002	1348	1280	50	196	695	1079	499	78	932	1346	1262	22	256	745
1291	444	69	101	1341	1155	651	268	837	1289	426	41	161	1391	1197	713	336	907
1322	1250	5	192	685	1099	521	98	997	1372	1292	67	260	755	1101	539	126	937
1331	1175	673	288	902	1315	456	86	165	1401	1177	691	316	842	1265	414	24	97
750	1125	551	143	1001	1382	1272	45	240	690	1075	509	81	933	1312	1270	27	212
906	1325	436	64	145	1336	1151	661	271	838	1255	434	46	117	1396	1201	703	333
981	1317	1246	15	195	686	1065	529	103	953	1377	1296	57	257	754	1135	531	121
100	1332	1141	681	293	858	1320	460	76	162	1400	1211	683	311	886	1260	410	34
217	706	1130	555	133	998	1381	1306	37	235	734	1070	505	91	936	1313	1236	35
323	903	1324	470	56	140	1380	1146	657	281	841	1256	400	54	122	1352	1206	707
113	976	1361	1241	11	205	689	1066	495	111	958	1333	1301	61	247	751	1134	565
30	110	1335	1142	647	301	863	1276	465	80	152	1397	1210	717	303	881	1304	405

图 16.14

这幅 18 阶平方完全幻方的组合性质：一次泛幻和等于"12392"；二次泛幻和等于"12889482"。

在世纪之交，我国广义高次幻方的研究与发展突飞猛进，在 8 阶至 100 阶范围内，平方幻方、立方幻方等记录几乎被填满。广义高次幻方构图难度相当高，主要表现在查找等幂和数组配置方案及其入幻方法等，诉诸计算机编程技术更有助于玩好高次幻方游戏。然而，广义高次幻方的最优化，以及幂次从低到高不断升级，也已成为幻方爱好者们探索的下一个方向与目标。

郭先强的广义 16 阶三次幻方

高次幻方的发展，其幂次走高是一个趋向。郭先强于 2001 年创作的一幅 16 阶三次非完全幻方，选数范围相对比较小，其 256 个数：min = 1，max = 847。对于自由选数的广义高次幻方而言，应贯彻"小数字优先"原则，选数范围越小越精。为便于学习与欣赏三次幻方精品，现把郭先强的一幅 16 阶三次幻方摘录如下（图 16.15）。

郭先强这幅 16 阶三次非完全幻方精品，在非连续数 16 阶三次幻方中各次幻和的组合性质如下。

766	773	133	432	239	229	694	823	35	76	762	415	562	620	201	24
241	238	692	814	37	85	760	406	564	629	199	15	768	782	131	423
79	64	718	427	606	608	157	36	810	761	89	444	283	217	650	835
604	605	159	39	808	758	91	447	281	214	652	838	77	61	720	430
790	796	109	409	263	252	670	800	59	99	738	392	586	643	177	1
272	250	661	802	68	97	729	394	595	641	168	3	799	794	100	411
47	55	750	436	574	599	189	45	778	752	121	453	251	208	682	844
571	601	192	43	775	754	124	451	248	210	685	842	44	57	753	434
813	772	86	433	286	228	647	824	82	75	715	416	609	619	154	25
284	219	649	833	80	66	717	425	607	610	156	34	811	763	88	442
38	87	759	404	565	631	198	13	769	784	130	421	242	240	691	812
567	634	196	10	771	787	128	418	244	243	689	809	40	90	757	401
789	749	110	456	262	205	671	847	58	52	739	439	585	596	178	48
253	207	680	845	49	54	748	437	576	598	187	46	780	751	119	454
70	96	727	395	597	640	166	4	801	793	98	412	274	249	659	803
600	638	163	6	804	791	95	414	277	247	656	805	73	94	724	397

图 16.15

6784	6784	6784	6784
6784	6784	6784	6784
6784	6784	6784	6784
6784	6784	6784	6784

图 16.16

①一次幻和"6784"。

②二次幻和"4158216"。

③三次幻和"2850049984"。

子母结构特点（图 16.16）：母阶 16 个 4 阶子单元一次和全等配置。

目前，三次幻方的多重最优化及数字的连续化等，仍然是幻方爱好者们努力追求与探索的下一个重要目标。

广义高次幻方入幻

广义高次幻方的非连续数配置方案，总归寓于"1 至 n^2"自然数列之中，因此任何高次幻方无不可看作经典幻方的一个有机构件或者说逻辑片段。为了在篇幅适当的经典幻方内部嵌入高次幻方，要求其非连续数配置方案尽可能选用小数

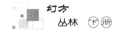

字，郭先强提出的"小数字优先"原则是非常正确的，自由选数范围越小越精（注：经典幻方的用数方案是最小的），因此他的一幅 16 阶三次幻方（图 16.15）配数方案极为精炼，最大的一个数只有"847"，所以在 30 阶幻方中就可以包装这幅16 阶三次幻方（图 16.17）。

本例 30 阶幻方（幻和"13515"），因安装了郭先强的广义 16 阶三次幻方，幻和容量扩大了 20 多万倍，简直可用原子能爆炸来形容。总之，海纳百川，广义高次幻方的发展，极大地丰富、提升了经典幻方的数学内涵。

899	92	93	744	193	746	323	317	450	710	711	300	713	714	306	556	557	112	113	114	294	765	677	764	236	679	745	194	266	132
883	171	622	886	223	137	111	347	480	459	458	573	457	537	336	526	527	741	143	743	534	535	123	626	708	709	327	138	129	326
686	65	900	139	781	141	420	377	510	489	488	487	603	329	366	466	467	172	742	174	504	505	737	160	777	161	140	531	419	779
716	62	554	5	818	829	67	492	570	519	518	517	633	83	396	496	497	702	703	897	375	376	767	149	190	191	530	106	367	390
855	2	885	854	464	136	179	522	540	445	541	542	298	53	712	672	673	142	675	704	474	475	693	127	623	60	264	200	654	51
303	884	71	613	365	465	265	552	625	358	359	360	328	23	330	577	578	579	580	581	31	399	400	293	798	849	245	449	405	850
315	316	209	246	873	611	220	681	655	278	279	280	536	299	538	539	740	674	173	144	705	122	707	797	211	212	213	662	828	452
334	346	275	276	895	642	615	766	773	133	432	239	229	694	823	35	76	762	415	562	620	201	24	501	499	500	503	502	498	345
476	428	478	479	477	836	832	241	238	692	814	37	85	760	406	564	629	199	15	768	782	131	423	469	493	602	41	28	624	468
180	118	407	408	471	866	386	79	64	718	427	606	608	157	36	810	761	89	444	283	217	650	835	858	859	384	351	435	357	651
783	569	788	383	461	78	155	604	605	159	39	808	758	91	447	281	214	652	838	77	61	720	430	548	549	614	387	463	385	568
343	644	816	528	152	728	616	790	796	109	409	263	252	670	800	59	99	738	392	586	643	177	1	669	342	341	344	340	339	529
558	559	181	846	182	831	699	272	250	661	802	68	97	729	394	595	641	168	3	799	794	100	411	374	373	370	646	369	372	371
258	876	259	63	116	115	872	47	55	750	436	574	599	189	51	778	752	121	453	251	208	682	844	627	841	695	410	490	491	618
287	700	701	839	546	146	145	571	601	192	43	775	754	124	451	248	210	685	842	44	57	753	434	706	871	589	648	520	16	17
877	730	731	617	176	175	834	813	772	86	433	286	228	647	824	82	75	715	416	609	619	154	25	736	151	532	368	50	204	550
398	104	105	27	269	268	864	284	219	649	833	80	66	717	425	607	610	156	34	811	763	88	442	893	226	227	676	894	888	892
403	169	170	861	863	862	257	38	87	759	404	565	631	198	13	769	784	130	421	242	240	691	812	271	297	255	440	774	687	422
470	817	417	521	657	22	19	567	634	196	10	771	787	128	418	244	243	689	809	40	90	757	401	225	889	890	891	874	21	18
352	726	81	725	292	472	822	789	749	110	456	262	205	671	847	58	52	739	439	585	596	178	48	509	508	507	551	840	221	125
158	756	441	755	322	533	852	253	207	680	845	49	54	748	437	598	187	46	780	751	119	454	224	102	103	234	821	560	870	
302	304	305	301	848	881	882	70	96	727	395	597	640	166	4	801	793	98	412	274	249	659	803	185	186	636	637	215	843	206
108	333	332	382	424	389	506	600	638	163	6	804	791	95	414	277	247	656	805	73	94	724	397	819	216	667	678	666	880	331
362	364	354	325	29	135	337	827	20	7	481	826	639	896	391	413	815	203	630	33	355	830	455	431	270	697	188	734	733	735
162	309	875	148	147	338	448	11	795	635	592	593	594	664	494	443	313	857	660	320	321	860	495	230	129	153	732	572	69	256
311	853	254	308	588	723	195	290	291	665	514	307	12	515	516	473	288	887	690	668	868	134	525	260	231	653	312	324	9	851
721	722	747	587	632	56	120	776	575	561	511	482	483	484	485	486	318	310	235	867	296	107	555	273	261	74	237	126	865	563
101	285	566	117	150	14	267	806	807	591	446	512	543	820	792	202	348	233	719	350	628	164	402	582	583	584	786	645	388	84
361	785	42	460	222	462	523	380	381	621	8	663	513	544	545	547	378	837	319	698	658	869	165	26	612	363	696	356	314	167
553	426	856	72	879	878	684	353	32	393	825	289	379	770	524	335	232	282	349	438	688	590	30	183	184	218	295	197	683	898

图 16.17

广义 9 阶平方完全幻方 "苏氏法"

中国道家有一句名言："授人以鱼，不如授之以渔。"送人一条鱼，不如教人捕鱼之法，帮人要帮到底。苏茂挺是我国幻方界的一位顶尖高手，在内部刊物《中国幻方》2006 第 2 期发表了《九阶广义完美雪花平方幻方》一文，详细介绍了他独特的 9 阶平方完全幻方构造方法，我拜读后受益匪浅。授渔者，师也。

一、苏氏构造法简介

苏茂挺是怎样制作广义 9 阶平方完全幻方的呢？择其要而言之。

首先，找到三联二次等幂和数组的配置方案，如有 "1，12，14" "2，9，16" "4，6，17" 3 组，各组一次和为 "27"，平方和为 "341"。然后，编制一对正交 9 阶最优化拉丁方阵（图 16.18）。它们的组合结构特征：一个方阵的行及其泛对角线列都由三联二次等幂和数组的 9 个数共同构成，而各列则分别由一个二次等幂和数组重复构成；另一个方阵的列及其泛对角线列都由三联二次等幂和数组的 9 个数共同构成，而各行分别由一个二次等幂和数组重复构成。因此，两方阵正交，且 9 行、9 列及 18 条泛对角线的一次和与平方和全等。

1	9	17	14	16	6	12	2	4
12	2	4	1	9	17	14	16	6
14	16	6	12	2	4	1	9	17
1	9	17	14	16	6	12	2	4
12	2	4	1	9	17	14	16	6
14	16	6	12	2	4	1	9	17
1	9	17	14	16	6	12	2	4
12	2	4	1	9	17	14	16	6
14	16	6	12	2	4	1	9	17

a

6	4	17	6	4	17	6	4	17
9	16	2	9	16	2	9	16	2
12	1	14	12	1	14	12	1	14
17	6	4	17	6	4	17	6	4
2	9	16	2	9	16	2	9	16
14	12	1	14	12	1	14	12	1
4	17	6	4	17	6	4	17	6
16	2	9	16	2	9	16	2	9
1	14	12	1	14	12	1	14	12

b

图 16.18

其次，给出 9 阶平方完全幻方的生成法公式：即 $X = 9(a-1) + b$。苏茂挺构图方法的巧妙之处：由于 3 个二次等幂和数组中的 9 个数码，都是生成 X 的因子，所以由此编制的该 9 阶最优化正交拉丁方阵，按公式计算，必定会生成一幅广义 9 阶平方完全幻方（图 16.19），其一次泛幻和等于 "729"，平方泛幻和等于 "83157"。

苏氏构造法的数理清楚，操作简便，功能强大。他说："还可以用于构造 16 阶三次幻方、18 阶完美平方幻方、36 阶三次幻方，36 阶幻方（行列五次）等。"其实，还有更多。

6	76	161	123	139	62	105	13	44
108	25	29	9	88	146	126	151	47
129	136	59	111	10	41	12	73	158
17	78	148	134	141	49	116	15	31
101	18	43	2	81	160	119	144	61
131	147	46	113	21	28	14	84	145
4	89	150	121	152	51	103	26	33
115	11	36	16	74	153	133	137	54
118	149	57	100	23	39	1	86	156

图 16.19

二、苏氏构造法的活用

其一，给出任何"三联二次等幂和数组"配置方案都可运用该法构图

苏茂挺这个"三联二次等幂和数组"是最小的原生数码配置方案，我采用一种"自加"派生法，可给出一个尽可能小的新配置方案："13，26，15""11，25，18""10，23，21"，各组一次和等于"54"，平方和等于"1070"。据此，以苏氏构造法就可制作出如下一个广义9阶平方完全幻方（图16.20）。

10 11 13	23 25 26	21 18 15
21 18 15	10 11 13	23 25 26
23 25 26	21 18 15	10 11 13
10 11 13	23 25 26	21 18 15
21 18 15	10 11 13	23 25 26
23 25 26	21 18 15	10 11 13
10 11 13	23 25 26	21 18 15
21 18 15	10 11 13	23 25 26
23 25 26	21 18 15	10 11 13

a

26 15 13	26 15 13	26 15 13
25 18 11	25 18 11	25 18 11
23 21 10	23 21 10	23 21 10
13 26 15	13 26 15	13 26 15
11 25 18	11 25 18	11 25 18
10 23 21	10 23 21	10 23 21
15 13 26	15 13 26	15 13 26
18 11 25	18 11 25	18 11 25
21 10 23	21 10 23	21 10 23

b

→

107 105 121	224 231 238	206 168 139
205 171 137	106 108 119	223 234 236
221 237 235	203 174 136	104 111 118
94 116 123	211 242 240	193 179 141
191 178 144	92 115 126	209 241 243
208 239 246	190 176 147	91 113 129
96 103 134	213 229 251	195 166 152
198 164 151	99 101 133	216 227 250
219 226 248	201 163 149	102 100 131

X

图 16.20

本例这个广义9阶平方完全幻方，一次和等于"1539"，二次和等于"287277"。从理论上说，原生或派生三联二次等幂和数组有无限多组，构造广义幻方应贯彻"小数字优先"原则，尽可能减少冗余。

其二，9阶最优化正交拉丁方阵有一个特定子集

9阶最优化正交拉丁方阵的组合结构，必须具备上文已经指明的特征，否则其二次等和关系不成立。但这种9阶最优化正交拉丁方阵，在"3阶单元最优化逻辑编码法"中存在一个子集，即 $\frac{1}{8} \times (3!) \times 3$，而苏氏构造法中使用的只不过是其中之一。如上例这对9阶最优化正交拉丁方阵，其"3阶单元"编码格式就与之不同。

另外，在苏氏构造法中，广义9阶平方幻方是完全幻方还是非完全幻方的决定因素，乃是这对正交拉丁方阵的组合性质。如果它是一对非最优化正交拉丁方阵，当然会生成广义9阶平方非完全幻方。

其三，生成公式"$X = 9(a-1) + b$"的用法

由二次等幂和数组配置方案所编制的正交拉丁方阵，必须通过公式"$X = 9(a-1) + b$"换算，才能转化或者说生成广义9阶平方完全幻方，这是苏氏构造法的核心技术。公式中"9"是阶次常数，原二次等幂和数组的各数码依次加"9"的不同倍数，所生成广义幻方二次等幂和关系性质不变。因此，在生成公式"$X = 9(a-1) + b$"中，交换"a"与"b"的位置，即"$X = 9(b-1) + a$"，同样可得到一个广义9阶平方完全幻方异构体（图16.21）。

6	4	17	6	4	17	6	4	17
9	16	2	9	16	2	9	16	2
12	1	14	12	1	14	12	1	14
17	6	4	17	6	4	17	6	4
2	9	16	2	9	16	2	9	16
14	12	1	14	12	1	14	12	1
4	17	6	4	17	6	4	17	6
16	2	9	16	2	9	16	2	9
1	14	12	1	14	12	1	14	12

a

1	9	17	14	16	6	12	2	4
12	2	4	1	9	17	14	16	6
14	16	6	12	2	4	1	9	17
1	9	17	14	16	6	12	2	4
12	2	4	1	9	17	14	16	6
14	16	6	12	2	4	1	9	17
1	9	17	14	16	6	12	2	4
12	2	4	1	9	17	14	16	6
14	16	6	12	2	4	1	9	17

b

→

46	36	161	59	43	150	57	29	148
84	137	13	73	144	26	86	151	15
113	16	123	111	2	121	100	9	134
145	54	44	158	61	33	156	47	31
21	74	139	10	81	152	23	88	141
131	115	6	129	101	4	118	108	17
28	153	62	41	160	51	39	146	49
147	11	76	136	18	89	149	25	78
14	133	105	12	119	103	1	126	116

X

图 16.21

　　如图 16.21 所示，苏茂挺这对正交 9 阶最优化拉丁方阵，在公式"$X=9(a-1)+b$"中交换"a"与"b"的位置后，这个广义 9 阶平方完全幻方的内部组合结构发生了翻天覆地的重新组排，但其一次泛幻和"729"，平方泛幻和"83157"不变。

自乘幻方

　　所谓自乘幻方，是指由 1 至 n^2 自然数列的 k 次幂形方式（$k \geq 1$）构造的幻方，其一次幻和、二次幻和……k 次幻和各为一个常数。自乘幻方乃为高次幻方发展的高级形式，它与高次幻方的主要区别在于：一般高次幻方"自选"配置方案，幻幂和是一个变数；然而，自乘幻方规范用数，在 $k=1$ 次时，则一次幻方成立；在 $k=2$ 次时，平方幻方成立；在 $k=3$ 次时，立方幻方成立……如此一幅经典幻方以"自乘"方式可转化成一个连续的 k 次幂等和的幻方串。显然，自乘幻方从高次幻方中脱颖而出了。

　　自乘幻方是寓于经典幻方领域中占极少数的一个特殊部分，揭示了经典幻方"自乘" k 次的"外延"数学关系。自乘完全幻方存在两种不同的"外延"组合性质：其一，完全幻方 /k 次幻方，即完全幻方 k 次"自乘"，所得为 k 次非完全幻方；其二，完全幻方 /k 次完全幻方，即完全幻方 k 次"自乘"，所得为 k 次完全幻方。自乘完全幻方构图难度非常大，乃是挑战各路幻方高手智力的一个迷宫中的迷宫。

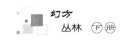
法国 G. Pfeffermann 首创 8 阶、9 阶平方幻方

一、8 阶、9 阶平方非完全幻方简介

法国 G. Pfeffermann 于 1890 年首创 8 阶平方幻方，以规范的 1～64 自然数列编制，其 8 行、8 列及 2 条主对角线之和等于"260"。然后这幅 8 阶幻方"自乘"，可转化为 8 阶平方幻方，其平方幻和等于"11180"［图 17.1（1）］。

同年，他又创作了一幅 9 阶平方幻方，以 1～81 自然数列编制，一次幻和"369"，平方幻和"20049"。它的中行、中列、两条主对角线的立方和等于"1225449"［图 17.1（2）］。

56	34	8	57	18	47	9	31
33	20	54	48	7	29	59	10
26	43	13	23	64	38	4	49
19	5	35	30	53	12	46	60
15	25	63	2	41	24	50	40
6	55	17	11	36	58	32	45
61	16	42	52	27	1	39	22
44	62	28	37	14	51	21	3

（1）

22	3	81	42	34	47	17	59	64
37	54	15	71	76	57	32	20	7
33	38	8	55	72	77	52	13	21
68	73	43	12	26	4	63	51	29
2	16	58	46	41	36	24	66	80
53	31	19	78	56	70	39	9	14
61	69	30	5	10	27	74	44	49
75	62	50	25	6	11	67	28	45
18	23	65	35	48	40	1	79	60

（2）

图 17.1

之前，18 世纪西方数学家们如欧拉等人，以平方数组制作"幻方"，开创了广义高次幻方的新篇章。但直至 100 年后，G. Pfeffermann 真正与经典幻方"接轨"，创作了震惊世界的两幅平方幻方。

如果说古印度太苏寺庙门楣之"石匾"及古中国伊斯兰教徒陆深墓穴出土的"玉挂"这两幅 4 阶完全幻方是幻方发展的第一座里程碑，那么法国 G. Pfeffermann 的 8 阶、9 阶两幅平方幻方就是幻方发展的第二座里程碑。平方幻方确实令人赞叹，正如 G. Pfeffermann 所言："当你住惯了一层小房时，突然住到新盖的二层小楼，你会感到更加舒服、宽敞明亮，这就是平方幻方给带来的喜悦。"时至今日，这两幅平方幻方仍然是人们研究"自乘"幻方的样板。

二、化简结构透视与重构

（一）8 阶平方幻方

以"商—余"正交方阵透视其微观结构（图 17.2）：①"商—余"两方阵各

自具备幻方组合性质；②"商—余"两方阵"不规则"编码；③四象消长态组合。总之，8阶平方幻方结构变化复杂，尤其两方阵建立正交关系的难度相当高。

图 17.2

这幅 8 阶平方幻方属于"不规则"幻方范畴，有两种简单重构方法：一是"行列同步轴对称交换法"（图 17.3 左），因为相关行列位移，表现为结构改变，但各行、各列及主对角线配置都不变。二是"互补法"，即以互

图 17.3

补常数"65"减样本各数（图 17.3 右），表现为泛对角线重新配置，其中两条主对角线保持二次等幂和关系是个奇迹，而各行各列只是次序重排。这两种重构方法可交互使用，因而能演绎出 2×4^2 幅 8 阶平方幻方异构体（包含样本）。最重要的收获是发现存在互补关系二次等幂和数组。例如，$56 + 20 + 13 + 30 + 41 + 58 + 39 + 3 = 9 + 45 + 52 + 35 + 24 + 7 + 26 + 62$；$31 + 59 + 38 + 53 + 2 + 17 + 16 + 44 = 34 + 6 + 27 + 12 + 63 + 48 + 49 + 21$。这就是说，互补法是一种新的特殊等幂和数组的生成技巧。

据试验，下列方法重构本例不成功，如"奇偶 ±1 法"及"商—余"方阵换位法等，都会失去二次等幂和关系。

（二）9 阶平方幻方

这幅 9 阶平方幻方化简（图 17.4）的基本特点：①"商—余"两方阵各具有幻方性质。②"商—余"两方阵"不规则"编码。③大九宫是一个 3 阶行列图。④"商数"方阵，9 行、9 列及 2 条主对角线都由 0～8 构成；"余数"方阵 9 行及 2 条主对角线由 1～9 组成，但 9 列为"不规则"配置。⑤对应数组中心对称排列。总体而言，这幅 9 阶平方幻方与它的"不规则"8 阶平方幻方为同类型编码结构。

22	3	81	42	34	47	17	59	64
37	54	15	71	76	57	32	20	7
33	38	8	55	72	77	52	13	21
68	73	43	12	26	4	63	51	29
2	16	58	46	41	36	24	66	80
53	31	19	78	56	70	39	9	14
61	69	30	5	10	27	74	44	49
75	62	50	25	6	11	67	28	45
18	23	65	35	48	40	1	79	60

=

2	0	8	4	3	5	1	6	7
4	5	1	7	8	6	3	2	0
3	4	0	6	7	8	5	1	2
7	8	4	1	2	0	6	5	3
0	1	6	5	4	3	2	7	8
5	3	2	8	6	7	4	0	1
6	7	3	0	1	2	8	4	5
8	6	5	2	0	1	7	3	4
1	2	7	3	5	4	0	8	6

×9+

4	3	9	6	7	2	8	5	1
1	9	6	8	4	3	5	2	7
6	2	8	1	9	5	7	4	3
5	1	7	3	8	4	9	6	2
2	7	4	1	5	9	3	0	8
8	4	1	6	2	7	3	9	5
7	6	3	5	1	9	2	8	4
3	8	5	7	6	2	4	1	9
9	5	2	8	3	4	1	7	6

图 17.4

本例有两种简单重构方法：其一，行与列同步轴对称交换法（图略）；其二，九宫各 3 阶单元原位同步旋转 180°（此为上一方法特例），如有图 17.5 一例，它的 9 行、9 列及 2 条主对角线次序重排，因而内部结构发生了改变，但保持着"中心对称"特征；其三，"杨辉口诀周期编绎法"可产出 3 幅新的 9 阶平方幻方（图 17.6），它们的 9 行、9 列及 2 条主对角线上数字构成与样本相同，因而一次、二次非完全幻方的组合性质不变，但结构重组。

8	38	33	77	72	55	21	13	52
15	54	37	57	76	71	7	20	32
81	3	22	47	34	42	64	59	17
19	31	53	70	56	78	14	9	39
58	16	2	36	41	46	80	66	24
43	73	68	4	26	12	29	51	63
65	23	18	40	48	35	60	79	1
50	62	75	11	6	25	45	28	67
30	69	61	27	10	5	49	44	74

图 17.5

64	45	14	49	80	21	29	7	60
3	62	31	69	16	38	73	54	23
42	25	78	5	46	55	12	71	35
81	50	19	30	58	8	43	15	65
34	6	56	10	41	72	26	76	48
17	67	39	74	24	52	63	32	1
47	11	70	27	36	77	4	57	40
59	28	9	44	66	13	51	20	79
22	75	53	61	2	33	68	37	18

12	51	43	68	26	29	63	73	4
25	28	50	75	6	45	67	62	11
55	13	8	33	72	21	52	38	77
42	59	81	22	34	64	17	3	47
46	66	58	2	41	80	24	16	36
35	79	61	18	48	60	1	23	40
5	44	30	61	10	49	74	69	27
71	20	15	37	76	7	32	54	57
78	9	19	53	56	14	39	31	70

52	32	17	39	24	63	1	67	74
13	20	59	9	66	51	79	28	44
21	7	64	14	80	29	60	45	49
55	71	42	78	46	12	35	25	5
72	76	34	56	41	26	48	6	10
77	57	47	70	36	4	40	1	27
33	37	22	53	2	68	18	75	61
38	54	3	31	16	73	23	62	69
8	15	81	19	58	43	65	50	30

图 17.6

注：杨辉口诀周期编绎过程中，另外 4 幅 9 阶一次幻方不成立，但泛对角线一次、二次等和关系成立，由此意外发现了另类自然方阵存在这样一个新类别，太有价值了（图略）。

英国 Henry Ernest Dudeney 的 8 阶平方幻方

一、杜德尼的 8 阶平方非完全幻方简介

亨利·杜德尼（Henry Ernest Dudeney，1857—1930 年），是英国 19 世纪末 20 世纪初最伟大与知名的趣题设计家与娱乐数学家，与同时期的美国趣题奇才萨姆·劳埃德（Sam Loyd）齐名。他创作的一幅 8 阶平方幻方（图 17.7），其一次幻和等于“260”，平方幻和等于“11180”常数。

7	53	41	27	2	52	48	30
12	58	38	24	13	63	35	17
51	1	29	47	54	8	28	42
64	14	18	36	57	11	23	37
25	43	55	5	32	46	50	4
22	40	60	10	19	33	61	15
45	31	3	49	44	26	6	56
34	20	16	62	39	21	9	59

图 17.7

这也是一幅传遍世界的平方幻方精品，一代又一代的幻方爱好者们欣赏它、赞美它，并从中学到了另一款行列式“八联二次等幂和数组”配置方案，并且获得了平方幻方构图方法的启示。杜德尼这幅 8 阶平方幻方组合结构的基本特点是四象各 4 阶单元全等。

二、化简结构透视与重构

杜德尼这幅 8 阶平方幻方的化简形式，即“商—余”正交两方阵（图 17.8），微观结构的特点：①“商数”方阵规则编码，左右象限复制，上下象限反对，对角象限相向；②“商数”方阵规则编码，左右、上下象限调头间插，对角象限相向；③两方阵正交关系可逆。由此可见，杜德尼这幅 8 阶平方幻方的化简结构章法有序，完全不同于法国 G. Pfeffermann 的 8 阶平方幻方。这就是说，平方幻方也存在于规则幻方范畴。

7	53	41	27	2	52	48	30
12	58	38	24	13	63	35	17
51	1	29	47	54	8	28	42
64	14	18	36	57	11	23	37
25	43	55	5	32	46	50	4
22	40	60	10	19	33	61	15
45	31	3	49	44	26	6	56
34	20	16	62	39	21	9	59

=

0	6	5	3	0	6	5	3
1	7	4	2	1	7	4	2
6	0	3	5	6	0	3	5
7	1	2	4	7	1	2	4
3	5	6	0	3	5	6	0
2	4	7	1	2	4	7	1
5	3	0	6	5	3	0	6
4	2	1	7	4	2	1	7

×8 +

7	5	1	3	2	4	8	6
4	2	6	8	5	7	3	1
3	1	5	7	6	8	4	2
8	6	2	4	1	3	7	5
1	3	7	5	8	6	2	4
6	8	4	2	3	1	5	7
5	7	3	1	4	2	6	8
2	4	8	6	7	5	1	3

图 17.8

这幅规则 8 阶平方幻方有更多的重构方法，除了上文在重构 G. Pfeffermann“不规则”8 阶平方幻方时使用的两种方法外（即“行列同步轴对称交换法”及“互

补法”），还有如下一种新的重构方法。

“商—余”正交两方阵交换角色，即“［商］+ 1”变为［余］方阵，“［余］-1”变为［商］方阵，然而按公式［商］×＋［余］计算，则得一幅新的 8 阶平方幻方（图 17.9）。

1	7	6	4	1	7	6	4
2	8	5	3	2	8	5	3
7	1	4	6	7	1	4	6
8	2	3	5	8	2	3	5
4	6	7	1	4	6	7	1
3	5	8	2	3	5	8	2
6	4	1	7	6	4	1	7
5	3	2	8	5	3	2	8

＋

6	4	0	2	1	3	7	5
3	1	5	7	4	6	2	0
2	0	4	6	5	7	3	1
7	5	1	3	0	2	6	4
0	2	6	4	7	5	1	3
5	7	3	1	2	0	4	6
4	6	2	0	3	1	5	7
1	3	7	5	6	4	0	2

×8＝

49	39	6	20	9	31	62	44
26	16	45	59	34	56	21	3
23	1	36	54	47	57	28	14
64	42	11	29	8	18	51	37
4	22	55	33	60	46	15	25
43	61	32	10	19	5	40	50
38	52	17	7	30	12	41	63
13	27	58	48	53	35	2	24

图 17.9

“商—余”正交两方阵交换角色重构法，所得这幅 8 阶平方幻方，其全部行、列与两条主对角线重组重排，乃是一种全新的组合结构，它依然保持着一次幻和与平方幻和等于常数。太精彩了，两方阵正交关系可逆性能再生二次等幂和数组，这里究竟隐藏着何种更新机制？捉摸不透。现整理出这两幅 8 阶平方幻方 8 行、8 列与 2 条主对角线上的二次等幂和数组配置方案（图 17.10），以备进一步研究。

1	8	28	29	42	47	51	54
2	7	27	30	41	48	52	53
3	6	26	31	44	45	49	56
4	5	25	32	43	46	50	55
9	16	20	21	34	39	59	62
10	15	19	22	33	40	60	61
11	14	18	23	36	37	57	64
12	13	17	24	35	38	58	63

8 行平方等幂和数组

1	2	3	4	5	6	7	8
14	13	16	15	10	9	12	11
20	19	18	17	24	23	22	21
31	32	29	30	27	28	25	26
40	39	38	37	36	35	34	33
43	44	41	42	47	48	45	46
53	54	55	56	49	50	51	52
58	57	60	59	62	61	64	63

8 列平方等幂和数组

杜德尼 8 阶平方幻方

1	14	23	28	36	47	54	57
2	13	24	27	35	48	53	58
3	16	21	26	34	45	56	59
4	15	22	25	33	46	55	60
5	10	19	32	40	43	50	61
6	9	20	31	39	44	49	62
7	12	17	30	38	41	52	63
8	11	18	29	37	42	51	64

8 行平方等幂和数组

1	2	3	4	5	6	7	8
16	15	14	13	12	11	10	9
22	21	24	23	18	17	20	19
27	28	25	26	31	32	29	30
39	40	37	38	35	36	33	34
42	41	44	43	46	45	48	47
52	51	50	49	56	55	54	53
61	62	63	64	57	58	59	60

8 列平方等幂和数组

“商—余”正交两方阵交换角色重构 8 阶平方幻方

图 17.10

王勰的“不规则”8 阶平方幻方

一、“不规则”8 阶平方幻方简介

王勰先生创作的这幅 8 阶平方幻方（见于《数海撷珍》），一次幻和“260”

（非完全幻方），"自乘"平方幻和"11180"（非完全幻方）。现以它的"商—余"正交方阵透视其内在的编码逻辑结构形式及其组合特点（图17.11）。

5	31	35	60	57	34	8	30
19	9	53	46	47	56	18	12
16	22	42	39	52	61	27	1
63	37	25	24	3	14	44	50
26	4	64	49	38	43	13	23
41	51	15	2	21	28	62	40
54	48	20	11	10	17	55	45
36	58	6	29	32	7	33	59

=

0	3	4	7	7	4	0	3
1	6	5	2	6	5	6	2
1	2	5	4	6	7	3	0
7	4	3	2	0	1	5	6
3	0	7	6	4	5	1	2
5	6	1	0	2	3	7	4
6	5	2	1	1	2	6	5
4	7	0	3	3	0	4	7

×8+

5	7	3	4	1	2	8	6
3	1	5	6	7	8	2	4
8	6	2	7	4	5	3	1
7	5	1	8	3	6	4	2
2	4	8	1	6	3	5	7
1	3	7	2	5	4	6	8
6	8	4	3	2	1	7	5
4	2	6	5	8	7	1	3

图 17.11

从"商—余"正交方阵分析，其逻辑结构与组合特点如下。

①两方阵具有相对独立的幻方性质；四象等和但为"不规则"配置。

②两方阵内在的逻辑形式具有"不规则"性，编码无一定章法。

③"余数"方阵的8行、8列及2条主对角线都由1～8自然数列构成；"商数"方阵的8列及2条主对角线由0～7自然数列构成，但8行的数字构成没有明显的特征。因此，两方阵建立正交关系超常复杂。

总之，这幅"不规则"8阶平方幻方的构图方法，没有介绍是很难弄清楚的，一般为"手工"作品。它的出现让人们知道在8阶非完全幻方领域中，"自乘"幻方的分布相当广泛，"不规则"幻方的"外延"数学关系更令人难于捉摸。

二、"不规则"8阶平方幻方重组

样本重组，要求同步"记忆"样本的一次、二次等幂和关系、结构特征及其组合性质。"不规则"8阶平方幻方无章可循，在我所研制的重组方法中适用得不多，除了上文在重构 G. Pfeffermann "不规则"8阶平方幻方时使用的两种方法外（即"行列同步轴对称交换法"及"互补法"），另有如下一种新的重构方法，即"四象变位法"。

"四象变位法"重组样本，只能做各象子单元在原位置"同步旋转180°"变位，则可再造出一幅新的"不规则"8阶平方幻方异构体（图17.12）。它的8行、8列及2条主对

24	25	37	63	50	44	14	3
39	42	22	16	1	27	61	52
46	53	9	19	12	18	56	47
60	35	31	5	30	8	34	57
29	6	58	36	59	33	7	32
11	20	48	54	45	55	17	10
2	15	51	41	40	62	28	21
49	64	4	26	23	13	43	38

图 17.12

角线上的数字配置与样本相同，区别仅在于排序结构重组，因而保持着一次与二次等和关系。

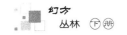
梁培基的"规则"8阶平方幻方

一、"规则"8阶平方幻方简介

梁培基、顾同新合作填制的一幅全中心对称8阶平方幻方佳作〔摘自《平方幻方与双重幻方的构造》(《中国幻方》2006年第2期,中国幻方研究者协会主编)〕,其一次幻和"260",平方幻和"11180"(图17.13左)。

2	19	40	53	41	60	15	30
57	44	31	14	18	3	56	37
23	6	49	36	64	45	26	11
48	61	10	27	7	22	33	52
13	32	43	58	38	55	4	17
54	39	20	1	29	16	59	42
28	9	62	47	51	34	21	8
35	50	5	24	12	25	46	63

=

0	2	4	6	5	7	1	3
7	5	3	1	2	0	6	4
2	0	6	4	7	5	3	1
5	7	1	3	0	2	4	6
1	3	5	7	4	6	0	2
6	4	2	0	3	1	7	5
3	1	7	5	6	4	2	0
4	6	0	2	1	3	5	7

×8+

2	3	8	5	1	4	7	6
1	4	7	6	2	3	8	5
7	6	1	4	8	5	2	3
8	5	2	3	7	6	1	4
5	8	3	2	6	7	4	1
6	7	4	1	5	8	3	2
4	1	6	7	3	2	5	8
3	2	5	8	4	1	6	7

图 17.13

从"商—余"正交方阵分析,其组合特点如下。

①两方阵8行、8列及2条主对角线都由0～7或1～8自然数列构成。

②"商数"方阵左右两象为上下颠倒关系,而上下两象为上下交叉颠倒关系;"余数"方阵左右两象每两行为上下颠倒关系,而上下两象为左右颠倒关系。

③两方阵四象全等配置,等和数组全中心对称。

二、"规则"8阶平方幻方重组

根据这幅8阶平方幻方组合特点与编码章法,可以捉摸到在"规则"幻方领域中搜寻"自乘"幻方的新路子与构图方法。

(一)"商—余"正交方阵转换角色

通过加"1"减"1"法,"商—余"两方阵互换位置关系,即可得一幅新的8阶平方幻方(图17.14):它是对梁培基8阶平方幻方的重组,组合性质保持其一次幻和等于"260",平方幻和等于"11180";其微观结构保持其全中心对称状态,但数字组合品相更美了,即奇、偶数相间各占半行;同时,两条主对角线三次方等和于"54800",此乃难得一见之8阶平方幻方珍品。

1	3	5	7	6	8	2	4
8	6	4	2	3	1	7	5
3	1	7	5	8	6	4	2
6	8	2	4	1	3	5	7
2	4	6	8	5	7	1	3
7	5	3	1	4	2	8	6
4	2	8	6	7	5	3	1
5	7	1	3	2	4	6	8

$+8\times$

1	2	7	4	0	3	6	5
0	3	6	5	1	2	7	4
6	5	0	3	7	4	1	2
7	4	1	2	6	5	0	3
4	7	2	1	5	6	3	0
5	6	3	0	4	7	2	1
3	0	5	6	2	1	4	7
2	1	4	7	3	0	5	6

$=$

9	19	61	39	6	32	50	44
8	30	52	42	11	17	63	37
51	41	7	29	64	38	12	18
62	40	10	20	49	43	5	31
34	60	22	16	45	55	25	3
47	53	27	1	36	58	24	14
28	2	48	54	23	13	35	57
21	15	33	59	26	4	46	56

图 17.14

（二）四象变位法

再以图 17.14 为样本，四象按如下方式交换位置关系：①上下两象换位；②左右两象换位；③前两种换位同步进行。由此得到 3 幅新的 8 阶平方幻方（图 17.15）。

34	60	22	16	45	55	25	3
47	53	27	1	36	58	24	14
28	2	48	54	23	13	35	57
21	15	33	59	26	4	46	56
9	19	61	39	6	32	50	44
8	30	52	42	11	17	63	37
51	41	7	29	64	38	12	18
62	40	10	20	49	43	5	31

45	55	25	3	34	60	22	16
36	58	24	14	47	53	27	1
23	13	35	57	28	2	48	54
26	4	46	56	21	15	33	59
6	32	50	44	9	19	61	39
11	17	63	37	8	30	52	42
64	38	12	18	51	41	7	29
49	43	5	31	62	40	10	20

6	32	50	44	9	19	61	39
11	17	63	37	8	30	52	42
64	38	12	18	51	41	7	29
49	43	5	31	62	40	10	20
45	55	25	3	34	60	22	16
36	58	24	14	47	53	27	1
23	13	35	57	28	2	48	54
26	4	46	56	21	15	33	59

图 17.15

这 3 幅新的 8 阶平方幻方都不变更样本行、列的数字组合状态，但重组数字排序结构。同时，每幅 8 阶平方幻方的两条主对角线可相互交换。总之，"规则" 8 阶平方幻方的重组方法比较多，本文不一一介绍。

梁氏 "坐标定位法" 活学活用

我说过："授渔者，师也。"梁培基是双重幻方研究专家，他发现自己的"坐标定位法"同样适用于平方幻方构图，并发表《平方幻方与双重幻方的构造》一文（《中国幻方》2006 年第 2 期），我拜读后受益匪浅。

一、梁氏 "坐标定位法" 简介

梁培基、顾同新介绍了他们发明的"坐标定位法"，指出此法适用于构造 $2m$ 阶（$m \geqslant 3$）、$(2k+1)^2$ 阶（$k \geqslant 1$）平方幻方。现将"坐标定位法"做如下概括性描述。

①将 1 至 n^2 自然数列按一定规则排出 n 阶方阵 Z，再将 1 至 n 自然数列按特定规则排出两个正交 n 阶方阵 A 与 B。

②A 与 B 两方阵对应位置 ji 上两元素 a、b，表示取 Z 方阵 a 行 b 列位置上某数 x，并将该数填入 n 阶 C 方阵（空盘）的 ji 位置，如此填满方阵 C，即得平方幻方。

第一例：梁培基的 8 阶平方幻方（$S_8 = 260$，$SS_8 = 11180$，图 17.16）

Z:

1	2	3	4	5	6	7	8
9	10	11	12	13	14	15	16
17	18	19	20	21	22	23	24
25	26	27	28	29	30	31	32
33	34	35	36	37	38	39	40
41	42	43	44	45	46	47	48
49	50	51	52	53	54	55	56
57	58	59	60	61	62	63	64

A:

1	3	5	7	6	8	2	4
8	6	4	2	3	1	7	5
3	1	7	5	8	6	4	2
6	8	2	4	1	3	5	7
2	4	6	8	5	7	1	3
7	5	3	1	4	2	8	6
4	2	8	6	7	5	3	1
5	7	1	3	2	4	6	8

B:

2	3	8	5	1	4	7	6
1	4	7	6	2	3	8	5
7	6	1	4	8	5	2	3
8	5	2	3	7	6	1	4
5	8	3	2	6	7	4	1
6	7	4	1	5	8	3	2
4	1	6	7	3	2	5	8
3	2	5	8	4	1	6	7

C:

2	19	40	53	41	60	15	30
57	44	31	14	18	3	56	37
23	6	49	36	64	45	26	11
48	61	10	27	7	22	33	52
13	32	43	58	38	55	4	17
54	39	20	1	29	16	59	42
28	9	62	47	51	34	21	8
35	50	7	24	12	25	46	63

图 17.16

注：图 17.16 与"双重幻方"中图 14.17 的"A、B"阵相同，区别仅在于更换了 Z 阵。若 Z 阵是生成因子"相乘"方阵，"坐标定位法"得双重幻方；若 Z 阵是生成因子"相加"方阵，"坐标定位法"得平方幻方。

第二例：梁培基构造的 9 阶平方幻方（$S_9 = 369$，$SS_9 = 20049$，图 17.17）

Z:

1	2	3	4	5	6	7	8	9
10	11	12	13	14	15	16	17	18
19	20	21	22	23	24	25	26	27
28	29	30	31	32	33	34	35	36
37	38	39	40	41	42	43	44	45
46	47	48	49	50	51	52	53	54
55	56	57	58	59	60	61	62	63
64	65	66	67	68	69	70	71	72
73	74	75	76	77	78	79	80	81

A:

8	9	7	2	3	1	5	6	4
2	3	1	5	6	4	8	9	7
5	6	4	8	9	7	2	3	1
7	8	9	1	2	3	4	5	6
1	2	3	4	5	6	7	8	9
4	5	6	7	8	9	1	2	3
9	7	8	3	1	2	6	4	5
3	1	2	6	4	5	9	7	8
6	4	5	9	7	8	3	1	2

B:

3	7	5	4	2	9	8	6	1
8	6	1	3	7	5	4	2	9
4	2	9	8	6	1	3	7	5
7	5	3	2	9	4	6	1	8
6	1	8	7	5	3	2	9	4
2	9	4	6	1	8	7	5	3
5	3	7	9	4	2	1	8	6
1	8	6	5	3	7	9	4	2
9	4	2	1	8	6	5	3	7

C:

66	79	59	13	20	9	44	51	28
17	24	1	39	52	32	67	74	63
40	47	36	71	78	55	12	25	5
61	68	75	2	18	22	33	37	53
6	10	26	34	41	48	56	72	76
29	45	49	60	64	80	7	14	21
77	57	70	27	4	11	46	35	42
19	8	15	50	30	43	81	58	65
54	31	38	73	62	69	23	3	16

图 17.17

注：图 17.17 与"双重幻方"中图 14.27 的"A、B"阵相同，区别仅在于更换了 Z 阵。AB 坐标在"乘积" Z 阵上定位得双重幻方，在"加数" Z 阵上定位得平方幻方。总之，双重幻方与平方幻方"一身而二任"的数理机制相通。

由上述本两例可知，方阵 Z 是一个自然方阵，"A—B"正交方阵是一种按单元编码的"规则逻辑"拉丁方。A—B 正交方阵编码规则要点：①首行 1 至 n 自然数列可做全排列（$n!$）定位；②编码的逻辑形式为"自然逻辑"格式，其特征行、列及两条主对角线由 1 至 n 构成；③编辑方法单元内按上行、单元间按上单元编码；④始编位置都从次位或次位以下起编；⑤A 与 B 建立正交关系执行起编位置"错位"原则；⑥"A—B"正交方阵在 Z 自然方阵上贯彻"等幂和"离散分布法则。"坐标定位法"中的"A—B"正交方阵，我简称之为子单元两层次自然逻辑编码法。

梁氏"坐标定位法"编制平方幻方的核心技术，在于它能检索分布于 Z 自然方阵不同行、不同列上的平方等幂和数组，并能按法在 C 阵上自动生成幻方兼平方幻方。总之，梁氏"坐标定位法"思路奇特，构图机制巧妙，操作简便而直观，具有强大的幻方可检索与可计数功能。同时，此法的新用法尚有更广阔的开拓空间，乃是不可多得的好方法。

二、梁氏"坐标定位法"活用

根据"错位"正交原则，A 与 B 可"一对多""多对一"建立正交关系，同时 A 与 B 为"可逆"正交方阵，因为它们本身具有幻方组合性质。凡 A 与 B 两方阵正交者，按法都可编出平方幻方。以梁培基的 9 阶平方幻方为例，"坐标定位法"活学活用如图 17.18 所示。

A
8	9	7	2	3	1	5	6	4
2	3	1	5	6	4	8	9	7
5	6	4	8	9	7	2	3	1
7	8	9	1	2	3	4	5	6
1	2	3	4	5	6	7	8	9
4	5	6	7	8	9	1	2	3
9	7	8	3	1	2	6	4	5
3	1	2	6	4	5	9	7	8
6	4	5	9	7	8	3	1	2

B
1	9	5	8	4	3	6	2	7
6	2	7	1	9	5	8	4	3
8	4	3	6	2	7	1	9	5
9	5	1	4	3	8	2	7	6
2	7	6	9	5	1	4	3	8
4	3	8	2	7	6	9	5	1
5	1	9	3	8	4	7	6	2
7	6	2	5	1	9	3	8	4
3	8	4	7	6	2	5	1	9

C
64	81	59	17	22	3	42	47	34
15	20	7	37	54	32	71	76	57
44	49	30	69	74	61	10	27	5
63	68	73	4	12	26	29	43	51
2	16	24	36	41	46	58	66	80
31	39	53	56	70	76	9	14	19
77	55	72	21	8	13	52	33	38
25	6	11	50	43	45	75	62	67
48	35	40	79	60	65	23	1	18

A
8	9	7	2	3	1	5	6	4
2	3	1	5	6	4	8	9	7
5	6	4	8	9	7	2	3	1
7	8	9	1	2	3	4	5	6
1	2	3	4	5	6	7	8	9
4	5	6	7	8	9	1	2	3
9	7	8	3	1	2	6	4	5
3	1	2	6	4	5	9	7	8
6	4	5	9	7	8	3	1	2

B
7	3	5	6	8	1	2	4	9
2	4	9	7	3	5	6	8	1
6	8	1	2	4	9	7	3	5
3	5	7	8	1	6	4	9	2
4	9	2	3	5	7	8	1	6
8	1	6	4	9	2	3	5	7
5	7	3	1	6	8	9	2	4
9	2	4	5	7	3	1	6	8
1	6	8	9	2	4	5	7	3

C
70	75	59	15	26	1	38	49	36
11	22	9	43	48	32	69	80	55
42	53	28	65	76	63	16	21	5
57	68	79	8	10	24	31	45	47
4	18	20	30	41	52	62	64	78
35	37	51	58	72	74	3	14	25
77	61	66	19	6	17	54	29	40
27	2	13	50	34	39	73	60	71
46	33	44	81	56	67	23	7	12

A
3	7	5	4	2	9	8	6	1
8	6	1	3	7	5	4	2	9
4	2	9	8	6	1	3	7	5
7	5	3	2	9	4	6	1	8
6	1	8	7	5	3	2	9	4
2	9	4	6	1	8	7	5	3
5	3	7	9	4	2	1	8	6
1	8	6	5	3	7	9	4	2
9	4	2	1	8	6	5	3	7

B
8	9	7	2	3	1	5	6	4
2	3	1	5	6	4	8	9	7
5	6	4	8	9	7	2	3	1
7	8	9	1	2	3	4	5	6
1	2	3	4	5	6	7	8	9
4	5	6	7	8	9	1	2	3
9	7	8	3	1	2	6	4	5
3	1	2	6	4	5	9	7	8
6	4	5	9	7	8	3	1	2

C
26	63	43	29	12	73	68	51	4
65	48	1	23	60	40	35	18	79
32	15	76	71	54	7	20	57	37
61	44	27	10	74	30	49	5	69
46	2	66	58	41	24	16	80	36
13	77	33	52	8	72	55	38	21
45	25	62	75	28	11	6	67	50
3	64	47	42	22	59	81	34	17
78	31	14	9	70	53	39	19	56

图 17.18

图 17.18 上原 A 方阵不变，原 B 方阵逆旋 90° 为 B 方阵；图 17.18 中原 A 方阵不变，原 B 方阵上下、左右颠倒为 B 方阵；图 17.18 下原 A 方阵改为 B 方阵，原 B 方阵改为 A 方阵，即 A 与 B 交换定位角色等。它们都能建立正交关系，并按"坐标定位法"在 Z 自然方阵检出和编出新的 9 阶平方幻方。

在充分理解"坐标定位法" $A—B$ 正交方阵与 Z 自然方阵相互关系及其内在机制的基础上，说透了"坐标定位法"本质上就是"商—余"正交方阵构图法，两法的构图原理互通，只是具体形式及操作方法有所差异，可谓异曲同工之妙法。这就是说，梁培基的 A 方阵减 1，可变为"商数"方阵（以符号 O_n 表示），B 方阵不变而为"余数"方阵（以符号 I_n 表示），由此可建立一个"商—余"正交方阵，然而按 $[O_n] \times n + [I_n]$ 公式就可还原出 n 阶平方幻方。反之亦然。例如，以梁培基的 8 阶平方幻方为例，其 $(A-1)$ 变为"商"，B 不变而为"余"，即可还原出与图 17.14 相同的 8 阶平方幻方。反之，其 $(B-1)$ 变为"商"，A 不变而为"余"，则可还原出与图 17.16 相同的 8 阶平方幻方等。

然而，从梁氏"坐标定位法"的法理而言，能否可推广于各阶次平方幻方？是否也适用于三次、四次等各幂次幻方？这是值得探讨的问题。

芬兰 Fredrik Jansson 的 10 阶、11 阶平方幻方

一、10 阶平方幻方简介与重构

芬兰 Boakademi 大学的一名学生 Fredrik Jansson 创作了一幅 10 阶平方幻方（2004 年）：一次幻和为"505"，二次幻和为"33835"。同年，他又创作了一幅 11 阶平方幻方，一次幻和为"671"，二次幻和等于"54351"（图 17.19）。

2	19	70	1	66	74	73	60	68	72
58	77	15	3	65	4	67	69	71	76
62	63	82	75	61	59	79	6	5	13
49	18	14	78	98	40	25	96	43	44
94	41	27	42	35	91	21	95	37	22
93	39	23	38	31	90	33	30	29	99
34	100	36	83	45	24	26	28	97	32
8	85	64	57	7	56	80	48	16	84
54	11	86	47	87	12	92	20	50	46
51	52	88	81	10	55	9	53	89	17

（1）

84	80	88	2	82	10	81	74	1	86	83
53	114	118	35	47	26	27	55	58	113	25
119	45	40	51	116	38	42	29	33	117	41
21	109	20	66	60	37	115	111	54	59	19
69	87	85	4	79	89	94	8	3	75	78
39	15	14	105	96	64	103	61	98	63	13
121	34	44	57	46	120	30	48	108	31	32
73	91	90	71	7	92	95	5	76	6	65
52	36	17	107	16	104	18	77	70	62	112
12	11	99	72	100	67	43	97	68	9	93
28	49	56	101	22	24	23	106	102	50	110

（2）

图 17.19

这幅 10 阶平方幻方的"商—余"正交方阵分析如下。

单偶数 10 阶天生"不规则",如图 17.20 所示,其结构特点如下。

①四象对角之 5 阶单元互为消长。

②数码全盘"不规则"无序分布。

③两方阵都没有幻方性质,以"互补"方式整合。

重构方法如下。

其一,"商—余"正交方阵的四象各 5 阶子单元,在原位同步旋转 180°,所得新 10 阶平方幻方,其行、列及对角线配置相同,但次序重排(图 17.21 左)。

0	1	6	0	6	7	7	5	6	7		2	9	10	1	6	4	3	10	8	2
5	7	1	0	6	0	6	6	7	7		8	7	5	3	5	4	7	9	1	6
6	6	8	7	6	5	5	7	0	0	1	3	2	5	1	9	9	9	6	5	3
4	1	1	7	9	3	2	9	4	4		8	4	8	8	10	5	6	3	4	
9	4	2	4	3	9	2	9	3	2		4	1	7	2	5	1	1	5	7	2
9	3	2	3	3	8	3	2	2	3		3	9	8	1	4	3	10	3	10	9
3	9	3	8	4	2	2	2	9	3		4	10	6	3	4	8	5	5	4	5
0	8	6	5	0	5	7	4	1	8		5	4	7	7	6	10	8	6	4	
5	1	8	4	8	1	9	1	4	4		4	1	6	7	7	2	2	10	10	6
5	5	8	8	0	5	0	5	8	1		1	2	8	1	10	5	9	3	9	7

×10 +

图 17.20

其二,"互补"法,即以互补常数"101"减样本,所得为重新洗牌的 10 阶平方幻方(图 17.21 右)。

35	42	27	41	94	22	37	95	21	91		99	82	31	100	35	27	28	41	33	29
98	78	14	18	49	44	43	96	25	40		43	24	86	98	36	97	34	32	30	25
61	75	82	63	62	13	5	6	79	59		39	38	19	26	40	42	22	95	96	88
65	3	15	77	58	76	71	69	67	4		52	83	87	23	3	61	76	5	58	57
66	1	70	74	74	72	68	60	73	74		7	60	74	59	66	10	80	6	64	79
10	81	88	52	51	17	89	53	9	55		8	62	78	63	70	11	68	71	72	2
87	47	86	11	54	46	50	20	92	12		67	1	65	18	56	77	75	73	4	69
7	57	64	85	8	84	16	48	80	56		93	16	37	44	94	45	21	53	85	17
45	83	36	100	34	32	97	28	26	24		47	90	15	54	14	9	81	51	55	
31	38	23	39	93	99	29	30	33	90		50	49	13	20	91	46	92	48	12	84

图 17.21

上述两种重构方法可交替运用。因此,这幅 10 阶样本可以"一化为四"。

二、11 阶平方幻方简介与重构

从 Fredrik Jansson 的 11 阶平方幻方的化简形态,即"商—余"正交方阵分析如下(图 17.22)。

两方阵"不规则"编码,无章可循,各行、各列及两条主对角线互不等和,因此各自没有幻方性质;两方阵通过"互补"整合方式建立等和关系及正交关系,结构相当复杂。

7	7	7	0	7	0	7	6	0	7	7		7	3	11	2	5	10	4	8	1	9	6
4	10	10	3	4	2	2	4	5	10	2		9	4	8	2	3	4	5	11	3	3	1
10	4	3	4	10	3	1	0	4	5	4		1	7	6	5	4	8	9	11	7	1	8
1	9	1	5	3	10	10	4	5	1	4		10	10	9	4	8	1	1	9	10	4	1
6	7	7	0	7	8	8	0	0	6	7		3	10	8	4	2	6	4	8	3	9	1
3	1	10	9	8	5	9	5	5	5	1		6	4	3	6	4	9	6	4	10	6	10
10	3	3	4	10	2	4	5	5	2	2		11	1	11	5	2	5	5	4	4	9	10
6	8	6	6	7	6	5	6	6	0	5		5	4	9	2	1	7	3	4	7	4	7
4	3	1	9	1	9	1	6	6	5	10		8	8	1	10	1	6	10	1	7	11	4
0	1	9	1	10	8	9	10	4	5	4		11	10	3	10	2	4	3	6	5	4	11
3	4	1	2	4	5	4	9	1	9	4		6	5	1	2	2	8	3	6	3	6	11

×11 +

图 17.22

角线互不等和,因此各自没有幻方性质;两方阵通过"互补"整合方式建立等和关系及正交关系,结构相当复杂。

重构方法如下。其一,互补法,这是任何一幅幻方都适用的"克隆"方法,

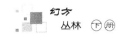

因为互补对是幻方"孪生"与相互转换的最普遍形式，而且两者的组合性质、结构特征及其本例的二次等幂和关系等具有共同性（图 17.23 左）。

其二，杨辉口诀周期编绎法，这是任何一幅质数阶幻方都适用的行列与泛对角线相互置换的普遍方法。本例是一幅 11 阶平方非完全幻方，因此在一个编绎周期内可翻变出 5 幅新的 11 阶平方非完全幻方（另外 5 幅幻方不成立），现出示其中一幅 11 阶平方非完全幻方（图 17.23 右）。

38	42	34	120	40	112	41	48	121	36	39
69	8	4	87	75	96	95	67	64	9	97
3	77	82	71	6	84	80	93	89	5	81
101	13	102	56	62	85	7	11	68	63	103
53	35	37	118	43	2	28	114	119	47	44
83	107	108	17	26	58	19	61	24	59	109
1	88	78	65	76	2	92	74	14	91	90
49	31	32	51	115	30	27	117	46	116	57
70	86	105	15	106	18	104	45	52	60	10
110	111	23	50	22	55	79	25	54	113	29
94	73	66	21	100	98	99	16	20	72	12

105	102	23	37	66	108	34	78	4	32	82
45	11	25	114	16	61	48	74	67	117	93
86	13	111	35	73	107	42	88	8	31	77
104	7	79	28	99	19	41	92	95	27	80
70	101	110	53	94	83	38	1	69	49	3
18	85	55	33	98	58	112	2	96	30	84
10	103	29	44	12	109	39	90	97	57	81
106	62	22	43	100	26	40	76	75	115	6
60	63	113	47	72	59	36	91	9	116	5
15	50	118	21	17	120	65	87	51	71	
52	68	54	119	20	24	121	14	64	46	89

图 17.23

"不规则"幻方是一个诡秘、怪异、不可捉摸的幻方领域，根据"商—余"正交方阵组合性质不同可分为两类：一类为等和整合型"不规则"幻方，即"商—余"正交方阵各具幻方性质；另一类为互补整合型"不规则"幻方，即"商—余"正交方阵没有幻方性质。它们的共性特点是数码的分布都为无序化、非逻辑形态。但两者的差异性反映出互补整合型"不规则"幻方的构图难度更高。芬兰大学生 Fredrik Jansson 创作的 10 阶、11 阶平方幻方，属于互补整合型"不规则"幻方，因而是难得一见之精品。

近几年来，"自乘"幻方在中国已成为幻方研究的一个热门课题，其中平方非完全幻方的成果突飞猛进，在国际平方幻方记录榜（8 ~ 64 阶）的"空白"栏内大部分由中国人填满，可喜可贺。

10 阶、11 阶自乘（平方）幻方的坐标定位

芬兰 Boakademi 大学的学生 Fredrik Jansson 创作的 10 阶、11 阶平方幻方，一个属于单偶数领域，另一个属于质数阶领域，这两幅自乘平方幻方珍品已名闻于世界，中国幻方爱好者们赞叹不已。单偶数阶幻方"天生"不规则，质数阶幻方

不可分解"铁板"一块，其自乘的平方等和关系非常罕见，现借用梁培基的"坐标定位法"分析其微观结构特征。

一、10阶平方幻方"A/B"行列坐标系

根据"坐标定位法"，给出 Z 阵即 10 阶自然方阵，且设 Fredrik Jansson 的 10 阶平方幻方为 C 阵，那么就可逆推出"A/B"行列坐标系（图 17.24），纵横具备正交关系。它与其"商—余"正交方阵（图 17.20）的关系："商"方阵＋1＝A 阵（行坐标），"余"方阵＝B 阵（列坐标）。由此可知，"商—余"正交方阵法，与"坐标定位法"的构图原理相通，两者有异曲同工之妙。

1	2	3	4	5	6	7	8	9	10
11	12	13	14	15	16	17	18	19	20
21	22	23	24	25	26	27	28	29	30
31	32	33	34	35	36	37	38	39	40
41	42	43	44	45	46	47	48	49	50
51	52	53	54	55	56	57	58	59	60
61	62	63	64	65	66	67	68	69	70
71	72	73	74	75	76	77	78	79	80
81	82	83	84	85	86	87	88	89	90
91	92	93	94	95	96	97	98	99	100

Z阵（10阶自然方阵）

2	19	70	1	66	74	73	60	68	72
58	77	15	3	65	4	67	69	71	76
62	63	82	75	61	59	79	6	5	13
49	18	14	78	98	40	25	96	43	44
94	41	27	42	35	91	21	95	37	22
93	39	23	38	31	90	33	30	29	99
34	100	36	83	45	24	26	28	97	32
8	85	64	57	7	56	80	48	16	84
54	11	86	47	87	12	92	20	50	46
51	52	88	81	10	55	9	53	89	17

C阵（10阶平方幻方）

1	2	7	1	7	8	8	6	7	8
6	8	2	1	7	1	7	7	8	8
7	7	9	8	7	6	8	1	1	2
5	2	2	8	10	4	3	10	5	5
10	5	3	5	4	10	3	10	4	3
10	4	3	4	4	9	4	3	3	10
4	10	4	9	5	3	3	3	10	4
1	9	7	6	1	6	8	5	2	9
6	2	9	5	9	2	10	2	5	5
6	6	9	9	1	6	1	6	9	2

A阵（行坐标）

2	9	10	1	6	4	3	10	8	2
8	7	5	3	5	4	7	9	1	6
2	3	2	5	1	9	9	6	5	3
9	8	4	8	8	10	5	6	3	4
4	1	7	2	5	1	1	5	7	2
3	9	3	8	1	10	3	10	9	9
4	10	6	3	5	4	6	8	7	2
8	5	4	7	7	6	10	8	6	4
4	1	6	7	7	2	2	10	10	6
1	2	8	1	10	5	9	3	9	7

B阵（列坐标）

图 17.24

显然，这幅 10 阶平方幻方的"A/B"行列坐标系不规则，编制十分复杂，无章可循，A 或 B 都是特定的"乱数"方阵，其 C 阵的一次等和、二次等和关系是靠两方阵的互补"整合"机制建立起来的。

C 阵与 Z 阵的平方数表达式如图 17.25 所示。

4	361	4900	1	4356	5476	5329	3600	4624	5184
3364	5929	225	9	4225	16	4489	4761	5041	5776
3844	3969	6724	5625	3721	3481	6241	36	25	169
2401	324	196	6084	9604	1600	625	9216	1849	1936
8836	1681	729	1764	1225	8281	441	9025	1369	484
8649	1521	529	1444	961	8100	1089	900	841	9801
1156	10000	1296	6889	2025	576	676	784	9409	1024
64	7225	4096	3249	49	3136	6400	2304	256	7056
2916	121	7396	2209	7569	144	8464	400	2500	2116
2601	2704	7744	6561	100	3025	81	2809	7921	289

C阵（10阶平方数幻方）

1	4	9	16	25	36	49	64	81	100
121	144	169	196	225	256	289	324	361	400
441	484	529	576	625	676	729	784	841	900
961	1024	1089	1156	1225	1296	1369	1444	1521	1600
1681	1764	1849	1936	2025	2116	2209	2304	2401	2500
2601	2704	2809	2916	3025	3136	3249	3364	3481	3600
3721	3844	3969	4096	4225	4356	4489	4624	4761	4900
5041	5184	5329	5476	5625	5776	5929	6084	6241	6400
6561	6724	6889	7056	7225	7396	7569	7744	7921	8100
8281	8464	8649	8836	9025	9216	9409	9604	9801	10000

Z阵（10阶平方数自然方阵）

图 17.25

图 17.24 的 C 阵（10 阶平方幻方）是一次等和时的表达式，图 17.25 左的 C 阵（10 阶平方幻方）是二次等和时的表达式，因此"平方幻方"乃为经典 10 阶幻方的一种"派生"关系。总之，"自乘"幻方是"一身而二任"、两幅幻方之间一种奇特的转化关系。

然而，从 C 阵（10 阶平方幻方）可知，本例不规则"A/B"坐标系，在 Z 阵（10 阶平方数自然方阵）上的行列坐标点不是一种离散分布状态，这与 8 阶、9 阶平方幻方的规则"A/B"坐标系有完全不同的数理机制，因此不规则"A/B"坐标系的编制简直不可捉摸。据试验，交换"A/B"坐标的行列位置，"自乘"的平方关系不再成立。

二、11 阶平方幻方 "A/B" 行列坐标系

图 17.26 "A/B" 行列坐标系，据此在 Z 阵（11 阶自然方阵）就可检出 C 阵（11 阶平方幻方）。这就是芬兰 Boakademi 大学的学生 Fredrik Jansson 的 11 阶平方幻方，采用倒推方法，透视其"坐标定位法"构图的基本原理。由此可知，A 阵（行坐标）就是图 17.22 中"商"方阵加"1"，而 B 阵（列坐标）与"余"方阵相同。这就是说，"坐标定位法"与"商—余"正交方阵法，两者异曲同工。

1	2	3	4	5	6	7	8	9	10	11
12	13	14	15	16	17	18	19	20	21	22
23	24	25	26	27	28	29	30	31	32	33
34	35	36	37	38	39	40	41	42	43	44
45	46	47	48	49	50	51	52	53	54	55
56	57	58	59	60	61	62	63	64	65	66
67	68	69	70	71	72	73	74	75	76	77
78	79	80	81	82	83	84	85	86	87	88
89	90	91	92	93	94	95	96	97	98	99
100	101	102	103	104	105	106	107	108	109	110
111	112	113	114	115	116	117	118	119	120	121

Z 阵（11 阶自然方阵）

84	80	88	2	82	10	81	74	1	86	83
53	114	118	35	47	26	27	55	58	113	25
119	45	40	51	116	38	42	29	33	117	41
21	109	20	66	60	37	115	111	54	59	19
69	87	85	4	79	89	94	8	3	75	78
39	15	14	105	96	64	103	61	98	63	13
121	34	44	57	46	120	30	48	108	31	32
73	91	90	71	7	92	95	5	76	6	65
52	36	17	107	16	104	18	77	70	62	112
12	11	99	72	100	67	43	97	68	9	93
28	49	56	101	22	24	23	106	102	50	110

C 阵（11 阶平方幻方）

8	8	8	1	8	1	8	7	1	8	8
5	11	11	4	5	3	3	5	6	11	3
11	5	4	5	11	4	4	3	3	11	4
2	10	2	6	6	4	11	11	5	6	2
7	8	8	1	8	9	9	1	1	7	8
4	2	2	10	9	6	10	6	9	6	2
11	4	4	6	5	11	3	5	10	3	3
7	9	9	7	1	9	9	1	7	1	6
5	4	2	10	2	10	2	7	7	6	11
2	1	9	7	10	7	4	9	7	1	9
3	5	6	10	2	3	3	10	10	5	10

A 阵（行坐标）

7	3	11	2	5	10	4	8	1	9	6
9	4	8	2	3	4	5	11	3	3	3
9	1	7	7	6	5	9	7	11	7	8
10	10	9	11	5	4	5	1	10	4	8
3	10	8	4	2	1	6	8	3	9	1
6	4	3	6	8	9	4	6	10	8	2
11	1	11	2	2	10	8	4	9	9	10
7	3	2	5	7	4	7	5	10	6	10
8	3	6	8	5	5	7	11	4	7	2
1	11	11	6	1	1	10	9	2	9	5
6	5	1	2	11	2	1	7	3	6	11

B 阵（列坐标）

图 17.26

这幅 11 阶平方幻方在 11 阶自然方阵上的 "A/B" 行列坐标系，建立一次、二次等和关系兼容的平衡机制十分复杂，非逻辑规则编码，A/B "互补" 整合，C 阵各行、各列及各主对角线上的数字在 Z 阵上为一种非离散分布状态。因此，11 阶平方幻方在整个 11 阶幻方群中究竟有多少？如何布局？这是一个难解之谜，更亟待探讨的课题是逻辑形式的规则 "A/B" 行列坐标系的编制方法。

德国 Walter Trump 的 12 阶三次幻方

三次幻方首创于 1905 年，是由法国人 Gaston Tarry 发明的一幅 128 阶三次幻方。100 多年来，后人断断续续地创作了屈指可数的十几幅三次幻方，据资料在国际三次幻方记录中有：法国 General Eutrope Cazalas 于 1933 年创作的 64 阶三次幻方，美国 William H. Benson 于 1976 年创作的 32 阶三次幻方，中国陈钦悟与陈沐天于 2005 年创作的 16 阶三次幻方，以及德国 Walter Trump 于 2002 年创作的 12 阶三次幻方。在三次 "自乘" 幻方探索过程中，幻方专家们的兴趣由高阶向低阶发展，一般来说，阶次越低构图难度越大，12 阶已到了三次幻方存在的最低界限。

一、12 阶三次幻方简介

德国 Walter Trump 创作的这幅 12 阶三次幻方（图 17.27），其一次幻和 "870"，平方幻和 "83810"，立方幻和 "902880"。这是目前阶次最低的一幅规范的连续三次 "自乘" 12 阶非完全幻方，它有一个显著特点是对称列 "互补"，即中轴对折对称，各列每对应两数之和等于 "145"，造型非常美观。

1	22	33	41	62	66	79	83	104	112	123	144
9	119	45	115	107	93	52	38	30	100	26	136
75	141	35	48	57	14	131	88	97	110	4	70
74	8	106	49	12	43	102	133	96	39	137	71
140	101	124	42	60	37	108	85	103	21	44	5
122	76	142	86	67	126	19	78	59	3	69	23
55	27	95	135	130	89	56	15	10	50	118	90
132	117	68	91	11	99	46	134	54	77	28	13
73	64	2	121	109	32	113	36	24	143	81	72
58	98	84	116	138	16	129	7	29	61	47	87
80	34	105	6	92	127	18	53	139	40	111	65
51	63	31	20	25	128	17	120	125	114	82	94

图 17.27

2498	2722
2722	2498

图 17.28

921	1160	1399
1553	1160	767
1006	1160	1314

图 17.29

从 "田" 字型结构看（图 17.28），四象互为消长，每对角两象限等和，相邻两象限互补。从 "井" 字型结构看（图 17.29），大九宫（母阶）为 3 阶 "行列图" 结构。

二、逻辑结构透视

从这幅 12 阶三次幻方的 "化简" 图分析（图 17.30），其逻辑结构基本特征如下。

①各方阵本身不具备幻方性质（行等和，主对角线等和，列不等和），但两方阵通过“互补”整合而建立正交关系、等和关系。

②各方阵对称列“互补”，但非逻辑编码。因此，这是一幅“互补”整合型的不规则 12 阶三次幻方，构图难度相当高。

												66
0	1	2	3	5	5	6	6	8	9	10	11	66
0	9	3	9	8	7	4	3	2	8	2	11	66
6	11	2	3	4	1	10	7	8	9	0	5	66
6	0	8	4	0	3	8	11	7	3	11	5	66
11	8	10	3	4	3	8	7	8	1	3	0	66
10	6	11	7	5	10	1	6	4	0	5	1	66
4	2	7	11	10	7	4	1	0	4	9	7	66
10	9	5	7	0	8	3	11	4	6	2	1	66
6	5	0	10	9	2	9	2	1	11	6	5	66
4	8	6	9	11	1	10	0	2	5	3	7	66
6	2	8	0	7	10	1	4	11	3	9	5	66
4	5	2	1	2	10	1	9	10	9	6	7	66
67	66	64	67	65	67	65	67	65	68	66	65	66

												78
1	10	9	5	2	6	7	11	8	4	3	12	78
9	11	9	7	11	9	4	2	6	4	2	4	78
3	9	11	12	9	2	11	4	1	2	4	10	78
2	8	10	1	12	7	6	1	12	3	5	11	78
8	5	4	6	12	1	12	1	7	9	8	5	78
2	4	10	2	7	6	7	6	11	3	9	11	78
7	3	11	3	10	5	8	3	10	2	10	6	78
12	9	8	7	11	3	10	2	6	5	4	1	78
1	4	2	11	1	8	5	12	2	11	9	12	78
10	2	12	8	6	4	9	7	5	1	11	3	78
8	10	9	6	8	7	6	5	7	4	3	5	78
3	3	7	8	1	8	5	12	5	6	10	10	78
66	78	102	74	90	66	90	66	90	54	78	90	78

图 17.30

三、单元结构性重构法

12 阶一般分解结构：① 12 = 6×2，以 6 阶为子单元的“田”字型结构；② 12 = 2×6，以 2 阶为子单元的格子型结构；③ 12 = 4×3，以 4 阶为子单元的“井”字型大九宫结构；④ 12 = 3×4，以 3 阶为子单元的格子型合成结构。因此，以 Walter Trump 的 12 阶三次幻方为样本，存在这 4 种不同单元结构形式的结构性重构。

结构性重构方法：由于样本两条主对角线的“立方和等幂数组”不存在替代关系，所以各子单元行、列对称交换必须贯彻“同步”原则，否则无法得到新的 12 阶三次幻方，而只能得到“12 阶三次行列图”。下面介绍这 4 种常用的结构性重构方法。

（一）“田”字型四象结构重排

“田”字型结构重排方法：样本四象各 6 阶子单元在原位不动，而其内部对称行、列做同步换位，即得一幅新 12 阶三次非完全幻方［图 17.31（1）］。

（二）“井”字型九宫结构重排

“井”字型结构重排方法：样本九宫各 4 阶子单元在原位不动，内部对称行、列做同步换位，即得另一幅新 12 阶三次幻方［图 17.31（2）］。

（三）“2 阶单元”结构重排

“2 阶单元”结构重排方法：样本 6 母阶中各 2 阶单元在原位不动，内部对称行、列做同步换位，再得一幅新 12 阶三次幻方［图 17.31（3）］。

（四）“3 阶单元”结构重排

“3 阶单元”结构重排方法：样本 4 母阶中各 3 阶单元在原位不动，内部对称行、列做同步换位，又得一幅新 12 阶三次幻方［图 17.31（4）］。

126	67	86	142	76	122	23	69	3	59	78	19
37	60	42	124	101	140	5	44	21	103	85	108
43	12	49	106	8	74	71	137	39	96	133	102
14	57	48	35	141	75	70	4	110	97	88	131
93	107	115	45	119	9	136	26	100	30	38	52
66	62	41	33	22	1	144	123	112	104	83	79
128	25	20	31	63	51	94	82	114	125	120	17
127	92	6	105	34	80	65	111	40	139	53	18
16	138	116	84	98	58	87	47	61	29	7	129
32	109	121	2	64	73	72	81	143	24	36	113
99	11	91	68	117	132	13	28	77	54	134	46
89	130	135	95	27	55	90	118	50	10	15	56

（1）

49	106	8	74	133	102	43	12	71	137	39	96
48	35	141	75	88	131	14	57	70	4	110	97
115	45	119	9	38	52	93	107	136	26	100	30
41	33	22	1	83	79	66	62	144	123	112	104
91	68	117	132	134	46	99	11	13	28	77	54
135	95	27	55	15	56	89	130	90	118	50	10
86	142	76	122	78	19	126	67	23	69	3	59
42	124	101	140	85	108	37	60	5	44	21	103
20	31	63	51	120	17	128	25	94	82	114	125
6	105	34	80	53	18	127	92	65	111	40	139
116	84	98	58	7	129	16	138	87	47	61	29
121	2	64	73	36	113	32	109	72	81	143	24

（2）

119	9	115	45	93	107	38	52	100	30	136	26
22	1	41	33	66	62	83	79	112	104	144	123
8	74	49	106	43	12	133	102	39	96	71	137
141	75	48	35	14	57	88	131	110	97	70	4
76	122	86	142	126	67	78	19	3	59	23	69
101	140	42	124	37	60	85	108	21	103	5	44
117	132	91	68	99	11	134	46	77	54	13	28
27	55	135	95	89	130	15	56	50	10	90	118
98	58	116	84	16	138	7	129	61	29	87	47
64	73	121	2	32	109	36	113	143	24	72	81
63	51	20	31	128	25	120	17	114	125	94	82
34	80	6	105	127	92	53	18	40	139	65	111

（3）

35	141	75	14	57	48	97	88	131	70	4	110
45	119	9	93	107	115	30	38	52	136	26	100
33	22	1	66	62	41	104	83	79	144	123	112
142	76	122	126	67	86	59	78	19	23	69	3
124	101	140	37	60	42	103	85	108	5	44	21
106	8	74	43	12	49	96	133	102	71	137	39
2	64	73	32	109	121	24	36	113	72	81	143
68	117	132	99	11	91	54	134	46	13	28	77
95	27	55	89	130	135	10	15	56	90	118	50
31	63	51	128	25	20	125	120	17	94	82	114
105	34	80	127	92	6	139	53	18	65	111	40
84	98	58	16	138	116	29	7	129	87	47	61

（4）

图 17.31

总而言之，Walter Trump 这幅 12 阶三次幻方样本，按上述 4 种因子分解结构形式，而且按"同步"原则做出相应的结构性重构，则能以"一对一"方式产出 4 幅新的 12 阶三次幻方（不包括样本）。它们的共同结构特征是各行、各列及两条主对角线的数字配置相同，但排序已重新"洗牌"。

四、不同单元结构交叉再重构法

据研究，在单元结构重构法中，当不同单元的阶次成倍数时，可再做交叉重构。因而，在上文所述的 4 种不同单元结构形式的结构性重构方法中，尚有两两结合的交叉重构方法：①"井"字型 4 阶单元结构与"2 阶单元"结构相结合的交叉重构；②"田"字型 6 阶单元结构与"3 阶单元"结构相结合的交叉重构。这两种结合形式而交叉重构的结果，各得一幅新的 12 阶三次幻方异构体（图 17.32）。

图 17.32（1）为"井"字型 4 阶单元结构与"2 阶单元"结构相结合的交叉重构所得，图 17.32（2）为"田"字型 6 阶单元结构与"3 阶单元"结构相结合的交叉重构所得。它们与样本都是行、列及对角线配置相同的 12 阶三次幻方异构体。

35	48	75	141	131	88	57	14	4	70	97	110
106	49	74	8	102	133	12	43	137	71	96	39
33	41	1	22	79	83	62	66	123	144	104	112
45	115	9	119	52	38	107	93	26	136	30	100
95	135	55	27	56	15	130	89	118	90	10	50
68	91	132	117	46	134	11	99	28	13	54	77
124	42	140	101	108	85	60	37	44	5	103	21
142	86	122	76	19	78	67	126	69	23	59	3
105	6	80	34	18	53	92	127	111	65	139	40
31	20	51	63	17	120	25	128	82	94	125	114
2	121	73	64	113	36	109	32	81	72	24	143
84	116	58	98	129	7	138	16	47	87	29	61

（1）

49	12	43	74	8	106	39	137	71	102	133	96
42	60	37	140	101	124	21	44	5	108	85	103
86	67	126	122	76	142	3	69	23	19	78	59
41	62	66	1	22	33	112	123	144	79	83	104
115	107	93	9	119	45	100	26	136	52	38	30
48	57	14	75	141	35	110	4	70	131	88	97
116	138	16	58	98	84	61	47	87	129	7	29
6	92	127	80	34	105	40	111	65	18	53	139
20	25	128	51	63	31	114	82	94	17	120	125
135	130	89	55	27	95	50	118	90	56	15	10
91	11	99	132	117	68	77	28	13	46	134	54
121	109	32	73	64	2	143	81	72	113	36	24

（2）

图 17.32

五、"奇偶数 ±1"重组法

凡偶数阶幻方各行、各列及各对角线上的偶数与奇数的个数相等，则以偶数减"1"、奇数加"1"的方法，可重组与重排样本，且能"记忆"样本的组合性质、数学关系与结构特征等。现仍以 Walter Trump 这幅 12 阶三次幻方样本做"奇偶数 ±1"重组，可得一幅新 12 阶三次幻方（图 17.33）。

2	21	34	42	61	65	80	84	103	111	124	143
10	120	46	116	108	94	51	37	29	99	25	135
76	142	36	47	58	13	132	87	98	109	3	69
73	7	105	50	11	44	101	134	95	40	138	72
139	102	123	41	59	30	107	86	104	22	43	6
121	75	141	85	68	125	20	77	60	4	70	24
56	28	96	136	129	90	55	16	9	49	117	89
131	118	67	92	12	100	45	133	53	78	27	14
74	63	1	122	110	31	114	35	23	144	82	71
57	97	83	115	137	15	130	8	30	62	48	88
79	33	106	5	91	128	17	54	140	39	112	66
52	64	32	19	26	127	18	119	126	113	81	93

图 17.33

它在行列配置方面"刷新"了样本，即行、列及对角线上的数字全部更换，因此"奇偶数 ±1"法具有生成另一套三次等幂和数组的功能。同时，"奇偶数 ±1"法对于 Walter Trump 这幅 12 阶三次幻方样本，及其由结构性重构法产出的 6 幅 12 阶三次幻方的重组都是适用的。

总之，本文从 Walter Trump 这幅 12 阶三次幻方样本演绎出了 14 幅新作（包括样本）。这就是说，运用各种重构或重组技巧，也是制作"自乘"幻方的玩法。目前，国内平方幻方研制取得累累硕果，同时在三次幻方或幂次更高的"自乘"幻方开发方面有长足进步，尤其是有数学特长、掌握计算机技术的幻方爱好者更拥有创新优势。

高治源、郭先强的 12 阶三次幻方

一、12 阶三次幻方简介

最近见到高治源与潘凤雏先生合作构造了一幅 12 阶三次幻方，如图 17.34 左所示，其一次幻和"870"，平方幻和"83810"，立方幻和"902880"。这是目前阶次最低的规范的 12 阶连续三次"自乘"幻方，它有一个明显的结构特点：对称列"互补"，即各列每对应两数之和全等于"145"，数字结构非常美。

图 17.34 右是郭先强创作的另一幅 12 阶三次幻方。无巧不成书，高治源、郭先强与德国 Walter Trump 这 3 幅 12 阶三次幻方，在行、列上的数字构成全部相同（排序为异构体），同时数组结构都为纵轴对折对称"互补"关系，但组排结构属于不同版本。

18	6	34	65	105	53	92	40	80	111	139	127
17	20	63	94	31	120	25	114	51	82	125	128
79	41	22	144	33	83	62	112	1	123	104	66
19	86	76	23	142	78	67	3	122	69	59	126
102	49	8	71	106	133	12	39	74	137	96	43
129	116	98	87	84	7	138	61	58	47	29	16
52	115	119	136	45	38	107	100	9	26	30	93
131	48	141	70	35	88	57	110	75	4	97	14
113	121	64	72	2	36	109	143	73	81	24	32
108	42	101	5	124	85	60	21	140	44	103	37
56	135	27	90	95	15	130	50	55	118	10	89

1	104	33	79	62	123	22	83	66	112	41	144
73	24	2	113	109	81	64	36	32	143	121	72
75	97	35	131	57	4	141	88	14	110	48	70
55	10	95	56	130	118	27	15	89	50	135	90
140	103	124	108	60	44	101	85	37	21	42	5
80	139	105	18	92	111	34	53	127	40	6	65
9	30	45	52	107	26	119	38	93	100	115	136
132	54	68	46	11	28	117	134	99	77	91	13
122	59	142	19	67	69	76	78	126	3	86	23
58	29	84	129	138	47	98	7	16	61	116	87
74	96	106	102	12	137	8	133	43	39	49	71
51	125	31	17	82	63	120	128	114	20	94	

图 17.34

二、12 阶三次幻方重构

以高治源、郭先强两幅 12 阶三次幻方为样本，分别采用"单元结构性重构法""奇偶数 ±1 重组法"等，各可演绎出 14 幅 12 阶三次幻方异构体（包括样本），举例如下。

（一）高治源 12 阶三次幻方单元结构性重构（图 17.35、图 17.36）

133	106	71	8	49	102	43	96	137	74	39	12
134	68	13	117	91	46	99	54	28	132	77	11
78	142	23	76	86	19	126	59	69	122	3	67
83	33	144	22	41	79	66	104	123	1	112	62
120	31	94	63	20	17	128	125	82	51	114	25
53	105	65	34	6	18	127	139	111	80	40	92
15	95	90	27	135	56	89	10	118	55	50	130
85	124	5	101	42	108	37	103	44	140	21	60
36	2	72	64	121	113	32	24	81	73	143	109
88	35	70	141	48	131	14	97	4	75	110	57
38	45	136	119	115	52	93	30	26	9	100	107
7	84	87	98	116	129	16	29	47	58	61	138

23	76	86	19	3	67	78	142	126	59	69	122
144	22	41	79	112	62	83	33	66	104	123	1
94	63	20	17	114	25	120	31	128	125	82	51
65	34	6	18	40	92	53	105	127	139	111	80
136	119	115	52	100	107	38	45	93	30	26	9
87	98	116	129	61	138	7	84	16	29	47	58
71	8	49	102	39	12	133	106	43	96	137	74
13	117	91	46	77	11	134	68	99	54	28	132
90	27	135	56	50	130	15	95	89	10	118	55
5	101	42	108	21	60	85	124	37	103	44	140
72	64	121	113	143	109	36	2	32	24	81	73
70	141	48	131	110	57	88	35	14	97	4	75

图 17.35

22	41	79	83	33	144	1	112	62	66	104	123
63	20	17	120	31	94	51	114	25	128	125	82
34	6	18	53	105	65	80	40	92	127	139	111
8	49	102	133	106	71	74	39	12	43	96	137
117	91	46	134	68	13	132	77	11	99	54	28
76	86	19	78	142	23	122	3	67	126	59	69
141	48	131	88	35	70	75	110	57	14	97	4
119	115	52	38	45	136	9	100	107	93	30	26
98	116	129	7	84	87	58	61	138	16	29	47
27	135	56	15	95	90	55	50	130	89	10	118
101	42	108	85	124	5	140	21	60	37	103	44
64	121	113	36	2	72	73	143	109	32	24	81

20	17	94	63	120	31	114	25	82	51	128	125
6	18	65	34	53	105	40	92	111	80	127	139
86	19	23	76	78	142	3	67	69	122	126	59
41	79	144	22	83	33	112	62	123	1	66	104
49	102	71	8	133	106	39	12	137	74	43	96
91	46	13	117	134	68	77	11	28	132	99	54
115	52	136	119	38	45	100	107	26	9	93	30
116	129	87	98	7	84	61	138	47	58	16	29
121	113	72	64	36	2	143	109	81	73	32	24
48	131	70	141	88	35	110	57	4	75	14	97
135	56	90	27	15	95	50	130	118	55	89	10
42	108	5	101	85	124	21	60	44	140	37	103

图 17.36

（二）高治源 12 阶三次幻方不同单元结构交叉再重构（图 17.37）

23	142	78	19	86	76	69	59	126	67	3	122
13	68	134	46	91	117	28	54	99	11	77	132
71	106	133	102	49	8	137	96	43	12	39	74
65	105	53	18	6	34	111	139	127	92	40	80
94	31	120	17	20	63	82	125	128	25	114	51
144	33	83	79	41	22	123	104	66	62	112	1
72	2	36	113	121	64	81	24	32	109	143	73
5	124	85	108	42	101	44	103	37	60	21	140
90	95	15	56	135	27	118	10	89	130	50	55
87	84	7	129	116	98	47	29	16	138	61	58
136	45	38	52	115	119	26	30	93	107	100	9
70	35	88	131	48	141	4	97	14	57	110	75

76	23	19	86	67	3	142	78	59	126	122	69
22	144	79	41	62	112	33	83	104	66	1	123
34	65	18	6	92	40	105	53	139	127	80	111
63	94	71	20	25	114	31	120	125	128	51	82
98	87	129	116	138	61	84	7	29	16	58	47
119	136	52	115	107	100	45	38	30	93	12	26
117	13	46	91	11	77	68	134	54	99	132	28
8	71	102	49	12	39	106	133	96	43	74	137
101	5	108	42	60	21	124	85	103	37	140	44
27	90	56	135	130	50	95	15	10	89	55	118
141	70	131	48	57	110	35	88	97	14	75	4
64	72	113	121	109	143	2	36	24	32	73	81

图 17.37

以上是高治源 12 阶三次幻方样本"一化为六"，与 Walter Trump 12 阶三次幻方为同数异构体关系，但两条主对角线已"刷新"，即为重新配置的三次等幂和数组。

（三）郭先强 12 阶三次幻方单元结构性重构（图 17.38、图 17.39）

111	92	18	105	139	80	65	6	40	127	53	34
44	60	108	124	103	140	5	42	21	37	85	101
118	130	56	95	10	55	90	135	50	89	15	27
4	57	131	35	97	75	70	48	110	14	88	141
81	109	113	2	24	73	72	121	143	32	36	64
123	62	79	33	104	1	144	41	112	66	83	22
82	25	17	31	125	51	94	20	114	128	120	63
137	12	102	106	96	74	71	49	39	43	133	8
47	138	129	84	29	58	87	116	61	16	7	98
69	67	19	142	59	122	23	86	3	126	78	76
28	11	46	68	54	132	13	91	77	99	134	117
26	107	52	45	30	9	136	115	100	93	38	119

56	95	10	55	15	27	118	130	90	135	50	89
131	35	97	75	88	141	4	57	70	48	110	14
113	2	24	73	36	64	81	109	72	121	143	32
79	33	104	1	83	22	123	62	144	41	112	66
46	68	54	132	134	117	28	11	13	91	77	99
52	45	30	9	38	119	26	107	136	115	100	93
18	105	139	80	53	34	111	92	65	6	40	127
108	124	103	140	85	101	44	60	5	42	21	37
17	31	125	51	120	63	82	25	94	20	114	128
102	106	96	74	133	8	137	12	71	49	39	43
129	84	29	58	7	98	47	138	87	116	61	16
19	142	59	122	78	76	69	67	23	86	3	126

图 17.38

35	97	75	4	57	131	14	88	141	70	48	110
2	24	73	81	109	113	32	36	64	72	121	143
33	104	1	123	62	79	66	83	22	144	41	112
105	139	80	111	92	18	127	53	34	65	6	40
124	103	140	44	60	108	37	85	101	5	42	21
95	10	55	118	130	56	89	1	27	90	135	50
142	59	122	69	67	19	126	78	76	23	86	3
68	54	132	28	11	46	99	134	117	13	91	77
45	30	9	26	107	52	93	38	119	136	115	100
31	125	51	82	25	17	128	120	63	94	20	114
106	96	74	137	12	102	43	133	8	71	49	39
84	29	58	47	138	129	16	7	98	87	116	61

24	73	113	2	81	109	36	64	143	32	72	121
104	1	79	33	123	62	83	22	112	66	144	41
10	55	56	95	118	130	15	27	50	89	90	135
97	75	131	35	4	57	88	141	110	14	70	48
139	80	18	105	111	92	53	34	40	127	65	6
103	140	108	124	44	60	85	101	21	37	5	42
54	132	46	68	28	11	134	117	77	99	13	91
30	9	52	45	26	107	38	119	100	93	136	115
29	58	129	84	47	138	7	98	61	16	87	116
59	122	19	142	69	67	78	76	3	126	23	86
125	51	17	31	82	25	120	63	114	128	94	20
96	74	102	106	137	12	133	8	39	43	71	49

图 17.39

（四）郭先强 12 阶三次幻方不同单元结构交叉再重构（图 17.40）

56	130	118	55	10	95	50	135	90	27	15	89
108	60	44	140	103	124	21	42	5	101	85	37
18	92	111	80	139	105	40	6	65	34	53	127
79	62	123	1	104	33	112	41	144	22	83	66
113	109	81	73	24	2	143	121	72	64	36	32
131	57	4	75	97	35	110	48	70	141	88	14
129	138	47	58	29	84	61	116	87	98	7	10
102	12	137	74	96	106	39	49	71	8	133	43
17	25	82	51	125	31	114	20	94	63	120	128
52	107	26	9	30	45	100	115	136	119	38	93
46	11	28	132	54	68	77	91	13	117	134	99
19	67	69	122	59	142	3	86	23	76	78	126

35	131	75	97	141	88	57	4	48	70	14	110
95	56	55	10	27	15	130	118	135	90	89	50
33	79	1	104	22	83	62	123	41	144	66	112
2	113	73	24	64	36	109	81	121	72	32	143
45	52	9	30	119	38	107	26	115	136	93	100
68	46	132	54	117	11	28	91	13	99	79	...
124	108	140	103	101	85	60	44	42	5	37	21
105	18	80	139	34	53	92	111	6	65	127	40
106	102	74	96	8	133	12	137	49	71	43	39
31	17	51	125	63	120	25	82	20	94	128	114
142	19	122	59	78	67	69	86	23	126	3	...
84	129	58	29	96	7	138	47	116	87	16	61

图 17.40

以上是郭先 12 阶三次幻方样本 "一化为六" ，与 Walter Trump 12 阶三次幻方也为同数异构体关系（包括两条主对角线）。

（五）高治源、郭先强 12 阶三次幻方 "奇偶数 ±1" 重组（图 17.41）

17	5	33	66	106	54	91	39	79	112	140	128
18	19	64	93	32	119	26	113	52	81	126	127
80	42	21	143	34	84	61	111	7	124	103	65
20	85	75	24	141	77	68	4	121	70	60	125
45	92	118	14	67	133	12	78	131	27	53	100
101	50	7	72	105	134	11	40	73	138	95	44
130	115	97	88	83	8	137	62	57	48	30	15
51	116	120	135	46	37	108	99	11	25	29	94
132	47	142	69	36	87	58	109	76	3	98	13
114	122	63	71	1	35	110	144	74	82	23	31
107	41	102	6	123	86	59	22	139	43	104	38
55	136	28	89	96	16	129	49	56	117	9	90

2	103	34	80	61	124	21	84	65	111	42	143
74	23	1	114	110	82	63	35	31	144	122	71
76	98	64	132	58	3	142	87	13	109	47	69
56	9	96	55	129	117	28	16	90	49	136	89
139	104	123	107	59	43	102	86	38	22	41	6
79	140	106	17	91	112	33	54	128	39	5	66
10	29	46	51	108	25	120	37	94	99	116	135
131	53	52	45	27	118	133	100	7	92	14	...
121	60	141	20	68	70	75	77	125	4	85	24
57	30	83	130	137	48	97	8	15	62	115	88
73	95	105	101	11	138	7	134	44	40	50	72
52	126	32	18	81	64	119	127	113	19	93	...

图 17.41

"奇偶数 ±1"法适用于高治源、郭先强两个 12 阶三次幻方样本，同时适用于由结构性重构法产出的各 6 幅 12 阶三次幻方，由此可演绎出 28 幅新作，其中 14 幅 12 阶三次幻方的行、列及对角线上的数字全部更新。

三、12 阶三次幻方 3 个版本之间的转换关系

德国 Walter Trump 与我国高治源、郭先强 3 位创作的 12 阶三次幻方，其行列配置都是相同的，其中高治源与 Walter Trump 的两条主对角线配置各异。若采用单元结构性重构及其不同单元交叉重构，可各得 6 幅新的同数异构体，它们隶属于 3 个不同结构版本。又若：采用"奇偶数 ±1"法包括样本在内再重构，可翻一番，而得另一套 12 阶三次幻方异数异构体（即行、列及对角线不同配置方案）。任何不同版本之间的幻方（包括"自乘"幻方），都能够按一定规则与方式相互转换。研究这 3 个版本的转换方法十分有趣（图 17.42 至图 17.44）。

Walter Trump 12 阶三次幻方

①	⑦	③	⑪	⑤	⑨	④	⑧	②	⑩	⑥	⑫
1	22	33	41	62	66	79	83	104	112	123	144
9	119	45	115	107	93	52	38	30	100	26	136
75	141	35	48	57	14	131	88	97	110	4	70
74	8	106	49	12	43	102	133	96	39	137	71
140	101	124	42	60	37	108	85	103	21	44	5
122	76	142	86	67	126	19	78	59	3	69	23
55	27	95	135	130	89	56	15	10	50	118	90
132	117	68	91	11	99	46	134	54	77	28	13
73	64	2	121	109	32	113	36	24	143	81	72
58	98	84	116	138	16	129	7	29	61	47	87
80	34	105	6	92	127	18	53	139	40	111	65
51	63	31	20	25	128	17	120	125	114	82	94

郭先强 12 阶三次幻方

①	1	104	33	79	62	123	22	83	66	112	41	144
⑦	73	24	2	113	109	81	64	36	32	143	121	72
③	75	97	35	131	57	4	141	88	14	110	48	70
⑪	55	10	95	56	130	118	27	15	89	50	135	90
⑤	140	103	124	108	60	44	101	85	21	42	37	5
⑨	80	139	105	18	92	111	34	53	127	40	6	65
④	9	30	45	52	107	26	119	38	93	100	115	136
⑧	132	54	68	91	11	28	117	134	99	77	46	13
②	122	59	142	19	67	69	76	78	126	3	86	23
⑩	58	29	84	116	138	47	98	7	16	61	129	87
⑥	74	96	106	102	12	137	8	133	43	39	49	71
⑫	51	125	31	17	25	82	120	128	114	20	63	94

图 17.42

Walter Trump 12 阶三次幻方

⑨	③	⑤	②	⑦	⑫	①	⑥	⑪	⑧	⑩	④
1	22	33	41	62	66	79	83	104	112	123	144
9	119	45	115	107	93	52	38	30	100	26	136
75	141	35	48	57	14	131	88	97	110	4	70
74	8	106	49	12	43	102	133	96	39	137	71
140	101	124	42	60	37	108	85	103	21	44	5
122	76	142	86	67	126	19	78	59	3	69	23
55	27	95	135	130	89	56	15	10	50	118	90
132	117	68	91	11	99	46	134	54	77	28	13
73	64	2	121	109	32	113	36	24	143	81	72
58	98	84	116	138	16	129	7	29	61	47	87
80	34	105	6	92	127	18	53	139	40	111	65
51	63	31	20	25	128	17	120	125	114	82	94

高治源 12 阶三次幻方

③	18	6	34	65	105	53	92	40	80	111	139	127
⑧	17	20	63	94	31	120	25	114	51	82	125	128
⑨	79	41	22	144	33	83	62	112	1	123	104	66
⑥	19	86	76	23	142	78	67	3	122	69	59	126
⑪	46	91	117	13	68	134	11	77	132	28	54	99
④	102	49	8	71	106	133	12	39	74	137	96	43
⑫	129	116	98	87	84	7	138	61	58	47	29	16
⑤	52	115	119	136	45	38	107	100	9	26	30	93
⑩	131	48	141	70	35	88	57	110	75	4	97	14
⑦	113	121	64	72	2	36	109	143	73	81	24	32
①	108	42	101	5	124	85	60	21	140	44	103	37
②	56	135	27	90	95	15	130	50	55	118	10	89

图 17.43

④	⑪	⑦	⑫	③	⑧	⑤	⑩	①	⑥	②	⑨	
18	6	34	65	105	53	92	40	80	111	139	127	⑥
17	20	63	94	31	120	25	114	51	82	125	128	⑫
79	41	22	144	33	83	62	112	1	123	104	66	①
19	86	76	23	142	78	67	3	122	69	59	126	⑨
46	91	117	13	68	134	11	77	132	28	54	99	⑧
102	49	8	71	106	133	12	39	74	137	96	43	⑪
129	116	98	87	84	7	138	61	58	47	29	16	⑩
52	115	119	136	45	38	107	100	9	26	30	93	⑦
131	48	141	70	35	88	57	110	75	4	97	14	③
113	121	64	72	2	36	109	143	73	81	24	32	②
108	42	101	5	124	85	60	21	140	44	103	37	⑤
56	135	27	90	95	15	130	50	55	118	10	89	④

1	104	33	79	62	123	22	83	66	112	41	144
73	24	2	113	109	81	64	36	32	143	121	72
75	97	35	131	57	4	141	88	14	110	48	70
55	10	95	56	130	118	27	15	89	50	135	90
140	103	124	108	60	44	101	85	37	21	42	5
80	139	105	18	92	111	34	53	127	40	6	65
9	30	45	52	107	26	119	38	93	100	115	136
132	54	68	46	11	28	117	134	99	77	91	13
122	59	142	19	67	76	78	126	3	69	86	23
58	29	84	129	138	47	98	7	16	61	116	87
74	96	106	102	12	137	8	133	43	39	49	71
51	125	31	17	25	82	63	120	128	114	20	94

高治源 12 阶三次幻方　　　　　　　　郭先强 12 阶三次幻方

图 17.44

注：小圆圈内数字标注说明各以右图"1"所在的行列为坐标，标示左图行列重排位置的次序，由此左图转换成右图。反之亦然。这就是说 3 个版本具有互通、转换关系。

四、行列"不规则"重排模式应用

Walter Trump 与高治源、郭先强创作的 3 幅 12 阶三次幻方，存在行列位置重排的互通、转换关系，其重排次序各不相同，且都具有"不规则"性。据分析，这是 3 款行列"不规则"重排模式，乃为 12 阶三次幻方的另一类重构方法。这一重要发现的意义：这 3 个版本，由单元结构性重构法、不同单元交叉重构法、"奇偶数 ±1"法等所得的每一个重构 12 阶三次幻方异构体，若按这 3 款行列重排模式操作，可再得 3 倍新的 12 阶三次幻方。这一玩法非常的精，非常的妙。

现以郭先强原作的四象 6 阶单元结构性重构图，代入各模式，如图 17.45 左、图 17.46 左、图 17.47 左所示。然而，按小圆圈内数字标示的次序重排各行各列，即得 3 幅新的 12 阶三次幻方异构体（图 17.45 右、图 17.46 右、图 17.47 右）。据验算，它们的一次、二次、三次幻和成立，其中图 17.45 右、图 17.47 右两图的行、列及对角线的数字配置与样本相同，图 17.46 右的两条主对角线的数字配置已更新。

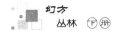

图 17.45

	①	⑦	③	⑪	⑤	⑨	④	⑧	②	⑩	⑥	⑫
①	111	92	18	105	139	80	65	6	40	127	53	34
⑦	44	60	108	124	103	140	5	42	21	37	85	101
③	118	130	56	95	10	55	90	135	50	89	15	27
⑪	4	57	131	35	97	75	70	48	110	14	88	141
⑤	81	109	113	2	24	73	72	121	143	32	36	64
⑨	123	62	79	33	104	1	144	41	112	66	83	22
④	82	25	17	31	125	51	94	20	114	128	120	63
⑧	137	12	102	106	96	74	71	49	39	43	133	8
②	47	138	129	84	29	58	87	116	61	16	7	98
⑩	69	67	19	142	59	122	23	86	3	126	78	76
⑥	28	11	46	68	54	132	13	91	77	99	134	117
⑫	26	107	52	45	30	9	136	115	100	93	38	119

①	111	40	18	65	139	53	92	6	80	127	105	34
⑦	47	61	129	87	29	7	138	116	58	16	84	98
③	118	50	56	90	10	15	130	135	55	89	95	27
⑪	82	114	17	94	125	120	25	20	51	128	31	63
⑤	81	143	113	72	24	36	109	121	73	32	2	64
⑨	28	77	46	13	54	134	11	91	132	99	68	117
④	44	21	108	5	103	85	60	42	140	37	124	101
⑧	137	39	102	71	96	133	12	49	74	43	106	8
②	123	112	79	144	104	83	62	41	1	66	33	22
⑩	69	3	19	23	59	78	67	86	122	126	142	76
⑥	4	110	131	70	97	88	57	48	75	14	35	141
⑫	26	100	52	136	30	38	107	115	9	93	45	119

图 17.46

	⑨	③	⑤	②	⑦	⑫	①	⑥	⑪	⑧	⑩	④
③	111	92	18	105	139	80	65	6	40	127	53	34
⑧	44	60	108	124	103	140	5	42	21	37	85	101
⑨	118	130	56	95	10	55	90	135	50	89	15	27
⑥	4	57	131	35	97	75	70	48	110	14	88	141
⑪	81	109	113	2	24	73	72	121	143	32	36	64
④	123	62	79	33	104	1	144	41	112	66	83	22
⑫	82	25	17	31	125	51	94	20	114	128	120	63
⑤	137	12	102	106	96	74	71	49	39	43	133	8
⑩	47	138	129	84	29	58	87	116	61	16	7	98
⑦	69	67	19	142	59	122	23	86	3	126	78	76
①	28	11	46	68	54	132	13	91	77	99	134	117
②	26	107	52	45	30	9	136	115	100	93	38	119

③	13	68	11	117	46	91	54	99	28	134	77	132
⑧	136	45	107	119	52	115	30	93	26	38	100	9
⑨	65	105	92	34	18	6	139	127	111	53	40	80
⑥	144	33	62	22	79	41	104	66	123	83	112	1
⑪	71	106	12	8	102	49	96	43	137	133	39	74
④	70	35	57	141	131	48	97	14	4	88	110	75
⑫	23	142	67	76	19	86	59	126	69	78	3	122
⑤	5	124	60	101	108	42	103	37	44	85	21	140
⑩	90	95	130	27	56	135	10	89	118	15	50	55
⑦	87	84	138	98	129	116	29	16	47	7	61	58
①	72	2	109	64	113	121	24	32	81	36	143	73
②	94	31	25	63	17	20	125	128	82	120	114	51

图 17.47

	④	⑪	⑦	⑫	③	⑧	⑤	⑩	①	⑥	②	⑨
⑥	50	15	10	118	90	89	56	55	27	135	130	95
⑫	3	78	59	69	23	126	19	122	76	86	67	142
①	61	7	29	47	87	16	129	58	98	116	138	84
⑨	100	38	30	26	136	93	52	9	119	115	107	45
⑧	77	134	54	28	13	99	46	132	117	91	11	68
⑪	40	53	139	111	65	127	18	80	34	6	92	105
⑩	39	133	96	137	71	43	102	74	8	49	12	106
⑦	143	36	24	81	72	32	113	73	64	121	109	2
③	110	88	97	4	70	14	131	75	141	48	57	35
②	114	120	125	82	94	128	17	51	63	20	25	31
⑤	112	83	104	123	144	66	79	1	22	41	62	33
④	21	85	103	44	5	37	108	140	101	42	60	124

⑥	40	53	139	111	65	127	18	80	34	6	92	105
⑫	21	85	103	44	5	37	108	140	101	42	60	124
①	50	15	10	118	90	89	56	55	27	135	130	95
⑨	110	88	97	4	70	14	131	75	141	48	57	35
⑧	143	36	24	81	72	32	113	73	64	121	109	2
⑪	112	83	104	123	144	66	79	1	22	41	62	33
⑩	114	120	125	82	94	128	17	51	63	20	25	31
⑦	39	133	96	137	71	43	102	74	8	49	12	106
③	61	7	29	47	87	16	129	58	98	116	138	84
②	3	78	59	69	23	126	19	122	76	86	67	142
⑤	77	134	54	28	13	99	46	132	117	91	11	68
④	100	38	30	26	136	93	52	9	119	115	107	45

再举一例。以 Walter Trump 原作的"奇偶数 ±1"重组图，代入后两款模式（图 17.48 左、图 17.49 左），然而按小圆圈内数字标示的次序重排各行各列，即得两幅新的 12 阶三次幻方异构体（图 17.48 右、图 17.49 右）。

⑨	③	⑤	②	⑦	⑫	①	⑥	⑪	⑧	⑩	④		③	13	68	11	117	46	91	54	99	28	134	77	132
2	21	34	42	61	65	80	84	103	111	124	143		③	13	68	11	117	46	91	54	99	28	134	77	132
10	120	46	116	108	94	51	37	29	99	25	135		⑧	136	45	107	119	52	115	30	93	26	38	100	9
76	142	36	47	58	13	132	87	98	109	3	69		⑨	65	105	92	34	18	6	139	127	111	53	40	80
73	7	105	50	11	44	101	134	95	40	138	72		⑥	144	33	62	22	79	41	104	66	123	83	112	1
139	102	123	41	59	38	107	86	104	22	43	6		⑪	71	106	12	8	102	49	96	43	137	133	39	74
121	75	141	85	68	125	20	77	60	4	70	24		④	70	35	57	141	131	48	97	14	4	88	110	75
56	28	96	136	129	90	55	16	9	49	117	89		⑫	23	142	67	76	19	86	59	126	69	78	3	122
131	118	67	92	12	100	45	133	53	78	27	14		⑤	5	124	60	101	108	42	103	37	44	85	21	140
74	63	1	122	110	31	114	35	23	144	82	71		⑩	90	95	130	27	56	135	10	89	118	15	50	55
57	97	83	115	137	15	130	8	30	62	48	88		⑦	87	84	138	98	129	116	29	16	47	7	61	58
79	33	106	5	91	128	17	54	140	39	112	66		①	72	2	109	64	113	121	24	32	81	36	143	73
52	64	32	19	26	127	18	119	126	113	81	93		②	94	31	25	63	17	20	125	128	82	120	114	51

图 17.48

④	⑪	⑦	⑫	③	⑧	⑤	⑩	①	⑥	②	⑨		⑥	40	53	139	111	65	127	18	80	34	6	92	105
2	21	34	42	61	65	80	84	103	111	124	143		⑥	40	53	139	111	65	127	18	80	34	6	92	105
10	120	46	116	108	94	51	37	29	99	25	135		⑫	21	85	103	44	5	37	108	140	101	42	60	124
76	142	36	47	58	13	132	87	98	109	3	69		①	50	15	10	118	90	89	56	55	27	135	130	95
73	7	105	50	11	44	101	134	95	40	138	72		⑨	110	88	97	4	70	14	131	75	141	48	57	35
139	102	123	41	59	38	107	86	104	22	43	6		⑧	143	36	24	81	72	32	113	73	64	121	109	2
121	75	141	85	68	125	20	77	60	4	70	24		⑪	112	83	104	123	144	66	79	1	22	41	62	33
56	28	96	136	129	90	55	16	9	49	117	89		⑩	114	120	125	82	94	128	17	51	63	20	25	31
131	118	67	92	12	100	45	133	53	78	27	14		⑦	39	133	96	137	71	43	102	74	8	49	12	106
74	63	1	122	110	31	114	35	23	144	82	71		③	61	7	29	47	87	16	129	58	98	116	138	84
57	97	83	115	137	15	130	8	30	62	48	88		②	3	78	59	69	23	126	19	122	76	86	67	142
79	33	106	5	91	128	17	54	140	39	112	66		⑤	77	134	54	28	13	99	46	132	117	91	11	68
52	64	32	19	26	127	18	119	126	113	81	93		④	100	38	30	26	136	93	52	9	119	115	107	45

图 17.49

陈钦悟与陈沐天的"0字头"16 阶三次幻方

一、16 阶三次幻方简介

汕头大学陈钦悟与陈沐天寻找 16 阶三次幻方的历程是感人的，那种"越是困难的事情，越能激起我的勇气"的品格力量，那种在屡屡失败面前"心有不甘"的追求精神，那种夜以继日"苦苦思索"的科学作风，令大家敬佩。他们终于在 2006 年 5 月创成了一幅罕见的"16 阶三次幻方"（注：原作是以"0"开头的"16 阶三次幻方"，其组合性质：一次幻和"2040"，平方幻和"347480"，立方幻和"66585600"）。原作加"1"，即可得图 17.50，其三次"自乘"关系、组合性质保持不变，仅三次幻和值随之改变。

这是国内第一次在三次幻方领域取得的一个了不起的成功，确实轰动了整个幻方界，给人以鼓舞，它在幻方爱好者的网络上迅速传播开来，让人们真正见到了一幅"国产"规范的三次幻方奇迹，即一幅 16 阶幻方"自乘"可转化为平方等幂和幻方，再"自乘"又转化为三次等幂和幻方，它表现了一幅经典幻方奇妙的"外延"数学关系。

二、组合结构透视

如图 17.50 所示，直观这幅 16 阶三次幻方，一个最明显的特点是纵轴对折对称，即每一轴对称两数之和全等与互补常数"257"。

如图 17.51 所示，这幅 16 阶三次幻方为四象消长态组合结构，即对角两象为等和关系，相邻两象为互补关系；中宫占总和的 1/4。因而，这个"标准"中宫乃是制衡四象消长关系的一个重要机制。

如图 17.52 所示，这幅 16 阶三次幻方的 4×4 结构是一幅"4 阶行列图"，通过对称列互补、相间行互补而建立平衡关系。这一特点在一般"不规则"16 阶幻方中比较常见。

然而，从这幅 16 阶三次幻方的化简形态——"商—余"正交方阵（图 17.53）分析，可知其编码的逻辑形式及其结构特征：①两方

34	30	28	26	146	83	85	115	142	172	174	111	231	229	227	223
52	40	124	64	234	110	207	219	38	50	147	23	193	133	217	205
178	168	226	212	169	245	151	42	215	106	12	88	45	31	89	79
125	201	5	249	112	91	49	103	154	208	166	145	8	252	56	132
196	180	176	232	199	59	96	241	16	161	198	58	25	81	77	61
62	78	82	118	247	214	114	15	242	143	41	10	139	175	179	195
203	253	107	127	97	44	13	102	155	244	213	160	130	150	4	54
119	55	71	189	210	236	20	164	93	237	21	47	68	186	202	138
255	99	185	67	66	76	238	94	163	19	181	191	190	54	158	2
137	157	251	129	24	182	171	18	239	86	75	233	128	6	100	120
131	135	183	187	9	173	36	240	17	221	84	248	70	73	122	126
53	3	149	69	192	148	243	156	101	14	109	65	188	108	254	204
224	228	230	140	159	197	144	37	220	113	60	98	117	27	29	33
1	121	73	7	48	165	162	153	104	95	92	209	250	184	136	256
80	90	32	46	87	11	105	216	41	152	246	170	211	225	167	177
206	218	134	194	57	2	222	141	116	35	235	200	63	123	39	51

图 17.50

8242	8206
8224	
8206	8242

图 17.51

176	216	195	235
224	207	204	186
219	206	204	192
202	192	218	208

图 17.52

阵"不规则"编码，16 个数码的行列分布极为复杂，无章可循；②两方阵的两条主对角线不等和，具有"互补"整合关系；③两方阵不可逆，即不可交换位置，这就是说两方阵以定向方式建立正交关系。

2	1	1	1	9	5	5	9	8	10	10	6	14	14	14	13
3	2	7	3	14	6	12	13	2	3	9	0	12	8	13	12
11	10	14	13	10	15	9	3	13	6	0	5	2	1	5	4
7	12	0	15	6	5	3	6	9	12	10	9	0	15	3	8
12	11	10	14	12	3	5	15	0	10	12	3	1	5	4	3
3	4	5	7	15	13	11	0	15	8	2	0	8	10	11	12
12	15	6	7	6	2	0	6	9	15	13	9	8	9	0	3
7	3	4	11	13	14	1	10	5	14	1	2	4	11	12	8
15	6	11	4	4	4	14	5	1	11	1	11	14	9	0	7
8	9	15	8	1	11	10	1	14	5	4	14	7	0	6	7
4	1	2	4	1	13	5	15	1	13	15	1	4	4	7	7
3	0	9	0	9	15	9	6	0	4	0	9	11	6	15	12
13	14	14	8	9	12	8	2	13	7	3	5	1	1	1	2
0	7	4	0	2	10	10	0	3	5	5	3	15	14	8	15
4	5	1	2	5	0	1	0	2	3	0	0	13	14	10	11
12	13	8	12	3	1	13	8	7	2	14	12	3	7	2	3

16阶"商"方阵

2	14	12	10	2	3	5	3	14	12	14	15	7	5	3	15
4	8	12	16	10	14	15	11	6	2	3	7	1	5	9	13
2	8	2	4	9	5	7	10	7	10	12	8	13	5	9	15
13	9	5	9	16	11	1	7	10	16	6	1	8	12	8	4
4	4	16	8	7	11	16	1	16	1	6	10	9	1	13	13
14	12	4	2	7	6	2	3	2	7	16	2	11	15	3	3
11	13	11	5	1	9	14	1	11	4	5	6	2	6	4	6
7	7	7	5	16	4	13	15	13	15	15	5	4	10	10	10
15	3	3	2	14	2	12	3	3	5	15	3	14	8	14	2
13	3	11	1	9	8	1	14	9	9	14	10	16	6	6	11
6	7	11	8	1	16	4	4	7	6	6	10	16	6	10	14
5	13	5	9	4	16	4	3	5	14	11	12	4	2	10	12
16	4	6	12	15	5	16	5	12	1	12	2	5	11	13	1
1	9	9	7	16	5	16	4	8	15	12	1	10	8	8	16
16	10	16	14	7	11	9	8	9	8	6	10	3	1	7	1
14	10	6	2	9	6	14	13	4	3	11	12	15	11	7	3

16阶"余"方阵

图 17.53

总之，这幅 16 阶三次幻方若不是借助于计算机运算，手工作业是十分困难的，因此，在幻方研究中诉诸先进的计算机技术越来越重要。

三、单元结构性重构

8 阶单元、4 阶单元、2 阶单元 3 类基本单元，以独立或者交叉的方式做全部行列的左右、上下同步颠倒变位，可得 15 幅新的 16 阶三次幻方。如图 17.54 所示，图 17.54 左为 8 阶单元在原位的重构；图 17.54 右为 4 阶单元在原位的重构，得两幅 16 阶三次幻方。

164	20	236	210	189	71	55	119	138	202	186	68	47	21	237	93
102	13	44	97	127	107	253	203	54	4	150	130	160	213	244	155
15	114	214	247	118	82	78	62	195	179	175	139	10	43	143	242
241	96	59	199	232	176	180	196	61	77	81	25	58	198	161	16
103	49	91	112	249	5	201	125	132	56	252	8	145	166	208	215
42	151	245	169	212	226	168	178	79	89	31	45	88	12	106	215
219	207	110	234	64	124	40	52	256	217	133	193	23	147	50	38
115	85	83	146	26	28	30	34	223	227	229	231	111	174	172	142
141	222	22	57	194	134	218	206	51	39	123	63	200	235	35	116
216	105	11	87	46	32	90	80	177	167	225	211	170	246	152	41
153	162	165	48	7	73	121	1	256	136	184	250	209	92	95	104
37	144	197	159	140	230	228	224	33	29	27	117	98	60	113	220
156	243	148	192	69	149	3	53	204	254	108	188	65	109	14	101
240	36	173	9	187	183	135	131	126	122	74	70	248	84	221	17
18	171	182	24	129	251	157	137	120	100	6	128	233	75	86	239
94	238	76	66	67	185	99	255	2	158	72	190	191	181	19	163

249	5	201	125	103	49	91	112	145	166	208	154	132	56	252	8
212	226	168	178	42	151	245	169	88	12	106	215	79	89	31	45
64	124	40	52	219	207	110	234	23	147	50	38	205	217	133	193
26	28	30	34	115	85	83	146	111	174	172	142	223	227	229	231
189	71	55	119	164	20	236	210	47	21	237	93	183	202	186	68
127	107	253	203	102	13	44	97	160	213	244	155	54	4	150	130
118	82	78	62	15	114	214	247	10	43	143	242	195	179	175	139
189	71	55	119	164	20	236	210	47	21	237	93	138	202	186	68
69	149	3	53	156	243	148	192	65	109	14	101	204	254	108	188
187	183	135	131	240	36	173	9	248	84	221	17	126	122	74	70
129	251	157	137	18	171	182	24	233	75	86	239	120	100	6	128
67	185	99	255	94	238	76	66	191	181	19	163	2	158	72	190
194	134	218	206	141	222	22	57	200	235	35	116	51	39	123	63
46	32	90	80	216	105	11	87	170	246	152	41	177	167	225	211
7	73	121	1	153	162	165	48	209	92	95	104	256	136	184	250
140	230	228	224	37	144	197	159	98	60	113	220	33	29	27	117

图 17.54

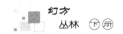

　　如图 17.55 所示，两幅 16 阶三次幻方图中，图 17.55 左为 2 阶单元在样本 4×8 原位的重构；图 17.55 右为图 17.55 左做 4 阶单元再重构。

40	52	64	124	110	234	219	207	50	38	23	147	133	193	205	217
30	34	26	28	83	146	115	85	172	142	111	174	229	231	223	227
201	125	249	5	91	112	103	49	208	154	145	166	252	8	132	56
168	178	212	226	245	169	42	151	106	215	88	12	31	45	79	89
78	62	118	82	214	247	15	114	143	242	10	43	175	139	195	179
180	196	232	176	59	199	241	96	161	16	58	198	81	25	61	77
55	119	189	71	236	210	164	20	237	93	47	21	186	68	138	202
253	203	127	107	44	97	102	13	244	155	160	213	150	130	54	4
157	137	129	251	182	24	18	171	239	233	75	6	128	120	100	
99	255	67	185	76	66	94	238	19	163	191	181	72	190	2	158
3	53	69	149	148	192	156	243	14	101	65	109	108	188	204	254
135	131	187	183	173	9	240	36	221	17	248	84	74	70	126	122
121	1	7	73	165	48	153	162	95	104	209	92	184	250	256	136
228	224	140	230	197	159	37	144	113	220	98	60	27	117	33	29
218	206	194	134	22	57	141	222	35	116	200	235	123	63	51	39
90	80	46	32	11	87	216	105	152	41	170	246	225	211	177	167

226	212	178	168	151	42	169	245	12	88	215	106	89	79	45	31
5	249	125	201	49	103	112	91	166	145	154	208	56	132	8	252
28	26	34	30	85	115	146	83	174	111	142	172	227	223	231	229
124	64	52	40	207	219	234	110	147	23	38	50	217	205	193	133
107	127	203	253	13	102	97	44	213	160	155	244	4	54	130	150
71	189	119	55	20	164	210	236	21	47	93	237	202	138	68	186
176	232	196	180	96	241	199	59	198	58	16	161	77	61	25	81
82	118	62	78	114	15	247	214	43	10	242	143	179	195	139	175
183	187	131	135	36	240	9	173	84	248	17	221	122	126	70	74
149	69	53	3	243	156	192	148	109	65	101	14	254	204	188	108
185	67	255	99	238	94	66	76	181	191	163	19	158	2	190	72
251	129	137	157	171	18	24	182	75	233	239	86	100	120	128	6
32	46	80	90	105	216	87	11	246	170	41	152	167	177	211	225
134	194	206	218	222	141	57	22	235	200	116	35	39	51	63	123
230	140	224	228	144	37	159	197	60	98	220	113	29	33	117	27
73	7	1	121	162	153	48	165	92	209	104	95	136	256	250	184

图 17.55

　　如图 17.55 所示，图 17.55 左这幅 16 阶三次幻方是对图 17.55 右又做四象 8 阶单元在原位的再重构。总之，以上 5 幅 16 阶三次幻方，前 3 幅表现以 8 阶单元、4 阶单元、2 阶单元 3 类基本单元对汕头大学陈氏 16 阶三次幻方样本的重构，而后 3 幅（中间一幅重）表示不同单元的交叉重构。它们都是样本的"同数异构体"，即行、列及对角线数字配置方案相同，但排列结构发生了翻天覆地的有序变化，然而三次等幂和关系不变。

法国 M. H. Schots 的 8 阶完全幻方 / 平方幻方

一、"自乘"完全幻方的里程碑

　　法国 M. H. Schots 于 1931 年首创 8 阶完全幻方 / 平方幻方，组合性质：如图 17.56（1）所示，其一次泛幻和即 8 行、8 列及 16 条泛对角线之和全等于"260"（注：对角象限互补）；如图 17.56（2）所示，该 8 阶完全幻方"自乘"，其 8 行、8 列及 2 条主对角线二次幻和等于"11180"，乃为 8 阶非完全幻方。

　　这是第一幅问世，也是迄今半个多世纪以来唯一所见的一幅 8 阶"自乘"完全幻方，虽说其平方和是一幅 8 阶非完全幻方，但仍然为开创"自乘"完全幻方高高地树立了一块伟大的里程碑。

数理结构解析：①一次时两组对角象限"同位"互补；②一次时纵向或横向各 8 个 2×4 长方单元之和全等于泛幻和"260"；③一次时五象全等于 2 倍泛幻和即"520"，而在二次方时四象全等于 2 倍平方幻和即"22360"，两者的中象之变反映了一次完全幻方与二次非完全幻方的组合性质差异（图 17.57）。

（1）8阶完全幻方

16	41	36	5	27	62	55	18
26	63	54	19	13	44	33	8
1	40	45	12	22	51	58	31
23	50	59	30	4	37	48	9
38	3	10	47	49	24	29	60
52	21	32	57	39	2	11	46
43	14	7	34	64	25	20	53
61	28	17	56	42	15	6	35

（2）8阶非完全幻方

256	1681	1296	25	729	3844	3025	324
676	3969	2916	361	169	1936	1089	64
1	1600	2025	144	484	2601	3364	961
529	2500	3481	900	16	1369	2304	81
1444	9	100	2209	2401	576	841	3600
2704	441	1024	3249	1521	4	121	2116
1849	196	49	1156	4096	625	400	2809
3721	784	289	3136	1764	225	36	1225

图 17.56

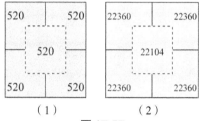

（1）　　　　　　　　（2）

图 17.57

二、微观结构透视

观其形察其理，最好的方法是以"商—余"正交方阵透视这幅 8 阶完全幻方，如图 17.58 所示，其微观结构极其微妙：首先，"商—余"两方阵各具最优化性质；其次，行列与主对角线都由连续数码构成。拟采用全等长方单元四象互补编码法构造。

从编码操作层面分析，其核心技术比较复杂，但基本组合原则包括如下 3 个方面：①两方阵四象 2×4 长方单元全等，即各以连续数列配置。"商"方阵各象限两个长方单元"同位"互补，"余"方阵各象限每个 2 阶单元自互补、两个长方单元"同位"互补。②"商数"方阵以上下象限"对角"编码，"余数"方阵以对角象限"对称"编码。③两方阵建立正交关系贯彻长方单元纵、横"错位"原则。

最优化"商数"方阵

1	5	4	0	3	7	6	2
3	7	6	2	1	5	4	0
0	4	5	1	2	6	7	3
2	6	7	3	0	4	5	1
4	0	1	5	6	2	3	7
6	2	3	7	4	0	1	5
5	1	0	4	7	3	2	6
7	3	2	6	5	1	0	4

最优化"余数"方阵

8	1	4	5	3	6	7	2
2	7	6	3	5	4	1	8
1	8	5	4	6	3	2	7
7	2	3	6	4	5	8	1
6	3	2	7	1	8	5	4
4	5	8	1	7	2	3	6
3	6	7	2	8	1	4	5
5	4	1	8	2	7	6	3

图 17.58

由此，可提炼出一个"四象全等长方单元最优化编码法"，然而，8 阶完全幻方中的平方等幂和关系成立的秘密究竟何在？尚待进一步研究。

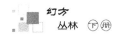

8 阶完全幻方 / 平方幻方检索

法国 M. H. Schots 于 1931 年首创的 8 阶完全幻方 / 平方幻方（图 17.59 左）；据资料又发现存在另一款行列配置方案 8 阶完全幻方 / 平方幻方，这两个样本共同的"自乘"组合性质：一次泛幻和"260"，平方幻和"11180"。我将采用几个简易的重新洗牌方法，检索与清算这两个样本 8 阶完全幻方 / 平方幻方异构体群。

16	41	36	5	27	62	55	18
26	63	54	19	13	44	33	8
1	40	45	12	22	51	58	31
23	50	59	30	4	37	48	9
38	3	10	47	49	24	29	60
52	21	32	57	39	2	11	46
43	14	7	34	64	25	20	53
61	28	17	56	42	15	6	35

2	29	51	48	58	37	11	24
46	49	31	4	22	9	39	60
25	6	44	55	33	62	20	15
53	42	8	27	13	18	64	35
7	28	54	41	63	36	14	17
43	56	26	5	19	16	34	61
32	3	45	50	40	59	21	10
52	47	1	30	12	23	57	38

图 17.59

一、"商—余"正交方阵交换位置

以上两个样本的原"商"方阵 + 1 = "余"方阵，反之"余"方阵 −1 = "商"方阵，两者正交关系成立，按公式计算可还原出结构重排的 8 阶完全幻方 / 平方幻方（图 17.60、图 17.61）。

7	0	3	4	2	5	6	1
1	6	5	2	4	3	0	7
0	7	4	5	3	2	1	6
6	1	2	5	3	4	7	0
5	2	1	6	0	7	4	3
3	4	7	0	6	1	2	5
2	5	6	1	7	0	3	4
4	3	0	7	1	6	5	2

+8×

2	6	5	1	4	8	7	3
4	8	7	3	2	6	5	1
5	1	2	6	3	7	4	8
7	3	4	8	1	5	6	2
5	1	2	6	7	3	4	8
7	3	4	8	5	1	6	2
4	8	5	1	2	6	7	3
8	4	7	3	6	2	5	1

=

58	6	29	33	20	48	55	11
12	56	47	19	34	30	5	57
1	61	38	26	43	23	16	52
51	15	24	44	25	37	62	2
45	17	10	54	7	59	36	32
31	35	60	8	53	9	18	46
22	42	49	13	64	4	27	39
40	28	9	63	14	50	41	21

图 17.60

1	4	2	7	1	4	2	7
5	0	6	3	5	0	6	3
0	5	3	6	0	5	3	6
4	1	7	2	4	1	7	2
6	3	5	0	6	3	5	0
2	7	1	4	2	7	1	4
7	2	4	1	7	2	4	1
3	6	0	5	3	6	0	5

+8×

1	4	7	6	8	5	2	3
6	7	4	1	3	2	5	8
2	3	6	7	5	8	1	4
4	8	1	2	6	3	7	5
4	1	7	6	8	5	2	3
4	8	1	7	3	6	5	2
2	3	6	8	4	7	5	1
7	6	1	4	2	3	8	5

=

9	36	23	62	16	37	18	59
46	7	52	25	43	2	53	32
4	41	30	55	5	48	27	50
39	14	57	20	34	11	64	21
49	48	47	6	56	29	42	3
22	63	12	33	19	58	13	40
60	17	38	15	61	24	35	10
31	54	1	44	26	51	8	45

图 17.61

以上两幅新 8 阶完全幻方 / 平方幻方，其行列配置与各自样本相同，其两条主对角线重组与样本不同，乃由四象单元对角线构成，据验算"自乘"，其两条主对角线的平方等幂和关系成立：

$$58^2 + 56^2 + 38^2 + 44^2 + 7^2 + 9^2 + 27^2 + 21^2 = 11180;$$

$$11^2 + 5^2 + 23^2 + 25^2 + 54^2 + 60^2 + 42^2 + 40^2 = 11180;$$

$$9^2 + 7^2 + 30^2 + 20^2 + 56^2 + 58^2 + 35^2 + 45^2 = 11180;$$

$$11^2 + 5^2 + 23^2 + 25^2 + 54^2 + 60^2 + 42^2 + 40^2 = 11180。$$

因此，以上这两个样本"商—余"正交方阵交换位置，两款行列配置方案都未变，各以"一变为二"计之。

二、四象单元同步位移

以法国 M. H. Schots 样本为例，四象做上下、左右同步交换（图 17.62），其行列发生位移而组排不变，中间两幅的两条主对角线与样本不同，但由四象对角线构成，故二次等和关系成立。以"一化为四"计之（包含样本）。

样本

图 17.62

三、四象单元原位反写

以法国 M. H. Schots 样本为例，四象在原位做左右、上下同步反排（图 17.63），其行列发生位移而组排不变，中间两幅的两条主对角线与样本不同，但由四象对角线构成，故二次等和关系成立。以"一化为四"计之（包含样本）。

样本

图 17.63

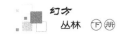
四、四象"2×4长方单元"换位

图 17.64（A1）与（B1）就是法国 M. H. Schots 样本的"商—余"正交方阵，还原得他的原 8 阶完全幻方 / 平方幻方。然而，它本质上是四象"2×4长方单元"逻辑编码，因此按一定的原则与方法交换"2×4长方单元"位置，可得"商"方阵（A2）与"余"方阵（B2）。据试验，（A1）（A2）与（B1）（B2）之间两两搭配，构成 4 对"商—余"正交方阵，如图 17.65 所示，可还原出 4 个 8 阶完全幻方 / 平方幻方，其结构特征：对角象限"同位"数互补，样本的行列序次重排，而两条主对角线由四象对角线重构，故二次等和关系成立。总之，本方法以"一化为四"计之。

（A1）样本

1	5	4	0	3	7	6	2
3	7	6	2	1	5	4	0
0	4	5	1	2	6	7	3
2	6	7	3	0	4	5	1
4	0	1	5	6	2	3	7
6	2	3	7	4	0	1	5
5	1	0	4	7	3	2	6
7	3	2	6	5	1	0	4

×8+

（B1）样本

8	1	4	5	3	6	7	2
2	7	6	3	5	4	1	8
1	8	5	4	6	3	2	7
7	2	3	6	4	5	8	1
6	3	2	7	1	8	5	4
4	5	8	1	7	2	3	6
3	6	7	2	8	1	4	5
5	4	1	8	2	7	6	3

（A2）换位

4	0	1	5	6	2	3	7
6	2	3	7	4	0	1	5
5	1	0	4	7	3	2	6
7	3	2	6	5	1	0	4
1	5	4	0	3	7	6	2
3	7	6	2	1	5	4	0
0	4	5	1	2	6	7	3
2	6	7	3	0	4	5	1

×8+

（B2）换位

1	8	5	4	6	3	2	7
7	2	3	6	4	5	8	1
8	1	4	5	3	6	7	2
2	7	6	3	5	4	1	8
3	6	7	2	8	1	4	5
5	4	1	8	2	7	6	3
6	3	2	7	1	8	5	4
4	5	8	1	7	2	3	6

图 17.64

A1×8+B1（样本）

16	41	36	5	27	62	55	18
26	63	54	19	13	44	33	8
1	40	45	12	22	51	58	31
23	50	59	30	4	37	48	9
38	3	10	47	49	24	29	60
52	21	32	57	39	2	11	46
43	14	7	34	64	25	20	53
61	28	17	56	42	15	6	35

A2×8+B1

40	1	12	45	51	22	31	58
50	23	30	59	37	4	9	48
41	16	5	36	62	27	18	55
63	26	19	50	44	13	8	33
14	43	34	7	25	64	53	20
28	61	56	17	15	42	35	6
3	38	47	10	24	49	60	29
21	52	57	32	2	39	46	11

A1×8+B2

9	48	37	4	30	59	50	23
31	58	51	22	12	45	40	1
8	33	44	13	19	54	63	26
18	55	62	27	5	36	41	16
35	6	15	42	56	17	28	61
53	20	25	64	34	7	14	43
46	11	2	39	57	32	21	50
60	29	24	49	47	10	3	38

A2×8+B2

33	8	13	44	54	19	26	63
55	18	27	62	36	5	16	41
48	9	4	37	59	30	23	50
58	31	22	51	45	12	1	40
11	46	39	2	32	57	52	21
29	60	49	24	10	47	38	3
6	35	42	15	17	56	61	28
20	53	64	25	7	34	43	14

图 17.65

五、互补幻方对

幻方以互补方式出现的成对关系是幻方的一种普遍现象。互补方法是已成对数组之和"65"常数减样本每一个数而得另一幅幻方，则这两个幻方为互补成对关系。如图 17.66 所示，乃图 17.59 两个样本各配成了一对互补幻方。它们也是两组对角象限同步换位关系，因此行列、对角线配置相同，但排列发生了改变，8 阶完全幻方 / 平方幻方成立。互补幻方对，以"一化为二"计之。

样本　　　　　互补　　　　　样本　　　　　互补

图 17.66

综上所述，两款行列配置方案构造的 8 阶完全幻方 / 平方幻方，经 4 种重构方法演绎，可以检索出 $2×4^4＝512$ 幅异构体。在浩瀚的 8 阶完全幻方群中，具有"自乘"性质即可转化为 8 阶平方幻方的犹如凤毛麟角，乃 8 阶完全幻方之稀世珍品。

钟明的 16 阶完全幻方 / 平方幻方

"自乘"完全幻方是幻方迷宫的最高峰。在成功的路上并不拥挤，因为坚持攀登的不多。自法国 M. H. Schots 于 1931 年首创 8 阶完全幻方 / 平方幻方以来，半个多世纪无人成功突破这个高度。世纪之交前后 20 来年，广义高次幻方及"自乘"幻方已成为中国幻方爱好者们的热门课题，同时少数勇士们开始追求"自乘"完全幻方这个更高目标了。

江苏太仓钱剑平先生在中国幻协内部刊物上登了一则"有奖征解"启事（2003 年 8 月 12 日），即征解一幅"16 阶完全幻方 / 平方完全幻方"，同时随启事发表了他多年探索而创作的一幅名为"16 阶完美泛对角线三次幻方"的佳作，其组合性质：①这幅 16 阶完全幻方一次泛幻和"2056"；②其 32 条泛对角线的平方和、立方和连续等幂关系成立，即平方幻和"351576"、立方幻和"67634176"。这是一幅"16 阶完全幻方 / 三次泛对角线全等"，比法国 H. Schots. Belgium 于 1939 年创作的"8 阶完全幻方 / 平方泛对角线全等"提高了一个幂次。当初，我与钱先生通了电话，他反复强调的话是"广义的没啥意思"。这幅 16 阶完全幻方因不具备全部行与列二次、三次等和关系，尚不属于"自乘"完全幻方范畴，但这是在探索"自乘"完全幻方过程中难得的一个设想。

我国幻方高手钟明成功创作了一幅 16 阶完全幻方 / 平方幻方（图 17.67）。一次泛幻和"2056"，二次幻和"351576"。其组合结构特点如下。

①等和数组全中心对称,堪称平方幻方精品。

② 16个四阶单元之和全等,均匀度较高。

从"商—余"正交方阵的化简结构分析(图17.68):其"商"方阵上下两象对合,其"余"方阵左右两象对合。全部行、列、两条主对角线及每个4阶单元各由整条连续化简数列构成。两方阵各以全等"2×4"长方单元按一定的逻辑规则编码。此构图法具有相当好的演绎、检索、计数功能。

129	156	167	190	205	216	235	242	2	27	40	61	78	87	108	113
211	202	245	240	159	134	185	164	84	73	118	111	32	5	58	35
105	116	79	86	37	64	3	26	234	243	208	213	166	191	132	153
59	34	29	8	119	110	81	76	188	161	158	135	248	237	210	203
18	11	56	45	94	71	124	97	145	140	183	174	221	200	251	226
68	89	102	127	16	21	42	51	195	218	229	256	143	150	169	180
250	227	224	197	182	175	148	137	121	100	95	70	53	48	19	10
172	177	142	151	232	253	194	219	43	50	13	24	103	126	65	92
165	192	131	154	233	244	207	214	38	63	4	25	106	115	80	85
247	238	209	204	187	162	157	136	120	109	82	75	60	33	30	7
77	88	107	114	1	28	39	62	206	215	236	241	130	155	168	189
31	6	57	36	83	74	117	112	160	133	186	163	212	201	246	239
54	47	20	9	122	99	96	69	181	176	147	138	249	228	223	198
104	125	66	91	44	49	34	23	231	254	193	220	171	178	141	152
222	199	252	225	146	139	184	173	93	72	123	98	17	12	55	46
144	149	170	179	196	217	230	255	15	22	41	52	67	90	101	128

图 17.67

8	9	10	11	12	13	14	15	0	1	2	3	4	5	6	7
13	12	15	14	9	8	11	10	5	4	7	6	1	0	3	2
6	7	4	5	2	3	0	1	14	15	12	13	10	11	8	9
3	2	1	0	7	6	5	4	11	10	9	8	15	14	13	12
1	0	3	2	5	4	7	6	9	8	11	10	13	12	15	14
4	5	6	7	0	1	2	3	12	13	14	15	8	9	10	11
15	14	13	12	11	10	9	8	7	6	5	4	3	2	1	0
10	11	8	9	14	15	12	13	2	3	0	1	6	7	4	5
10	11	8	9	14	15	12	13	2	3	0	1	6	7	4	5
15	14	13	12	11	10	9	8	7	6	5	4	3	2	1	0
4	5	6	7	0	1	2	3	12	13	14	15	8	9	10	11
1	0	3	2	5	4	7	6	9	8	11	10	13	12	15	14
3	2	1	0	7	6	5	4	11	10	9	8	15	14	13	12
6	7	4	5	2	3	0	1	14	15	12	13	10	11	8	9
13	12	15	14	9	8	11	10	5	4	7	6	1	0	3	2
8	9	10	11	12	13	14	15	0	1	2	3	4	5	6	7

1	12	7	14	13	8	11	2	2	11	8	13	14	7	12	1
3	10	5	16	15	6	9	4	4	9	6	15	16	5	10	3
9	4	15	6	5	16	3	10	10	3	16	5	6	15	4	9
11	2	13	8	7	14	1	12	12	1	14	7	8	13	2	11
2	11	8	13	14	7	12	1	1	12	7	14	13	8	11	2
4	9	6	15	16	5	10	3	3	10	5	16	15	6	9	4
10	3	16	5	6	15	4	9	9	4	15	6	5	16	3	10
12	1	14	7	8	13	2	11	11	2	13	8	7	14	1	12
5	16	3	10	9	4	15	6	6	15	4	9	10	3	16	5
7	14	1	12	11	2	13	8	8	13	2	11	12	1	14	7
13	8	11	2	1	12	7	14	14	7	12	1	2	11	8	13
15	6	9	4	3	10	5	16	16	5	10	3	4	9	6	15
6	15	4	9	10	3	16	5	5	16	3	10	9	4	15	6
8	13	2	11	12	1	14	7	7	14	1	12	11	2	13	8
14	7	12	1	2	11	8	13	13	8	11	2	1	12	7	14
16	5	10	3	4	9	6	15	15	6	9	4	3	10	5	16

图 17.68

16阶完全幻方是否存在钱剑平先生"有奖征解"的"16阶完全幻方 / 平方完全幻方"?这仍然需要艰难的探索。

第三座里程碑——李文的 32 阶完全平方幻方

完全平方幻方是一个世界难题，我国李文于 2011 年在网上公布了他的杰作——32 阶完全幻方 / 完全平方幻方，一次泛幻和"16400"，二次泛幻和"11201200"（图 17.69），这是一次与二次"双最优化"的稀世珍品。自乘完全幻方"一身而二任"：一次是算术级数的最优化，二次是几何级数的最优化，显然其求和机制有更为复杂的逻辑规则或非逻辑编码形式，因此必须遵循两者最优化组合的共性要求。

```
  1 531 124 315 183 335 195 388 │1003 505 927 736 852 677 809 618 │ 16 542 117 310 186 322 206 397 │ 998 504 914 721 861 684 808 615
546  52 269  73 376 144 433 245 │ 460 986 743 942 659 870 603 786 │559  61 260  72 377 129 448 252 │ 453 983 746 931 670 875 598 799
270 800 358  37 434  74 477 158 │ 744 246 641 962 604 941 567 888 │259 785 363  44 447  71 468 147 │ 745 251 656 975 597 932 570 889
807 316  19 343 123 387 175 491 │ 196 735 1017 692 928 617 837 528 │810 309  30 346 118 398 162 486 │ 205 722 1016 701 913 616 844 513
116 610 169 525 208 312 1013 337 │ 922 396 846 487 806 723  18 699 │125 623 168 516 193 313 1020 352 │ 919 389 835 490 811 734  31 694
601  70 576 146 261 253 362 968 │ 446 929 470 892 738 791 653  35 │600  75 561 159 268 244 359 969 │ 435 944 475 885 751 794 644  46
380 871 439 787 451  59 747  79 │ 671 132 596 249 553 992 272 933 │373 874 442 798 462  54 742  66 │ 658 141 605 248 552 977 257 940
854 329 802 400  13 501 120 730 │ 177 686 204 614 999 530 915 317 │859 328 815 385   4 508 121 727 │ 192 675 197 619 1002 543 926 308
166 697 210 640 1021 517 904 298 │ 833 350 828 406  23 482  99 711 │171 696 223 625 1012 524 905 295 │ 848 339 821 411  26 495 110 708
652 151 583 227 563 971 283 959 │ 367 884 420 777 473  48 768  85 │645 154 586 238 574 966 278 946 │ 354 893 429 776 472  33 753  92
425 950 464 866 757 781 666  56 │ 590  81 550 140 274 231 381 979 │424 955 449 879 764 772 663  57 │ 579  96 555 133 287 234 372 990
900 402 857 509 832 712   5 673 │ 106 636 190 535 214 291 994 331 │909 415 856 500 817 713  12 688 │ 103 629 179 538 219 302 1007 326
215 716 995 679 907 627 863 539 │ 820 303   9 324 112 409 181 512 │218 709 1006 682 902 638 850 534 │ 829 290   8 333  97 408 188 497
766 240 662 981 578 954 557 878 │ 280 774 369  50 428  93 455 136 │755 225 667 988 591 951 548 867 │ 281 779 384  63 421  84 458 137
466 964 765 953 648 896 577 773 │ 572  42 279  94 355 150 427 226 │479 973 756 952 649 881 592 780 │ 565  39 282  83 366 155 422 239
1009 483 908 715 839 703 819 628 │  27 521 111 304 164 341 217 410 │1024 494 901 710 842 690 830 637 │  22 520  98 289 173 348 216 407
1008 510 917 726 858 674 814 621 │   6 536 114 305 189 332 200 391 │993 499 924 731 855 687 803 612 │  11 537 127 320 180 325 201 394
463 989 740 936 665 865 608 796 │ 549  55 266  67 382 139 438 255 │450 980 749 937 664 880 593 789 │ 556  58 263  78 371 134 443 242
739 241 651 972 607 935 564 883 │ 265 795 368  47 437 684 474 153 │750 256 646 965 594 938 573 894 │ 264 790 353  34 444  77 471 152
202 725 1022 698 918 622 834 518 │ 813 306  24 349 113 392 172 481 │199 732 1011 695 923 611 847 523 │ 804 319  25 340 128 393 165 496
925 399 840 484 801 729  28 704 │ 119 613 163 522 203 318 1023 342 │916 386 841 493 816 728  21 689 │ 122 620 174 519 198 307 1010 347
440 939 465 895 748 788 647  41 │ 595  80 571 149 271 250 356 974 │441 934 480 882 741 797 650  40 │ 606  65 566 156 258 247 365 963
661 138 602 254 558 982 262 930 │ 370 877 445 792 456  49 737  76 │668 135 599 243 547 987 267 943 │ 383 868 436 793 457  64 752  69
187 680 207 609 996 540 921 311 │ 864 323 805 395  10 511 126 724 │182 681 194 624 1005 533 920 314 │ 849 334 812 390   7 498 115 733
843 344 831 401  20 492 105 711 │ 176 691 213 635 1018 527 910 292 │838 345 818 416  29 485 104 714 │ 161 702 220 630 1015 514 899 301
357 890 426 782 478  38 758  82 │ 642 157 589 232 568 961 273 956 │364 887 423 771 467  43 763  95 │ 655 148 580 233 569 976 288 949
584  91 545 143 248 228 375 985 │ 419 960 459 869 767 778 660  62 │585  86 560 130 277 237 390 984 │ 430 945 454 876 754 775 669  51
109 639 184 532 209 297 1004 336 │ 903 405 851 506 827 718  15 678 │100 626 185 541 224 296 997 321 │ 906 412 862 503 822 707   2 683
826 293  14 330 102 414 178 502 │ 221 706 1000 685 897 632 860 529 │823 300   3 327 107 403 191 507 │ 212 719 1001 676 912 633 853 544
275 769 379  60 431  87 452 131 │ 761 235 672 991 581 948 554 873 │286 784 374  53 418  90 461 142 │ 760 230 657 978 588 957 551 872
575  45 276  88 361 145 432 236 │ 469 967 762 947 654 891 582 783 │562  36 285  89 360 160 417 229 │ 476 970 759 958 643 886 587 770
 32 526 101 294 170 338 222 413 │1014 488 898 705 845 700 824 631 │ 17 515 108 299 167 351 211 404 │1019 489 911 720 836 693 825 634
```

图 17.69

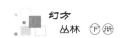

　　从"洛书—完全幻方—自乘幻方—自乘完全幻方"幻方发展历经了三大里程碑：第一座里程碑完全幻方，代表作品是古印度 11 世纪"耆那 4 阶完全幻方"，以及中国明代嘉靖陆深墓出土的"玉挂 4 阶完全幻方"；第二座里程碑自乘幻方，代表作品是法国 G. Pfeffermann 于 1890 年首创 8 阶与 9 阶幻方 / 平方幻方；第三座里程碑自乘完全幻方，代表作品是法国 M. H. Schots 于 1931 年首创 8 阶完全幻方 / 平方幻方，以及李文 2011 年的杰作 32 阶完全幻方 / 完全平方幻方。路漫漫上下五千年，无畏的攀登者创造了幻方史的辉煌。

不规则幻方

第 18 篇

　　在经典幻方领域中，存在规则幻方与不规则幻方两大类。所谓"规则"与"不规则"，乃是从幻方化简式即"商—余"正交方阵编码加以区分的。以一定逻辑编码的称之为规则幻方；而以非逻辑编码的称之为不规则幻方。若离开了编码形式的结构分析，这两类幻方并无原则性不同。我发现"不规则"幻方编码的"非逻辑"形式存在两种基本组合模式：其一是等和整合模式；其二是互补整合模式。弄清楚这两种"不规则"模式，乃是研发"不规则"幻方构图的核心技术。

　　"不规则"幻方一般是由手工方法"一对一"创作的，构图没有一定章法，结构十分复杂，制作难度与技巧性相当高。目前，为什么不能精确地彻底清算幻方全部解呢？难点主要是"不规则"幻方部分。然而，我始终认为，不规则幻方绝不是杂乱无章、随机排列的"乱码表"，相反它严格遵守着非逻辑形式的其他复杂规则。一旦掌握了这些超常规的复杂规则与方法，那么幻方的"规则"与"不规则"概念与分界将会自行消除。

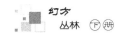
不规则幻方创始人——杨辉

西方幻方研究者认为，"不规则"幻方最早发现于 19 世纪中叶，但据我核查，宋代大数学家杨辉在 1275 年创作的 5 阶、6 阶、7 阶幻方都是"不规则"幻方，因此，事实上不规则幻方的真正创始人是杨辉。明代程大伟、清代方中通的 5 阶、6 阶幻方，以及清朝大数学家张潮的"更定百子图"（10 阶幻方）也是不规则幻方。举例如下。

第一例：杨辉 5 阶不规则幻方

图 18.1 为杨辉 5 阶不规则幻方，其"商—余"正交方阵特点：①行、列无序配置；②行、列不等和；③非程序化编码。两方阵通过行列互补"整合"方法建立正交关系，还原出 5 阶幻方成立。

1	23	16	4	21
15	14	7	18	11
24	17	13	9	2
20	8	19	12	6
5	3	10	22	25

=

0	4	3	0	4	11
2	2	1	3	2	10
4	3	2	1	0	10
3	1	3	2	1	10
0	0	1	4	4	9
9	10	10	10	11	

×5+

1	3	1	4	1	10
5	4	2	3	1	15
4	2	3	4	2	15
3	3	4	2	2	15
5	3	5	2	5	20
20	15	15	15	10	

图 18.1

第二例：杨辉 6 阶不规则幻方

图 18.2 上为杨辉 6 阶不规则幻方，其"商—余"正交方阵特点如下。

①九宫各 2 阶子单元之和为"三段式"有序配置。

②各段子单元 4 数排序相同，九宫按"洛书"模型规则定位，因此，母阶为 3 阶幻方。

③全部行列之间为不等和无序配置。

④各行各列非程序化编码。这就是说，从九宫分解结构而言为规则编码，从行列结构而言为不规则编码，两方阵通过行列互补"整合"方法建立正交关系。

图 18.2 下为杨辉另一幅 6 阶不规则幻方，其"商—余"正交方阵与图 18.2 上相同点如下。

①九宫"三段式"有序配置。

②九宫各 2 阶子单元按"洛书"模型规则定位，因此母阶为 3 阶幻方。

③各行各列无序配置。

④各行各列非程序化编码。

这两幅图不同点：本例各行等和，而各列及两条主对角线又不等和，较之图 18.2 上 6 阶"不规则"幻方的不规则程度又低一点。但是，两方阵也必须通过各列及主对角线的互补"整合"方法建立正交关系，由此还原出 6 阶幻方才能成立。由杨辉这两幅 6 阶不规则幻方推断，在"行列等和"与"行列不等和"两个基本不规则"整合"模式之间还存在一种过渡性的中间形式，即"行等和，列不等和"的新模式。

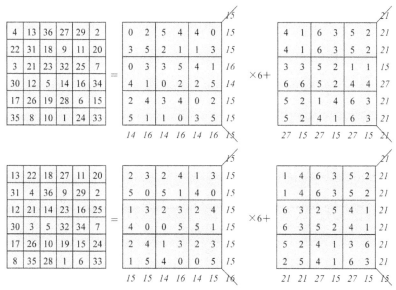

图 18.2

第三例：杨辉 7 阶不规则幻方

图 18.3 上为杨辉 7 阶不规则幻方，其"商—余"正交方阵的组合特点如下。

① 各行及两条主对角线等和、无序配置。

②各列不等和、无序配置。

③各行各列非程序化编码。

图 18.3 下为杨辉 7 阶不规则幻方，其"商—余"正交方阵特点如下。

①各行各列不等和、无序配置。

②各行各列非程序化编码。这是典型的互补"整合"模式。

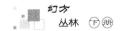
第四例：张潮 10 阶不规则幻方

图 18.4 是张潮"更定百子图"的"商—余"正交方阵，其组合特点如下。

①两方阵四象各 5 阶子单元之和等差，配置无序，不规则编码。

②两方阵各行各列不等和、无序配置，非程序化编码。这是典型的不规则互补"整合"模式。

左方阵（×10+），右上角 45：

5	0	9	6	8	1	2	9	0	4	44
6	4	0	7	1	8	5	8	6	0	45
4	1	5	2	8	6	2	3	6	8	45
3	7	9	4	6	1	5	2	7	1	45
2	6	3	3	5	5	5	1	9	7	46
3	9	1	6	4	4	6	8	0	3	44
8	3	4	4	0	3	7	2	7	9	47
1	9	5	2	3	8	0	2	5	9	44
7	2	0	9	8	1	6	7	5	0	45
7	4	9	1	3	8	7	2	0	4	45
46	45	45	44	46	45	45	44	45	45	

右方阵，右上角 55：

10	5	6	10	2	9	10	7	4	2	65
6	3	1	4	1	10	4	9	9	8	55
6	8	6	9	7	8	1	4	2	4	55
2	5	10	7	3	4	3	7	7	7	55
2	1	8	9	2	1	7	5	1	9	45
1	5	3	4	10	9	7	6	10	10	65
5	3	7	6	5	6	1	4	2	3	55
6	9	9	3	3	5	9	8	5	8	55
3	6	6	4	8	2	5	10	8	3	65
6	8	2	10	7	1	8	5	7	1	55
45	55	55	65	45	55	55	65	55	55	

张潮"更定百子图"：

60	5	96	70	82	19	30	97	4	42
66	43	1	74	11	90	54	89	69	8
46	18	56	29	87	68	21	34	62	84
32	75	100	47	63	14	53	27	77	17
22	61	38	39	52	51	57	15	91	79
31	95	13	64	50	49	67	86	10	40
83	35	44	45	2	36	71	24	72	93
16	99	59	23	33	85	9	28	55	98
73	26	6	94	88	12	65	80	58	3
76	48	92	20	37	81	78	25	7	41

图 18.4

总之，在杨辉幻方系列中只有 4 阶、8 阶为规则幻方，其余都是不规则幻方。从它们的"商—余"正交方阵透视分析，都属于不规则"互补组合模式"，即两方阵各行各列上的数码配置无序化，编码无统一章法，而且行、列或对角线不等和。那么两方阵何以能还原出幻方的呢？其一，两方阵的对应行、列或对角线必须建立互补关系，通过还原计算，则由"商—余"各方阵的"不等和"变为幻方行、列与对角线的等和关系；其二，两方阵又必须建立正交关系，以避免出现重复数字。

现代幻方爱好者们采用"商—余"正交方阵编码法构图，其行列为有序且等和配置，编码有一定的逻辑格式，因此还原出的都是规则幻方。这就是说，现代"商—余"正交方阵逻辑编码法一般不易构造出这类如此复杂的不规则幻方。但古代幻方为什么常常是"不规则"的呢？这可能同古人以"凑数求和"的手工方式制作幻方有关，因而如何运用数学方法来打开不规则幻方迷宫的大门将是一个艰难的课题。

4 阶不规则幻方检索

一、不规则 4 阶幻方样本

　　全部 4 阶幻方群不计镜像 880 幅图形，据检索，"规则"幻方有 432 幅（包括 48 幅完全幻方）；"不规则"幻方 448 幅。现以中位单元组合变化出示不规则 4 阶幻方 48 幅样本。

（1）	（2）	（3）	（4）	（5）	（6）
13 11 8 2 7 **1 12** 14 10 **16 5** 3 4 6 9 15	12 13 8 1 5 **2 11** 16 10 **15 6** 3 7 4 9 14	16 4 5 9 6 **3 10** 15 11 **14 7** 2 1 13 12 8	15 6 3 10 5 **4 9** 16 12 **13 8** 1 2 11 14 7	12 14 7 1 8 **2 13** 11 9 **15 4** 6 5 3 10 16	11 10 8 5 6 **3 13** 12 15 **14 4** 1 2 7 9 16

（7）	（8）	（9）	（10）	（11）	（12）
8 13 3 10 16 **5 11** 2 9 **12 6** 7 1 4 14 15	9 6 15 4 16 **5 10** 3 1 **12 7** 14 8 11 2 13	4 7 10 13 15 **6 11** 2 14 **9 8** 3 1 12 5 16	6 15 1 12 14 **7 9** 4 11 **10 8** 5 3 2 16 13	4 10 7 13 14 **8 9** 3 5 **1 16** 12 11 15 2 6	6 13 12 3 11 **2 7** 14 8 **15 10** 1 9 4 5 16

（13）	（14）	（15）	（16）	（17）	（18）
16 2 7 9 12 **3 6** 13 1 **14 11** 8 5 15 10 4	15 1 8 10 11 **4 5** 14 2 **13 12** 7 6 16 9 3	9 14 7 4 15 **1 6** 12 2 **16 11** 5 8 3 10 13	11 13 4 6 14 **2 15** 3 8 **12 5** 9 1 7 10 16	13 2 12 7 6 **3 9** 16 11 **14 8** 1 4 15 5 10	15 1 6 12 9 **4 7** 14 8 **13 10** 3 2 16 11 5

（19）	（20）	（21）	（22）	（23）	（24）
7 12 14 1 11 **2 8** 13 6 **15 9** 4 10 5 3 16	12 13 6 3 8 **1 10** 15 9 **16 7** 2 5 4 11 14	9 14 7 4 12 **1 6** 15 5 **16 11** 2 8 3 10 13	13 16 2 3 10 **1 15** 8 7 **12 6** 9 4 5 11 14	14 7 11 2 8 **1 13** 12 9 **16 4** 5 3 10 6 15	7 12 9 6 16 **2 3** 13 1 **15 14** 4 10 5 8 11

（25）	（26）	（27）	（28）	（29）	（30）
4 14 15 1 10 **5 8** 11 7 **12 9** 6 13 3 2 16	7 14 11 2 6 **3 10** 15 12 **13 8** 1 9 4 5 16	13 9 8 4 6 **2 11** 15 12 **16 5** 1 3 7 10 14	11 14 4 5 8 **1 15** 10 13 **12 6** 3 2 7 9 16	10 13 8 3 16 **4 9** 5 1 **15 6** 12 7 2 11 14	11 15 2 6 8 **4 9** 13 10 **14 7** 3 5 1 16 12

（31）	（32）	（33）	（34）	（35）	（36）
14 4 9 7 16 **2 11** 5 3 **13 8** 10 1 15 6 12	15 8 9 2 3 **1 14** 16 10 **12 7** 5 6 13 4 11	10 6 11 7 13 **1 4** 16 3 **15 14** 2 8 12 5 9	5 12 9 8 15 **2 3** 14 4 **13 16** 1 10 7 6 11	9 16 5 4 12 **1 8** 13 6 **15 10** 3 7 2 11 14	11 4 13 6 16 **1 8** 9 2 **15 10** 7 5 14 3 12

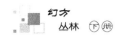
（37）

11	14	7	2
8	**3**	**10**	13
9	**16**	**5**	4
6	1	12	15

（38）

10	4	13	7
16	**1**	**8**	9
3	**14**	**11**	6
5	15	2	12

（39）

6	16	9	3
15	**1**	**8**	10
2	**12**	**13**	7
11	5	4	14

（40）

12	8	1	13
14	**2**	**7**	11
3	**9**	**16**	6
5	15	10	4

（41）

5	15	10	4
9	**2**	**7**	16
8	**11**	**14**	1
12	6	3	13

（42）

14	4	5	11
16	**2**	**7**	9
1	**13**	**12**	8
3	15	10	6

（43）

8	9	16	1
11	**4**	**5**	14
2	**15**	**10**	7
13	6	3	12

（44）

9	1	16	8
12	**4**	**5**	13
6	**14**	**11**	3
7	15	2	10

（45）

10	2	15	7
11	**3**	**6**	14
5	**13**	**12**	4
8	16	1	9

（46）

2	15	10	7
11	**4**	**5**	14
8	**9**	**16**	1
13	6	3	12

（47）

15	1	8	10
12	**3**	**6**	13
5	**16**	**9**	4
2	14	11	7

（48）

4	14	11	5
16	**3**	**6**	9
1	**10**	**15**	8
13	7	2	12

图 18.5

4 阶幻方的中位 2 阶单元之和恒等于幻和"34"，但中位单元 4 个数的组合变化有 50 个不同配置方案。图 18.5 展示了 48 个中位配置方案各一幅 4 阶"不规则"幻方解样本（注：另外两个中位配置方案没有"不规则"幻方解，即"5，8，10，11""6，7，9，12"只有"规则"幻方解）。在中位"O、X、Z"三型定位模式中，这 48 个配置方案的"不规则"幻方解，可分为如下 3 种情况。

有的配置方案只可用其中的一个定位模式；有的配置方案可用其中两个定位模式；有的配置方案 3 个定位模式都有"不规则"幻方解。4 阶是"不规则"幻方的最小阶次，凡"不规则"4 阶幻方都为四象消长态组合结构，凡"规则"4 阶幻方都为四象全等态组合结构，这是一个重要的鉴别特征。在 48 幅 4 阶完全幻方中不存在"不规则"幻方。

二、"不规则"4 阶幻方组合模式

据图 18.5 所示 48 幅"不规则"4 阶幻方分析，存在两大类不规则组合模式：一类为不规则等和整合模式；另一类为不规则互补整合模式。分别介绍如下。

（一）不规则"等和"整合模式

图 18.6 两幅 4 阶不规则幻方的共同点："商—余"两方阵都具有幻方性质，即各行、各列及两条主对角线等和；但四象配置及编码具有不规则性。两者的区别：图 18.6 上"商数"方阵为四象消长态组合结构，"余数"方阵为四象全等态组合结构；而图 18.6 下"商—余"两方阵都是为四象消长态

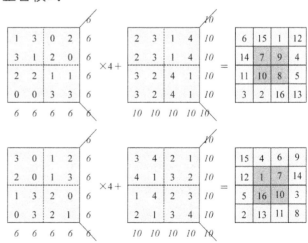

图 18.6

组合结构。这就是说，在不规则等和整合模式下，"商—余"两方阵存在多样化表现形式。然而，两方阵必须通过正交"整合"才能还原成4阶幻方。

（二）不规则"互补"整合模式

图 18.7 两幅 4 阶不规则幻方的共同点："商—余"两方阵都是行列图，即两条主对角线不等和；同时，四象配置及编码具有不规则性。

两者的区别：图 18.7 上"商数"方阵为四象全等态组合结构，"余数"方阵为四象消长态组合结构，而图 18.7 下"商—余"两方阵都为四象消长态组

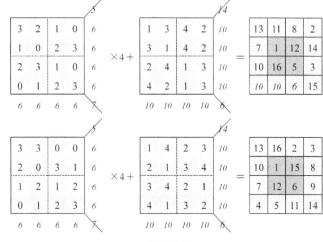

图 18.7

合结构。这就是说，在不规则互补整合模式下，"商—余"两方阵也存在多样化表现形式。然而，两方阵必须通过互补"整合"才能还原为 4 阶幻方成立。

不规则"等和"整合模式

从"商—余"正交方阵分析，不规则等和"整合"模式是不规则幻方化简结构的一种组合形态，它的基本特征：其"商数"与"余数"两方阵的行、列及对角线都是等和关系配置，但配置方案中各数码之间没有统一的数学结构，而且排序都为不规则编码。这就是说，"商—余"两方阵各具有"幻方"性质，但由于其行、列配置与编码都为"非逻辑"形式，因此两方阵正交必须通过复杂的正交"整合"才能还原成幻方。总之，这类不规则"商—余"方阵的行列等和关系配置、不规则编码相当复杂与多变，建立正交关系无章可循，因此构图难度相当大。现以8阶、9阶、10阶各举一例。

第一例：8 阶"等和"不规则幻方

图 18.8 是一幅8阶不规则幻方，从"商—余"两方阵分析，属于不规则等和"整合"模式，它的基本组合特点："商—余"两方阵各行、各列及两条主对角线具有等和关系，其中"商数"方阵各列"规则"配置（指 0 ~ 7 配置），但各行及两条主对角线"不规则"配置；其中"余数"方阵各行各列"规则"配置（指 1 ~ 8

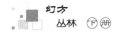

配置），而两条主对角线"不规则"配置。总之，本例两方阵的等和关系配置方案及编码的"非逻辑"形式比较复杂，因此称之为不规则幻方。

6	1	7	1	0	6	0	7
1	3	5	6	7	4	2	0
0	2	4	7	6	5	3	1
3	4	2	4	5	3	5	2
7	0	6	0	1	7	1	6
4	6	0	3	2	1	7	5
5	7	1	2	3	0	6	4
2	5	3	5	4	2	4	3

×8+

4	5	6	8	3	1	2	7
2	3	4	6	1	7	8	5
7	6	5	3	8	2	1	4
8	1	2	4	7	5	6	3
5	4	3	1	6	8	7	2
6	7	8	2	5	3	4	1
3	2	1	7	4	6	5	8
1	8	7	5	2	4	3	6

=

52	13	62	16	3	49	2	63
10	27	44	54	57	39	24	5
7	22	37	59	56	42	25	12
32	33	18	36	47	29	46	19
61	4	51	1	14	64	15	50
38	55	8	26	21	11	60	41
43	58	9	23	28	6	53	40
17	48	31	45	34	20	35	30

图 18.8

第二例：9 阶"等和"不规则幻方

图 18.9 是一幅 9 阶幻方，从"商—余"两方阵分析，也属于不规则等和"整合"模式。它的基本组合特点：虽然两方阵各行、各列及两条主对角线都为"等和"且"规则"配置（指 0 ～ 8 或 1 ～ 9 配置），但是各行、各列之间的排序为"非逻辑"形式编码，因此还原出的 9 阶幻方也属于不规则幻方范畴。

3	2	8	5	6	1	7	4	0
0	8	5	7	3	2	4	1	6
5	1	7	0	8	4	6	3	2
4	0	6	2	7	3	8	5	1
1	6	3	0	4	8	5	2	7
7	3	0	5	1	6	2	8	4
6	5	2	4	0	8	1	7	3
2	7	4	6	5	1	3	0	8
8	4	1	7	2	3	0	6	5

×9+

3	1	9	5	4	6	2	7	8
5	6	2	8	9	7	4	3	1
4	5	1	7	8	9	6	2	3
8	9	5	2	3	1	7	6	4
1	2	7	6	5	4	3	8	9
6	4	3	9	7	8	5	1	2
7	8	4	1	2	3	9	5	6
9	7	6	3	1	2	8	4	5
2	3	8	4	6	5	1	9	7

=

30	19	81	50	58	15	65	43	8
5	78	47	71	36	25	40	12	55
49	14	64	7	80	45	60	29	21
44	9	59	20	66	28	79	51	13
10	56	34	6	41	76	48	26	72
69	31	3	54	16	62	23	73	38
61	53	22	37	2	75	18	68	33
27	70	42	57	46	11	35	4	77
74	39	17	67	24	32	1	63	52

图 18.9

第三例：10 阶"等和"不规则幻方

图 18.10 是精心设计的一对不规则 10 阶"商—余"正交方阵，具有幻方组合性质，即 10 行、10 列及 2 条主对角线等和。"商数"方阵编码特点：各行及两条主对角线由"0 ～ 9"构成，各列对称互补安排。"余数"方阵编码特点：各列及两条主对角线由"1 ～ 10"构成，各行对称互补安排；"商—余"两方阵以巧妙的方式建立正交关系。由此还原出的一幅 10 阶不规则幻方。

0	1	2	3	5	4	6	7	8	9
0	1	2	3	5	4	6	7	8	9
0	1	2	3	5	4	6	7	8	9
0	1	2	3	5	4	6	7	8	9
9	8	7	6	4	5	3	2	1	0
9	8	7	6	4	5	3	2	1	0
9	8	7	3	5	4	6	2	1	0
9	8	2	6	4	5	3	7	1	0
9	1	7	6	4	5	3	2	8	0
0	8	7	6	4	5	3	2	1	9

×10 +

1	1	1	1	1	10	10	10	10	10
10	10	10	10	10	1	1	1	1	1
2	2	2	2	2	9	9	9	9	9
9	9	9	9	9	2	2	2	2	2
3	3	3	8	3	3	8	8	8	8
8	8	8	3	8	8	3	3	3	3
4	4	7	7	4	4	7	7	7	4
7	7	4	4	7	7	4	4	4	7
6	6	5	5	5	5	5	6	6	6
5	5	6	6	6	6	6	5	5	5

=

1	11	21	31	51	50	70	80	90	100
10	20	30	40	60	41	61	71	81	91
2	12	22	32	52	49	69	79	89	99
9	19	29	39	59	42	62	72	82	92
93	83	73	68	43	53	38	28	18	8
98	88	78	63	48	58	33	23	13	3
94	84	77	37	54	44	67	27	17	4
97	87	24	64	47	57	34	74	14	7
96	16	75	65	45	55	35	26	86	6
5	85	76	66	46	56	36	25	15	95

图 18.10

不规则"互补"整合模式

什么是不规则互补"整合"模式？即幻方的化简"商—余"两方阵各行、各列或两条主对角线不等和，"乱数"配置及其排序为不规则编码的一种组合形态。这就是说，在不规则互补"整合"模式下，不规则、不等和的"商—余"两方阵需要做如下两方面的统筹"整合"：一是互补"整合"；二是正交"整合"。因而比不规则等和"整合"模式更为纷繁复杂。

所谓互补"整合"，是指"商数"与"余数"两方阵不等和的对应行、对应列或对应对角线建立等和关系的一种方法。已知 n 阶"商数"方阵 $0 \sim n-1$ 之和为 S_1，若某一行（或列或主对角线）之和为 A，而 $A \neq S_1$，可称之不等和行；又已知 n 阶"余数"方阵 1 至 n 之和为 S_2，若其对应于"A"的不等和行之和（或列或主对角线）为 B，而 $B \neq S_2$，可称之不等和行。这两方阵不等和的对应两行如何建立互补关系呢？其互补"整合"算式如下。

当"商数"方阵不等和行 $A > S_1$ 时，设 $A = S_1 + a$，则"余数"方阵不等和对应行必须做如下互补：$B < S_2$，即 $B = S_2 - an$。

式中，a 为互补单元，其数值有一定的区间，每一个互补单元的补差额等于阶次 n。在两方阵互补"整合"关系成立条件下，然后针对两方阵的不规则配置与编码以"一对一"方式建立正交关系，才能还原成幻方。现以 4 ～ 10 阶不规则幻方为例，重点分析互补"整合"机制。

第一例：4 阶"互补"不规则幻方

图 18.11 是 4 阶主对角线"互补"不规则幻方，它的"商—余"正交方阵为行列图，

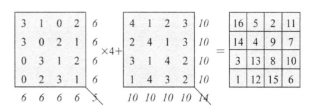

图 18.11

行列无序配置与"非逻辑"编码，需要"整合"不等和的两条主对角线，其互补单元 $a=1$，互补"整合"式：$5×4+14=34$，$7×4+6=34$，故 4 阶幻方成立。

第二例：5 阶"互补"不规则幻方

图 18.12 是 5 阶"互补"不规则幻方，它的"商—余"正交方阵没有幻方与行列图性质，行列无序配置与"非逻辑"编码，不等和的 2 行、2 列互补单元 $a=1$，其

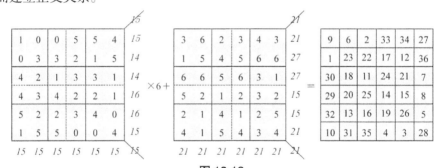

图 18.12

补差"整合"式：$9×5+20=65$，$11×5+10=65$，故 5 阶幻方成立。

第三例：6 阶"互补"不规则幻方

图 18.13 是 6 阶"互补"不规则幻方，它的"商—余"正交方阵没有幻方与行列图性质，但为"半行列图"，即行不等和、无序配置，而列及两条主对角线等和、无序配置，各行各列"非逻辑"编码。九宫、四象为"乱数表"。"商—余"两方阵对应不等和行以 $14×6+27=111$ 与 $16×6+15=111$ 两式补差"整合"，从而建立正交关系。

图 18.13

第四例：7 阶"互补"不规则幻方

图 18.14 右是 7 阶"互补"不规则幻方（同角型结构，参见"幻方子母结构"），它的"商—余"两方阵没有幻方与行列图性质，各为一个"乱数方阵"，即行列及两条主对角线不等和。那么，两方阵是如何统筹"整合"的呢？7 阶"商数"方阵的幻和"21"，"余数"方阵的幻和"28"。本例不规则"商数"与"余数"两方阵，必须按幻和要求与正交关系"整合" 4 条不等和行列及两条主对角线。

如图 18.14 左所示，"商数"方阵右起第一列之和"20"，比幻和"21"短 1 单元，因此"余数"方阵对应列必须以 $28+7$ 之和"35"补足，这样该列可还原为 $20×7+35=175$（即 7 阶幻和），表示该对应两列互补"整合"关系成立；

又如，"商数"方阵左主对角线等于"22"，比幻和"21"长1单元，因此"余数"方阵左主对角线必须以28-7之差"21"互补，则可还原为22×7 + 21 = 175（即7阶幻和），表示该条主对角线已互补"整合"成功等。

另外，从同角型结构的3阶、5阶子幻方看，它们的"商数"与"余数"两方阵的多重次不规则互补"整合"关系非常复杂。

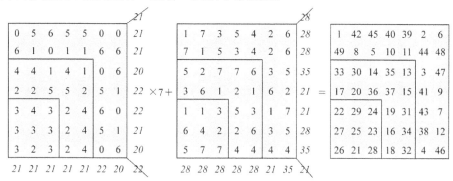

图 18.14

第五例："互补"不规则幻方

图18.15是一幅8阶"互补"不规则幻方（同角型结构，参见"幻方子母结构"）。它的"商—余"两方阵没有幻方与行列图性质，不等和行或列以"27×8 + 44 = 260""29×8 + 28 = 260"两种互补方式"整合"。同样，从同角型结构看，4阶子单元是完全幻方，规则逻辑编码；而6阶子幻方为不规则编码，互补"整合"结构非常复杂。总之，这幅8阶不规则幻方，两重次内套关系错综复杂。

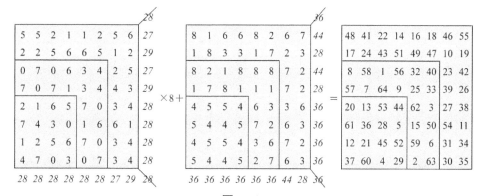

图 18.15

第六例：9阶"互补"不规则幻方

图18.16是一幅名曰"鸟巢"的9阶不规则幻方，特意为2008年北京奥运会新建国家体育馆而做（参见"奇方异幻"）。"商数—余数"两方阵的不等和行或列，以"35×9 + 54 = 369""37×9 + 36 = 369"两种互补方式"整合"。在9阶不规则幻方内部，两幅交叠的3阶子幻方，以及两幅交叠的5阶子幻方都具有不

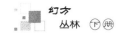

规则组合特征。

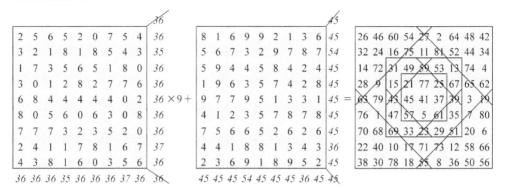

图 18.16

第七例："互补"不规则幻方

图 18.17 是一幅纪念澳门 1999 年 12 月 20 日回归祖国的 10 阶不规则幻方，坐落于珠海板樟山澳门回归纪念公园，在我国几千年碑文化中，有文字碑、书法碑、图像碑与无字碑等。而这幅"百子图"乃是我国碑史上第一座纯数字碑，用 1 ~ 100 自然数列书写了一部百年澳门简史，可查阅 400 年来澳门沧桑巨变的重大历史事件及有关史地、人文资料等（参见"数雕艺术"）。

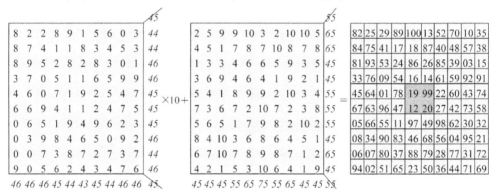

图 18.17

从"商—余"两方阵看，这幅 10 阶不规则幻方由两个正交"乱数方阵"合成，补差"整合"与逻辑"整合"异常复杂。在同一个方阵中，即 10 列（或 10 行）之间有 3 种平衡方式：一是以"45"做自平衡；二是以"46—44"做"一对一"互补平衡；三是以"46—46—43"做"二对一"互补平衡，由此展示了同一个方阵内部不等和行或列的多种平衡方式。

不规则幻方互补"整合"关系解析

"不规则'互补'整合模式"一文中说，在互补"整合"模式下，"商—余"两方阵各自没有幻方组合性质，因此需要两方面统筹"整合"：一是不等和互补"整合"；二是不规则逻辑"整合"。在操作层面上，"商—余"两方阵如何"整合"呢？这是揭示不规则幻方内在组合机制与方法的核心技术，解析如下。

一、不等和互补"整合"技术

"商—余"两方阵各自行、列或主对角线不等和，其补差"整合"方式如下：已知 n 阶"商数"方阵 0 至 $n-1$ 数列之和为 S_1，设某不等和行（或列或主对角线，下同）之和为 A；已知 n 阶"余数"方阵 1 至 n 数列之和为 S_2，设对应不等和行之和为 B。两方阵补差"整合"关系式：$A = S_1 + a$，$B = S_2 - an$；$A = S_1 - a$，$B = S_2 + an$。式中，a 为互补单元，阶次 n 为 1 个互补单元的差额。当 $An + B = S_1$（幻和）时，两方阵补差"整合"关系成立。

（一）关于互补单元

"商—余"两方阵对应不等和行（或列）彼此互补消长，因此互补单元 a 取值不是随意的，其一取决于与阶次相关的取值区间，其二取决于数组配置的限定性，其三取决于两方阵建立正交关系的可能性，三者缺一不可，这反映了不规则幻方遵守着内在的一种特殊规则。a 取值区间为 $0 \leqslant a < (S_1 - n) \div n$（注：这是以 $A = S_1 + a$，$B = S_2 - an$ 计算的取值区间，a 取整数值）。当 $a = 0$ 时，表示"商数"方阵某行 $A = S_1$，"余数"方阵的对应行 $B = S_2$，即 $S_1 n + S_2 = S_n$（幻和），这是消长平衡行。当 $a > 1$ 时，表示"商数—余数"两方阵对应行不平衡，必需补差"整合"求得平衡。为什么 $a \neq (S_2 - n) \div n$ 呢？因为 $a = (S_2 - n) \div n$ 时，"余数"方阵 $B \leqslant n$，则该行的数组已不可能配置，或不可能与"商数"方阵建立正交关系，所以互补单元 a 的上限必须取小于 $(S_2 - n) \div n$ 的整数值。

总之，在取值区间内，互补单元 a 各种可取值的判别式：若两方阵补差关系 $A = S_1 + a$，$B = S_2 - an$，当 $B > n$ 时，则"整合"关系成立；若两方阵补差关系 $A = S_1 - a$，$B = S_2 + an$，当 $B < n^2$ 时，则"整合"关系成立。

例如，4 阶不规则幻方，已知"商数"方阵 $0 \sim 3$ 之和为 $S_1 = 6$，"余数"方阵 $1 \sim 4$ 之和为 $S_2 = 10$。4 阶"商—余"两方阵对应不等和行的互补单元 a 的取值方案如下：$a = 1$ 方案，其一，"商数"方阵行 $A = S_1 + a = 7$，则"余数"方阵行 $B = S_2 - an = 6$，该对应不等和两行还原 $An + B = 34$（4 阶幻和）。其二，"商数"方阵行 $A = S_1 - a = 5$，则"余数"方阵行 $B = S_2 + an = 14$，该对应不

等和两行还原 $An + B = 34$（4 阶幻和），两方阵补差"整合"关系成立。但是，如果 $a = 2$，4 阶"商数"方阵行 $A = S_1 + a = 8$，则"余数"方阵行 $B = S_2 - an = 2$，显然 4 条 $1 \sim 4$ 数列无法配置出 4 个数之和等于"2"的数组方案，所以 4 阶对应不等和行的互补单元 $a = 2$ 不存在幻方解。

又如，5 阶不规则幻方，已知"商数"方阵 $0 \sim 4$ 之和为 $S_1 = 10$，"余数"方阵 $1 \sim 5$ 之和为 $S_2 = 15$。"商—余"两方阵对应不等和行的互补单元 a 的取值方案如下：$a = 1$ 方案，其一，"商数"方阵行 $A = S_1 + a = 11$，则"余数"方阵行 $B = S_2 - an = 10$，该对应不等和两行还原 $An + B = 65$（5 阶幻和）。其二，"商数"方阵行 $A = S_1 - a = 9$，则"余数"方阵行 $B = S_2 + an = 20$，该对应不等和两行还原 $An + B = 65$（5 阶幻和），两方阵补差"整合"关系成立。但是，如果 $a = 2$，5 阶"商数"方阵行 $A = S_1 + a = 12$，它的数组配置 5 个数中至少有 2 个数会重复，而"余数"方阵对应行 $B = S_2 - an = 5$，它的数组配置是重复的 5 个"1"，这就是说两方阵已不可能建立正交关系，所以 5 阶对应不等和行的互补单元 $a = 2$ 也不存在幻方解。以下检索 $6 \sim 10$ 阶"商—余"两方阵对应不等和行互补单元 a 的可能取值方案。

1. 6 阶不规则幻方

已知 $S_1 = 15$，$S_2 = 21$。$a = 1$ 方案：其一，$A = S_1 + a = 16$，则 $B = S_2 - an = 15$，$An + B = 111$（6 阶幻和）。其二，$A = S_1 - a = 14$，$B = S_2 + an = 27$，$An + B = 111$。$a = 2$ 方案：其一，$A = S_1 + a = 17$，则 $B = S_2 - an = 9$，$An + B = 111$。其二，$A = S_1 - a = 13$，$B = S_2 + an = 33$，$An + B = 111$。

2. 7 阶不规则幻方

已知 $S_1 = 21$，$S_2 = 28$。$a = 1$ 方案：其一，$A = S_1 + a = 22$，则 $B = S_2 - an = 21$，$An + B = 175$（7 阶幻和）。其二，$A = S_1 - a = 20$，$B = S_2 + an = 35$，$An + B = 175$。$a = 2$ 方案：其一，$A = S_1 + a = 23$，则 $B = S_2 - an = 14$，$An + B = 175$。其二，$A = S_1 - a = 19$，$B = S_2 + an = 42$，$An + B = 175$。

3. 8 阶不规则幻方

已知 $S_1 = 28$，$S_2 = 36$。$a = 1$ 方案：其一，$A = S_1 + a = 29$，则 $B = S_2 - an = 28$，$An + B = 260$（8 阶幻和）。其二，$A = S_1 - a = 27$，$B = S_2 + an = 44$，$An + B = 260$。$a = 2$ 方案：其一，$A = S_1 + a = 30$，则 $B = S_2 - an = 20$，$An + B = 260$。其二，$A = S_1 - a = 26$，$B = S_2 + an = 52$，$An + B = 260$。$a = 3$ 方案：其一，$A = S_1 + a = 31$，则 $B = S_2 - an = 12$，$An + B = 260$。其二，$A = S_1 - a = 25$，$B = S_2 + an = 60$，$An + B = 260$。

4. 9 阶不规则幻方

已知 $S_1 = 36$，$S_2 = 45$。$a = 1$ 方案：其一，$A = S_1 + a = 37$，则 $B = S_2 - an = 36$，$An + B = 369$（9 阶幻和）。其二，$A = S_1 - a = 35$，$B = S_2 + an = 55$，$An + B = 369$。$a = 2$ 方案：其一，$A = S_1 + a = 38$，则 $B = S_2 - an = 27$，$An + B =$

369。其二，$A = S_1-a = 34$，$B = S_2 + an = 63$，$An + B = 369$。$a = 3$方案：其一，$A = S_1 + a = 39$，则 $B = S_2-an = 18$，$An + B = 369$。其二，$A = S_1-a = 33$，$B = S_2 + an = 72$，$An + B = 360$。

5. 10 阶不规则幻方

已知 $S_1 = 45$，$S_2 = 55$。$a = 1$方案：其一，$A = S_1 + a = 46$，则 $B = S_2-an = 45$，$An + B = 505$（10阶幻和）。其二，$A = S_1-a = 44$，$B = S_2 + an = 65$，$An + B = 505$。$a = 2$方案：其一，$A = S_1 + a = 47$，则 $B = S_2-an = 35$，$An + B = 505$。其二，$A = S_1-a = 43$，$B = S_2 + an = 75$，$An + B = 505$。$a = 3$方案：其一，$A = S_1 + a = 48$，则 $B = S_2-an = 25$，$An + B = 505$。其二，$A = S_1-a = 42$，$B = S_2 + an = 85$，$An + B = 505$。$a = 4$方案：其一，$A = S_1 + a = 41$，则 $B = S_2-an = 15$，$An + B = 505$。其二，$A = S_1-a = 41$，$B = S_2 + an = 95$，$An + B = 505$。其他阶次按理类推。

（二）关于行列平衡

互补"整合"技术包括如下两个方面：一方面是"商—余"两方阵之间不等和对应各行（或各列）之间的互补"整合"；另一方面是同一个方阵内部不等和各行（或各列）相互之间的平衡"整合"。"商数"方阵内部某一行 $A = S_1 + a$，那么另一行必是 $A = S_1-a$，因此同一个方阵内"一增一减"两行互为消长求得平衡，这是"一对一"互补（参见图18.15等）；如果互补单元 $a > 1$，除了"一对一"互补外，还可能有"几对一"多行共同补差（参见图18.16等）。当 $a = 0$ 时，该行则自我平衡。总之，同一个方阵内部各行（或各列）求得总体平衡存在如下3种基本方式：一是等和行的"自我"平衡方式；二是不等和行的"一对一"互补平衡方式；三是不等和行的"多对一"综合平衡方式。在同一个方阵中，所展示的行列平衡方式越多，其与另一个方阵的互补"整合"关系越复杂。

二、不规则逻辑"整合"技术

根据互补"整合"技术，不难排出大量具有互补关系的"商数"方阵与"余数"方阵，但是由于它们的行、列无序配置及非逻辑编码，因此具有互补关系的两方阵，并不一定具有正交关系，而不正交"商—余"两方阵就不能还原成幻方图形。互补关系是编制"商—余"两方阵的基础，而正交关系是"商—余"方阵构图的关键。规则编码法中"商—余"方阵的正交原则与方法，完全不适用于不规则编码法。"商数"方阵与"余数"方阵编码的非逻辑形式，在两者之间本质上没有统一性，因而两方阵的正交匹配难度相当高。

什么是不规则逻辑"整合"技术？即具有互补关系的不规则两方阵的正交设计。目前，《正交设计学》关于不规则两方阵的正交问题研究还是一项"空白"。如果能解决不规则幻方的正交"整合"技术，将对《正交设计学》发展及在工农

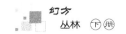

业生产、科学实验等领域的广泛应用做出巨大贡献。不规则两方阵在不同非逻辑形式之间如何建立正交关系？目前还不能从根本上回答什么样的两种不同非逻辑形式可建立正交关系，而只能靠枚举不规则"商—余"两方阵，从中筛选正交方案，这一点将成为以"商—余"正交方阵法编制不规则幻方的致命弱点，因此必须研制不规则幻方构图新法。

不规则非完全幻方分类

不规则非完全幻方的"不规则"程度差异很大，根据"商—余"正交方阵的行、列及对角线等和或者不等和具体状态，在两大类不规则"整合"模式下可细分为如下 4 个基本级别：第一级："等和式"不规则幻方；第二级："行列图式"不规则幻方；第三级："半行列图式"不规则幻方；第四级："乱数方阵式"不规则幻方。准确分类与界定，乃是对不规则幻方组合结构认知的一种深化与理性概括，有利于研制各式不同构图方法及分门别类地检索。

第一级："等和式"不规则幻方

在"不规则'等和'整合模式"一文中，我发现有一类不规则幻方最明显的特点：一是"商—余"正交两方阵各自具有幻方性质，即其各行、各列及两条主对角线等和；二是其行列（或者子单元）可有序亦可无序配置，但总体都以非逻辑形式编码。因此，"商—余"两方阵必须通过逻辑方面的"整合"才能建立正交关系，并还原出幻方图形。这在不规则幻方领域中，其"不规则"程度比较低，我称之为"等和式"不规则幻方。

若一幅规则幻方采用行列对应数组交换法，"破坏"其原有的规则逻辑关系，变规则为不规则，各阶相当一部分规则幻方与"等和式"不规则幻方具有相互转化关系。如图 18.18 所示，图 18.18 上是一幅规则 4 阶幻方，图 18.18 下为一幅"等和式"不规则 4 阶幻方，而它们的区别只是对应数组"15，2"与"12，5"的简单换位。

同时，在"不规则'互补'整合模式"一文中，我发现另一类不规则幻方最明显的

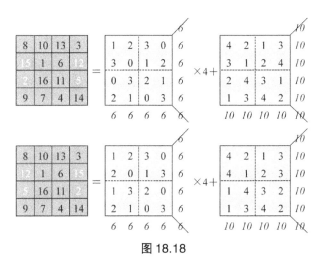

图 18.18

特点：一是"商—余"两方阵各自不具有幻方性质，即其各行、各列及两条主对角线不等和；二是其行列（或者子单元）一般为无序配置，总体都以非逻辑形式编码。因此，"商—余"两方阵必须通过互补与逻辑两方面的"整合"才能建立正交关系，并还原出幻方图形。根据"商—余"两方阵组合性质差异，我对互补"整合"模式做"行列图式""半行列图式""乱数方阵式"不规则幻方细分，分述如下。

第二级："行列图式"不规则幻方

什么是"行列图式"不规则幻方？它是指其"商—余"正交两方阵具有"行列图"性质，即其各行各列等和，只有两条主对角线不等和，行列以非逻辑形式编码，

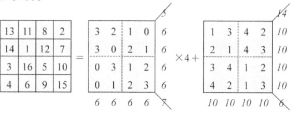

图 18.19

由此还原出的不规则幻方图形。若一幅规则幻方采用主对角线对应数组交换法，"破坏"其原有的规则逻辑关系，变规则为不规则，因此各阶一部分规则幻方与"行列图式"不规则幻方具有相互转化关系。还有另一部分"行列图式"不规则幻方只可由正交匹配"行列图"合成（图18.19），故行列图研究非常重要。

第三级："半行列图式"不规则幻方

什么是"半行列图式"不规则幻方？它是指其"商—余"正交两方阵各行等和，各列不等和，反之亦然，行列以非逻辑形式编码，由此还原出的不规则幻方图形。

图 18.20 是一幅 6 阶"半行列图式"不规则幻方，它由"不规则互补'整合'模式"一文中的 6 阶不规则幻方，通过加减法"克隆"技术改编而成。

图 18.20

第四级："乱数方阵式"不规则幻方

什么是"乱数方阵式"不规则幻方？它是指其"商—余"正交两方阵行、列及对角线不等和，以非逻辑形式编码，由此还原出的不规则幻方图形。

图 18.21 是一幅 7 阶"乱数方阵式"不规则幻方，它由"不规则'互补'整合模式"一文中的 7 阶不规则幻方，通过"杨辉口诀"二次编辑创作。

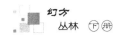

3	4	2	2	5	4	1	21		4	2	7	7	7	1	1	28		25	30	21	20	42	29	8
4	1	4	2	5	4	1	21		6	6	4	1	4	3	4	28		34	13	32	15	39	31	11
3	4	3	2	0	3	6	21		6	5	5	3	1	1	7	35		27	33	26	17	1	22	49
2	4	2	5	5	2	1	21	×7+	2	7	4	5	5	5	3	21	=	16	35	18	37	40	19	10
1	6	6	1	0	0	6	20		5	5	4	2	6	7	6	21		12	47	46	9	6	7	48
3	1	3	5	6	3	0	21		2	7	7	1	3	5	4	28		23	14	28	36	45	24	5
5	0	0	5	0	6	6	22		3	3	4	6	2	1	2	35		38	3	4	41	2	43	44

21 20 20 22 21 22 21 21   28 28 28 28 28 21 35 28

图 18.21

综上所述，在等和"整合"模式下，都为"等和式"不规则幻方，其"商—余"正交方阵具有幻方性质，但非逻辑编码，难点在于逻辑"整合"以建立两方阵的正交关系。在互补"整合"模式下，可细分为"行列图式"不规则幻方，"半行列图式"不规则幻方，及"乱数方阵式"不规则幻方，顾名思义，"行列图式"不规则幻方，其"商—余"正交方阵具有行列图性质，非逻辑编码；"半行列图式"不规则幻方，其"商—余"正交方阵具有半行列图性质，非逻辑编码；"乱数方阵式"不规则幻方，其"商—余"正交方阵行、列及对角线不等和。这 3 种不规则幻方难点在于一要对不等和行、列及对角线做互补"整合"，二要对不规则编码逻辑"整合"以建立两方阵的正交关系。

然而，若按不规则幻方性质分类：一类为不规则非完全幻方；另一类为不规则完全幻方。如前所述，不规则非完全幻方从 4 阶开始就有，$2(2k+1)$ 阶全部都是不规则非完全幻方。完全幻方领域中的不规则完全幻方构图难度相当高，不规则编码逻辑如何"最优化"？其"整合"模式及其结构特征是怎样的？这些都是摆在不规则幻方爱好者面前的重要难题。

单偶数阶幻方"天生"不规则

单偶数 $2(2k+1)$ 阶幻方（$k \geq 1$）全部为四象消长组合态结构，并以"二位制逻辑编码法"可证 $2(2k+1)$ 阶不可能格式化编码，因此全部 $2(2k+1)$ 阶幻方都为"不规则幻方"，不存在"规则幻方"。举例如下。

一、6 阶不规则幻方

图 18.22 从不同角度选择了 4 幅 6 阶幻方，可知有两种不规则组合模式：一种是等和"整合"模式，如图 18.22（2）所示，其"商—余"正交方阵各具有幻

方性质；另一种是互补"整合"模式，如图18.22（1）、图18.22（3）、图18.22（4）所示，其"商—余"正交方阵没有幻方性质，两方阵互补平衡。

从九宫结构分析：图18.22（1）为九宫"全等式"组合；图18.22（2）为九宫"分段式"组合；图18.22（3）为九宫"等差式"组合；图18.22（4）为九宫"乱数式"组合式。前3幅九宫母阶具有3阶幻方性质，最后一幅九宫母阶是3阶行列图。

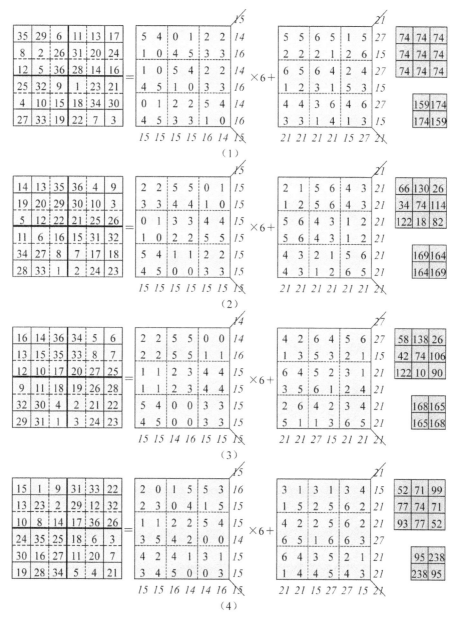

图18.22

681

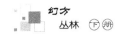

二、10 阶不规则幻方

如图 18.23、图 18.24 所示 4 幅 10 阶幻方，可分为等和"整合"、互补"整合"两种不规则组合模式，也展示了母阶"全等式"组合、"分段式"组合、"等差式"组合、"乱数式"组合式 4 种结构特征。前 3 幅 10 阶幻方的母阶具有 5 阶完全幻方性质，后一幅 10 阶幻方的母阶为 5 阶行列图。总之，以 $2k+1$ 为母阶由 2 阶子单元合成的 $2(2k+1)$ 阶幻方（或以 2 为母阶由 $2k+1$ 阶子单元合成），无论 2 阶子单元配置及其编码是否规则，终因其四象互为消长态组合结构，决定了非逻辑、非格式化是 $2(2k+1)$ 阶幻方存在的普遍形式。

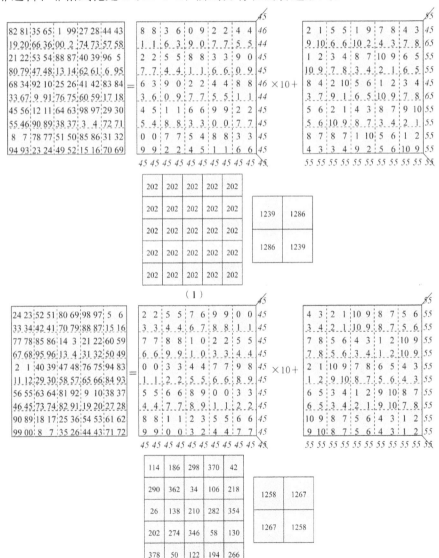

图 18.23

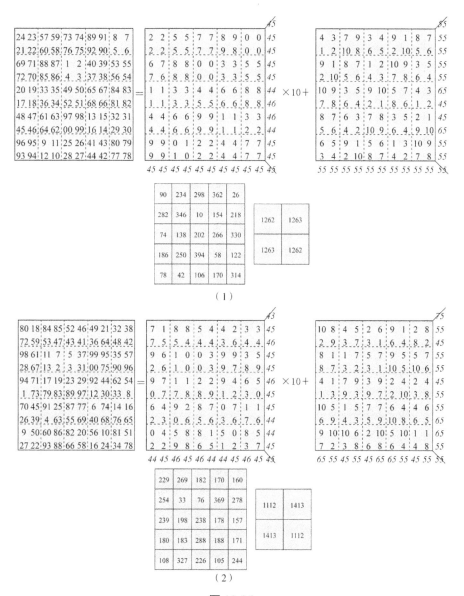

图 18.24

综上所述，单偶数阶幻方"天生"不规则，指它的"商—余"正交方阵非逻辑形式编码，以及四象互为消长态组合为基本结构特征。单偶数阶幻方没有最优化解，乃是非常特殊的一种阶次，已开辟单独模块讨论。

不规则幻方的构图比较难，目前已发现几种操作简易的构图方法，它们遵守非逻辑形式的其他组合规则，且具有一定的检索功能。因此，单偶数阶幻方的所谓"天生"不规则，不等于说单偶数阶幻方没有规则，而是说规则非常奇特、出乎常规而不易发现。至今，不规则幻方研究是一个薄弱环节，尤其单偶数阶之外的不规则完全幻方，构图、检索与计数更是困难重重。

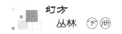
幻方逻辑规则"破坏"技术

规则幻方的构图方法比较多，因此以规则幻方为样本，通过逻辑"破坏"技术变规则为不规则，乃是制作不规则幻方的一条重要途径。例如，在"4阶不规则幻方检索"一文中图18.5所示48幅4阶不规则幻方样图，除了第1～第10号外（此不规则幻方不能变为规则幻方），其他的第11～第48号不规则幻方与规则幻方之间都可相互转化。所谓规则逻辑关系"破坏"技术，就是指对相关规则幻方样本选择对应数组交换，破坏样本原有规则逻辑形式，则得不规则幻方。规则幻方样本可以用非完全幻方，也可以用完全幻方，而不同程度的"破坏"所得为不同级别的不规则幻方。

一、规则幻方"等和式"破坏

什么是"等和式"破坏？即在保持规则幻方样本"商—余"正交方阵的行、列及对角线等和条件下，选择等和的对应数组交换，以一定程度破坏其编码的原规则逻辑，从而得到等和"整合"模式下的不规则幻方。举例如图18.25所示。

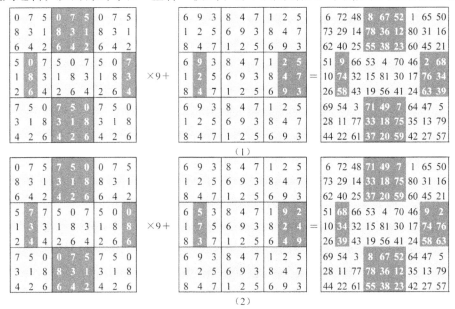

图 18.25

图18.25（1）是一幅规则9阶完全幻方样本，它的"商—余"正交方阵为最优化规则编码，当相同位置上两方阵的等和对应数组交换时为图18.25（2），由

于这种交换"打乱"了原编码的最优化规则逻辑形式，但又不涉及行、列及两条主对角线的等和关系，因此还原出的是一幅"等和式"9阶不规则幻方。这就实证有一部分不规则幻方与规则幻方存在相互转化关系。

二、规则幻方"互补式"破坏

什么是"互补式"破坏？即在规则幻方的"商—余"正交方阵样本上，选择不等和但存在互补关系的对应数组交换，变两方阵行、列及对角线原等和关系为互补关系，以很大程度破坏样本编码的原规则逻辑，从而得到互补"整合"模式下的不规则幻方。

然而，"等和式"破坏与"互补式"破坏，可在规则幻方的"商—余"正交方阵样本上同时使用，这是构造不规则幻方的一条捷径，它能有效地避开与克服不规则、非格式化逻辑编码中两方阵建立正交关系的障碍。举例如图18.26所示。

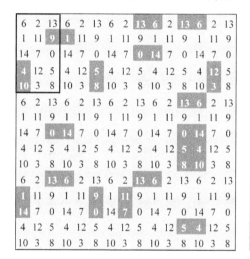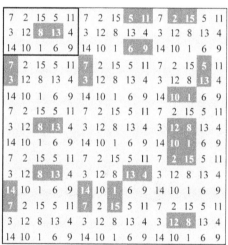

图 18.26

图18.26是最优化规则逻辑编码的15阶"商—余"正交方阵，各由左上角一个边长3×5"等和"长方单元重复滚动构成，可还原出一幅"双因子"15阶完全幻方。在这两方阵上，由"黑底白字"所标示的是相关行或列准备交换的对应数组。这些对应数组分两种情况：一种情况是对应数组不等和交换，但两方阵存在互补关系，即"商数"方阵左起第3列的"9，0，13"，与第4列的"1，14，6"为不等和交换，相差1；"余数"方阵左起第3列的"8，8，8"，与第4列的"13，13，13"为不等和交换，相差15。"商数"方阵相差1与"余数"方阵相差15正好互补。另一种情况是对应数组等和交换，其余各组都属于此，例如，"商数"方阵由上至下第4行的"4，5，12"，与第5行的"10，8，3"为等和交换等。总之，这是一个规则逻辑关系"破坏"方案。

当两方阵对应数组的等和交换或不等和互补交换方案实施后，将打乱原最优化规则逻辑编码形式，而变最优化为非最优化，变规则逻辑为不规则、非格式化逻辑。由于两方阵同步对应数组交换，所以其正交关系不受"破坏"，这是非常重要的。

图18.27就是执行规则逻辑"破坏"方案后，由这对"商一余"正交方阵还原出的一个新15阶不规则非完全幻方。

97	32	210	95	41	202	92	45	101	200	37	105	197	35	206
18	177	28	143	169	138	27	173	148	19	168	147	23	178	139
224	115	1	216	114	14	220	106	219	6	119	10	211	111	9
153	182	90	65	191	123	62	195	80	71	187	77	75	58	86
67	57	128	163	49	82	162	53	133	154	48	132	158	185	124
104	40	196	96	39	209	100	31	201	99	44	91	205	36	204
22	167	150	20	176	142	17	180	140	26	172	137	30	170	146
213	117	223	8	109	3	222	113	13	214	108	218	12	118	4
74	190	76	66	189	89	70	181	81	69	194	61	85	186	84
157	47	135	155	56	127	152	60	125	161	52	165	122	50	131
93	42	103	203	34	198	102	38	94	208	33	207	98	43	199
217	175	136	21	174	7	25	120	141	24	179	145	16	171	144
29	107	15	215	116	149	212	166	5	221	112	2	225	110	11
63	192	83	73	184	78	72	188	88	64	183	68	87	193	79
164	55	121	156	54	134	160	46	126	159	59	130	151	51	129

图18.27

$4k$ 阶二重次不规则幻方

在 $4k$ 阶领域（$k>1$），当以 2 阶为母阶时，4 个 $2k$ 阶子单元（子幻方）必须全等配置（注：$4k$ 阶两重次不规则幻方不存在四象消长结构），同时各子单元内部数组结构必须与临模样本相匹配。4 个 $2k$ 阶子单元临模样本的选择原则：四象至少有一个子单元的临模样本是 $2k$ 阶不规则幻方。具体有如下 4 类方案可供选择：第一类方案，四象临模样本都是同一幅或不同的 $2k$ 阶不规则幻方；第二类方案，四象临模样本其中 3 个象限为相同或不同的 $2k$ 阶不规则幻方，另一个象限可采用 $2k$ 阶规则幻方为临模样本；第三类方案，四象临模样本其中两个象限为相同或不同的 $2k$ 阶不规则幻方，另两个象限可采用 $2k$ 阶规则幻方为临模样本；第四类方案，四象临模样本其中一个象限为相同或不同的 $2k$ 阶不规则幻方，另 3 个象限可采用 $2k$ 阶规则幻方为临模样本。

第一例：8 阶二重次不规则幻方

图18.28（1）、图18.28（2）所示两幅 8 阶两重次不规则幻方，四象为两种不同的"两段式"等和配置方案，但都临模同一幅已知 4 阶不规则幻方样本合成，四象每个 4 阶不规则幻方的子幻和都等于"130"，由奇、偶数或前、后半列数标示的"星座"非常美。

图18.28（3）所示 8 阶四象全等态不规则幻方由 4 个 4 阶行列图合成，四象各子单元为一种特殊的等和配置，所以临模同上一幅 4 阶不规则幻方样本，所得却为行列图，经两条主对角线"互补"组装，这幅 8 阶不规则幻方成立。

40	64	9	17	27	35	22	46
16	1	56	57	51	30	43	6
49	32	41	8	14	3	54	59
25	33	24	48	38	62	11	19
45	21	36	28	18	10	63	39
5	44	29	52	58	55	2	15
60	53	4	13	7	42	31	50
20	12	61	37	47	23	34	26

（1）

3	2	64	61	45	48	18	19
8	63	1	58	42	17	47	24
57	6	60	7	23	44	22	41
62	59	5	4	20	21	43	46
37	40	26	27	11	10	56	53
34	25	39	32	16	55	9	50
31	36	30	33	49	14	52	15
28	29	35	38	54	51	13	12

（2）

61	64	2	3	23	22	44	41
54	1	63	12	32	43	21	34
11	56	10	53	33	30	36	31
4	9	55	62	42	35	29	24
45	48	18	19	7	6	60	57
38	17	47	28	16	59	5	50
27	40	26	37	49	14	52	15
20	25	39	46	58	51	13	8

（3）

3	2	64	61	45	17	20	48
8	63	1	58	44	24	21	41
57	6	60	7	22	42	43	23
62	59	5	4	19	47	46	18
37	40	26	27	11	10	56	53
34	25	39	32	16	55	9	50
31	36	30	33	49	14	52	15
28	29	35	38	54	51	13	12

（4）

3	2	64	61	53	52	15	10
8	63	1	58	16	9	54	51
57	6	60	7	50	55	12	13
62	59	5	4	11	14	49	56
45	43	24	18	36	37	32	25
23	17	44	46	31	26	35	38
42	48	21	19	30	39	34	27
20	22	41	47	31	26	35	38

（5）

3	2	64	61	45	17	20	48
8	63	1	58	44	24	21	41
57	6	60	7	22	42	43	23
62	59	5	4	19	47	46	18
37	40	26	27	53	52	15	10
34	25	39	32	16	9	54	51
31	36	30	33	50	55	12	13
28	29	35	38	11	14	49	56

（6）

3	2	64	61	53	52	15	10
8	63	1	58	16	9	54	51
57	6	60	7	50	55	12	13
62	59	5	4	11	14	49	56
45	43	24	18	36	37	32	25
23	17	44	46	31	26	35	38
42	48	21	19	33	40	29	28
20	22	41	47	30	27	34	39

（7）

40	64	9	17	14	62	35	19
16	1	56	57	51	3	30	46
49	32	41	8	22	38	59	11
25	33	24	48	43	27	6	54
52	61	13	4	47	50	10	23
5	12	60	53	7	26	34	63
28	21	37	44	18	15	55	42
45	36	20	29	58	39	31	2

（8）

40	64	9	17	19	62	6	43
16	1	56	57	38	11	51	30
49	32	41	8	59	22	46	3
25	33	24	48	14	35	27	54
20	37	29	44	58	39	31	2
61	12	52	5	23	10	50	47
36	21	45	28	34	63	7	26
13	60	4	53	15	18	42	55

（9）

图 18.28

图 18.28（4）8 阶两重次不规则幻方，右上象限为 4 阶非完全幻方，而其他三象限则与图 18.28（2）相同，即为临模同一样本的 4 阶不规则幻方。图 18.28（5）四象配置与图 18.28（2）相同，但右上象限为 4 阶完全幻方，其他三象限为临模 3 个不同的 4 阶不规则幻方样本。

图 18.28（6）8 阶两重次不规则幻方，乃图 18.28（4）右下象限代之以图 18.28（5）右上象限，因此左上、下两象为临模同一样本的 4 阶不规则幻方，而右上象限是与图 18.28（4）相同的 4 阶非完全幻方，右下象限是一个 4 阶完全幻方。图 18.28（7）8 阶两重次不规则幻方，乃图 18.28（5）右下象限代之以一个新 4 阶完全幻方，因此左上、下两象为临模两个不同样本的 4 阶不规则幻方，而右上、下两象为临模两个不同样本的 4 阶完全幻方。

图 18.28（8）、图 18.28（9）两幅 8 阶两重次不规则幻方，都保留了图 18.28（1）左上象限为 4 阶不规则幻方不变。区别在于图 18.28（8）其他三象限为临模 3 个

不同样本的 4 阶非完全幻方,而图 18.28(9)其他三象限为临模 3 个不同样本的 4 阶完全幻方。

由上例可知,$4k$ 阶两重次不规则幻方以 2 阶为母阶,在符合一定要求的四象全等态配制条件下,各 $2k$ 阶子单元可独立地临模任何一幅已知 $2k$ 阶幻方样本(注:至少有一个子单元的临模样本是 $2k$ 阶不规则幻方),则就能合成出具有子、母关系的不规则幻方。同时,由此证实,当 $k>1$ 时,$4k$ 阶存在"四象全等态"不规则幻方。

不规则逻辑编码检验如下。

图 18.29 分别是图 18.28(1)与图 18.28(8)两幅 8 阶不规则幻方的"化简"形式,图 18.29 上四象因临模同一幅已知 4 阶不规则幻方样本,并为了对称效果各子单元采用"倒装"方法合成,所以在"商—余"正交方阵四象之间表现出不规则逻辑的"往复式"新秩序,但这也掩盖不住整体行列配置及其编码的非格式化逻辑形式。另外,值得注意的是,图 18.29 上四象临模的样本原是一个不规则互补"整合"模式,但临模出来的却变为不规则等和"整合"模式了,这是为什么呢?这同配置状态相关,就是说不同于样本的"两段式"等和配置方案,会修改样本的原不规则模式。

```
┌ 40 64  9 17 │ 27 35 22 46 ┐     ┌ 4 7 1 2 │ 3 4 2 5 ┐        ┌ 8 8 1 1 │ 3 3 6 6 ┐
│ 16  1 56 57 │ 51 30 43  6 │     │ 1 0 6 7 │ 6 3 5 0 │        │ 8 1 8 1 │ 3 6 3 6 │
│ 49 32 41  8 │ 14  3 54 59 │     │ 6 3 5 0 │ 1 0 6 7 │        │ 1 8 1 8 │ 6 3 6 3 │
│ 25 33 24 48 │ 38 62 11 19 │  =  │ 3 4 2 5 │ 4 7 1 2 │  ×8 +  │ 1 1 8 8 │ 6 6 3 3 │
│ 45 21 36 28 │ 18 10 63 39 │     │ 5 2 4 3 │ 2 1 7 4 │        │ 5 5 4 4 │ 2 2 7 7 │
│  5 44 29 52 │ 58 55  2 15 │     │ 0 5 3 6 │ 7 6 0 1 │        │ 5 4 5 4 │ 2 7 2 7 │
│ 60 53  4 13 │  7 42 31 50 │     │ 7 6 0 1 │ 0 5 3 6 │        │ 4 5 4 5 │ 7 2 7 2 │
└ 20 12 61 37 │ 47 23 34 26 ┘     └ 2 1 7 4 │ 5 2 4 3 ┘        └ 4 4 5 5 │ 7 7 2 2 ┘

┌ 40 64  9 17 │ 19 62  6 43 ┐     ┌ 4 7 1 2 │ 2 7 0 5 ┐        ┌ 8 8 1 1 │ 3 6 6 3 ┐
│ 16  1 56 57 │ 38 11 51 30 │     │ 1 0 6 7 │ 4 1 6 3 │        │ 8 1 8 1 │ 6 3 3 6 │
│ 49 32 41  8 │ 59 22 46  3 │     │ 6 3 5 0 │ 7 2 5 0 │        │ 1 8 1 8 │ 3 6 6 3 │
│ 25 33 24 48 │ 14 35 27 54 │  =  │ 3 4 2 5 │ 1 4 3 6 │  ×8 +  │ 1 1 8 8 │ 6 3 3 6 │
│ 20 37 29 44 │ 58 39 31  2 │     │ 2 4 3 5 │ 7 4 3 0 │        │ 4 5 5 4 │ 2 7 7 2 │
│ 61 12  5  5 │ 23 10 50 47 │     │ 7 1 0 5 │ 2 1 6 5 │        │ 5 4 5 4 │ 7 2 2 7 │
│ 36 21 45 28 │ 34 63  7 26 │     │ 4 2 5 3 │ 4 7 0 2 │        │ 4 5 4 5 │ 2 7 7 2 │
└ 13 60  4 53 │ 15 18 42 55 ┘     └ 1 7 0 6 │ 1 2 5 6 ┘        └ 5 4 4 5 │ 7 2 2 7 ┘
```

图 18.29

图 18.29 下的左上象限与图 18.29 上相同,但其他三象限临模了 3 个不同 4 阶完全幻方样本,因此各自表现出最优化规则逻辑编码形式。总而言之,在四象全等态"模拟合成法"中,$4k$ 阶不规则幻方有 1～3 个象限的子单元可兼容各种规则逻辑编码形式。

第二例:12 阶二重次不规则幻方

12 阶四象为 4 个 6 阶子单元,这类二重次全等不规则幻方是一项高难度的不规则技术。在"模拟合成法"应用多次失败后，我才发现了如下不规则模拟技术要点。

①已知 6 阶不规则幻方，如果 1 ～ 18（即前半列自然数列）在 6 行、6 列及 2 条主对角线上为平均分布状态，则可作为四象"二段式"等距、等和配置方案的临模样本［图 18.30（1）］，由此所得为不规则子幻方，因此能直接合成 12 阶二重次不规则幻方，这类临模样本简称"甲本"。

（1）甲本

35	7	3	33	1	32
29	14	25	24	11	8
27	19	16	17	22	10
6	15	20	21	18	31
9	26	13	12	23	28
5	30	34	4	36	2

（2）乙本

35	29	6	11	13	17
8	2	26	31	20	24
12	5	36	28	34	16
25	34	9	1	23	21
4	10	15	18	34	30
27	33	19	22	7	3

（3）丙本

15	1	9	31	33	22
13	23	2	29	12	32
8	18	14	17	36	26
24	35	25	18	6	3
30	16	27	11	20	7
19	28	34	5	4	21

图 18.30

②已知 6 阶不规则幻方，如果 1 ～ 18（即前半列自然数）在 6 列及 2 条主对角线上平均分布，而 6 行为不均匀分布，那么也可作为四象"二段式"等距、等和配置方案的临模样本［图 18.30（2）］，临模所得为"半行列图"，四象必须通过行列"互补"方法才能合成 12 阶四象全等态不规则幻方，它没有二重次子、母阶关系，这类临模样本简称"乙本"。

③已知 6 阶不规则幻方，如果 1 ～ 18（即前半列自然数列）在 6 行、6 列及 2 条主对角线上非平均分布，以"二段式"配置方案临模所得为"乱数方阵"不能直接建立四象"互补"关系，因此就不宜作为不规则"模拟合成法"构图样本［图 18.30（3）］，这类临模样本简称"丙本"。

明确了什么样的 6 阶不规则幻方可作为临模样本后，一般以 12 阶自然方阵为工具，设计四象全等配置方案。对于 12 阶而言，各 6 阶子单元的 36 个数必须为"二段式"等距、等和配置方案。现以图 18.30（1）、图 18.30（2）为样本，在一个相同的四象全等配置方案下做模拟。

（1）

140	25	9	132	1	128	137	28	12	129	4	125
116	53	100	96	41	29	113	56	97	93	44	32
108	76	61	65	88	37	105	73	64	68	85	40
21	57	80	84	69	124	24	60	77	81	72	121
33	104	49	45	92	112	36	101	52	48	89	109
17	120	136	13	144	5	20	117	133	16	141	8
139	26	10	131	2	127	138	27	11	130	1	126
115	54	99	95	42	30	114	55	98	94	43	31
107	75	62	66	87	38	106	74	63	67	86	39
22	58	79	83	70	123	23	59	78	82	71	122
34	103	50	46	91	111	35	102	51	47	90	110
18	119	135	14	143	6	19	118	134	15	142	7

（2）

140	116	21	41	49	65	137	113	24	44	52	68
29	5	104	124	80	96	32	8	101	121	77	93
45	17	144	112	53	61	48	20	141	109	56	64
100	128	33	1	92	84	97	125	36	4	89	81
13	37	57	69	136	120	16	40	60	72	133	117
108	132	76	88	25	9	105	129	73	85	28	12
139	115	22	42	50	66	138	114	23	43	51	67
30	6	103	123	79	95	31	7	102	122	78	94
46	18	143	111	54	62	47	19	142	110	55	63
99	127	34	2	91	83	98	126	35	3	90	82
14	38	58	70	135	119	15	39	59	71	134	118
107	131	75	87	26	11	106	130	74	86	27	11

图 18.31

图 18.31（1）是 12 阶二重次不规则幻方（幻和"870"），由四象临模同一个"甲本"6 阶不规则幻方（子幻和"435"）合成，四象相对独立，因而可以在各自原位置上自由旋转及交换象限。

图 18.31（2）是 12 阶四象全等态不规则幻方，四象临模同一个"乙本"（半行列图），需建立各行"互补"关系合成，因而不可随意旋转或交换象限。

3k 阶二重次不规则幻方

在 3k 阶领域（k > 3），当以 3 阶为母阶时，在符合一定条件下，设计 9 个 k 阶子单元配置方案，临模选定的已知 k 阶不规则幻方样本，九宫一般按"洛书"定位，即可合成 3k 阶九宫式两重次不规则幻方。

第一例：12 阶九宫式两重次不规则幻方

12 阶以 3 阶分解为 9 个 k 阶子单元，根据 1～9 个 k 阶幻方（至少有一个子单元的临模样本是 k 阶不规则幻方）样本要求，把 1～12^2 自然数列划成各种格式的九宫配置方案，如等差式、等和式，分段式等不同格式的配置方案，其中九宫全等式可全排列定位，九宫等差式与分段式必须按"洛书"定位，由此临模样本即得千变万化的 12 阶九宫式两重次不规则幻方，举例如图 18.32 所示。

59	61	52	54	141	130	140	135	22	29	28	19
62	50	63	51	134	131	137	144	27	18	23	30
56	60	53	57	139	142	136	129	24	31	26	17
49	55	58	64	132	143	133	138	25	20	21	32
42	47	40	33	68	74	71	77	110	103	107	98
45	35	44	38	78	72	73	67	104	97	109	108
36	46	37	43	69	65	80	76	105	112	100	101
39	34	41	48	75	79	66	70	99	106	102	111
127	113	118	124	6	15	1	12	87	92	89	86
121	116	119	126	14	7	9	4	96	82	93	83
120	125	122	115	11	10	8	5	81	95	94	84
114	128	123	117	3	2	16	13	90	85	88	91

（1）

143	1	6	140	133	10	132	15	22	127	17	124
137	4	7	142	14	11	129	136	126	23	121	20
8	141	138	3	131	134	16	9	123	122	24	21
2	144	139	5	12	135	13	130	19	18	128	125
118	31	115	26	107	109	36	38	98	103	48	41
32	25	117	116	110	34	111	35	101	43	100	46
113	120	28	29	40	108	37	105	44	102	45	99
27	114	30	119	33	39	106	112	47	42	97	104
52	90	55	93	66	83	63	78	82	85	84	59
94	56	89	51	84	77	65	64	83	58	63	86
53	49	96	92	61	68	80	81	64	87	82	57
91	95	50	54	79	62	82	67	81	60	61	88

（2）

图 18.32

图 18.32 两幅 12 阶两重次不规则幻方，各宫都临模相同的 9 个 4 阶不规则幻方样本。其中图 18.32（1）为九宫等差，1～144 自然数列按顺序分为 9 个单元，单元内部公差"1"，各单元之间公差"256"，因此我称之为 12 阶九宫消长态

两重次不规则幻方。

图 18.32（2）九宫等和，1～144 自然数列对应数组匹配，9 个单元全等于 1160，九宫各单元（4 阶不规则幻方，子幻和"290"）为"二段式"配置格式，段内公差"1"，两段之间差距由 129，113，97…递减，因而有一宫（右下角）为 1～144 自然数列的中段 16 个数。这幅 12 阶九宫全等态两重次不规则幻方，有一个重要的结构特点，即每相邻 4 个 4 阶不规则幻方构成一个 8 阶不规则幻方（幻和"580"），这是不规则幻方的交叠子母结构之美。

第二例：15 阶九宫式两重次不规则幻方

15 阶分解成 5×3 阶，以 3 阶为母阶，则由 9 个 5 阶子单元合成，它们临模 1～9 个已知 5 阶幻方样本（至少一个子单元必须临模 5 阶不规则幻方）则得 15 阶九宫式两重次不规则幻方。15 阶自然数列之总和虽能九等分，但各种九宫全等配置格式没有 15 阶两重次不规则幻方解，因为等和配置与任何一个 5 阶不规则幻方样本不相匹配。根据样本要求，九宫必须采用等差配置格式，因而各宫内部也必须是一条等差数列。举例如下。

4	202	139	31	184	9	207	144	36	189	2	200	137	29	182
130	121	58	157	94	135	126	63	162	99	128	119	56	155	92
211	148	112	76	13	216	153	117	81	18	209	146	110	74	11
175	67	166	103	49	180	72	171	108	54	173	65	164	101	47
40	22	85	193	220	45	27	90	198	225	38	20	83	191	218
3	201	138	30	183	5	203	140	32	185	7	205	142	34	187
129	120	57	156	93	131	122	59	158	95	133	124	61	160	97
210	147	111	75	12	212	149	113	77	14	214	151	115	79	16
174	66	165	102	48	176	68	167	104	50	178	70	169	106	52
39	21	84	192	219	41	23	86	194	221	43	25	88	196	223
8	206	143	35	188	1	199	136	28	181	6	204	141	33	186
134	125	62	161	98	127	118	55	154	91	132	123	60	159	96
215	152	116	80	17	208	145	109	73	10	213	150	114	78	15
179	71	170	107	53	172	64	163	100	46	177	69	168	105	51
44	26	89	197	224	37	19	82	190	217	42	24	87	195	222

图 18.33

如图 18.33 所示，这幅 15 阶九宫等差两重次不规则幻方，九宫公差"25"（为最小公差），各宫内部公差为 9。由于各单元临模同一幅 5 阶不规则幻方样本，同时九宫按洛书定位，所以九宫每"同位"9 个数都是构成了一个"3 阶幻方"单元。然而，这幅 15 阶不规则幻方也可视为由 25 个等差 3 阶子幻方穿插、交织合成，表现出不规则幻方的网络子母结构之美。

大母阶多重次不规则幻方

所谓大母阶，是指母阶大于 3 阶，子阶等于或大于 3 阶的格子型不规则幻方。

例如，12 阶做 3×4 分解，以 4 阶为母阶，16 个连续等差配置 3 阶幻方为子单元，临模一幅已知 4 阶不规则幻方定位时，则可得 12 阶两重次不规则幻方（图 18.34）。

112	117	110	94	99	92	67	72	65	13	18	11
111	113	115	93	95	97	66	68	70	12	14	16
116	109	114	98	91	96	71	64	69	17	10	15
58	63	56	4	9	2	103	108	101	121	126	119
57	59	61	3	5	7	102	104	106	120	122	124
62	55	60	8	1	6	107	100	105	125	118	123
85	90	83	139	144	137	40	45	38	22	27	20
84	86	88	138	140	142	39	41	43	21	23	25
89	82	87	143	136	141	44	37	42	26	19	24
31	36	29	49	54	47	76	81	74	130	135	128
30	32	34	48	50	52	75	77	79	129	131	133
35	28	33	53	46	51	80	73	78	134	127	132

图 18.34

58	63	56	139	144	137	13	18	11	157	162	155	193	198	191
57	59	61	138	140	142	12	14	16	156	158	160	192	194	196
62	55	60	143	136	141	17	10	15	161	154	159	197	190	195
166	171	164	85	90	83	211	216	209	31	36	29	67	72	65
165	167	169	84	86	88	210	212	214	30	32	34	66	68	70
170	163	168	89	82	87	215	208	213	35	28	33	71	64	69
22	27	20	220	225	218	94	99	92	121	126	119	103	108	101
21	23	25	219	221	223	93	95	97	120	122	124	102	104	106
26	19	24	224	217	222	98	91	96	125	118	123	107	100	105
184	189	182	112	117	110	40	45	38	175	180	173	49	54	47
183	185	187	111	113	115	39	41	43	174	176	178	48	50	52
188	181	186	116	109	114	44	37	42	179	172	177	53	46	51
130	135	128	4	9	2	202	207	200	76	81	74	148	153	146
129	131	133	3	5	7	201	203	205	75	77	79	147	149	151
134	127	132	8	1	6	206	199	204	80	73	78	152	145	150

图 18.35

又如，15阶做3×5分解，以其5阶为母阶，由25个3阶幻方为子单元，临模一幅已知5阶不规则幻方定位，即可获得一幅15阶两重次不规则幻方（图18.35）。这就是说，子阶单元必须以母阶的不规则临模才能合成两重次不规则幻方，这不同于四象、九宫两重次不规则幻方的合成方法。

不规则逻辑编码检验如下。

图18.36是图18.35 12阶两重次不规则幻方的化简即12阶"商—余"正交方阵。各方阵行、列及一条主对角线分别等和，另一条主对角线不等和，故两方阵以"65×12＋90＝870"补差建立平衡关系。在"不规则非完全幻方分类"一文中它是介于"等和式"不规则幻方与"行列图式"不规则幻方之间的过渡性环节，我称之为"准幻方式"不规则幻方，因此这是一种新的不规则级别。

65

9	9	9	7	8	7	5	5	5	1	1	0	66
9	9	9	7	7	8	5	5	5	0	1	1	66
9	9	9	8	7	7	5	5	5	1	0	1	66
4	5	4	0	0	0	8	8	8	10	10	9	66
4	5	4	0	0	0	8	8	8	9	10	10	66
5	4	4	0	0	0	8	8	8	10	9	10	66
7	7	6	11	11	11	3	3	3	1	2	1	66
6	7	7	11	11	11	3	3	3	1	1	2	66
7	6	7	11	11	11	3	3	3	2	1	1	66
2	2	2	4	3	4	6	6	6	10	11	10	66
2	2	2	3	4	4	6	6	6	10	10	11	66
2	2	2	4	4	3	6	6	6	11	10	10	66

66 66 66 66 66 66 66 66 66 66 66 66

90

4	9	2	10	3	8	7	12	5	1	6	11	78
3	5	7	9	11	1	6	8	10	12	2	4	78
8	1	6	2	7	12	11	4	9	5	10	3	78
10	3	8	4	9	2	7	12	5	1	6	11	78
9	11	1	3	5	7	6	8	10	12	2	4	78
2	7	12	8	1	6	11	4	9	5	10	3	78
1	6	11	7	12	5	4	9	2	10	3	8	78
12	2	4	6	8	10	3	5	7	9	11	1	78
5	10	3	11	4	9	8	1	6	2	7	12	78
7	12	5	1	6	11	10	3	8	4	9	2	78
6	8	10	12	2	4	9	11	1	3	5	7	78
11	4	9	5	10	3	2	7	12	8	1	6	78

78 78 78 78 78 78 78 78 78 78 78 78

图 18.36

由此可知，当子阶为 3 阶规则幻方时，母阶的临模必须为不规则幻方样本，各子单元必须等差式（或者全等式）配置，分段式配置方案无解。

然而，当子阶为大于 3 阶的不规则幻方时，母阶的临模样本，以及各子单元的配置方案等，则无须设定限制条件，采用"模拟—合成"法可制作不规则幻方。

图 18.37 是一幅 16 阶不规则幻方，具有三重次合成结构。

第一重次为全等的 16 个 4 阶完全幻方（子幻和"514"），以 16 个不同已知 4 阶完全幻方为临模样本。

第二重次为全等的 4 个 8 阶不规则非完全幻方（子幻和"1028"）。

第三重次即由前两重次合成的整个 16 阶不规则非完全幻方（幻和"2056"），其特点是每 4 个相邻 4 阶子完全幻方构成一个 8 阶不规则非完全幻方。

综上所述，大母阶多重次不规则幻方的内部结构变化莫测，采用"模拟合成法"以"一对一"方式构图也许并不困难，但若要系统检索或计数这类不规则幻方却谈何容易。

103	186	90	135	46	147	115	206	139	86	182	107	63	223	2	226
218	7	231	58	243	78	174	19	246	43	203	22	66	162	127	159
167	122	154	71	142	51	211	110	75	150	118	171	255	31	194	34
26	199	39	250	83	238	14	179	54	235	11	214	130	98	191	95
166	219	59	70	30	254	67	163	119	202	183	10	143	242	18	111
123	6	230	155	99	131	62	222	151	42	87	234	50	79	175	210
198	187	91	38	190	94	227	3	74	247	138	55	239	146	114	15
27	102	134	251	195	35	158	126	170	23	106	215	82	47	207	178
21	204	181	108	45	244	20	205	104	217	57	136	64	65	160	225
245	44	85	140	148	77	173	116	185	8	232	89	224	161	128	1
76	149	236	53	237	52	212	13	200	121	153	40	97	32	193	192
172	117	12	213	84	141	109	180	25	168	72	249	129	256	33	96
120	152	233	9	29	100	221	164	165	124	156	69	144	49	209	112
201	41	88	184	253	132	61	68	220	5	229	60	241	80	176	17
24	248	137	105	36	93	228	157	101	188	92	133	48	145	113	208
169	73	56	216	196	189	4	125	28	197	37	252	81	240	16	177

图 18.37

不规则完全幻方

一、不规则完全幻方简述

据资料，第一幅 7 阶不规则完全幻方是由 A. L. Candy 于 1940 年发现的，从此开发了不规则完全幻方研究课题。什么是不规则完全幻方？它是指一幅完全幻方的化简形态——"商—余"正交方阵非逻辑规则编码，主要特征表现：①"商—余"两方阵的各行、各列与泛对角线（或各编码单元），一般为无序配置，且非格式化、非程序化编码；②"商—余"两方阵一般各具"完全幻方"性质，通过非逻辑的最优化"整合"方式建立正交关系，正交规则错综复杂。在完全幻方领域中，阶次等于或大于 7 阶时存在不规则完全幻方解。

不规则最优化"商—余"两方阵的编制无章可循，正交关系更加难以掌控。如果说不规则幻方还可以用手工方法"凑"出来，那么不规则完全幻方就很难"捞"得到了。迄今，已问世的不规则完全幻方屈指可数，令人望而生畏的"自乘"完全幻方就寓于其中，因而此乃完全幻方领域中的一座珠穆朗玛峰，世界幻方爱好者面临严峻挑战。当今"自乘"完全幻方研究业已成为一个热门课题，这将引起幻方爱好者对不规则完全幻方的高度重视。如果拿不下不规则完全幻方这个难点，就等于对整个完全幻方群一知半解，清算完全幻方群全部解也就成了一句空话，至于检索"自乘"完全幻方更是可望而不可即了。

从组合性质而言，不规则完全幻方与规则完全幻方没有本质区别，都要求全部行、列及其泛对角线建立全等关系。完全幻方的"规则"与"不规则"之分，仅见于它们的化简形态不同，即"商—余"正交方阵的编码结构差异。所谓"规则"或"不规则"完全幻方，乃是结构的逻辑形式与非逻辑形式之别，而研发非逻辑形式编码的最优化构图法乃当务之急。

二、不规则完全幻方例案分析

第一例：7 阶不规则完全幻方（图 18.38）

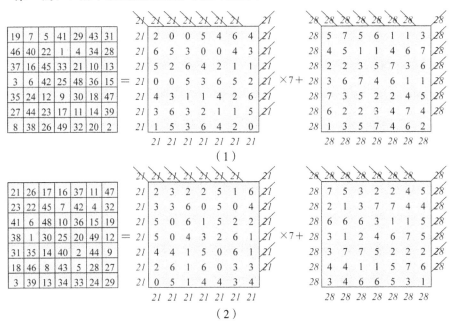

图 18.38

图 18.38（1）是日本学者阿部乐方创作的一幅 7 阶不规则完全幻方。图 18.38（2）是我国幻方专家苏茂挺创作的一幅 7 阶不规则完全幻方，两者的共同特征如下。

① "商—余"两方阵本身各具最优化性质，即各自 7 行、7 列及 14 条泛对角

线全等。

②各行、各列及泛对角线是一种"等和"的无序配置状态。

③同时，各行、各列及泛对角线为非逻辑形式、非格式化编码，两方阵最优化正交关系无法可依。

总之，这两幅 7 阶不规则完全幻方的"商—余"正交方阵，都属于"等和"整合模式下的最优化非逻辑规则编码方阵。

第二例：8 阶不规则完全幻方（图 18.39）

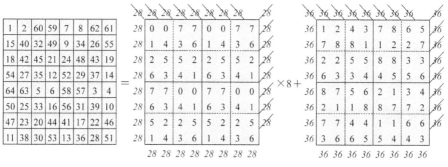

图 18.39

图 18.39 是 1939 年 H. Schots. Belgium 创作的一幅"8 阶完全幻方兼泛对角线平方幻方"。从组合性质而言，这幅 8 阶完全幻方的泛对角线平方和相等，实为可贵，但尚不属于完备的"自乘"平方幻方范畴。从其"商—余"正交方阵编码逻辑而言，这倒是一幅地道的不规则 8 阶完全幻方精品，其不规则组合特征分析如下。

首先对"商数"方阵分析如下。

①"商数"方阵具有完全幻方性质，即 8 行、8 列及 16 条泛对角线全等于"28"。

②其各行及四象子单元都是等和、规则配置。

③横向对折各行编码不完全统一，即非格式化（指第 3 行与第 7 行区别于其他各行）。

④纵向对折各列重合，即有规则。

⑤16 个 2 阶子单元分 4 种不等和配置，每种不等和配置各有 4 个相同子单元。

⑥在上两象与下两象之间各 2 阶子单元的定位模式非格式化。因此，这个"商数"方阵有一定的章法，但还不属于规则逻辑结构方阵。

其次对"余数"方阵分析如下。

①"余数"方阵也具有完全幻方性质，即 8 行、8 列及 16 条泛对角线全等于"36"。

②其各行各列等和但无序配置，四象子单元"64"与"80"互为消长、无序配置。

③16 个 2 阶子单元分 13 种不等和配置，其中有一种配置 4 个相同子单元。

④各行各列非逻辑形式编码，因此这个“余数”方阵很明显为不规则逻辑结构方阵。

从总体而言，H. Schots. Belgium 的这幅 8 阶完全幻方兼泛对角线平方幻方，其“商—余”正交方阵属于“等和”整合模式下的最优化不规则编码方阵。

第三例：16 阶不规则完全幻方

钱剑平先生近年创作的“16 阶完美泛对角线三次幻方”是在探索“立方完全幻方”过程中发现的一个“中介”环节，让人们见识到 16 阶完全幻方的 32 条泛对角线具有二次、三次等幂和关系（图 18.40）。它只差 16 行 16 列二次、三次等幂和关系，否则就是一幅举世罕见的 16 阶连续三次“自乘”完全幻方了。

16	234	250	141	6	183	253	119	1	26	247	132	11	71	244	122
104	25	101	120	57	184	60	142	152	233	149	121	201	72	204	131
150	22	106	48	59	75	199	219	102	230	154	33	203	187	55	214
168	229	162	37	94	76	85	210	169	21	175	44	83	188	92	223
81	237	87	212	171	68	164	39	96	29	90	221	166	180	173	42
99	30	159	217	206	67	50	46	147	238	111	216	62	179	194	35
145	17	148	129	208	192	205	123	97	225	100	144	64	80	61	118
249	226	15	124	243	191	12	130	248	18	2	117	254	79	5	143
256	231	10	125	246	186	13	135	241	23	7	116	251	74	4	138
105	24	108	136	56	185	53	126	153	232	156	137	200	73	197	115
155	27	103	224	54	70	202	43	107	235	151	209	198	182	58	38
88	236	82	213	174	69	165	34	89	28	95	220	163	181	172	47
161	228	167	36	91	77	84	215	176	20	170	45	86	189	93	218
110	19	146	41	195	78	63	222	158	227	98	40	51	190	207	211
160	32	157	113	193	177	196	139	112	240	109	128	49	65	52	134
9	239	255	140	3	178	252	114	8	31	242	133	14	66	245	127

图 18.40

如图 18.41 所示“商—余”正交方阵，可知这是一幅 16 阶不规则完全幻方。两方阵各行各列、各 4 阶子单元配置及其编码形式无比复杂，不规则程度非常高。那么，如何揭示其最优化组合机制与特征呢？我将从这幅 16 阶不规则完全幻方子母结构关系，以及“商—余”两方阵子母结构关系着手分析，由此揭示其最优化配置状态及其定位模式。

0	14	15	8	0	11	15	7	0	1	15	8	0	4	15	7
6	1	6	7	3	11	3	8	9	14	9	7	12	4	12	8
9	1	6	2	3	4	12	13	6	14	9	2	12	11	3	13
10	14	10	2	5	4	5	13	10	1	10	2	5	11	5	13
5	14	5	13	10	4	10	2	5	1	5	13	10	11	10	2
6	1	9	13	12	4	3	2	9	14	6	13	3	11	12	2
9	1	9	8	12	11	12	7	6	14	6	8	3	4	3	7
15	14	0	7	15	11	0	8	15	1	0	7	15	4	0	8
15	14	0	7	15	11	0	8	15	1	0	7	15	4	0	8
6	1	6	8	3	11	3	7	9	14	9	8	12	4	12	7
9	1	6	13	3	4	12	2	6	14	9	13	12	11	3	2
5	14	5	13	10	4	10	2	5	1	5	13	10	11	10	2
10	14	10	2	5	4	5	13	10	1	10	2	5	11	5	13
6	1	9	2	12	4	3	13	9	14	6	2	3	11	12	13
9	1	9	7	12	11	12	8	6	14	6	7	3	4	3	8
0	14	15	8	0	11	15	7	0	1	15	8	0	4	15	7

16	10	10	13	6	7	13	7	1	10	7	4	11	7	4	10
8	9	5	8	9	8	12	14	8	9	5	9	9	8	12	3
6	6	10	16	11	11	7	11	6	6	10	1	11	11	7	6
8	5	2	5	14	12	5	2	9	5	15	12	3	12	12	15
1	13	7	4	11	4	4	7	16	13	10	13	6	4	13	10
3	14	15	9	14	3	2	14	3	14	15	8	14	3	2	3
1	1	4	1	16	16	13	11	1	1	4	16	16	16	13	6
9	2	15	12	3	15	12	2	8	2	2	5	14	15	5	15
16	7	10	13	6	10	13	7	1	7	7	4	11	10	4	10
9	8	12	8	8	9	5	14	9	8	12	9	8	9	5	3
11	11	7	16	6	6	10	11	11	11	7	1	6	6	10	6
8	12	2	5	14	5	5	2	9	12	15	12	3	5	12	15
1	4	7	4	11	13	4	7	16	4	10	13	6	13	13	10
14	3	2	9	3	14	15	14	14	3	2	8	3	14	15	3
16	16	13	1	1	1	4	11	16	16	13	16	1	1	4	6
9	15	15	12	3	2	12	2	8	15	2	5	14	2	5	15

图 18.41

分析之一：16 阶不规则完全幻方子母关系特征

由图 18.42 可知，① 16 阶不规则完全幻方的母阶具有"4 阶完全幻方"性质，其四象为全等态组合结构，各象之和全等于"8224"；② 16 个 4 阶子单元（和值）的最优化配置方案，行公差 $d_1 = 102$，$d_2 = 84$，$d_3 = 102$，列公差 $h_1 = 24$，$h_2 = 154$，$h_3 = 24$（注：配置格式与"余数"方阵母阶类同）；③ 母阶各子单元定位为 I 型最优化模式，即对称行互补组排（注：与"商数"方阵母阶属于同类异构体）。

1913	2021	1989	2301
2175	2115	2099	1835
2123	1811	2199	2091
2013	2277	1937	1997

1811—1913—1997—2099			A_i
1835—1937—2021—2123			B_i
1989—2091—2175—2277			C_i
2013—2115—2199—2301			D_i

A_2	B_3	C_1	D_4
C_3	D_2	A_4	B_1
B_4	A_1	D_3	C_2
D_1	C_4	B_2	A_3

母阶完全幻方　　　　　子单元（和值）配置　　　　子单元 I 型最优化定位模式

图 18.42

分析之二："商—余"两方阵子母关系（图 18.43）

111	117	117	135
129	123	123	105
123	105	129	123
117	135	111	117

105—111—117—123			A_i
105—111—117—123			B_i
117—123—129—135			C_i
117—123—129—135			D_i

B_2	A_3	D_1	C_4
D_3	C_2	B_4	A_1
A_4	B_1	C_3	D_2
C_1	D_4	A_2	B_3

137	149	117	141
111	147	131	155
155	131	135	123
141	117	161	125

111—117—135—141			A_i
117—123—141—147			B_i
125—131—149—155			C_i
131—137—155—161			D_i

D_2	C_3	A_2	B_3
A_1	B_4	D_1	C_4
D_3	C_2	A_3	B_2
A_4	B_1	D_4	C_1

"余数"方阵母阶　　　　子单元（和值）配置方案　　　II 型最优化定位模式

图 18.43

"商数"方阵子母关系特征如下（图 18.43 上）。

① 16 阶"商数"方阵母阶具有完全幻方性质，其四象为全等态组合结构，各象之和全等于"480"。

② 16 个 4 阶子单元（和值）为一个巧妙的最优化配置方案，即 4 条公差为 6 的等差式数列，两两相同配置格式。

③ 母阶各子单元为 I 型最优化定位模式，即对称行互补组排。

"余数"方阵子母关系特征如下（图 18.43 下）。

① 16 阶"余数"方阵母阶具有完全幻方性质，其四象为全等态组合结构，各象之和全等于"544"。

②16个4阶子单元（和值）也为一个最优化配置方案，即行公差 $d_1 = 6$，$d_2 = 18$，$d_3 = 6$，列公差 $h_1 = 6$，$h_2 = 8$，$h_3 = 6$，配置格式规范。

③母阶各子单元为Ⅱ型最优化定位模式，即相间行互补组排。

钱剑平这幅"16阶完美泛对角线三次幻方"，从其"商—余"正交方阵看，行列配置方案及其编码的不规则逻辑形式相当复杂。但是这种不规则逻辑通过子母关系的最优化定位"整合"，则可合成这幅16阶不规则完全幻方。

然而，我发现，1939年 H. Schots. Belgium 创作的不规则8阶完全幻方，以及近年钱剑平先生创作的不规则16阶完全幻方，虽然时隔70多年，但两者的"商—余"正交方阵有一个共同特点，即两方阵的泛对角线都是由不重复连续数码构成。其意义在于为构造偶数阶不规则最优化"商—余"正交方阵提供了具有一定可控性的操作方法。

7 阶不规则完全幻方重构

在幻方构图方法中，我曾研制了多种以已知幻方为样本演绎新幻方的重构组合技术，如几何覆盖法、杨辉口诀周期演绎法、幻方"克隆"技术等，它们虽有不同的演绎机制与方法，但都具备两点基本功能：一是对幻方样本的不规则逻辑形式具有完整的记忆、复制功能；二是对幻方样本的行列具有重组或重排功能。这些演绎技术同样适用于不规则幻方样本，介绍如下。

一、《几何覆盖法》应用

几何覆盖法演绎功能强大（参见"易数模型与组合方法"中"完全幻方几何覆盖法"一文），在以一幅已知奇数阶不规则完全幻方样本时，应注意两点：一要过滤掉对样本幻方原组合性质的修改、转换功能，因为这一功能会把不规则完全幻方样本变为不规则非完全幻方，注意鉴别与验算；二要根据不规则完全幻方样本的结构特点，选择适用的几何体。

图18.44 是以日本学者阿部乐方的7阶不规则完全幻方为样本，在它的连续"滚动"底板上，采用正排、斜排两种正方形以"48"为中心覆盖，即取得两个新的7阶不规则完全幻方。按此法，这正

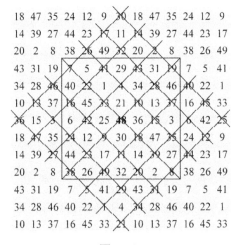

图 18.44

排、斜排两个正方形分别以"1，2，…，49"的每一个数为中心覆盖，都可演绎出49×2幅7阶不规则完全幻方（包括样本在内）。

验证：如图18.45所示两幅重组7阶不规则完全幻方，其"商—余"正交方阵"记忆"着样本的最优化不规则逻辑特征，即行、列与泛对角线等和无序配置，非逻辑编码。

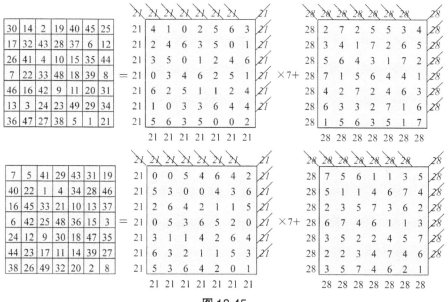

图18.45

二、杨辉口诀周期演绎法应用

当以奇数阶完全幻方为样本时，运用杨辉口诀"九子斜排，上下对易，左右相更，四维挺进"构图原理，不只填出一幅幻方，而能在一个周期内连续编绎出一串新幻方（参见"易数模型与组合方法"中"杨辉口诀周期编绎法"一文），此法具有错综复杂的样本重组功能，而且始终不改

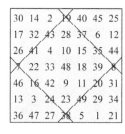

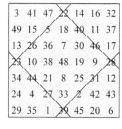

图18.46

变组合性质。若以上例一幅 7 阶不规则完全幻方为样本，运用杨辉口诀周期演绎法（具体操作过程略示）可得 5 幅新的 7 阶不规则完全幻方（图 18.46），它们的内部结构重新洗牌。

三、"克隆"组合技术应用

幻方"克隆"组合技术是一门构图诀窍，包括如下两项技术：其一，加减法，即一幅已知偶数阶幻方，当行、列及对角线上的奇、偶数的个数相等时，凡奇数加 1，凡偶数减 1，所得新幻方则与原

20	36	48	31	10	5	25
33	18	7	22	13	44	38
24	9	46	40	35	15	6
43	28	17	2	32	11	42
4	34	8	41	39	30	29
37	47	26	27	1	21	16
14	3	23	12	45	49	29

31	4	13	47	15	23	42
19	22	37	35	3	11	48
7	16	40	14	32	36	30
21	46	29	2	20	39	14
9	49	17	25	41	33	1
45	28	5	8	38	27	24
43	10	34	44	26	6	12

47	9	3	28	36	34	18
1	35	45	32	10	39	13
37	24	14	43	20	4	33
27	40	12	2	31	41	22
16	6	29	42	25	19	38
26	46	23	17	48	8	7
21	15	49	11	5	30	44

28	16	10	46	4	49	22
38	32	26	20	15	41	3
45	7	43	21	31	9	19
8	14	44	2	47	25	35
24	30	12	18	42	1	48
5	40	34	29	19	17	37
27	36	6	39	23	33	11

46	24	15	40	9	6	35
48	24	5	31	36	25	10
26	37	21	27	47	16	1
17	43	11	2	28	42	32
7	33	44	22	18	38	13
23	14	49	32	12	11	4
8	4	30	41	34	19	39

40	7	36	14	16	30	32
13	31	23	47	4	42	15
5	45	27	8	28	24	38
29	21	39	2	46	18	20
37	19	11	35	22	48	3
34	43	6	44	10	12	26
17	9	33	25	49	1	41

图 18.47

幻方成为一对"±"幻方，不适用于奇数阶幻方。其二，互补法，即以"n^2+1"减一幅已知 n 阶幻方，所得新幻方则与原幻方成为一对"互补"幻方，适用于任意阶幻方。

如图 18.46 中 6 幅 7 阶不规则完全幻方的每一个数，若以 7 阶对应数组之和"50"分别相减，则可得与之成对的另 6 幅 7 阶不规则完全幻方（图 18.47）。

8 阶不规则完全幻方重构

以 H. Schots. Belgium 于 1939 年创作的一幅 8 阶不规则完全幻方样本（一次完全幻方兼二次泛对角线等和），我交替使用互补法、加减法两种"克隆"技术，得到了这幅 8 阶不规则完全幻方的一个"四方联"，相互关系非常奇特（图 18.48）。

其一，若各方横向剪开一分为二，上下两半重叠起来，对应两数之和"互补"，即全等于"65"。

其二，若以"65"减图 18.48（1）则得图 18.48（2），乃配成一对"互补"8 阶不规则完全幻方，即两方叠起来两数之和全等于"65"。

其三，若图 18.48（1）奇数加"1"、偶数减"1"则得图 18.48（3），乃配成一对"±1"8 阶不规则完全幻方。

其四，若以"65"减图 18.48（3）则得图 18.48（4），也配成一对"互补"8 阶不规则完全幻方，而图 18.48（2）与图 18.48（4）也配成一对奇偶数"±1"8 阶不规则完全幻方。

直观言之，在图 18.48 "四方联"中图 18.48（1）与图 18.48（2）两方为四象上下两半位移交换关系；图 18.48（3）与图 18.48（4）两方也为四象上下两半位移交换关系。

四象"模块式"交换演绎法应用如下。

1. 左右两半象位移交换

H. Schots. Belgium 创作的这幅 8 阶不规则完全幻方（一次完全幻方兼二次泛对角线等和），如上文所述，使用互补法、加减法后，实际就是上下两半象互为交换位置，由此得到一个启发：若左右两半象也可交换位置，则图 18.48 经这种变法后就得图 18.49 一个新的"四方联"，其 4 幅 8 阶不规则完全幻方各行发生了配置与结构重组，但是相互之间的"克隆"关系仍然与图 18.48 一模一样，每对应两幻方为同数异构体。

2. 上下两半象反合变位

什么是上下两半象反合变位？即图 18.48 与图 18.49 的 8 幅 8 阶不规则完全

图 18.48（1）

1	2	60	59	7	8	62	61
15	40	32	49	9	34	26	55
18	42	45	21	24	48	43	19
54	27	35	12	52	29	37	14
64	63	5	6	58	57	3	4
50	25	33	16	56	31	39	10
47	23	20	44	41	17	22	46
11	38	30	53	13	36	28	51

图 18.48（2）

64	63	5	6	58	57	3	4
50	25	33	16	56	31	39	10
47	23	20	44	41	17	22	46
11	38	30	53	13	36	28	51
1	2	60	59	7	8	62	61
15	40	32	49	9	34	26	55
18	42	45	21	24	48	43	19
54	27	35	12	52	29	37	14

图 18.48（3）

2	1	59	60	8	7	61	62
16	39	31	50	10	33	25	56
17	41	46	22	23	47	44	20
53	28	36	11	51	30	38	13
63	64	6	5	57	58	4	3
49	26	34	15	55	32	40	9
48	24	19	43	42	18	21	45
12	37	29	54	14	35	27	52

图 18.48（4）

63	64	6	5	57	58	4	3
49	26	34	15	55	32	40	9
48	24	19	43	42	18	21	45
12	37	29	54	14	35	27	52
2	1	59	60	8	7	61	62
16	39	31	50	10	33	25	56
17	41	46	22	23	47	44	20
53	28	36	11	51	30	38	13

图 18.48

图 18.49（左上）

7	8	62	61	1	2	60	59
9	34	26	55	15	40	32	49
24	48	43	19	18	42	45	21
52	29	37	14	54	27	35	12
58	57	3	4	64	63	5	6
56	31	39	10	50	25	33	16
41	17	22	46	47	23	20	44
13	36	28	51	11	38	30	53

图 18.49（右上）

58	57	3	4	64	63	5	6
56	31	39	10	50	25	33	16
41	17	22	46	47	23	20	44
13	36	28	51	11	38	30	53
7	8	62	61	1	2	60	59
9	34	26	55	15	40	32	49
24	48	43	19	18	42	45	21
52	29	37	14	54	27	35	12

图 18.49（左下）

8	7	61	62	2	1	59	60
10	33	25	56	16	39	31	50
23	47	44	20	17	41	46	22
51	30	38	13	53	28	36	11
57	58	4	3	63	64	6	5
55	32	40	9	49	26	34	15
42	18	21	45	48	24	19	43
14	35	27	52	12	37	29	54

图 18.49（右下）

57	58	4	3	63	64	6	5
55	32	40	9	49	26	34	15
42	18	21	45	48	24	19	43
14	35	27	52	12	37	29	54
8	7	61	62	2	1	59	60
10	33	25	56	16	39	31	50
23	47	44	20	17	41	46	22
51	30	38	13	53	28	36	11

图 18.49

幻方，其上半两象、下半两象各自在原位做"颠倒"变位，得如图 18.50 所示 8 幅新的 8 阶不规则完全幻方。对应两方阵行、列数组配置相同，排列结构改变，泛对角线重组，我称之为同数异构体。

59	60	2	1	61	62	8	7
49	32	40	15	55	26	34	9
21	45	42	18	19	43	48	24
12	35	27	54	14	37	29	52
6	5	63	64	4	3	57	58
16	33	25	50	10	39	31	56
44	20	23	47	46	22	17	41
53	30	38	11	51	28	36	13

6	5	63	64	4	3	57	58
16	33	25	50	10	39	31	56
44	20	23	47	46	22	17	41
53	30	38	11	51	28	36	13
59	60	2	1	61	62	8	7
49	32	40	15	55	26	34	9
21	45	42	18	19	43	48	24
12	35	27	54	14	37	29	52

61	62	8	7	59	60	2	1
55	26	34	9	49	32	40	15
19	43	48	24	21	45	42	18
14	37	29	52	12	35	27	54
4	3	57	58	6	5	63	64
10	39	31	56	16	33	25	50
46	22	17	41	44	20	23	47
51	28	36	13	53	30	38	11

4	3	57	58	6	5	63	64
10	39	31	56	16	33	25	50
46	22	17	41	44	20	23	47
51	28	36	13	53	30	38	11
61	62	8	7	59	60	2	1
55	26	34	9	49	32	40	15
19	43	48	24	21	45	42	18
14	37	29	52	12	35	27	54

60	59	1	2	62	61	7	8
50	31	39	16	56	25	33	10
22	46	41	17	20	44	47	23
11	36	28	53	13	38	30	51
5	6	64	63	3	4	58	57
15	34	26	49	9	40	32	55
43	19	24	48	45	21	18	42
54	29	37	12	52	27	35	14

5	6	64	63	3	4	58	57
15	34	26	49	9	40	32	55
43	19	24	48	45	21	18	42
54	29	37	12	52	27	35	14
60	59	1	2	62	61	7	8
50	31	39	16	56	25	33	10
22	46	41	17	20	44	47	23
11	36	28	53	13	38	30	51

62	61	7	8	60	59	1	2
56	25	33	10	50	31	39	16
20	44	47	23	22	46	41	17
13	38	30	51	11	36	28	53
3	4	58	57	5	6	64	63
9	40	32	55	15	34	26	49
45	21	18	42	43	19	24	48
52	27	35	14	54	29	37	12

3	4	58	57	5	6	64	63
9	40	32	55	15	34	26	49
45	21	18	42	43	19	24	48
52	27	35	14	54	29	37	12
62	61	7	8	60	59	1	2
56	25	33	10	50	31	39	16
20	44	47	23	22	46	41	17
13	38	30	51	11	36	28	53

图 18.50

3. 左右两半象反合变位

什么是左右两半象反合变位？即图 18.48 与图 18.49 的 8 幅 8 阶不规则完全幻方，其左半两象、右半两象，各自在原位做"翻转"变位，得如图 18.51 所示 8 幅 8 阶不规则完全幻方，每对应两幻方为同数异构体。

54	27	35	12	52	29	37	14
18	42	45	21	24	48	43	19
15	40	32	49	9	34	26	55
1	2	60	59	7	8	62	61
11	38	30	53	13	36	28	51
47	23	20	44	41	17	22	46
50	25	33	16	56	31	39	10
64	63	5	6	58	57	3	4

11	38	30	53	13	36	28	51
47	23	20	44	41	17	22	46
50	25	33	16	56	31	39	10
64	63	5	6	58	57	3	4
54	27	35	12	52	29	37	14
18	42	45	21	24	48	43	19
15	40	32	49	9	34	26	55
1	2	60	59	7	8	62	61

52	29	37	14	54	27	35	12
24	48	43	19	18	42	45	21
9	34	26	55	15	40	32	49
7	8	62	61	1	2	60	59
13	36	28	51	11	38	30	53
41	17	22	46	47	23	20	44
56	31	39	10	50	25	33	16
58	57	3	4	64	63	5	6

13	36	28	51	11	38	30	53
41	17	22	46	47	23	20	44
56	31	39	10	50	25	33	16
58	57	3	4	64	63	5	6
52	29	37	14	54	27	35	12
24	48	43	19	18	42	45	21
9	34	26	55	15	40	32	49
7	8	62	61	1	2	60	59

53	28	36	11	51	30	38	13
17	41	46	22	23	47	44	20
16	39	31	50	10	33	25	56
2	1	59	60	8	7	61	62
12	37	29	54	14	35	27	52
48	24	19	43	42	18	21	45
49	26	34	15	55	32	40	9
63	64	6	5	57	58	4	3

12	37	29	54	14	35	27	52
48	24	19	43	42	18	21	45
49	26	34	15	55	32	40	9
63	64	6	5	57	58	4	3
53	28	36	11	51	30	38	13
17	41	46	22	23	47	44	20
16	39	31	50	10	33	25	56
2	1	59	60	8	7	61	62

51	30	38	13	53	28	36	11
23	47	44	20	17	41	46	22
10	33	25	56	16	39	31	50
8	7	61	62	2	1	59	60
14	35	27	52	12	37	29	54
42	18	21	45	48	24	19	43
55	32	40	9	49	26	34	15
57	58	4	3	63	64	6	5

14	35	27	52	12	37	29	54
42	18	21	45	48	24	19	43
55	32	40	9	49	26	34	15
57	58	4	3	63	64	6	5
51	30	38	13	53	28	36	11
23	47	44	20	17	41	46	22
10	33	25	56	16	39	31	50
8	7	61	62	2	1	59	60

图 18.51

4. 交叉反合变位

什么是交叉反合变位？即图 18.48 与图 18.49 的 8 幅 8 阶不规则完全幻方，其上半两象与下半两象，以及左半两象与右半两象，各自在原位做同步"反排"变位，得如图 18.52 所示新的 8 幅 8 阶不规则完全幻方，每对应两幻方为同数异构体。

图 18.52（第一行四幅）

12	35	27	54	14	37	29	52
21	45	42	18	19	43	48	24
49	32	40	15	55	26	34	9
59	60	2	1	61	62	8	7
53	30	38	11	51	28	36	13
44	20	23	47	46	22	17	41
16	33	25	50	10	39	31	56
6	5	63	64	4	3	57	58

53	30	38	11	51	28	36	13
44	20	23	47	46	22	17	41
16	33	25	50	10	39	31	56
6	5	63	64	4	3	57	58
12	35	27	54	14	37	29	52
21	45	42	18	19	43	48	24
49	32	40	15	55	26	34	9
59	60	2	1	61	62	8	7

14	37	29	52	12	35	27	54
19	43	48	24	21	45	42	18
55	26	34	9	49	32	40	15
61	62	8	7	59	60	2	1
51	28	36	13	53	30	38	11
46	22	17	41	44	20	23	47
10	39	31	56	16	33	25	50
4	3	57	58	6	5	63	64

51	28	36	13	53	30	38	11
46	22	17	41	44	20	23	47
10	39	31	56	16	33	25	50
4	3	57	58	6	5	63	64
14	37	29	52	12	35	27	54
19	43	48	24	21	45	42	18
55	26	34	9	49	32	40	15
61	62	8	7	59	60	2	1

（第二行四幅）

11	36	28	53	13	38	30	51
22	46	41	17	20	44	47	23
50	31	39	16	56	25	33	10
60	59	1	2	62	61	7	8
54	29	37	12	52	27	35	14
43	19	24	48	45	21	18	42
15	34	26	49	9	40	32	55
5	6	64	63	3	4	58	57

54	29	37	12	52	27	35	14
43	19	24	48	45	21	18	42
15	34	26	49	9	40	32	55
5	6	64	63	3	4	58	57
11	36	28	53	13	38	30	51
22	46	41	17	20	44	47	23
50	31	39	16	56	25	33	10
60	59	1	2	62	61	7	8

13	38	30	51	11	36	28	53
20	44	47	23	22	46	41	17
56	25	33	10	50	31	39	16
62	61	7	8	60	59	1	2
52	27	35	14	54	29	37	12
45	21	18	42	43	19	24	48
9	40	32	55	15	34	26	49
3	4	58	57	6	5	64	63

52	27	35	14	54	29	37	12
45	21	18	42	43	19	24	48
9	40	32	55	15	34	26	49
3	4	58	57	6	5	64	63
13	38	30	51	11	36	28	53
20	44	47	23	22	46	41	17
56	25	33	10	50	31	39	16
62	61	7	8	60	59	1	2

图 18.52

综上所述，H. Schots. Belgium 于 1939 年创作的一幅 8 阶完全幻方（一次完全幻方兼二次泛对角线等和），若从其"商—余"正交方阵编码的最优化不规则逻辑形式考察，通过互补法、加减法"克隆"及四象"模块式"交换等方法，共演绎出 32 幅同数异构 8 阶不规则完全幻方。它们虽然丢失了样本"泛对角线平方和全等关系"，但都记忆、传承、复制了样本的不规则逻辑形式及其最优化组合性质。

变换"正交"关系构图法

从"商—余"两方阵分析，目前所见的不规则完全幻方都属于不规则等和"整合"模式，其"整合"主要表现在建立两方阵的正交关系。由于"非逻辑形式"编码，所以两方阵的正交"整合"方式相当复杂。据研究，若变换"正交"关系，新的"商—余"正交方阵即可生成新的不规则完全幻方，这为不规则完全幻方构图开拓了一条捷径。

一、行列变换"正交"关系

所谓变换"正交"关系，是指以一幅已知不规则完全幻方为样本，对其"商数"

方阵或者"余数"方阵按一定规则交换相关行或列，在这种新建最优化"不规则逻辑"正交关系，"商—余"两方阵就能生成大量不规则完全幻方。以 8 阶不规则完全幻方为例（图 18.53）。

第一组

1	2	60	59	7	8	62	61
15	40	32	49	9	34	26	55
18	42	45	21	24	48	43	19
54	27	35	12	52	29	37	14
64	63	5	6	58	57	3	4
50	25	33	16	56	31	39	10
47	23	20	44	41	17	22	46
11	38	30	53	13	36	28	51

$=$

0	0	7	7	0	0	7	7
1	4	3	6	1	4	3	6
2	5	5	2	2	5	5	2
6	3	4	1	6	3	4	1
7	7	0	0	7	7	0	0
6	3	4	1	6	3	4	1
5	2	2	5	5	2	2	5
1	4	3	6	1	4	3	6

$\times 8 +$

1	2	4	3	7	8	6	5
7	8	8	1	1	2	2	7
2	2	5	5	8	8	3	3
6	3	3	4	4	5	5	6
8	7	5	6	2	1	3	4
2	1	1	8	8	7	7	2
7	7	4	4	1	1	6	6
3	6	6	5	5	4	4	3

第二组

57	58	4	3	63	64	6	5
55	32	40	9	49	26	34	15
42	18	21	45	48	24	19	43
14	35	27	52	12	37	29	54
8	7	61	62	2	1	59	60
10	33	25	56	16	39	31	50
23	47	44	20	17	41	46	22
51	30	38	13	53	28	36	11

$=$

7	7	0	0	7	7	0	0
6	3	4	1	6	3	4	1
5	2	2	5	5	2	2	5
1	4	3	6	1	4	3	6
0	0	7	7	0	0	7	7
1	4	3	6	1	4	3	6
2	5	5	2	2	5	5	2
6	3	4	1	6	3	4	1

$\times 8 +$

1	2	4	3	7	8	6	5
7	8	8	1	1	2	2	7
2	2	5	5	8	8	3	3
6	3	3	4	4	5	5	6
8	7	5	6	2	1	3	4
2	1	1	8	8	7	7	2
7	7	4	4	1	1	6	6
3	6	6	5	5	4	4	3

第三组

2	1	59	60	8	7	61	62
16	39	31	50	10	33	25	56
17	41	46	22	23	47	44	20
53	28	36	11	51	30	38	13
63	64	6	5	57	58	4	3
49	26	34	15	55	32	40	9
48	24	19	43	42	18	21	45
12	37	29	54	14	35	27	52

$=$

0	0	7	7	0	0	7	7
1	4	3	6	1	4	3	6
2	5	5	2	2	5	5	2
6	3	4	1	6	3	4	1
7	7	0	0	7	7	0	0
6	3	4	1	6	3	4	1
5	2	2	5	5	2	2	5
1	4	3	6	1	4	3	6

$\times 8 +$

2	1	3	4	8	7	5	6
8	7	7	2	2	1	1	8
1	1	6	6	7	7	4	4
5	4	4	3	3	6	6	5
7	8	6	5	1	2	4	3
1	2	2	7	7	8	8	1
8	8	3	3	2	2	5	5
4	5	5	6	6	3	3	4

第四组

64	63	5	6	58	57	3	4
50	25	33	16	56	31	39	10
47	23	20	44	41	17	22	46
11	38	30	53	13	36	28	51
1	2	60	59	7	8	62	61
15	40	32	49	9	34	26	55
18	42	45	21	24	48	43	19
54	27	35	12	52	29	37	14

$=$

7	7	0	0	7	7	0	0
6	3	4	1	6	3	4	1
5	2	2	5	5	2	2	5
1	4	3	6	1	4	3	6
0	0	7	7	0	0	7	7
1	4	3	6	1	4	3	6
2	5	5	2	2	5	5	2
6	3	4	1	6	3	4	1

$\times 8 +$

8	7	5	6	2	1	3	4
2	1	1	8	8	7	7	2
7	7	4	4	1	1	6	6
3	6	6	5	5	4	4	3
1	2	4	3	7	8	6	5
7	8	8	1	1	2	2	7
2	2	5	5	8	8	3	3
6	3	3	4	4	5	5	6

图 18.53

由图 18.53 说明，不规则完全幻方的"商数"与"余数"两方阵的正交匹配组，并非"一对一"关系，而是"一对多""多对一"关系，从中可以窥视不规则完全幻方在微观结构层面上的错综复杂联系。

二、加减变换"正交"关系

当偶数阶完全幻方各行、各列、泛对角线上的奇数与偶数的个数相等时，按奇数加"1"、偶数减"1"方法，即可得另一幅偶数阶完全幻方，这就是加减法"克隆"技术。若把它运用于该偶数阶不规则完全幻方的"商—余"正交方阵微观层面，则可有如下 3 种做法。

① "商数"方阵的奇数减"1"，偶数加"1"，而"余数"方阵不变。

第一组

1	2	60	59	7	8	62	61
15	40	32	49	9	34	26	55
18	42	45	21	24	48	43	19
54	27	35	12	52	29	37	14
64	63	5	6	58	57	3	4
50	25	33	16	56	31	39	10
47	23	20	44	41	17	22	46
11	38	30	53	13	36	28	51

$=$

0	0	7	7	0	0	7	7
1	4	3	6	1	4	3	6
2	5	5	2	2	5	5	2
6	3	4	1	6	3	4	1
7	7	0	0	7	7	0	0
6	3	4	1	6	3	4	1
5	2	2	5	5	2	2	5
1	4	3	6	1	4	3	6

$\times 8+$

1	2	4	3	7	8	6	5
7	8	8	1	1	2	2	7
2	2	5	5	8	8	3	3
6	3	3	4	4	5	5	6
8	7	5	6	2	1	3	4
2	1	1	8	8	7	7	2
7	7	4	4	1	1	6	6
3	6	6	5	5	4	4	3

第二组

9	10	52	51	15	16	54	53
7	48	24	57	1	42	18	63
26	34	37	29	32	40	35	27
62	19	43	4	60	21	45	6
56	55	13	14	50	49	11	12
58	17	41	8	64	23	47	2
39	31	28	36	33	25	30	38
3	46	22	61	5	44	20	59

$=$

1	1	6	6	1	1	6	6
0	5	2	7	0	5	2	7
3	4	4	3	3	4	4	3
7	2	5	0	7	2	5	0
6	6	1	1	6	6	1	1
7	2	5	0	7	2	5	0
4	3	3	4	4	3	3	4
0	5	2	7	0	5	2	7

$\times 8+$

1	2	4	3	7	8	6	5
7	8	8	1	1	2	2	7
2	2	5	5	8	8	3	3
6	3	3	4	4	5	5	6
8	7	5	6	2	1	3	4
2	1	1	8	8	7	7	2
7	7	4	4	1	1	6	6
3	6	6	5	5	4	4	3

第三组

2	1	59	60	8	7	61	62
16	39	31	50	10	33	25	56
17	41	46	22	23	47	44	20
53	28	36	11	51	30	38	13
63	64	6	5	57	58	4	3
49	26	34	15	55	32	40	9
48	24	19	43	42	18	21	45
12	37	29	54	14	35	27	52

$=$

0	0	7	7	0	0	7	7
1	4	3	6	1	4	3	6
2	5	5	2	2	5	5	2
6	3	4	1	6	3	4	1
7	7	0	0	7	7	0	0
6	3	4	1	6	3	4	1
5	2	2	5	5	2	2	5
1	4	3	6	1	4	3	6

$\times 8+$

2	1	3	4	7	8	5	6
8	7	7	2	1	1	1	8
1	1	6	6	7	7	4	4
5	4	4	3	3	6	6	5
7	8	6	5	1	2	4	3
1	2	2	7	7	8	8	1
8	8	3	3	2	2	5	5
4	5	5	6	6	3	3	4

第四组

10	9	51	52	16	15	53	54
8	47	23	58	2	41	17	64
25	33	38	30	31	39	36	28
61	20	44	3	59	22	46	5
55	56	14	13	49	50	12	11
57	18	42	7	63	24	48	1
40	32	27	35	34	26	29	37
4	45	21	62	6	43	19	60

$=$

1	1	6	6	1	1	6	6
0	5	2	7	0	5	2	7
3	4	4	3	3	4	4	3
7	2	5	0	7	2	5	0
6	6	1	1	6	6	1	1
7	2	5	0	7	2	5	0
4	3	3	4	4	3	3	4
0	5	2	7	0	5	2	7

$\times 8+$

2	1	3	4	7	8	5	6
8	7	7	2	1	1	1	8
1	1	6	6	7	7	4	4
5	4	4	3	3	6	6	5
7	8	6	5	1	2	4	3
1	2	2	7	7	8	8	1
8	8	3	3	2	2	5	5
4	5	5	6	6	3	3	4

图 18.54

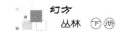
② "余数"方阵的奇数加"1",偶数减"1",而"商数"方阵不变。

③ "商数"与"余数"两方阵同时按法加减。

以一幅已知 8 阶不规则完全幻方为例,做上述 3 种加减法,可得 3 幅新的 8 阶不规则完全幻方(图 18.54)。

乱数单元的不规则最优化合成技术

什么是乱数单元的不规则最优化合成技术?所谓"乱数单元",指以 1 至 k^2 自然数列随机定位的 k 阶方阵($k \geqslant 3$),存在 $k^2!$ 种可能排列状态。然而以 k 阶不规则方阵为基本单元,采用最优化互补方式与模拟方法构造不规则完全幻方的一门独特的组合技术。

一、子母同阶结构不规则完全幻方实例操作

以 4×4 阶为例,以给出随机定位的 4 阶乱数方阵为基本单元,选定一幅已知 4 阶完全幻方为母本,运用最优化"互补—模拟"组合技术制作 16 阶不规则完全幻方。简介如下。

首先,制作 16 阶最优化组合模板。

图 18.55 是两个不同版本的 16 阶最优化组合模板:图 18.55 右由一对互补 4 阶乱数单元按二重次四象"先行列后对角线"方式建立全方位互补关系,即由 4 个 8 阶行列图合成 16 阶优化组合模板;图 18.55 左的一对互补 4 阶乱数单元与图

图 18.55

18.55 右相同，所不同的是又以它们的左右换位同构体组成 8 阶乱数单元，再由 8 阶乱数单元按"行、列、对角线"统筹建立全方位互补关系。

其次，按母本模拟与代入。

由一个已知 4 阶完全幻方为母本，按其数序把 1 ～ 256 自然数列的 16 个自然分段定位于 16 阶最优化组合模板，并代入本位各乱数单元，即得图 18.56 两幅 16 阶不规则完全幻方。

左幅：

193	194	199	196	192	191	186	189	97	98	103	100	32	31	26	29
201	203	206	204	184	182	179	181	105	107	110	108	24	22	19	21
208	202	198	205	177	183	187	180	112	106	102	109	17	23	27	20
197	195	207	200	188	190	178	185	101	99	111	104	28	30	18	25
116	119	114	113	13	10	15	16	212	215	210	209	173	170	175	176
124	126	123	121	5	3	6	8	220	222	219	217	165	163	166	168
125	118	122	128	4	11	7	1	221	214	218	224	164	171	167	161
120	127	115	117	9	2	14	12	223	211	210		169	162	174	172
160	159	154	157	225	226	231	228	64	63	58	61	65	66	71	68
152	150	147	149	233	235	238	236	56	54	51	53	73	75	78	76
145	151	155	148	240	234	230	237	49	55	59	52	80	74	70	77
156	158	146	153	229	227	239	232	60	62	50	57	69	67	79	72
45	42	47	48	84	87	82	81	141	138	143	144	244	247	242	241
37	35	38	40	92	94	91	89	133	131	134	136	252	254	251	249
36	43	39	33	93	96	90	96	132	139	135	129	253	246	250	256
41	34	46	44	88	95	83	85	137	130	142	140	248	255	243	245

右幅：

193	194	199	196	192	191	186	189	97	98	103	100	32	31	26	29
201	203	206	204	184	182	179	181	105	107	110	108	24	22	19	21
208	202	198	205	177	183	187	180	112	106	102	109	17	23	27	20
197	195	207	200	188	190	178	185	101	99	111	104	28	30	18	25
128	127	122	125	1	2	7	4	224	223	218	221	161	162	167	164
120	118	115	117	9	11	14	12	216	214	211	213	169	171	174	172
113	119	123	116	16	10	6	13	209	215	219	212	176	170	166	173
124	126	114	121	5	3	15	8	220	222	210	217	165	163	175	168
160	159	154	157	225	226	231	228	64	63	58	61	65	66	71	68
152	150	147	149	233	235	238	236	56	54	51	53	73	75	78	76
145	151	155	148	240	234	230	237	49	55	59	52	80	74	70	77
156	158	146	153	229	227	239	232	60	62	50	57	69	67	79	72
33	34	39	36	96	95	90	93	129	130	135	132	256	255	250	253
41	43	46	44	88	86	83	85	137	139	142	140	248	246	243	245
48	42	38	45	81	87	91	84	144	138	134	141	241	247	251	244
37	35	47	40	92	94	82	89	133	131	143	136	252	254	242	249

图 18.56

从其"商—余"正交方阵看（图略），隶属于"不规则等和整合模式"范畴。它与钱剑平"16 阶完美泛对角线三次幻方"的异同点：从 16 阶不规则完全幻方角度说，母阶（4 阶）的最优化组合性质及其组合原理相同；但"不规则"特征差异很大，钱剑平的"商—余"正交方阵（图 18.41）由于 16 个 4 阶乱数单元配置关系相当复杂，因而表现出每个单元的编码逻辑不相同；本例 16 阶不规则完全幻方的 16 个 4 阶乱数单元配置关系单一，并贯彻统筹的"互补"规则，因而表现出各单元之间并非"不规则"，其实这是被母阶的"互补"规则掩盖了。总之，最优化"互补"规则的有序性，不同于"商—余"正交方阵中的最优化逻辑形式。

二、子母异阶结构不规则完全幻方实例操作

以 7×4 阶为例，以给出随机定位的 7 阶乱数方阵为基本单元，选定一幅已知 4 阶完全幻方为母本，运用最优化"互补—模拟"组合技术制作 28 阶不规则完全幻方。

首先，制作 7×4"子母关系计算式"（图 18.57）。

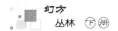

図 18.57 左（7阶基本单元）：

30	14	2	19	40	45	25
17	32	43	28	37	6	12
26	41	4	10	15	35	44
7	22	33	48	18	39	8
46	16	42	9	11	20	31
13	3	24	23	49	29	34
36	47	27	38	5	1	21

$$\cdots\cdots + \left(\ \begin{array}{|c|c|c|c|}\hline 1 & 15 & 10 & 8 \\\hline 14 & 4 & 5 & 11 \\\hline 7 & 9 & 16 & 2 \\\hline 12 & 6 & 3 & 13 \\\hline\end{array}\ -1\right)\times 49 =$$

图 18.57

30	14	2	19	40	45	25	716	700	688	705	726	731	711	471	455	443	460	481	486	466	373	357	345	362	383	388	368
17	32	43	28	37	6	12	703	718	729	714	723	692	698	458	473	484	469	478	447	453	360	375	386	371	380	349	355
26	41	4	10	15	35	44	712	727	690	696	701	721	730	467	482	445	451	456	476	485	369	384	347	353	358	378	387
7	22	33	48	18	39	8	693	708	719	734	704	725	694	448	463	474	489	459	480	449	350	365	376	391	361	382	351
46	16	42	9	11	20	31	732	702	728	695	697	706	717	487	457	483	450	452	461	472	389	359	385	352	354	363	374
13	3	24	23	49	29	34	699	689	710	709	735	715	720	454	444	465	464	490	470	475	356	346	367	366	392	372	377
36	47	27	38	5	1	21	722	733	713	724	691	687	707	477	488	468	479	446	442	462	379	390	370	381	348	344	364
667	651	639	656	677	682	662	177	161	149	166	187	192	172	226	210	198	215	236	241	221	520	504	492	509	530	535	515
654	669	680	665	674	643	649	164	179	190	175	184	153	159	213	228	239	224	233	202	208	507	522	533	518	527	496	502
663	678	641	647	652	672	681	173	188	151	157	162	182	191	222	237	200	206	211	231	240	516	531	494	500	505	525	534
644	659	670	685	655	676	645	154	169	180	195	165	186	155	213	218	229	244	214	235	204	497	512	523	538	508	529	498
683	653	679	646	648	657	668	193	163	189	156	158	167	178	242	212	238	205	207	216	227	536	506	532	499	501	510	521
650	640	661	660	686	666	671	160	150	171	170	196	176	181	209	199	220	219	245	225	330	503	493	514	513	539	519	523
673	684	664	675	642	638	658	183	194	174	185	152	148	168	232	243	223	234	201	197	217	526	537	517	528	495	491	511
324	308	296	313	334	339	319	422	406	394	411	432	437	417	765	749	737	754	775	780	760	79	63	51	68	89	94	74
311	326	337	322	331	300	306	409	424	435	420	429	398	404	752	767	778	763	772	741	747	66	81	92	77	86	55	61
320	335	298	304	309	329	338	418	433	396	402	407	427	436	761	776	739	745	750	770	779	75	90	53	59	64	84	93
301	316	327	342	312	333	302	399	414	525	440	410	431	400	742	757	768	783	753	774	743	56	71	82	97	67	88	57
340	310	336	303	305	314	325	438	408	434	401	403	412	423	781	751	777	744	746	755	766	95	65	91	58	60	69	80
307	297	318	317	343	323	328	405	395	416	415	441	421	426	748	738	759	758	784	764	769	62	52	73	72	98	78	83
330	341	321	332	299	295	315	428	439	419	430	397	393	413	771	782	762	773	740	736	756	85	96	76	87	54	50	70
569	553	541	558	579	584	564	275	259	247	264	285	290	270	128	112	100	117	138	143	123	618	602	590	607	628	633	613
556	571	582	567	576	545	551	262	277	288	273	282	251	257	115	130	141	126	135	104	110	605	620	631	616	625	594	600
565	580	543	549	554	574	583	271	286	249	255	260	280	289	124	139	102	108	113	133	142	614	629	592	598	603	623	632
546	561	572	587	557	578	547	252	267	278	293	263	284	253	105	120	131	146	116	137	106	595	610	621	636	606	627	596
595	555	581	548	550	559	570	291	261	287	254	256	265	276	144	114	140	107	109	118	129	634	604	630	607	599	608	619
552	542	563	562	588	568	573	258	248	269	268	294	274	279	111	101	122	121	147	127	132	601	591	612	611	637	617	622
575	586	566	577	544	540	560	281	292	272	283	250	246	266	134	145	125	136	103	99	119	624	635	615	626	593	589	609

图 18.58

图 18.57 "子母关系计算式"说明如下：①图 18.57 左为一个 7 阶不规则完全幻方基本单元，省略号代表由该单元所做 4×7 复制的 28 阶最优化组合模板。②图 18.57 右为 4 阶完全幻方母本，每个数字各代表一个 7 阶不规则完全幻方基本单元。

其次，按上式计算，即得一幅 28 阶不规则二重次完全幻方（图 18.58），其组合结构的基本特点：7×4 子母合成结构，各 7 阶子单元由 1 ～ 784 自然数列按序分段配置；16 个 7 阶不规则完全幻方格式统一，并由一幅已知 4 阶完全幻方母本合成。

本例 28 阶不规则完全幻方及上例 16 阶不规则完全幻方，由于 4 阶母本都是"规则完全幻方"，因而它们的母阶层面都具有"规则"性，其"不规则"性主要表现于子单元层面的"乱数方阵"。这是一类独特的乱数单元合成 4k 阶不规则完全幻方。然而，当这幅 28 阶不规则完全幻方化简为"商—余"正交方阵，就能显现出配置与编码的非逻辑形式。

规则或不规则完全幻方之区分，乃根据"商—余"正交方阵编码的逻辑或非逻辑形式而划定的。若跨出这一特定界限，从更高层次上看，所谓"不规则完全幻方"不是没有其他规则，而是没有"逻辑"规则。总之，完全幻方的内在规则具有多样性，"逻辑"是一种规则，"互补"也是一种规则。随机单元的不规则最优化合成技术，是在"最优化逻辑编码技术"之外的一项重要完全幻方构图法，开发前景十分广阔。

三、子、母阶两重不规则结构完全幻方实例操作

采用乱数单元最优化组合技术构造 8k 阶不规则完全幻方，其"不规则"性可表现于子、母阶两个层面。以 3×8 阶（子母异阶结构）为例，以 3 阶乱数方阵为基本单元，同时以一幅已知 8 阶不规则完全幻方为母本，按"互补—模拟"方法制作 24 阶不规则完全幻方。具体操作简介如下。

首先，制作 3×8"子母关系计算式"（图 18.59）。

图 18.59 左是 3 阶乱数单元按"互补"原则建立了一个 24 阶最优化组合模板，其两重次四象 6 阶、12 阶都具有最优化性质。它表示 24 阶每个 3 阶子单元的"余数"。

图 18.59 右是 1939 年 H. Schots. Belgium 创作的一幅不规则 8 阶完全幻方，它作为 24 阶的母阶，其每一个数既代表每个 3 阶子单元的排序号即位置，其每一个数"−1×9"又代表该位置上的共同基数，而"余数＋基数"即"1 ～ 576"自然数列数在 24 阶中的定位。

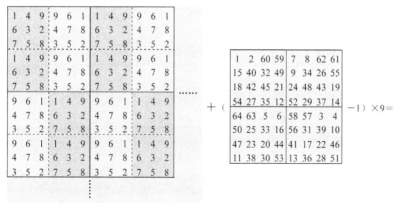

图 18.59

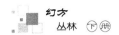

其次，按上式计算与定位，即得 24 阶不规则完全幻方（图 18.60）。

1	4	9	18	15	10	532	535	540	531	528	523	55	58	63	72	69	64	550	553	558	549	546	541
6	3	2	13	16	17	537	534	533	526	529	530	60	57	56	67	70	71	555	552	551	544	547	548
7	5	8	12	14	11	538	536	539	525	527	524	61	59	62	66	68	65	556	554	557	543	545	542
127	130	135	360	357	352	280	283	288	441	438	433	73	76	81	306	303	298	226	229	234	495	492	487
132	129	128	355	358	359	285	282	281	436	439	440	78	75	74	301	304	305	231	228	227	490	493	494
133	131	134	354	356	353	286	284	287	435	437	434	79	77	80	300	302	299	232	230	233	489	491	488
162	159	154	370	373	378	405	402	397	181	184	189	216	213	208	424	427	432	387	384	379	163	166	171
157	160	161	375	372	371	400	403	404	186	183	182	211	214	215	429	426	425	382	385	386	168	165	164
156	158	155	376	374	377	399	401	398	187	185	188	210	212	209	430	428	431	381	383	380	169	167	170
486	483	478	235	238	243	315	312	307	100	103	108	468	465	460	253	256	261	333	330	325	118	121	126
481	484	485	240	237	236	310	313	314	105	102	101	463	466	467	258	255	254	328	331	332	123	120	119
480	482	479	241	239	242	309	311	308	106	104	107	462	464	461	259	257	260	327	329	326	124	122	125
568	571	576	567	564	559	37	40	45	54	51	46	514	517	522	513	510	505	19	22	27	36	33	28
573	570	569	562	565	566	42	39	38	49	52	53	519	516	515	508	511	512	24	21	20	31	34	35
574	572	575	561	563	560	43	41	44	48	50	47	520	518	521	507	509	506	25	23	26	30	32	29
442	445	450	225	222	217	289	292	297	144	141	136	496	499	504	279	276	271	343	346	351	90	87	82
447	444	443	230	223	224	294	291	290	139	142	143	501	498	497	274	277	278	348	345	344	85	88	89
448	446	449	219	221	218	295	293	296	138	140	137	500	502	503	273	275	272	349	347	350	84	86	83
423	420	415	199	202	207	180	177	172	388	391	396	369	366	361	145	148	153	198	195	190	406	409	414
418	421	422	204	201	200	175	178	179	393	390	389	364	367	368	150	147	146	193	196	197	411	408	407
417	419	416	205	203	206	174	176	173	394	392	395	363	365	362	151	149	152	192	194	191	412	410	413
99	96	91	334	337	342	270	267	262	469	472	477	117	114	109	316	319	324	252	249	244	451	454	459
94	97	98	339	336	335	265	268	269	474	471	470	112	115	116	321	318	317	247	250	251	456	453	452
93	95	92	340	338	341	264	266	263	475	473	476	111	113	110	322	320	323	246	248	245	457	455	458

图 18.60

最后，本例这幅24阶完全幻方的编码逻辑结构，究竟是"规则"的还是"不规则"的？这必须展示这幅 24 阶完全幻方的化简式"商—余"正交方阵（图 18.61）。

0	0	0	0	0	0	22	22	22	22	21	21	2	2	2	2	2	2	22	23	23	22	22	22
0	0	0	0	0	0	22	22	22	21	22	22	2	2	2	2	2	2	23	22	22	22	22	22
0	0	0	0	0	0	22	22	22	21	21	21	2	2	2	2	2	2	23	23	23	22	22	22
5	5	5	14	14	14	11	11	11	18	18	18	3	3	3	12	12	12	9	9	9	20	20	20
5	5	5	14	14	14	11	11	11	18	18	18	3	3	3	12	12	12	9	9	9	20	20	20
5	5	5	14	14	14	11	11	11	18	18	18	3	3	3	12	12	12	9	9	9	20	20	20
6	6	6	15	15	15	16	16	16	7	7	7	8	8	8	17	17	17	16	15	15	6	6	7
6	6	6	15	15	15	16	16	16	7	7	7	8	8	8	17	17	17	15	16	16	6	6	6
6	6	6	15	15	15	16	16	16	7	7	7	8	8	8	17	17	17	15	15	15	6	7	7
20	20	19	9	9	10	13	12	12	4	4	4	19	19	19	10	10	10	13	13	13	4	5	5
20	20	20	9	9	9	12	13	13	4	4	4	19	19	19	10	10	10	13	13	13	5	4	4
19	20	19	9	9	10	12	12	12	4	4	4	19	19	19	10	10	10	13	13	13	5	5	5
23	23	23	23	23	23	1	1	1	2	2	1	21	21	21	21	21	21	0	0	1	1	1	1
23	23	23	23	23	23	1	1	1	2	2	2	21	21	21	21	21	21	0	0	0	1	1	1
23	23	23	23	23	23	1	1	1	2	2	2	21	21	21	21	21	21	1	0	1	1	1	1
18	18	18	9	9	9	12	12	12	5	5	5	20	20	20	11	11	11	14	14	14	3	3	3
18	18	18	9	9	9	12	12	12	5	5	5	20	20	20	11	11	11	14	14	14	3	3	3
18	18	18	9	9	9	12	12	12	5	5	5	20	20	20	11	11	11	14	14	14	3	3	3
17	17	17	8	8	8	7	7	7	16	16	16	15	15	15	6	6	6	8	7	7	16	17	17
17	17	17	8	8	8	7	7	7	16	16	16	15	15	15	6	6	6	8	8	7	17	16	16
17	17	17	8	8	8	7	7	7	16	16	16	15	15	15	6	6	6	7	8	7	17	17	17
4	3	3	13	14	14	11	11	10	19	19	19	4	4	4	13	13	13	10	10	10	18	18	19
3	4	4	13	13	13	11	11	11	19	19	19	4	4	4	13	13	13	10	10	10	18	18	18
3	3	3	14	14	14	10	11	11	19	19	19	4	4	4	13	13	13	10	10	10	19	18	19

商数方阵

1	4	9	18	15	10	4	7	12	3	24	19	7	10	15	24	21	16	22	1	6	21	18	13
6	3	2	13	16	17	9	6	5	22	1	2	12	9	8	19	22	23	3	24	23	16	19	20
7	5	8	12	14	11	10	8	11	21	23	20	13	11	14	18	20	17	4	2	5	15	17	14
7	10	15	24	21	16	16	19	24	9	6	1	1	4	9	18	15	10	10	13	18	15	12	7
12	9	8	19	22	23	21	18	17	4	7	8	6	3	2	13	16	17	15	12	11	10	13	14
13	11	14	18	20	17	22	20	23	3	5	2	7	5	8	12	14	11	16	14	17	9	11	8
18	15	10	10	13	18	21	18	13	13	16	21	24	21	16	16	19	24	3	24	19	19	22	3
13	16	17	15	12	11	16	19	20	18	15	14	19	22	23	21	18	17	22	1	2	24	21	20
12	14	11	16	14	17	15	17	14	19	17	20	18	20	17	22	20	23	21	23	20	1	23	2
6	3	22	19	22	3	3	24	19	4	7	12	12	9	4	13	16	21	21	18	13	22	1	6
1	4	5	24	21	20	22	1	2	9	6	5	7	10	11	18	15	14	16	19	20	3	24	23
24	2	23	1	23	2	21	23	20	10	8	11	6	8	5	19	17	20	15	17	14	4	2	5
16	19	24	15	12	7	13	16	21	6	3	22	10	13	18	9	6	1	19	22	3	12	9	4
21	18	17	10	13	14	18	15	14	1	4	5	15	12	11	4	7	8	24	21	20	7	10	11
22	20	23	9	11	8	19	17	20	24	2	23	16	14	17	3	5	2	1	23	2	6	8	5
10	13	18	9	6	1	1	4	9	24	21	16	16	19	24	15	12	7	7	10	15	18	15	10
15	12	11	4	7	8	6	3	2	19	22	23	21	18	17	10	13	14	12	9	8	13	16	17
16	14	17	3	5	2	7	5	8	18	20	17	22	20	23	9	11	8	13	11	14	12	14	11
15	12	7	7	10	15	12	9	4	4	7	12	9	6	1	1	4	9	6	3	22	22	1	6
10	13	14	12	9	8	7	10	11	9	6	5	4	7	8	6	3	2	1	4	5	3	24	23
9	11	8	13	11	14	6	8	5	10	8	11	3	5	2	7	5	8	24	2	23	4	2	5
3	24	19	22	1	6	6	3	22	13	16	21	21	18	13	4	7	12	12	9	4	19	22	3
22	1	2	3	24	23	1	4	5	18	15	14	16	19	20	9	6	5	7	10	11	24	21	20
21	23	20	4	2	5	24	2	23	19	17	20	15	17	14	10	8	11	6	8	5	1	23	2

余数方阵

图 18.61

本例 24 阶"商—余"正交方阵, 显然与上两例的表达形式不同, 其 3 阶子单元、行列的配置方案与编码形式, 都清楚地反映出了微观结构的非逻辑性与不规则性。

数雕艺术

第 19 篇

　　幻方是一门数雕艺术。什么是数雕？数雕是在遵守幻方游戏规则下，以独特方式刻画和表现自然、人文主题的数字组合艺术。"数雕"二字为幻方注入了全新的美学创作理念及其构图特点。它以幻方为大背景，运用数字的有序性、奇偶性精雕细刻，打造与幻方融为一体而易于识别、有特定寓意的符号、图案或物像等。数雕题材之广阔无所不包，这为幻方爱好者抒发情感、志趣与思想提供了一块风格独特的创作园地，同时也极大地丰富了幻方的文化内涵。总之，数雕幻方作为一种全新的艺术形式，追求深邃的数理美、高远的意境美与多彩的视觉美，品位高雅，给人以愉悦、启迪、联想。

　　数雕幻方是根据幻方"乱数区"理论发展起来的一种幻方形式。在幻方严密的数理关系中，拟存在一个形无定体、位无定所的"乱数区"，即有相当数量的数字可以随机定位，而不影响幻方成立。因此，正是这个"乱数区"，恰恰成了玩家自由创作的想象空间，数雕注重幻方设计，数理在内而意境在外。

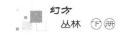
白猫黑猫

　　德国约翰尼斯·徕曼根据一组数学函数公式，在直角坐标上标出了相关的函数值，这条奇怪的函数曲线，竟然勾勒出了一只机灵、活泼、可爱的猫咪图像（参见《数学趣闻集锦》，德国约翰尼斯·徕曼著，王锦如译，1987 年，冶金工业出版社）。徕曼真不愧为一位数字雕塑家，受之启发，我根据幻方特点，以 2 ～ 17 自然数列按格子替代原函数值，然后按数序连线，这只数学猫竟惟妙惟肖，呼之欲出，于是打算把它镶嵌于 12 阶幻方之中。时值改革开放总设计师邓小平的"猫论"宣传深入人心。据说，邓小平家挂有一幅《双猫图》，一只猫毛色雪白、另一只猫毛色乌黑，画上题词："不管白猫黑猫，会捉老鼠就是好猫"，此乃著名画家"江南猫王"陈莲涛的杰作。我以互补方式制作了镶嵌一白一黑两只猫的一对 12 阶幻方（幻和"870"），这就是我的第一幅数雕幻方作品（图 19.1）。

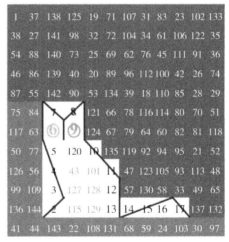

图 19.1

　　白猫黑猫：昂首蹲姿，微微弓腰，拖着大尾巴，目光炯炯有神，伺机进击，把猫的灵气、机警刻画得惟妙惟肖。然而，"猫论"的意境在于：彰显改革家与创业者们的无畏、霸气、果敢、精明干练之禀性及大家风范。

【小资料】

1962 年 7 月 7 日，邓小平接见出席共青团三届七中全会的全体同志时，谈到了农业生产管理政策的调整问题，他说："生产关系究竟以什么形式为最好，恐怕要采取这样一种态度，就是哪种形式在哪个地方能够比较容易、比较快地恢复和发展农业生产，就采取哪种形式；群众愿意采取哪种形式，就应该采取哪种形式，不合法的使它合法起来……'黄猫、黑猫，只要捉住老鼠就是好猫'。"［参见《怎样恢复农业生产》，《邓小平选集》（第 1 卷）］这是邓小平最早在正式场合引用四川这句谚语，表述他对恢复农业生产和包产到户的看法。后来又讹传为"不管黑猫白猫，捉到老鼠就是好猫"，但意思一样。1978 年党的十一届三中全会后，随着政治思想路线的改变，"白猫黑猫"论成为中国将社会工作重心转移到经济发展上的一个理论标志。

雪虎

在邓小平"猫论"的激发下，我的 12 阶"白猫黑猫"幻方创作成功，我产生了"幻方是一门数雕艺术"的思想，为我的幻方设计、创作开拓了广阔的空间。

德国约翰尼斯·徕曼在《数学趣闻集锦》中介绍的有"函数猫"的坐标图，且给出了"犬"的函数式（表 19.1），但并未给出其坐标图，留给读者思考。我并不知道这只"函数犬"长什么模样，却勾起了我对大学时代读过的印象深刻的杰克·伦敦的《荒野的呼喊》的回忆，我准备为小说主人公"雪虎"设计肖像，镶嵌于幻方之中，以表达对这位英雄斗士的怀念。

表 19.1

函数式	犬定义	函数式	犬定义
$y = 1/2x + 11$	$4 \leqslant x \leqslant 8$	$y = -6x + 60$	$8 \leqslant x \leqslant 10$
$y = 2x-1$	$8 \leqslant x \leqslant 9$	$y = 6$	$11 \leqslant x \leqslant 15$
$y = -7x + 80$	$9 \leqslant x \leqslant 10$	$y = 6x-96$	$16 \leqslant x \leqslant 18$
$y = 10$	$10 \leqslant x \leqslant 16$	$y = 2/5x + 51/5$	$9/2 \leqslant x \leqslant 7$
$y = x-6$	$16 \leqslant x \leqslant 12$	$y = -6x + 72$	$11 \leqslant x \leqslant 12$
$y = -2x + 21$	$4 \leqslant x \leqslant 5$	$y = 6x-84$	$14 \leqslant x \leqslant 15$
$y = 1/3x + 28/3$	$5 \leqslant x \leqslant 8$	$y = 14$	$x = 8$

我以 13 阶幻方（幻和"1105"）为背景，用"64 ～ 98"偶数列及"65 ～ 103"奇数列，从"犬"的嘴巴开始分为上下两路，按格子勾画出了这只"犬"的形象（图 19.2）。

其视觉效果不错："雪虎"为侧面立象，"66"点睛，宽阔的大嘴巴，竖立的双耳，狮头虎爪，身强力壮，摇曳着短尾巴，聆听着原野的呼唤，向主人倾诉着什么……总之，把犬的忠义、憨态，以及捍卫主权的斗士秉性，刻画得活灵活现。

156	37	153	105	108	38	135	15	14	114	24	145	61
130	123	41	107	160	144	31	25	148	11	1	53	131
136	133	56	46	102	134	32	132	30	3	143	49	109
29	162	150	111	68	13	18	28	154	43	142	36	151
10	7	64	66	70	120	165	119	9	115	152	163	45
52	27	65	67	72	20	167	113	137	127	63	48	147
157	19	34	69	74	124	138	125	54	40	88	44	139
26	106	57	71	76	78	80	82	84	86	90	169	100
110	58	112	73	87	89	91	93	95	97	92	4	104
155	146	42	75	85	16	59	23	118	99	94	158	35
17	164	62	77	83	51	55	149	140	101	96	60	50
5	121	141	79	81	117	8	168	116	103	98	47	21
122	2	128	159	39	161	126	33	6	166	22	129	12

图 19.2

【小资料】

杰克·伦敦（Jack London，1876—1916年）美国近现代著名的现实主义作家。他一生的经历丰富而坎坷，是美国近现代著名的现实主义作家。《雪虎》是他最为出色的名篇之一，讲了"雪虎"从一只"战狼"最终到一只"福狼"命运归宿的故事。开篇写的就是行走在北国荒野上一群狼犬和坐在雪橇上的人，贪婪的人们怀着淘金发财的美梦，不远千里冒着生命危险，来到茫茫雪原——阿拉斯加这个不毛之地，任何的饥饿、寒冷与死亡等，都阻挡不了人们对金钱的渴望。故事的主角"雪虎"——狼与犬的后裔，一生惊心动魄的命运就系在这淘金浪潮中。在土著印第安人驯养期间，"雪虎"学会了绝对服从，表现出惊人的适应和辨别环境的能力。后而，易主于淘金狂史密斯，它被教唆为身经百战、战无不胜的"战狼"，远近闻名。最后一战，对手是一只其貌不扬的斗牛狗，其招法诡异，纵然遍体鳞伤，不慌不忙，不紧不慢，瞄准机会一口咬定，不管天塌地陷，死拖不放，直至"雪虎"虚脱、窒息……大难不死，"雪虎"辗转南国，为富翁收养，有一夜冒死救主，挨了盗贼的枪弹。作者又没有忍心让"雪虎"死去，它过起了眯着眼在太阳光底下打盹的生活。杰克·伦敦运用拟人的手法，把这只狼犬眼中的残酷世界及其人性的丑恶刻画得淋漓尽致，反映了在"优胜劣汰，适者生存"法则下，资本主义社会极端个人主义自欲之贪婪。

沙漠之舟

图19.3在一幅15阶幻方（幻和"1695"）中，以"101～167"连续数列按序填满格子，涂色勾线，即显现一双峰骆驼形象。借以抒发了我对沙漠之舟——骆驼刻苦耐劳、顽强不息品格与精神的赞美情怀。

```
32 202 186  21  37 175 170  95  96  75 213  70  72  41 210
62 185 220 190 189  71  34  81  85  89   7 173  46 224  39
193 191 102 103 188  51   4 180  36  94 172 182 181  47  61
214  30 104 105 209 201   2 179 178  93  43  10  83  40 204
192 198 106 107 223  51 159  35  14 162   5  57  29 199 197
183  22 108 109  84 158 151 160 163  98  42  38  18 200
67  27 110 156 157 152 150 142 141 136 164  69  90  68  66
169   1   6 111 155 153 149 143 140 137 135 165  76  77  78
9  45  44  65 112 154 148 144 139 138 134 130 166  99 168
100  59  60  64 113 147 146 145 121 122 133 131 129 167  58
187 191  28  25 114 119 120  87  74 123 132 124 205  80
31 208 195  11  49 115 118  86  92  88 124 127 219  20 212
211 222  15 207  50 116 117  54  55  91 125 126  17 216  73
26 196 217 206  24  63   3  52 174 177 171  97 203  53  33
19   8 194 215  23  13 225  79 176  56  48 184 218 221  16
```

图 19.3

【小资料】

骆驼的故乡在北美洲，有单峰驼、双峰驼和原驼等，我国的骆驼均属双峰驼。骆驼以其特异的功能，超强的耐受力和顽强的生命力，像一艘凌波劈涛的航船一样，在生命绝迹的沙漠戈壁之中拼搏，所以人们亲切地称之为"沙漠之舟"。世界上最耐劳的动物要算骆驼。一只骆驼，驮 200

千克重的货物，每天走 40 千米，能够在沙漠中连续走 3 天。空身时，它每小时可跑 15 千米，连续 8 小时不停。在沙漠里行进，经常会遇到狂风四起，黄沙滚滚，天昏地暗的可怕情况。这时候，浓密的长睫毛就像一层厚帘子，挡住风沙，保护了眼睛。等大风沙过去了，它再站起来，抖掉身上的沙子，不声不响地继续前进……骆驼巨大的口鼻是保存水分的关键部位，骆驼鼻子内层呈蜗形卷，增大了呼出气体通过的面积，夜间，鼻子内层从呼出的气体中回收水分，同时冷却气体，使其低于体温 8.3℃。据计算，骆驼的这些特殊能力可使它比人类呼出温热气体节省 70% 的水分。骆驼往往预先将自己的体温降至 34℃ 以下，低于白天正常体温。第二天体温要升到出汗的温度点上，需要很长时间。这样，骆驼极少出汗，再加上很少撒尿，又节省了体内水分的消耗。

空中霸王

鹰，天空之霸王。有人赞美你：搏击苍穹，志凌九霄；有人赞美你：矫健、勇猛，英姿勃发……如图 19.4 所示的 24 阶幻方中，我创作一座鹰的雕像：鹰的翅膀由两幅 3 阶幻方（幻和"366""429"）及两幅 5 阶完全幻方（泛幻和"954""1100"）拼接而成，整个身体部位由上两幅、下一幅 4 阶完全幻方（泛幻和"1146""1162""1538"）拼接而成；鹰的台基是一幅 6 阶幻方（幻和"3027"），中央内置 4 阶完全幻方子单元（泛幻和"2018"），气势恢宏。

```
208 288 410 368 533 162 506 411 194 100  60  99  59  37 101 370 387 343 405 572 406 409 230 266
488 433 169 525 284 243 438 435 209 163  86  87  25  44  85 430 193 200 404 399 431 574 289 290
384 457 456 342 459 352  55 269 568 127  27 175  46  33 375 453 242 344 118 354 351 376 178 383
119 481 484 482 378 377 478 170 244 116   8   9   7  10  36 480 527  35 477 524 479 483 423  97
144 190 268 293 521 528 318 526 522 117   6  11 161  83 126 319 458 294 569 317 336 523 171 123
166 143 120 272 548 292 547 520 401 400  12   5 402  64 432 291 549 550 151 552 141  98 122 146
426  96 142 196 149 424 502 461 345 191 285  19   4 201 556 427 555 428 164 165 121  73 575
476 418 167 245 198 271 382   3 449 309 206 106 225 369 452 450  14 451 187 188 189 147 509 513
559 185 537 174 247 320 148 473   2 474 307 125 145 241 160  15 536 210 211 212 213 501 475 454
332 339 333 223 296 124 197 270 500   1 310 311 114 312  16 553 233 234 235 236 237 440 573 505
341 356 357 232 220 179 246 199 321 300 275 250 325 304 279 254 257 258 259 260 334 353 335
379 381 380 186 102 222 295 248 276 249 322 299 280 253 326 303 281 282 283 192 308 358 359 360
389 183 391 392 393 390 224 172 298 323 252 273 302 327 256 277 305 306 571 109 107 108 465 111
413  38 417 414 416 415  39 221 251 274 297 324 255 301 328 329 330 487 231 464 133 134 135
437 497 113 216 441 214 215 439 489 315 419 398 373 348 470 314 159 154 157 156 181 183
129 462 110 463 132 238 239 240 128 374 347 420 397 158 338 331 340 346 511 337 180 182 504
485 486 153 361 262 168 263 264 207 130 396 421 350 371 104 362 363 364 202 152 203 205 448 204
137 177 136 139 286 367 287 265 349 372 176 228 394 386 226 227 229 265 403
184  90 498 455 499 472  91 503  94 | 543 442 443 563 542 494 |  84  88  95  92  17 434  19  93  89
 74  76  75  82  78  79  80  77 218 | 514 492 513 540 471 495 | 115 507 429 508 179 512 510 217  81
529 530  56 532 140 534 535  21   5 | 444 519 491 565 |  49  50  57  52  53  54 103 531  51
 23 561  29 40 71 548 219  60 | 447 | 562 |  70  65  69 195  67  66  71 544
 72 545 546 261 131 551 365 150  61 447                 562  70  65  69 195  67  66  71 544
 30  41  43  42  45  58 366 147 407 | 515 567 566 446 467 466 | 460  48 570 267 408 112 355  22 576
```

图 19.4

【小资料】

自古以来，鹰就被世界许多民族和国家作为权力、自由和独立的象征。中国龙的形象采用了鹰的脚爪；古希腊传说中宝藏的守护神"格里芬"也是鹰头狮身的形象；古埃及托勒密王朝的国玺；罗马帝国军队的标志都采用鹰的形象。现代社会中，美国国徽是白头海雕，墨西哥的国旗和国徽中有一只落在仙人掌上的食蛇鹰，埃及的国旗和国徽是萨拉丁之鹰，阿尔巴尼亚的国旗与国徽和俄罗斯、原南斯拉夫的国徽为双头鹰图案，国徽中应用了鹰的图案的国家还有罗马尼亚、伊拉克、叙利亚、也门、德国、奥地利、波兰、阿拉伯联合酋长国、捷克、利比亚、厄瓜多尔、哥伦比亚、巴拿马、南非等国家。菲律宾的国鸟食猴鹰是目前世界已知的体形最大的鹰等。

金字塔——狮身人面像

狮身人面像（sphinx；الهول ابو تمثال）是古埃及文明最有代表性的遗迹，雕像坐西向东，蹲伏在距胡夫金字塔东侧约350米。古埃及人崇拜狮子，认为狮子是权势、财富、智慧与勇猛的化身，因此古埃及法老把狮身人面像作为自己陵墓的守护神。这座公元前2000多年的神秘雕像，留下了早期人类的智慧与人文、历史秘密。

291	269	268	102	395	242	442	143	359	272	601	602	603	4	9	2	611	103	273	361	312	568	316	529	148
547	401	380	521	200	560	508	278	125	509	34	39	32	3	5	7	612	279	189	562	563	174	449	578	270
548	549	293	566	369	565	195	370	146	33	35	37	8	1	6	613	519	274	520	572	275	510	226	227	
513	574	512	403	374	375	376	160	576	38	31	36	99	14	19	12	573	577	162	531	89	165	511	530	
57	550	532	515	543	421	152	192	481	483	593	24	29	22	13	15	17	41	30	561	393	580	551	516	514
518	44	571	553	382	244	289	423	252	253	592	23	25	27	18	11	16	546	517	392	564	569	45	570	381
172	276	106	485	484	487	122	107	527	166	591	28	21	26	583	582	581	176	73	108	319	552	383	384	486
411	339	434	206	43	355	93	60	126	265	620	621	622	623	624	305	101	435	488	182	70	413	104	239	
540	164	351	145	349	110	440	439	97	109	177	614	62	604	450	625	100	193	194	399	447	448	47	412	309
111	66	389	345	343	414	441	121	112	90	178	617	590	605	250	391	405	537	415	362	158	48	251	170	416
539	460	59	135	136	461	58	357	525	221	91	618	608	559	609	258	287	196	524	159	118	92	459	127	169
217	458	171	200	556	533	131	50	407	51	179	338	212	454	507	188	288	222	201	567	318	462	409	241	545
133	457	128	526	61	245	557	147	52	466	175	261	503	237	479	619	579	538	213	130	468	456	129	134	
463	63	554	113	455	114	243	555	464	119	185	427	184	426	262	504	234	536	248	149	390	474	161	364	138
333	84	331	332	82	334	433	431	236	478	264	506	211	453	183	425	105	94	95	115	492	493	491	494	
69	543	187	42	616	247	432	208	446	416	209	451	235	477	238	480	231	482	436	584	223	218	116	139	40
310	297	307	151	191	295	475	495	219	471	316	186	428	210	452	280	225	256	337	224	65	535	308	299	473
137	144	143	303	320	326	419	541	418	385	496	192	263	505	204	542	203	386	281	173	259	325	301	324	260
96	589	10	215	98	470	180	498	271	445	528	417	491	255	181	283	277	230	534	202	438	141	588	422	20
597	67	499	599	56	54	443	424	469	232	472	284	600	500	228	430	254	233	257	285	53	55	72	64	598
83	74	366	313	342	398	292	420	489	444	372	321	348	404	298	205	490	229	378	327	354	410	304	79	85
155	315	341	365	156	294	344	497	193	347	371	157	300	350	400	282	329	353	377	153	306	356	406	154	
340	367	314	81	594	80	396	290	346	373	322	75	595	76	402	296	352	379	328	77	596	78	408	302	358
522	88	429	190	214	246	117	87	199	465	266	615	86	585	610	558	286	387	197	198	163	168	523	124	502
123	587	150	501	216	207	220	560	49	388	607	606	586	317	140	249	363	71	240	68	311	335			

图 19.5

我以 25 阶幻方为背景（幻和"7825"），为"金字塔——狮身人面像"设计了一个象征性的平面几何造型，总体由 12 幅 4 阶完全幻方、6 幅 3 阶幻方巧妙堆垒而成；当空有 4 幅回旋的 3 阶幻方，象征烈焰万丈的太阳（图 19.5）。

金字塔的塔顶为 2 个斜置、互为相间的 4 阶完全幻方（泛幻和"894""1862"）。狮身人面像的头部 2 个斜置相间 4 阶完全幻方（泛幻和"1830""1416"），与其对称有 2 个斜置相间 4 阶完全幻方（泛幻和"970""1430"）。狮身底部从右至左 6 个连体、对称斜排的 3 阶幻方（幻和"1068，1059，1050，1041，1032，1021"，幻和公差"9"）。当空 4 个旋转的 3 阶幻方（幻和"15，45，75，105"），幻和公差"30"。大三角为胡夫法老墓的几何造型，前面就是守灵的狮身人面像。

【小资料】

神秘的古埃及狮身人面像是个千古之谜。人面之谜：最初古埃及学家认为是胡夫法老，建造目的是为自己的金字塔守灵。这种说法衍生出一段栩栩如生的描述：公元前 2610 年，法老胡夫来巡视自己快要竣工的陵墓——大金字塔。胡夫发现采石场上还留下一块巨石，当即命令石匠们按照他的脸型雕一座狮身人面像。但据考古学家雷纳尔考古学家推断：狮身人面像是胡夫的儿子——哈夫尔法老建造的。哈夫尔在公元前 2600 年统治埃及，王朝持续了 500 年最终因战乱和饥荒崩溃。根据象形文字的记录，胡夫为自己修建了高 146 米的金字塔，距离后来狮身人面像建造的位置 400 米（东）。哈夫尔也建造了自己的金字塔，不过比父亲的矮 3 米，距离狮身人面像同样是 400 米（南）。

雷纳尔发现了一些证据将狮身人面像和哈夫尔法老联系在一起，最早的证据追溯到 1853 年。那一年，一名叫奥古斯特的法国考古学家在狮身人面像附近找到一尊黑火山石雕刻的哈夫尔真人大小的雕像，雕像附近是一所建筑的遗迹，后来被称为庙谷。此外，奥古斯特还发现一条专门铺设的石道遗迹，连通庙谷和哈夫尔金字塔旁边的神庙。1925 年，另一位法国考古学家埃米尔·巴雷兹在狮身人面像正前方发掘出另一个古建筑遗迹，现在被称为斯芬克斯神庙，整体设计和奥古斯特发现的建筑群惊人相似。这些证据显示哈夫尔法老安排了一个伟大的建筑计划，包括狮身人面像、自己的金字塔及神庙等，不过仍有很多考古学家坚持狮身人面像是胡夫建造的。直到 1980 年，雷纳尔雇用了一名年轻的德国地理学家汤姆·爱格纳，汤姆以全新的方式证明狮身人面像属于哈夫尔法老的系列建筑。检查狮身人面像和斯芬克斯神庙的岩石样本后，雷纳尔和汤姆发现了很多化石样本，根据辨认这些化石后他们发现，建造神庙墙壁的很多石头是从雕刻狮身人面像的巨石上凿下来的，显然工匠们利用绳索和滑轮车将雕刻狮身人面像剩余的巨大石块拉到建造斯芬克斯神庙的场地"废物利用"。

狮身人面像是人类早期的一件伟大的艺术作品。像高21米，长73米，脸面长5米，耳朵高2米。除了前伸达15米的狮爪是用大石块镶砌外，整座像是在一块含有贝壳之类杂质的巨石上雕成的。原来的狮身人面像头戴皇冠，额套圣蛇浮雕，颏留长须，脖围项圈。经过几千年来风吹雨打和沙土掩埋，皇冠、项圈不见踪影了，圣蛇浮雕于1818年被英籍意大利人卡菲里亚在雕像下掘出，献给了英国大不列颠博物馆。胡子脱落四分五裂，埃及博物馆存有两块，大不列颠博物馆存有一块（现已归还埃及）。最叫人痛惜的是鼻子已缺损了一大块，它的鼻子怎么掉了呢？这是一个"谜"。一种至今广为流传的说法是，1798年拿破仑侵略埃及时，看到它庄严雄伟，仿佛向自己"示威"，一气之下，命令部下用炮弹轰掉了它的鼻子。可是，这说法并不可靠，早在拿破仑侵略埃及之前，就已经有关于它缺鼻子的记载了……狮身人面像历经4000多年风雨、沙暴天灾与战争人祸的肆虐，现已痼疾缠身，千疮百孔，颈部、胸部腐蚀的尤为厉害。1981年10月，石像左后腿塌方，形成一个2米宽、3米长的大窟窿。1988年2月，石像右肩上掉下两块巨石，其中一块重达2000千克。总之，狮身人面像的防护工作，已成为埃及与世界文物专家们急迫需要探讨的难题。

"卍"佛符

图19.6、图19.7是一幅15阶幻方（幻和"1695"），内含25个3阶子幻方，按"杨辉口诀"编码，其子幻和"15～636"，为一条公差"27"的等差数列，按"杨辉口诀"编码。它的组合结构描绘了佛教的正反一对"卍"字符，每一笔包含9个3阶子幻方。

"卍"字符，随着古印度佛教传入中国，梵文读"室利踞蹉洛刹那"。它被画在佛祖如来的胸口，乃32异相之一，佛教徒认为这是"瑞相"，

94	99	92	211	216	209	58	63	56	175	180	173	22	27	20
93	95	97	210	212	214	57	59	61	174	176	178	21	23	25
98	91	96	215	208	213	62	55	60	179	172	177	26	19	24
31	36	29	103	108	101	220	225	218	67	72	65	139	144	137
30	32	34	102	104	106	219	221	223	66	68	70	138	140	142
35	28	33	107	100	105	224	217	222	71	64	69	143	136	141
148	153	146	40	45	38	112	117	110	184	189	182	76	81	74
147	149	151	39	41	43	111	113	115	183	185	187	75	77	79
152	145	150	44	37	42	116	109	114	188	181	186	80	73	78
85	90	83	157	162	155	4	9	2	121	126	119	193	198	191
84	86	88	156	158	160	3	5	7	120	122	124	192	194	196
89	82	87	161	154	159	8	1	6	125	118	123	197	190	195
202	207	200	49	54	47	166	171	164	13	18	11	130	135	128
201	203	205	48	50	52	165	167	169	12	14	16	129	131	133
206	199	204	53	46	51	170	163	168	17	10	15	134	127	132

图 19.6

能涌出宝光，"其光晃昱，有千百色"，意思是"吉祥海云相"，也就是呈现在大海云天之间的吉祥象征。

中国佛教，对"卍"字符的翻译：北魏时期译成"万"字，宣扬佛法无疆，包罗万象；唐代玄奘将它译成"德"字，强调佛的功德无量；唐代武则天又把它定为"万"字，意思是集天下一切吉祥功德。

据资料，这个字符有两种画法，一种是右旋"卍"，一种是左旋"卐"，是上古时代许多部落（印度、波斯、希腊、埃及、特洛伊等国）的一种符咒，最初人们把它看成是太阳或火的象征，后来被印度佛教沿用。现存佛像身上有的是右旋"卍"，有的是左旋"卐"，究竟哪一个对

94	99	92	211	216	209	58	63	56	175	180	173	22	27	20
93	95	97	210	212	214	57	50	61	174	176	178	21	23	25
98	91	96	215	208	213	62	55	60	179	172	177	26	19	24
31	36	29	103	108	101	220	225	218	67	72	65	139	144	137
30	32	34	102	104	106	219	221	223	66	68	70	138	140	142
35	28	33	107	100	105	224	217	222	71	64	69	143	136	141
148	153	146	40	45	38	112	117	110	184	189	182	76	81	74
147	149	151	39	41	43	111	113	115	183	185	187	75	77	79
152	145	150	44	37	42	116	109	114	188	181	186	80	73	78
85	90	83	157	162	155	4	9	2	121	126	119	193	198	191
84	86	88	156	158	160	5	3	7	120	122	124	192	194	196
89	82	87	161	154	159	8	1	6	125	118	123	197	190	195
202	207	200	49	54	47	166	171	164	13	18	11	130	135	128
201	203	205	48	50	52	165	167	169	12	14	16	129	131	133
206	199	204	53	46	51	170	163	168	17	10	15	134	127	132

图 19.7

呢？众说纷纭，莫衷一是。《慧琳音义》《慧苑音义》《华严经》等认为是右旋"卍"。但《陀罗尼集经》中摩利支天像所拿的扇子上画的乃是左旋"卐"。日本奈良药师寺的药师佛像脚下也是左旋"卐"。

在近代，右旋或左旋，时有争论。但佛家大多认为：应以右旋为准，因为佛教以右旋为吉祥，左旋为邪恶。在举行各种佛教仪式活动时都以右旋行进。

左旋"卐"，竟被德国法西斯头子希特勒用来做了他的党旗标志。希特勒亲自设计的党旗为红底白圆心，中间嵌一个黑色"卐"字。其实，佛教的"卐"是正方平衡的，而纳粹党的"卐"则倾斜45°，两者有所不同。希特勒在《我的奋斗》一书中说："红色象征我们这个运动的社会意义，白色象征民族主义思想。'卐'象征争取雅利安人胜利斗争的使命。"当然，这与佛教毫无关联，与幻方的组合结构毫无关联。

雪花

图19.8这幅21阶幻方（幻和"4641"）中心有一幅3阶子幻方（子幻和"663"），在它的四角连接着8幅"平行四边形"排式的4阶完全幻方（泛幻和"884"），由此构成了一朵美丽的"雪花"造型。这幅21阶"雪花"幻方的结构特点：①中行、中列及两条主对角线的数字（中心3阶子单元做了重组）分别具有等差关系，即保持着21阶自然方阵式样（中列为倒排）；②"雪花"的造型是一幅3阶子幻方和8幅全等的4阶完全幻方，它们的"平行四边形"排法新颖别致，丰富了幻

方数雕艺术的创作。

```
 1  382 376 232 358  10 149 336 293   8  431  22  40  26 148 425 334 335 366 348  21
339  23  28 392 379  35  50 357 169 367 410 380 150  34 292 386   5  48 387  41 369
 13 107  45 423 396 384 114 108 123 409 389  12 192 360 322 109 400 235  61 414  25
333  44  79  67  87 412 349 306 188 388 368 391 171 140  99 374  80  81  27 408 249
359 426 422  94  89 390 350 115  92 236 347 413 262 323 180  84 101 147  69  59  83
 20  65 399  68 395 111  71  70 371 372 326 160 159 282 263 121  60 438  18 424 428
319 320 153 311 290 130 133 393 328  49 305 303 120 139 141 164 277 163 280 251  72
272 273 208 288 132 151  37 155  93 136 284 302 343 161  29 145 299 142 420 104 122
440 316 317  43 152 312 289 191 187 327 263 279 162 278 165 103 102 167 318
 51  52 337 338 418 291 129 154 310 200 243 220 143 300 144 297 124 125 417 100 248
211 212 213 214 215 216 217 218 219 241 221 201 223 224 225 226 227 228 229 230 231
 17 432  16 433  55 204 237 203 240 222 199 242 197 267 246 174 255 256 254 434  58
403 402   9 110 238 185 259 182 261 118 179 156 265 244 176 195 269 275 274 168 253
252 128 127 239 202 238 205 281 304 345 158 307 264 196 268 245 175 207 206   7
 63 276 183 260 184 257 301  98 117 344 137 308 157 134 309 247 173 198 266 315 314
354  64 406  19  73 321 364 365  78  77 116 113 112 329 330 331 437 187 186 189 190
 46  85 427  36 341 378  57 324 385  76  95 435 351 286  91  88 353 430 146 105 106
  2 377 405 361 380  15 138  97  96  56  74  33 415 135 178 416 210 375 439  14 407
362  47 381 332  62   3 325 172 342 294  53  38 394 250 251  42  39 340 397  54 429
363 401  24  29  31 404 295 193 373  30  32  75 436 271 166 234 233 356   6 419 270
421 209  86 352 126 194 296 383  82 346  11 411  66 170 370  37 355   4  90 191 441
```

图 19.8

沁园春·雪

毛泽东　1936 年

北国风光，千里冰封，万里雪飘。

望长城内外，惟余莽莽；大河上下，顿失滔滔。

山舞银蛇，原驰蜡象，欲与天公试比高。

须晴日，看红装素裹，分外妖娆。

江山如此多娇，引无数英雄竞折腰。

惜秦皇汉武，略输文采；唐宗宋祖，稍逊风骚。

一代天骄，成吉思汗，只识弯弓射大雕。

俱往矣，数风流人物，还看今朝。

囍

"喜"字双写是一个合体汉字"囍",又是一个图符。中国民间家喻户晓，人尽皆知，识之为"喜""双喜"或"大喜"之意。"囍"字形符号，乃我国民俗文化的一大独特创造。我制作了一幅15阶完全幻方，泛幻和"1695"（图19.9），它由25个等和3阶子单元合成。以此为背景画了这个大红"囍"字，金碧辉煌，寄托着一份浓浓的民族风情。

30	38	1	75	53	181	165	218	166	210	128	136	120	98	76
134	141	109	104	81	19	44	6	64	59	186	154	224	171	199
193	159	212	178	204	122	148	114	92	88	24	32	13	69	47
27	37	5	72	52	185	162	217	170	207	127	140	117	97	80
131	145	108	101	85	18	41	10	63	56	190	153	221	175	198
188	151	225	173	196	135	143	106	105	83	16	45	8	61	60
21	34	14	66	49	194	156	214	179	201	124	149	111	94	89
129	137	118	99	77	28	39	2	73	54	182	163	219	167	208
187	155	222	172	200	132	142	110	102	82	20	42	7	65	57
25	33	11	70	48	191	160	213	176	205	123	146	115	93	86
121	150	113	91	90	23	31	15	68	46	195	158	211	180	203
184	164	216	169	209	126	139	119	96	79	29	36	4	74	51
17	43	9	62	58	189	152	223	174	197	133	144	107	103	84
125	147	112	95	87	22	35	12	67	50	192	157	215	177	202
183	161	220	168	206	130	138	116	100	78	26	40	3	71	55

图 19.9

据传，"囍"字为宋代大文豪王安石所创。说起来人们还有一段佳话：王安石进京赶考，见一户大族人家的小姐出联招婿，门前张灯结彩，灯上悬挂一副上联"天连碧树春滋雨，雨滋春树碧连天"。但始终无人对得上来。王安石见此颇觉有趣，但因为应考在即，当时没有理会，却将对联熟记于心。考试时，王安石顺利闯过诗、赋、策论三关。不料主考官还要试一下他的才智应对，面试时考官出一上联"地满红香花连风，风连花香红满地"，要王安石对下联，王安石灵机一动，随口将小姐的上联说出作为下联。科考结束后，王安石急赴那户人家。恰好还无人对出下联，王安石即用考官的联语应对。主人见王安石才思敏捷，一表人才，因得到如此乘龙快婿而高兴不已。洞房花烛之时，又得知金榜题名，双喜临门，王安石情不自禁，铺纸濡墨，挥毫连写两个大喜字，以表达喜上加喜的心境。

这个"囍"字形符号，造型非常美和大气，喜上加喜，其象征意义更鲜明突出，为广大老百姓所接受，从此"囍"就成为喜庆，尤其是婚庆的吉庆字符。逢年过节，家里大红"囍"字一贴，喜气洋洋。尤其年轻人结婚，俗称办喜事，更是满屋子大红"喜"字，贴得非常考究，顿时蓬荜生辉、热热闹闹、红红火火，象征一对新人喜结良缘，日子幸福美满，这在中国已是沿袭了几百年的一种风俗。

福

图 19.10 这是一幅 15 阶完全幻方（幻和"1695"），它由 9 个等和 5 阶子单元合成，以此为背景画了一个"福"字。汉字是象形文字，造字考究形、音、义。"福"是中国老百姓一辈子的追求。"福"字的左边旁"礻"，表示祷告、祈求；右边旁与"富"字相连，上面"一"表示"天"，祈求风调雨顺；"一"

25	197	15	82	156	70	92	45	172	141	55	122	225	112	186
104	34	176	143	48	134	214	116	188	18	209	4	86	158	63
219	118	181	27	200	9	88	151	72	95	39	178	136	57	125
90	157	66	100	32	180	142	51	130	212	120	187	21	205	2
146	53	123	224	109	191	23	198	14	79	161	68	93	44	169
16	207	5	84	163	61	102	35	174	148	46	132	215	114	193
96	40	167	150	52	126	220	107	195	22	201	10	77	165	67
213	119	184	26	203	3	89	154	71	98	33	179	139	56	128
80	159	73	91	42	170	144	58	121	222	110	189	28	196	12
137	60	127	216	115	182	30	202	6	85	152	75	97	36	175
19	206	8	78	164	64	101	38	168	149	49	131	218	108	194
103	31	177	140	54	133	211	117	185	24	208	1	87	155	69
217	111	190	17	210	7	81	160	62	105	37	171	145	47	135
83	153	74	94	41	173	138	59	124	221	113	183	29	199	11
147	50	129	223	106	192	20	204	3	76	162	65	99	43	166

图 19.10

之下"口"与"田"则表示祈求天赐人丁兴旺，田产丰收。因此在亲朋好友的"祝福"是一种最高的礼俗。

每逢过年，老百姓大门上都要倒着贴一个"福"字，表示"福到"。什么是"福"？指幸福，福气。"福"字包涵丰富的内容，如平平安安、健健康康、和和睦睦、年年有余、多子多孙……

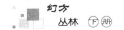

《乾》六龙

　　我孙子贝贝龙年出生（2000 年 10 月 23 日），大喜临门，特为孙儿精心创作了代表《乾》道六龙的 6 幅 10 阶幻方（图 19.11），以寄托祖辈的深情厚爱与殷切希望！

初九·潜龍勿用

```
23 43 66 93 33 41 45 53 78 30
83 34 75 97 37 73  9 49 22 26
 7 94 10  4 64 60 56 52 71 87
99 14    68 96 92 48 31  2
38 35 95 12 72 100 88 44 15  6
62  3 27 16 76 80 84 20 19 98
86 67 74 20 24 28 32 36 79 59
18 82 11 81 77  5 69 64 42 55
50 63 46 85 25 21 13 61 90 51
39 70 54 89 29  1 17 57 58 91
```

九二·見龍在田

```
100 65 46 90 58 66  2 60 13  5
 56  9 50 54 94 62  6 81 76 17
  4 20 51 47 43 39 99 73 97 32
 93 64 55 11  7 35 95 45 52 43
 61 72 59 15  3 31 91 92 37 44
 80  7 63 19 23 27 87 16 24 89
 21 40 67 71 75 79 83 12 49 64
 33 88 34 86 98 22 10 41 25 68
 29 69 38 30 70 14 36 84 57
 28  1 42 82 26 74 18 53 85 96
```

九三·終日乾乾

```
100 40 44 48 52 30 66  7 57 61
 96 36  8 12 56 90 47 50 99 11
 92 32  4 16 60 58 35 75 39 94
 88 28 24 20 64 22 83 54 29 93
 84 80 76 72 68 14 51 36    18
 23 21 74 49 36 33 41 34 73 71
  2 78 91 42 17 77 81 59 43 15
  5 82 26 70 53 45 27 97 36 62
  6 10 95 87 46 67 19 31 65 79
  9 98 68 89  3 69 51 85 37  1
```

九四·或躍在淵

```
100 14 20 75 94 87  4 18 84  9
 99  1 72 21  3 19 16 97 92 85
 15 12 69 68 67 66 65 64  6 73
 29 77 58 59 60 61 62 63 26 10
  8 16 37 38 39 40 41 42 13 78
 95 81 46 47 48 49 50 51 27 11
 30 93 45 44 43 42 41 40 31 96
 89 25 34 35 36 37 38 39 74 98
 33 91 80 83 28  2 90  5 70 23
  7 32 24 17 71 88 86 76 82 22
```

九五·飛龍在天

```
81  3 15 31 45 56 57 68 69 80
42 41 23 24 46 55 58 67 70 79
25 26 39 40 47 54 59 66 71 78
37 28 38 27 48 53 60 65 72 77
30 29 36 35    52 51 64 73 76
21 22 43 44 50 49 62 63 74 75
85 88 98 11 90  6 92  4 13 13
83  7 96 19  9 93 17  1
87 82 94 97  9  8  4  5 12  2
14 95 99 100 32 86 16 10 34 19
```

上九·亢龍有悔

```
85 91 33  5 71 18 17  2 88 95
83  4 97 19 14 82 28 75 76 27
 6 12 64 65 66 67 68 69 15 73
10 77 58 59 60 61 62 63 29 26
 8 79 52 53 54 55 56 57 13 78
99 81 46 47 48 49 50 51 23 11
30 96 40 41 42 43 44 45 31 93
89 25 34 35 36 37 38 39 74 98
86 16 80 87 22  3 70 24 100 21
 9 24  1 94 92 90 72 84 32  7
```

图 19.11

中国人自喻为龙的传人，几千年来创造了光辉灿烂的文化。《乾》："元亨利贞"，君子法《乾》而行四德。《乾》道变化，各正性命，保合太和。所谓《乾》道者即初九，潜龙勿用；九二，见龙在田；九三，终日乾乾；九四，或跃在渊；九五，飞龙在天；上九，亢龙有悔。王者时乘《乾》道六龙以御天。

《乾》道六龙以 10 阶幻方为背景，盖取《周易》"十数为体"之义，象征龙的神通广大及其至尊地位。10 阶幻方由 1 ~ 100 自然数列编制而成（幻和"505"），6 条龙的数字造型简练、雄浑、方正与大气，表现龙"在天悬象、在地成形"变化无穷之神韵。

根据《乾》道变化，6 条龙的数字造型分为两类基本样式：一类为盘旋式龙体，包括初九潜龙、九二见龙与九三乾乾。这前 3 条龙之间的区别在于龙体位置与龙首朝向不同。"潜龙"孕育，居中伏首，内向环绕；"见龙"现身，居中昂首，外向盘旋；"乾乾"内修，与时俱进，首位当之。另一类为曲线式龙体，包括九四或跃、九五飞龙与上九亢龙。后 3 条龙之间的区别在于龙体姿态差异，"或跃"自强，正位仰天；"飞龙"横空，高瞻远瞩，这两者都以富于动态表现力的"S"曲线为其造型；"亢龙"穷高，反思问过，因而采用比较收敛的"Z"曲线为其造型。《乾》6 条龙反映龙的成长与发展过程，它们的数字造型以大写意手法，并通过龙体位置、姿态与龙首方向变化，表现龙各阶段的不同特征、作为与地位。

在 10 阶幻方中如何勾画《乾》六龙呢？

首先要确定图形大小，即在 10 阶幻方中龙图占多大一个子单元。比较合理的选择是前 3 条龙各为一个 5 阶子单元（25 个数），后 3 条龙各为一个 6 阶子单元（36 个数），表示 6 条龙的成长过程分起飞前与起飞后两大基本阶段。

其次为各子单元在 1 ~ 100 自然数列内，选取既为龙的造型所需要、又符合幻方组合机制的数字。前 3 条龙适用数是公差为"4"的等差数列。具体分两种情况："初九"与"九三"两龙用数相同都是"4，8，12，16，20，24，28，32，36，40，44，48，52，56，60，64，68，72，76，80，84，88，92，96，100"25 个偶数，该 5 阶子单元和值"1304"；"九二"用数是"3，7，11，15，19，23，27，31，35，39，43，47，51，55，59，63，67，71，75，79，83，87，91，95，99"25 个奇数，本 5 阶子单元和值"1275"。后 3 条龙适用数：公差为"1"的等差数列。具体也分两种情况："九四"与"上九"两龙用数相同都是"34，35，36，37，38，39，40，41，42，43，44，45，46，47，48，49，50，51，52，53，54，55，56，57，58，59，60，61，62，63，64，65，66，67，68，69"36 个数，该 6 阶子单元和值"1854"；"九五"用数"45，46，47，48，49，50，51，52，53，54，55，56，57，58，59，60，61，62，63，64，65，66，67，68，69，70，71，72，73，74，75，76，77，78，79，80"36 个数，该 6 阶子单元和值"2250"。以上各子单元用数既便于按数序塑造龙的形象，同时各子单元和值也正落在 10 阶幻方该

面积各数之和值所许可的范围内。

最后设计各子单元龙的数字造型式样及其位置。上文所述 5 阶子单元造型：一式"潜龙"为逆时针（数字由小至大，下同）从外向内盘旋，龙体居中，龙头（数"100"）伏内；另一式"见龙"为逆时针从内向外盘旋，龙体居中，龙头（数"99"）在外；再一式"乾乾"为顺时针从内向外盘旋，龙体居左上，龙头（数"100"）外伸。6 阶子单元造型：一式"或跃"为正"S"型自下而上排列，龙体居中，龙头（数"69"）上仰；另一式"飞龙"为横"S"型自左而右排列，龙体居右上，龙头（数"80"）外伸；再一式"亢龙"为"Z"型自下而上排列，龙体居中，龙头（数"69"）上仰。以上 6 条数字龙作为 10 阶幻方内部一个相对独立的有机构件，其组合性质如下："潜龙""见龙""乾乾"都属于 5 阶反幻方，即 5 行、5 列及 2 条主对角线互不等和（也不等差）；"或跃"与"飞龙"都属于 6 阶反自然方阵，其 6 行、6 列及左、右各 6 条对角线之和分别等差；"亢龙"则为 6 阶自然方阵，即 6 行、6 列之和分别等差，且全部泛对角线等和。总之按一定规则有序排列的 6 条数字龙，都是 10 阶幻方内部的一个逻辑片段，两者融为一体，这是一项高难度的幻方组合技术。

香港回归

香港回归，殖民统治结束了。邓小平高瞻远瞩，设计了"一国两制"政治解决方略，从英国殖民主义者手中夺回了香港，捍卫了国家主权与领土完整。我收看了香港回归交接仪式：当"米"字旗落地，五星红旗升起时，我凝望着高扬的国旗……我呼喊："强大！统一！尊严！祖国万岁！"

1997 年 7 月 1 日这是一个值得纪念的好日子，我制作了这幅 5 阶两仪型幻方（图 19.12），在它的四边中位巧妙地标示了香港回归的这个令人扬眉吐气日期。组合特点如下。

① 12 个偶数（和值"156"）分布四角，13 个奇数（和值"169"）团聚中央。

② 5 阶幻方内接一正一斜两个全等和、共生态 3 阶子幻方（由 13 个奇数构成），5 阶幻和"65"，3 阶子幻和"39"。

这幅 5 阶幻方组合结构精密，幻和总容量达到 1 ~ 25 自然数列之和的 4.32 倍，即高于完全幻方，堪称非完全幻方领域中的珍品。同时，这类 5

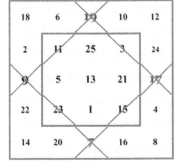

图 19.12

阶两仪型双子星幻方，在全体 275305224 幅 5 阶幻方群中屈指可数。无巧不成书，更惊奇之处在于：其四边中位所读出的"1997.1/7"数组。

【小资料】

香港自古是中国的领土。秦统一中国后，在中国南方建立了南海、桂林、象郡三个郡，香港隶属南海郡番禺县。汉朝香港隶属南海郡博罗县。东晋咸和六年（公元 331 年）香港隶属东莞郡宝安县。隋朝香港隶属广州府南海郡宝安县。唐朝至德二年（公元 757 年）改宝安县为东莞县，香港隶属东莞县。宋元时期大量移民香港，促进了香港经济、文化的繁荣发展。明朝万历元年（1573 年）香港隶属新安县。

香港是世界三大天然深水海港之一，英国人早已垂涎，蓄谋发动鸦片战争强夺香港，以发展其远东海上贸易事业。香港逐步沦为英国殖民地的重大历史事件年表：1841 年 1 月 26 日，第一次鸦片战争爆发，英国强占香港，清政府曾试图以武力收复失败；1842 年 8 月 29 日，英国逼迫清政府签订不平等的《南京条约》割让香港岛。1856 年，英法联军发动第二次鸦片战争，迫使清政府于 1860 年签订不平等的《北京条约》割让九龙半岛。1894 年，中日甲午战争之后，英国强逼清政府于 1898 年签订不平等的《展拓香港界址专条》强租新界，租期 99 年，至 1997 年 6 月 30 日结束。

此外，1941 年 12 月 25 日，第二次世界大战期间，日军进犯香港，驻港英军无力抵抗，当时的香港总督杨慕琦无奈宣布投降，香港被日本占领，至 1945 年 9 月 15 日，日本战败后在香港签署降书，撤离香港。

地理概况：香港地处珠江口以东、华南沿岸，北接深圳，南邻珠海万山群岛。香港与西边的澳门隔江相对 61 公里，北距广州 130 公里，由香港岛（81 平方千米）、九龙半岛（47 平方千米）、新界内陆地区及 262 个大小岛屿（976 平方千米）组成，总面积约 1104 平方千米，约为上海市面积的 1/6。香港土地与水域的管辖总面积 2755 平方千米，已开发土地面积少于 25%，郊野公园及自然保护区面积多达 40%。

澳门回归

"澳门百子回归碑"坐落于珠海板樟山森林公园——澳门回归纪念公园板樟山顶峰。从板樟山脚下登 1999 级台阶，沿路有 1999 棵苍松相迎，直上开阔的山顶平台，站在"澳门百子回归碑"前，腑察澳门尽收眼底，令人感慨万千……澳门，你终于回家了。

在我国源远流长的碑史上，其碑式有"文字碑""书法碑""符号碑""图案碑""佛像碑"等，还有为武则天设立的"无字碑"。而今，这座"澳门百子回归碑"乃是第一座"数字碑"，为我国碑文化增添了新的篇章。

"澳门百子回归碑"系一幅 10 阶幻方由 1 ～ 100 自然数列按《周易》九宫组合原理编制，中央数字"19""99""12""20"，标示澳门回归日期。

如图 19.13 所示，"澳门百子回归碑"又是一部百年澳门简史，可查阅近 400 年来澳门沧桑巨变的重大历史事件、有关史地及人文数字化资料等。例如，中间两列上部（系 19 世纪）："1887"年《中葡条约》正式签署，从此成为葡萄牙人上百年（距今 100 多年）"永久管理澳门"的法律依据。再如，中间两列下部（系 20 世纪）："49"（1949 年）乃中华人民共和国成立，从此中国人民站起来了；"97"（1997 年）香港回归祖国；"79"（1979 年）中葡两国正式建立外交关系，澳门主权归属是建交谈判中的主要问题；"88"（1988 年）中葡两国互换关

82	25	29	89	100	13	52	70	10	35
84	75	41	17	18	87	40	48	57	38
81	93	53	24	86	26	85	39	03	15
33	76	09	54	16	14	61	59	92	61
45	64	01	78	**19**	**99**	22	60	43	74
67	63	96	47	**12**	**20**	27	42	73	58
05	66	55	11	97	49	98	62	30	32
08	34	90	83	46	56	54	04	95	21
06	07	80	37	88	79	28	77	31	72
94	02	51	65	23	50	36	44	71	69

图 19.13

于澳门问题的《联合声明》批准书，从此澳门踏上了回归祖国的阳光大道。

据最新资料报道：澳门陆地面积为"23.50"平方千米。澳门是一座美丽的海岛港口型城市，"博彩娱乐"世界闻名，同时旅游业、房地产业、金融保险业、出口加工业发达，澳门是世界上经济发展最快的地区之一。澳门回归祖国后，彻底荡涤殖民化因素，实现澳人治澳，伟大的祖国人民坚信：澳门明天将会更加繁荣昌盛！

统一大业，举国欢庆。

这座"澳门回归纪念碑"于 1999 年暑假设计，当时我在《宁波晚报》上读到一则消息：珠海向全国征集澳门回归纪念公园景观方案，开始没有在意于应征，后来发现"1999，12，20"澳门回归日期可以拆成"19""99""12""20"4 个数字，作为幻方爱好者自然会联想到：在一幅 10 阶幻方上若把这 4 个数字安排于特定位置就能标示澳门回归这一重大日期，同时有关澳门的一些重要史、地资料（数字）也可安排在适当的位置，那么这幅 10 阶幻方就有异乎寻常的纪念意义了。于是我产生了设计一座纪念澳门回归的数字碑的构想，经联系珠海市绿化委员会负责人表示支持与赞同，开始制作这幅 10 阶幻方碑文及其碑体草稿等。由于设计方案具有独特性和新的创意，送审结果被采用了，并根据澳门回归纪念公园总体规划立于板樟山山顶平台。

新世纪时钟

　　"20世纪的最后一天即将过去，全人类欢欣鼓舞，迎接即将到来的21新世纪。在世纪之交，我创作了一幅'21世纪钟'幻方（图19.14），以这样独特的方式庆祝这个不平常的日子。"此刻，特别令人回顾过去，展望未来。

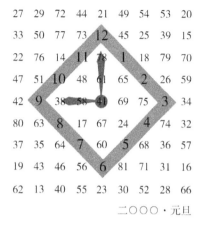

二〇〇〇·元旦

图19.14

　　20世纪是中国人沉沦、屈辱、挣扎、觉醒、抗争、拼死、革命与创造新生活的历史，是中国人摆脱饥饿、贫穷与苦难，告别迷信、愚昧与落后，终结帝国主义列强侵略与奴役，而自立于世界民族之林的历史。1949年10月1日，中华人民共和国成立，标志着世界大格局翻天覆地的变化。半个世纪来，"政治"的中国开始探索"经济"的中国之路。解放思想、改革开放、"富民强国"之梦、"中华复兴"之梦将是中国未来一百年的主题。

鸟巢

　　"鸟巢"——2008奥运会主体育场，中国国家体育场。这件伟大的建筑作品被誉为"第四代体育馆"，由著名的瑞士赫尔佐格、德梅隆设计公司与中国建筑设计研究院的联合体设计。据报道：许多见过"鸟巢"模型的人惊叹，那是由树枝般的钢网编织成的可容纳10万人的一个温馨体育场。整个建筑体通过巨型网状结构联系，内部没有一根立柱，环形看台是一个完整的没有任何遮挡的碗状造型。"鸟巢"是历史悠久的中华民族献给奥运体育事业的一份大礼，北京迎来了世界各国体育健儿们，在这里拼搏夺冠。

　　我特为建造中的中国国家体育场设计了一个标志性的"9阶两仪型鸟巢幻方"，

以表衷心祝贺。"9"是一个极阳之数，幻和"369"是一个大和之数，寓意雄健、刚强、吉祥、幸运。这幅9阶两仪型幻方，综合运用多种构图方法打造，组合结构纵横交错，数理关系精细、严密，犹如"鸟巢"造型。

图19.15这幅9阶两仪型幻方的结构特征如下。

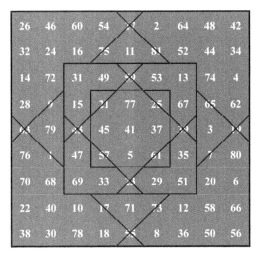

图19.15

① 41个奇数团聚中央，40个偶数分布四角，阴阳两仪组合。

② 9阶幻方内部一正一斜相间套着两个5阶、两个3阶子幻方。

③ 9阶幻方的幻和等于"369"，两个5阶子幻方的幻和都等于"205"，两个3阶子幻方的幻和都等于"123"。

④ 两个相交5阶子幻方、两个相交3阶子幻方都只是由41个奇数构成的，因此41个数作68个数用，其用数最少，而幻和容量达到了极大值。"9阶两仪型鸟巢幻方"结构精美，堪称一幅稀世珍品。

奥运会是全世界人民的盛大节日与庆典，高扬奥林匹克会旗（五环旗），穿过历史与地理丛林，跨越时代与政治，不分肤色与语言，呼喊"同一个世界，同一个梦想"最强音。奥运体育文化是人类创造的最高文明与精神财富，崇尚超越自我、挑战极限的奋发拼搏精神，激扬个性潜能、毅力与团队荣誉意识，人人在同一条起跑线上，在公开、公平、公正法则下竞赛，相互促进，冲刺更高目标。

北京奥运

为了纪念北京 2008 奥运会申办成功，我做了一幅 16 阶完全幻方，幻和 "2056"（图 19.16），上画 "2008 奥运" 标记。

```
113 143 128 130 115 141 126 132 117 139 124 134 119 137 122 136
160  98 145 111 158 110 147 109 156 102 149 107 154 104 151 105
129 127 144 114 131 125 142 116 133 123 140 118 135 121 138 120
112 146  97 159 110 148  99 157 108 150 101 155 106 152 103 153
 81 175  96 162  83 173  94 164  85 171  92 166  87 169  90 168
192  66  79 190  77 188   181  75 186  72 183  73
161  95 176  82 163  84 165   172  86 167  89 170  88
 80 178  65 191 180  67 182  69 187  74 184  71 185
 49 207  64 194  51 205  62 196  53 203  60 198  55 201  57 200
224  34 209  47  36 211  45 220  38 213  43 218  40 215  41
193  63 208  50 195  61 206  52 197  59 204  54 199  57 202  56
 48 210  33 223  46 212  35 221  44 214  37 219  42 216  39 217
 17 239  32 226  237  228  235  230  23 233  26 232
256   2 241  15   4 243  13 252   6 245  11 250   8 247   9
225  31 240  18 227  29 238  20  27 236  22 231  25 234  24
 16 242   1 255  14 244   3 253  246  251  10 248   7 249
```

图 19.16

① 第 29 届奥运会 "2008" 年号，由 4 组等和数字构成，即 "115，141，158，100" "126，132，147，109" "117，139，156，102" "124，134，149，107"，每组 4 个数之和都等于 "514"。

② 奥林匹克会旗 "五环" 标志，各环由等和的 8 个数构成（相邻两环都有 2 个数共用），即 "68，83，162，177，176，191，78，93" "93，78，51，36，211，196，189，174" "174，189，179，164，85，70，91，76" "76，91，53，38，213，198，187，172" "172，187，74，89，72，87，166，181"，每环 8 个数之和都等于 "1028"。

③ 中国的英文缩写 "CN" 字样，其纵、横、斜各笔画由等和的 4 个数构成，即 "228，30，237，19" "19，254，227，14" "14，244，3，253" "12，229，252，21" "21，6，236，251" "251，22，11，230"，每笔 4 个数之和全等于 "514"。

733

奇方异幻

第 20 篇

　　奇方异幻，不是以"批量"方式制作出来的，也不可能从全部幻方解中犹如大海捞针般的检索出来的，而是由丰富的想象力、别出心裁的构思，并借助于"一对一"手工方式精雕细刻出来的。西方人擅长或说偏好于标新立异、与众不同的幻方创作，因此非常重视幻方个性化设计，时有见到他们能拿出令人拍案叫绝的幻方精品。

　　在幻方游戏中，应重视幻方设计，创作奇方异幻佳品。即便你能制作、检索千千万万幻方，又能怎么样呢？面对这变幻莫测、浩如烟海的幻方丛林，这只不过是一个天文数字而已，或许你根本不了解这些幻方的丰富内涵，更谈不上欣赏这些幻方之美了。幻方设计的目标就在于：追求幻方组合结构的多变性、多样化与个性化；追求内在数理关系或数字造型的新奇、精妙、独特或怪异。自然质朴是一种美，奇形怪状是另一番美。总之，幻方作品不必多，但求精；幻方阶次不在高，有"仙"则灵；幻方不必通解，但求奇方异幻。

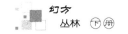
自然唯美

美莫过于自然，它透露着初始本色，生机昂扬。在幻方设计中，追求自然的有序与和谐，讲究创作意境与情趣。一幅更多地包容自然组合关系及其品相的幻方，让人心旷神怡，领略天造地设之深远。

一、"正自然方阵"拓本幻方

图 20.1 左是一个 9 阶正自然方阵，即"1 ～ 81"自然数列按同向规则依次排列，全中心对称结构，数理与品相俱佳，其组合性质如下：① 9 行之和等差，公差"81"；② 9 列之

1	2	3	4	5	6	7	8	9
10	11	12	13	14	15	16	17	18
19	20	21	22	23	24	25	26	27
28	29	30	31	32	33	34	35	36
37	38	39	40	41	42	43	44	45
46	47	48	49	50	51	52	53	54
55	56	57	58	59	60	61	62	63
64	65	66	67	68	69	70	71	72
73	74	75	76	77	78	79	80	81

1	63	18	15	68	67	66	62	9
76	11	74	77	78	12	14	17	10
47	80	21	22	23	24	25	55	72
54	56	30	31	32	33	34	46	53
37	45	39	40	41	42	43	44	38
35	36	48	49	50	51	52	19	29
26	7	57	58	59	60	61	28	13
20	65	3	69	2	5	70	71	64
73	6	79	8	16	75	4	27	81

图 20.1

和等差，公差"9"；③ 18 条泛对角线之和全等于"369"。这一组合性质的特点：等差与等和两种数学关系互为表里，共存于一体。若表里交换，即得一幅 9 阶等和幻方。总之，正自然方阵，乃等和幻方之源。

我一直在考虑，要创作出一幅"自然方阵"拓片式幻方，几经劳作终于如愿以偿。如图 20.1 右所示 9 阶幻方（幻和"369"）：从中央 5 阶子单元与两条对角线可清楚地看出，它原本是一个 9 阶正自然方阵。正因为这个 5 阶子单元，它大面积、完整地保存了 9 阶正自然方阵的数理、逻辑关系，并作为一个片段融合于幻方之中，从而提升了这幅 9 阶幻方的品相。

二、"反自然方阵"拓本幻方

图 20.2 左是一幅 9 阶反自然方阵，即"1 ～ 81"自然数列按相向规则依次排列，全中心对称结构，其组合性质如下：① 9 行之和等差，公差"81"；② 9 列之和等差，公差"1"；

1	2	3	4	5	6	7	8	9
18	17	16	15	14	13	12	11	10
19	20	21	22	23	24	25	26	27
36	35	34	33	32	31	30	29	28
37	38	39	40	41	42	43	44	45
54	53	52	51	50	49	48	47	46
55	56	57	58	59	60	61	62	63
72	71	70	69	68	67	66	65	64
73	74	75	76	77	78	79	80	81

1	62	18	15	68	67	66	63	9
20	17	70	77	78	12	74	11	10
47	55	21	22	23	24	25	80	72
54	46	34	33	32	31	30	56	53
37	44	39	40	41	42	43	45	38
35	36	52	51	50	49	48	36	29
26	28	57	58	59	60	61	7	13
76	71	3	69	2	5	14	65	64
73	27	75	4	16	79	8	6	81

图 20.2

③18 条泛对角线之和等差，公差"2"。反自然方阵为的等差组合关系，若表里交换，即得一幅 9 阶等差幻方。总之，反自然方阵，乃等差幻方之源。

同样，以 9 阶反自然方阵为蓝本，可再创作另一幅能原封不动地保留一块反自然方阵片段的幻方。如图 20.2 右所示 9 阶幻方（幻和"369"）：从中央 5 阶子单元与两条对角线可看出：它原本是一个 9 阶反自然方阵，稍加变动就变成了幻方。

四象传奇

在偶数阶幻方"田"字型结构中，四象子单元的组合空间非常大，各象通过配置方案的变化及相对独立构图，可以设计出精美的四象合成幻方。本文几幅 12 阶幻方将展示四象子单元多样化的组装技术。

一、奇偶"四象分立"互补组装

图 20.3 给出了两幅 12 阶幻方（幻和"870"），它们的结构特点如下。

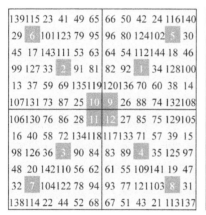

图 20.3

①两组对角象限一奇一偶，奇数两象等和于"2595"，偶数两象等和于"2625"，两者互为消长（互补）组合。

②最小的 6 个奇数"1，3，5，7，9，11"有序地嵌入偶数两象对角线，而最小的 6 个偶数"2，4，6，8，10，12"又有序地嵌入奇数两象对角线，这 12 个数犹如 12 颗铆钉把对角奇偶分立的四象接合得天衣无缝。

③左、右两半象限，奇、偶对称 2 个数之间的公差一律为"1"，严整划一，巧夺天工。

④四象限对称行、列上每 4 个数，所组成的左、右两对数组一定等和。

⑤每一象限内行、列相间等和，每相邻两象行、列之和互补，因此四象犹如齿形交错“咬合”。总之，这两幅 12 阶幻方集中表现了互补四象的特种组装技术。

图 20.4 给出了两幅 12 阶幻方，它们之间的关系如下。

11	27	85	75	129	105	106	130	76	86	28	12
117	134	71	57	39	15	16	40	58	72	133	118
83	89	3	35	125	97	98	126	36	4	90	84
61	55	109	142	19	47	48	20	141	110	56	62
93	77	121	103	7	31	32	8	104	122	78	94
67	51	43	21	113	138	137	114	22	44	52	68
66	50	42	24	116	139	140	115	23	41	49	65
96	80	124	102	6	30	29	5	101	123	79	95
64	54	112	143	18	46	45	17	144	111	53	63
82	92	2	34	128	100	99	127	33	1	91	81
120	135	70	60	38	14	13	37	59	69	136	119
10	26	88	74	132	108	107	131	73	87	25	9

140	115	23	41	49	65	66	50	42	24	116	139
29	5	101	123	79	95	96	80	124	102	6	30
45	17	144	111	53	63	64	54	112	143	18	46
99	127	33	1	91	81	82	92	2	34	128	100
13	37	59	69	136	119	120	135	70	60	38	14
107	131	73	87	25	9	10	26	88	74	132	108
106	130	76	86	28	12	11	27	85	75	129	105
16	40	58	72	133	118	117	134	71	57	39	15
98	126	36	4	90	84	83	89	3	35	125	97
48	20	141	110	56	62	61	55	109	142	19	47
32	8	104	122	78	94	93	77	121	103	7	31
137	114	22	44	52	68	67	51	43	21	113	138

图 20.4

①两组对角象限为对角易位关系。如果将两条对角线上 6 奇、6 偶“12 颗铆钉”交换位置，这两幅 12 阶幻方立即解体（幻方不成立），但四象却又变成了 4 幅独立的 6 阶幻方。

②这两幅 12 阶幻方（幻和“870”）是图 20.3 中两幅的姊妹篇，组合机制及结构相同，区别仅在于：更换了对角线上的“12 颗铆钉”，即将最大 6 个奇数有序地嵌入偶数两象，以最大 6 个偶数又有序地嵌入奇数两象，因此主要展现“12 颗铆钉”的组装技巧。

图 20.5 给出了两幅 12 阶幻方，再一次演示了奇偶分立、互补四象使用“12 铆钉”的组装技巧：图 20.5 左采用中心开花式链接；图 20.5 右采用四角锁定式链接。因此本图显得更加简洁。

139	115	23	41	49	65	66	50	42	24	116	140
29	5	101	123	79	95	96	80	124	102	6	30
45	17	143	111	53	63	64	54	112	144	18	46
99	127	33	2	91	81	82	92	1	34	128	100
13	37	59	69	136	119	120	135	70	60	38	14
107	131	73	87	25	10	9	26	88	74	132	108
106	130	76	86	28	11	12	27	85	75	129	105
16	40	58	72	133	118	117	134	71	57	39	15
98	126	36	3	90	84	83	89	4	35	125	97
48	20	142	110	56	62	61	55	109	141	19	47
32	8	104	122	78	94	93	77	121	103	7	31
138	114	22	44	52	68	67	51	43	21	113	137

140	115	23	41	49	65	66	50	42	24	116	139
29	6	101	123	79	95	96	80	124	102	5	30
45	17	144	111	53	63	64	54	112	143	18	46
99	127	33	1	91	81	82	92	2	34	128	100
13	37	59	69	135	119	120	136	70	60	38	14
107	131	73	87	25	9	10	26	88	74	132	108
106	130	76	86	28	12	11	27	85	75	129	105
16	40	58	72	134	118	117	133	71	57	39	15
98	126	36	4	90	84	83	89	3	35	125	97
48	20	141	110	56	62	61	55	109	142	19	47
32	7	104	122	78	94	93	77	121	103	8	31
137	114	22	44	52	68	67	51	43	21	113	138

图 20.5

二、奇偶"四象二重分立"互补组装

图 20.6 给出的两幅 12 阶幻方式样与图 20.3 至图 20.5 相同，但有所区别之处：原四象奇偶分立结构代之以奇偶各 8 个 3 阶子单元的相间结构。左、右两图涉及"12 铆钉"所在的 3 阶子单元有所变化，其他 3 阶子单元相同。

图 20.6（左）

139	115	23	42	50	66	65	49	41	24	116	140
29	5	101	124	80	96	95	79	123	102	6	30
45	17	143	112	54	64	63	53	111	144	18	46
100	128	34	2	91	81	82	92	1	33	127	99
14	38	60	69	136	119	120	135	70	59	37	13
108	132	74	87	25	10	9	26	88	73	131	107
105	129	75	86	28	11	12	27	85	76	130	106
15	39	57	72	133	118	117	134	71	58	40	16
97	125	35	3	90	84	83	89	4	36	126	98
48	20	142	109	55	61	62	56	110	141	19	47
32	8	104	121	77	93	94	78	122	103	7	31
138	114	22	43	51	67	68	52	44	21	113	137

图 20.6（右）

140	115	23	42	50	66	65	49	41	24	116	139
29	6	101	124	80	96	95	79	123	102	5	30
45	17	144	112	54	64	63	53	111	143	18	46
100	128	34	1	91	81	82	92	2	33	127	99
14	38	60	69	135	119	120	136	70	59	37	13
108	132	74	87	25	9	10	26	88	73	131	107
105	129	75	86	28	11	11	27	85	76	130	106
15	39	57	72	134	118	117	133	71	58	40	16
97	125	35	4	90	84	83	89	3	36	126	98
48	20	141	109	55	61	62	56	110	142	19	47
32	7	104	121	77	93	94	78	122	103	8	31
137	114	22	43	51	67	68	52	44	21	113	138

图 20.6

图 20.7 给出的两幅 12 阶幻方已取消"12 铆钉"，改变了奇、偶各 8 个 3 阶子单元的相间结构，四象采用"3 奇 1 偶"或"1 奇 3 偶"的组装格式；中宫则为"2 奇 2 偶"的嵌入结构，起到连接四象的作用。

图 20.7（左）

11	27	85	75	129	105	106	130	76	86	28	12
117	133	71	57	39	15	16	40	58	72	134	118
83	89	3	35	125	97	98	126	36	4	90	84
61	55	109	142	20	48	47	19	141	110	56	62
93	77	121	104	8	32	31	7	103	122	78	94
67	51	43	22	114	138	137	113	21	44	52	68
66	50	42	23	115	139	140	116	24	41	49	65
96	80	124	101	5	29	30	6	102	123	79	95
64	54	112	143	17	45	2	18	144	111	53	63
82	92	2	34	128	100	99	127	33	1	91	81
120	136	70	60	38	14	13	37	59	69	135	119
10	26	88	74	132	108	107	131	73	87	25	9

图 20.7（右）

12	28	86	75	129	105	106	130	76	85	27	11
118	134	72	57	39	15	16	40	58	71	133	117
84	90	4	35	125	97	98	126	36	3	89	83
61	55	109	141	19	47	48	20	142	110	56	62
93	77	121	103	7	31	32	8	104	122	78	94
67	51	43	21	113	137	138	114	22	44	52	68
66	50	42	24	116	140	139	115	23	41	49	65
96	80	124	102	6	30	29	5	101	123	79	95
64	54	112	144	18	46	45	17	143	111	53	63
81	91	1	34	128	100	99	127	33	2	92	82
119	135	69	60	38	14	13	37	59	70	136	120
9	25	87	74	132	108	107	131	73	88	26	10

图 20.7

总之，上述 10 幅 12 阶幻方，数字结构非常美，展示了"平衡两条对角线"的组装技巧。同时，只要对称交换奇、偶四象对角线上的"12 铆钉"，12 阶幻方就能成立。

大拼盘

所谓"大拼盘"幻方，是指由几种不同数学关系子单元巧妙地拼装而成的幻方。本文拼制了一幅 16 阶"大拼盘"幻方，如图 20.8 所示。其 16 行、16 列及 2 条主对角线之和等于幻和"2056"。

它由如下 5 种不同数学关系的子单元拼装而成。

①四角为 4 个 4 阶完全幻方，每组对角两个 4 阶完全幻方的幻和分别相等，其中底端一组的泛幻和为"514"，顶端一组的泛幻和为"718"。

②四厢（即夹在相邻两个 4 阶完全幻方之间的区域）有 4 个"4×8"的长方数阵，其 4 行（或 4 列）各 8 个数之和都等于"824"，因此这四个长方数阵各 32 数之总和全等于"3296"。

③中部 8 阶子单元是一个完全反幻方，它的 8

212	149	130	227	89	81	54	66	214	220	85	15	116	143	158	97
146	211	228	133	30	83	38	217	29	19	216	192	142	113	100	159
229	132	147	210	28	190	70	152	218	84	59	23	99	160	141	114
131	226	213	148	18	69	153	93	151	219	39	82	157	98	115	144
26	162	106	104	168	236	47	234	230	21	233	202	111	96	27	53
166	3	154	209	242	32	1	128	241	243	55	136	155	80	187	24
134	129	40	161	215	64	16	4	251	201	235	253	112	123	107	11
42	145	138	117	249	2	256	8	56	248	203	221	108	48	105	110
150	178	90	101	171	247	246	57	37	139	43	188	33	124	127	125
118	9	74	65	164	245	200	244	79	73	67	189	91	172	126	140
102	5	170	45	254	58	252	255	103	7	109	250	208	25	50	163
86	193	52	22	199	10	232	191	167	231	41	177	6	156	95	198
75	180	196	63	71	225	12	49	135	94	204	34	174	183	122	239
181	78	60	195	35	224	205	137	13	72	92	46	186	175	238	119
61	194	182	77	87	68	223	14	44	165	206	17	237	120	185	176
197	62	76	179	36	222	51	207	88	20	169	31	121	240	173	184

图 20.8

行、8 列与 16 条泛对角线之和等于："624，763，894，925，977，986，1028，1076，1078，1084，1121，1128，1163，1164，1220，1224，1239，1243，1248，1250，1261，1288，1330，1371，1392，1480，1511，1639，1657，1661，1662，1764"。完全反幻方"一反幻方之道"，既不等和，又不等差，因数理关系诡异而备受关注，这是非常难得的一种组合形式。

④中部这个 8 阶完全反幻方，营造了一个特殊的大面积"乱数"区，目的是特意安排两个定制的 3 阶子单元。一个是最小 3 阶等积幻方，幻积"4096"，其 9 个数为"2^0，2^1，2^2，2^3，2^4，2^5，2^6，2^7，2^8"等比数列，涵盖了 16 阶幻方 1～256 自然数列的头尾两数，因此这是 16 阶幻方中唯一可能容纳的一个等积幻方。另一个是最小 3 阶素数幻方，幻和"219"，其 9 个素数是"1～256"自然数列中最小的可入幻素数，因此这是 16 阶幻方中唯一一个可能容纳的素数的幻方。

这个 8 阶完全反幻方，乱中有治，方显诡道之本色。其内部的最小 3 阶等积幻方与最小 3 阶素数幻方，都是另类幻方之珍品，在各自的游戏领域中具有标志性意义。

总而言之，这幅 16 阶"大拼盘"幻方设计巧妙，布局严谨，有四角完美、四厢平衡、中部精彩特色。同时，各子单元按一定规则与方法，可在原位旋转、反写或相互置换，这幅 16 阶幻方总能成立。

奇妙"10阶幻方"

马丁·加德纳是美国著名的趣味数学大师，他的幻方作品奇妙无比，尤其是一幅 10 阶幻方（图 20.9 左）其品相之自然优美，数理之奇妙变幻让我着迷。

幻方游戏最快乐的事，莫过于懂得欣赏。加德纳 10 阶幻方让我着迷的原因是：一是其数理结构之巧妙；二是它有魔术般转化的神秘。

首先，我把加德纳 10 阶幻方划成 9 块，与 10 阶自然方阵对照，可以发现：加德纳以自然方阵为蓝本，划块分治之高超的剪贴式构图手法。

1	92	8	94	95	96	97	3	9	10		100	99	98	97	96	95	94	93	92	91
20	12	13	84	85	86	87	88	19	11		90	89	88	87	86	85	84	83	82	81
71	29	23	74	75	76	77	28	22	30		80	79	78	77	76	75	74	73	72	71
40	39	38	67	66	65	64	33	62	31		70	69	68	67	66	65	64	63	62	61
50	49	48	57	56	55	54	43	42	51		60	59	58	57	56	55	54	53	52	51
60	59	58	47	46	45	44	53	52	41		50	49	48	47	46	45	44	43	42	41
70	69	68	37	36	35	34	63	32	61		40	39	38	37	36	35	34	33	32	31
21	72	73	24	25	26	27	78	79	80		30	29	28	27	26	25	24	23	22	21
81	82	83	17	15	16	14	18	89	90		20	19	18	17	16	15	14	13	12	11
91	2	93	4	6	5	7	98	99	100		10	9	8	7	6	5	4	3	2	1

10 阶幻方　　　　　　　　　　　　10 阶自然方阵

图 20.9

①中央 4×4 自然方阵原封不动。

②左、右两厢 3×4 长方阵上下颠倒，再右厢中列回倒、右列中间两数换位编排。

③上、下两厢 4×3 长方阵左右颠倒，再下厢中行回倒、下行中间两数换位编排。

④四角 3×3 子单元对角对折换位，根据建立 16 阶等和关系要求，四角各子单元有一部分数字做巧妙的纵横移动与调整。

其次，给出加德纳 10 阶幻方的一个"互补"对子（图 20.10 左），我惊讶地发现：两者发生了位置关系与数字编排方式的"脱钩"现象：中央自然方阵旋转 90°；而四厢、四角各单元位置"对易"，但编排方式并不因此而转移。

100	9	93	7	6	5	4	98	92	91
81	89	88	17	16	15	14	13	82	90
30	72	78	27	26	25	24	73	79	71
61	62	63	34	35	36	37	68	39	70
51	52	53	44	45	46	47	58	59	50
41	42	43	54	55	56	57	48	49	60
31	32	33	64	65	66	67	38	69	40
80	29	28	77	76	75	74	23	22	21
20	19	18	84	86	85	87	83	12	11
10	99	8	97	95	96	94	3	2	1

100	9	93	4	5	6	7	98	92	91
81	89	88	17	16	15	14	13	82	90
30	72	78	27	26	25	24	73	79	71
61	62	63	34	35	36	37	68	69	40
51	52	53	44	45	46	47	58	59	50
41	42	43	54	55	56	57	48	49	60
31	32	33	64	65	66	67	38	39	70
80	29	28	77	76	75	74	23	22	21
20	19	18	87	86	85	84	83	12	11
10	99	8	97	96	95	94	3	2	1

图20.10

最后，加德纳的自然方阵剪贴方法，在九宫划块、四厢原位颠倒、四角对角换位的基本格局下，四厢的编排可以更多样化或更简化，如图20.10右所示。图20.10右的上厢只是上行左右颠倒，右厢只是右列上下颠倒，数字编排更简约、有序了。

总之，加德纳以自然方阵为蓝本，划块分治，成功制作具有自然特色的10阶幻方，这与我在《自然唯美》一文中展示的9阶"自然方阵"拓本幻方有异曲同工之妙。

"蜂巢"幻方

蜜蜂是天才的数学家与建筑师，鬼斧神工，它建造了世界上最精巧、适用、甜蜜的家园。为什么蜜蜂建造的小窝窝都是联排式正六边形结构呢？天工开物，遵循资源"节约化""最优化"的自然法则。蜂群是一个社会性与组织化的大家庭，需要宽敞的生活空间，而建筑材料都来自体内分泌、自制、功能独特的名贵蜂蜡，因而用最少的原材料与劳力建造总容积最大化的千万小房间，这种正六边形结构必然成为蜜蜂筑窝的最佳选择。

蜂巢是一个神奇的天然建筑物。据专家测量：蜂巢是严格的正六边形柱体结构，一端是六角形开口，另一端则是封闭的六角棱锥体的底，由3个相同的菱形组成，钝角109°28′，锐角70°32′，壁厚0.073毫米，体积0.25立方厘米，巢房之间相互错开、契合，整体结构非常坚固，既省料又省工，其灵巧和精确性令人类数学家、物理学家及建筑师惊叹不已。法国数学家克尼格、苏格兰数学家马克洛林从理论上计算，如果要消耗最少材料而制成最大容器，正是这个角度。数学证明：若用单一的几何形状铺满一个平面，只有等边三角形、正方形与正六边形能够不留空隙完全镶嵌平面，而在这 3 种正多边形中，当镶嵌的面积相等时，正六边形有最短的周长。圆形、八角形的铺设平面都会留有空隙。"蜂窝结构"早已为科学仿生学家所重视，并制造出了工程"蜂窝结构"材料，这种材料重量轻，强度高，隔热、隔音性能好，现已被广泛地用于飞机、火箭、人造卫星及建筑与工业设计。

"蜂窝"式结构非常美，乃是勾画最均匀完全幻方组合结构的一种特殊形式。如图 20.11 所示。

图 20.11 是一幅最均匀的 16 阶完全幻方（泛幻和"2056"），具有 4 阶、8 阶、16 阶三重次最优化组合性质（4 阶泛幻和"514"、8 阶泛幻和"1028"）。其最高均匀度表现为任意划出一个 2 阶子单元，其 4 个数之和一定全等于"514"，或者说内含 225 个等和 2 阶子单元；若平面勾画，则有完整的 64 个蜂窝状六边形，各 8 个数之和一定全等于"1028"。

210	207	34	63	148	141	100	125	242	239	2	31	180	173	68	93
33	64	209	208	99	126	147	142	1	32	241	240	67	94	179	174
223	194	47	50	157	132	109	116	255	226	15	18	189	164	77	84
48	49	224	193	110	115	158	131	17	256	225	78	83	190	163	
246	235	6	27	184	169	72	89	214	203	38	59	152	137	104	121
5	28	245	236	71	90	183	170	37	60	213	204	103	122	151	138
251	230	11	22	185	168	73	88	219	198	43	54	153	136	105	120
12	21	252	229	74	87	186	167	44	53	220	197	106	119	154	135
212	205	36	61	146	143	98	127	244	237	4	29	178	175	66	95
35	62	211	206	97	128	145	144	3	30	243	238	65	96	177	176
221	196	45	52	159	130	111	114	253	228	13	20	191	162	79	82
46	51	222	195	112	113	160	129	14	19	254	227	80	81	192	161
248	233	8	25	182	171	70	91	216	201	40	57	150	102	123	
7	26	247	234	69	92	181	172	39	58	215	202	101	124	149	140
249	232	9	24	187	166	75	86	217	200	41	56	155	134	107	118
10	23	250	231	76	85	188	165	42	55	218	199	108	117	156	133

图 20.11

图 20.12 是一幅均匀的 16 阶完全幻方（泛幻和"2056"），组合性质与子单元结构同上。若四边卷起了，可以勾画出 16 个六边形"大蜂窝"，每个包含 20 个数字之和全等于"2570"。

图 20.13 也是一幅均匀的 16 阶完全幻方（泛幻和"2056"），组合性质与子单元结构同上。但它是交织结构的六边形"蜂窝"形态，每相间横排的小"六边形"顶角六数之和"1030"或"1038"等。

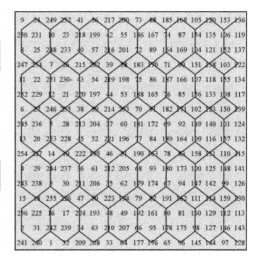

图 20.12   图 20.13

【小资料】

　　蜜蜂群居生活，一生要经过卵、幼虫、蛹和成虫 4 个蜕变阶段。一窝仅有 1 只蜂王、1 万～15 万只工蜂，500～1500 只雄蜂。分工明确：蜂王个体较大，专营产卵生殖；雄蜂专司交配，交配后即死亡；工蜂个体较小，是生殖器发育不全的雌蜂，其职责是筑巢、采粉、酿蜜、饲喂幼虫、清洁环境、保卫蜂群等。

　　工蜂的飞翔时速为 20～40 千米，高度在 1 千米以内，有效活动范围在离巢 2.5 千米以内。所有的蜜蜂都以花粉和花蜜为食，采集花蜜是一项十分辛苦的工作，蜜蜂采集 1100～1446 朵花才能获得 1 蜜囊花蜜，在流蜜期间 1 只蜜蜂平均日采集 10 次，每次载蜜量约为其体重的一半，一生能为人类提供 0.6 克蜂蜜。花蜜被蜜蜂吸进蜜囊的同时即混入了上颚腺的分泌物——转化酶，蔗糖的转化就从此开始，经反复酿制蜜汁并不停地蒸发水分，加速转化和浓缩直至蜂蜜完全成熟为止。

　　蜂蜜，是一种营养丰富的天然滋养食品，含有与人体血清浓度相近的多种无机盐和维生素；蜂王浆更是高级滋补品，不但可增强体质，还可治疗神经衰弱、贫血、胃溃疡等；蜂胶被誉为"紫色黄金"；蜂花粉有"微型营养库"之称；蜂蜡为轻工业重要原料，蜜蜡性味甘、淡、平，有解毒、生肌、定痛之功效，能治疗下痢脓血、久泻不止等。蜂毒对风湿、神经炎等均有疗效，更主要的是为各种开花果木、农作物授粉起增产作用，被誉为"农业之翼"。总之，蜜蜂为人类奉献了一条价值不菲的产业链。

"蛛网"幻方

　　蜘蛛是自制工具的捕食高手。大多数蜘蛛腹部有 3 对纺织器，布满纺管，内连各种丝腺，由纺管纺出丝。各类丝腺产生不同类型的丝，泡状腺产生的丝用来束缚猎物；壶腹状腺产生蛛网螺旋的黏性小球；圆粒形腺的丝构成卵囊；等等。同时，不同蜘蛛的纺管数目不同，不同形状的纺筛管器，能纺出不同的蛛丝（例如，线纹帽头蛛有 9600 个纺管，纺出的丝极为纤细）。蜘蛛纺丝结网，技艺非常高超，能用最少的丝织成面积最大的网，乃为性能优良的捕食工具。

　　人类学会织网，始于远古。《周易·系辞》曰："包羲氏之王天下……作结绳而罔罟，以佃以渔。"相传伏羲是一位杰出的部落首领与大发明家，他以结绳的方法制作各种网具，围猎捕捞。可见，当时绳子的用途发生了重大变化，已发展成为一种编织技术。记数不再"结绳"，而代之以"书契"了。过去，学界对包羲氏"以佃以渔"的注释含糊。"佃"者，佃猎。什么是佃猎呢？这同原始的狩猎不是一回事，不是在荒山野林里追杀野兽，而是伏羲用绳网围成"篱笆"，把捕捉到的食草性野兽圈起来，加以人工驯化与饲养的活动，这是原始畜牧业的萌芽。所以说，伏羲又是畜牧业的创始人。"渔"者，捕鱼。伏羲也懂得用网具捕鱼捉虾，这比徒手捕捉有效得多。我国编织业自古发达，结绳已演变为促进原始社会生产发展最先进的应用技术了。

　　蛛网式结构非常美，乃是"回"字型同心环幻方的一种组合结构形态。

　　图 20.14 是一幅"回"字型 13 阶幻方（幻和"1105"），层层套着四边等和的 6 个同心环，并与"米"字型对角线、纵横轴形成一种蛛网式组合结构：其 3 阶环每边之和"255"，5 阶环每边之和"425"，7 阶环每边之和"595"，9 阶环每边之和"765"，11 阶环每边之和"935"，13 阶环每边之和"1105"。

　　由于同心环幻方，注入了自然界中蛛网物象元素，使幻方游戏的内涵更为生动与丰富多彩。总之，我主张：

163	2	159	4	161	6	169	8	165	10	167	12	79
14	80	16	147	18	149	155	151	22	153	24	20	156
39	132	137	36	139	34	141	32	135	30	81	38	131
40	129	120	82	44	123	127	125	48	46	50	41	130
65	106	115	56	111	58	113	60	83	114	55	64	105
66	103	94	75	70	84	99	72	100	95	76	67	104
13	25	37	49	61	73	85	97	109	121	133	145	157
92	77	68	101	96	98	71	86	74	69	102	93	78
117	54	63	108	87	112	57	110	59	62	107	116	53
118	51	124	126	47	43	45	122	88	128	119	52	
143	28	89	134	31	136	29	138	35	140	33	142	27
144	150	154	23	152	21	15	19	148	17	146	90	26
91	168	11	166	9	164	1	162	5	160	3	158	7

图 20.14

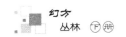
不单就幻方论幻方，可以一方面从不同视觉去理解幻方数理结构；另一方面又把幻方作为一个"窗口"，观察大千世界，增长科学知识。

【小资料】

蜘蛛丝是一种骨蛋白，十分黏细坚韧而具弹性，吐出后遇空气而变硬。俄罗斯科学院基因生物学研究所专家，正在积极研究利用蜘蛛丝来制造高强度材料。专家们发现，这种材料硬度比同样厚度的钢材高 9 倍，弹性比最具弹力的其他合成材料高 2 倍，可用其制造轻型防弹背心、降落伞、武器装备防护材料、车轮外胎、整形手术用具和高强度渔网等产品。

变幻"小立方"

幻方以"变"著称，变法、变数，变形，无所不能变。有一些几何图形，利用人的视差与视角转换，幻方的结构、形体会发生奇妙变化。例如，六边形平面变为正立方体；"里面"与"外面"不断转换；等等。

图 20.15 所示这幅 16 阶完全幻方（泛幻和"2056"）：其中 256 个数分布均匀，任意划出一个 2 阶子单元四数之和全等，具有 4 阶、8 阶、16 阶三重次最优化组合结构。但这幅 16 阶完全幻方存在另一种结构形态，即本例的"堆垒小立方"组合结构。注视时间久了，由于视位转换，其中 14 个六边形则变成了小立方体，且"凹凸"不断变幻，内外可视，非常奇妙。其数理关系：①每个小立方体展示 3 个侧面，其投影是 1 个正六边形，包含 20 个数，之和全等于"2570"。②每个小立方体顶面（或底面）是立式小正方形，包含 12 个数之和全部等于"1542"。③小立方体的两个侧面为小平行四边形，其 12 个数之和全等于"1510"。

图 20.15

然而，同样这一幅 16 阶完全幻方，如图 20.16 所示，可划出规格更小、数量更多的"堆垒小长立方体"。在视觉上，眨眼间"凹凸"瞬变，其数理结构如下。

①每个小长立方体展示 3 个侧面，其投影是 1 个六边形，各包含 8 个数，之和全等于"980"。

②每个小长立方体顶面（或者说底面）是立式小正方形，以压线的 4 个数计，之和全等于"514"。

③每个小长立方体两

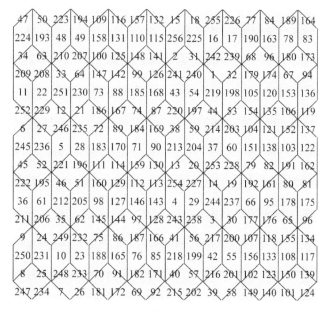

图 20.16

个侧面为小平行四边形，同样以压线的 4 个数计，之和全等于"514"。

"马赛克"幻方

八角形"马赛克"瓷砖用于贴墙或铺地面，是既实用又美观的一种建筑构件。工巧匠们的一般拼接方法是：每 4 个八角形"马赛克"拼合，中间镶嵌 1 个小四方"马赛克"，可不留空隙铺满整个正方平面，非常美观。

图 20.17 是一幅 13 阶全等八角形组合结构幻方（幻和"1105"），其数理关系有如下特点。

①13 阶幻方主体由 16 个八角环合成，各环八条边上"四对八数"，之和全等于"680"。在各八角环内腔，

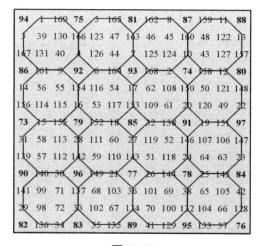

图 20.17

都有 1 个 2 阶子单元，四数之和全等于"340"，为八角环的一半。每个正八角形八数合计"1020"。

②镶嵌于 16 个正八角环之间的 25 个小四方块（粗体数字），构成一个 5 阶完全幻方（泛幻和 "425"）。

这幅 13 阶幻方，设计新颖，构图巧妙，结构严整。正八角形、2 阶方块及 5 阶完全幻方三者拼合得天衣无缝。

图 20.18 是一幅 16 阶全等八角形组合结构完全幻方（泛幻和 "2056"），其数理特点如下。

①本例 16 阶完全幻方由 25 个正八角环合成，各环八边上每四对 8 个数，之和全部等于 "1028"。这个正八角环内腔，都有一个 2 阶子单元，各单元四数，之和全部等于 "514"，为八角环的一半。每个正八角形八数合计 "1542"。

②镶嵌于 25 个正八角形之间的 36 个数字，相间行或相间列各 6 数之和分别等和（行 787 或 755；列 772 或 770，之和等于 1 个正八角形）。

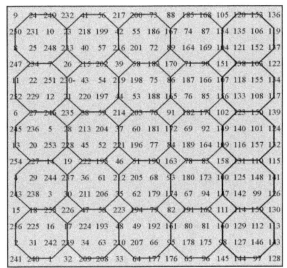

图 20.18

总之，高度均匀分布幻方可从多种不同角度进行分解，其等和结构变化多端，表现各式各样的拼接、镶嵌几何图案。本文两幅八角"马赛克"幻方，设计非常巧妙，其结构严谨，图案简洁、大方，常见于墙体、道路等地面铺设材料的形状上。

正方形镶嵌结构幻方

正多边形镶嵌平面理论，在建筑结构、墙体与地平贴面、铺路、工业裁料、产品包装及货物运输集装等方面具有重要的应用价值。在单一正多边形条件下，数学家们证明：只有等边三角形、正方形与正六边形能够不留空隙镶嵌一个平面。这引起了我的浓厚兴趣，现以一幅 16 阶完全幻方为例，做最小正方形的几种常见镶嵌，以展示幻方数字分布的均匀结构。

一、全等正方形水平式覆盖

图 20.19 为 2 阶单元"拼缝"覆盖，图 20.20 则为 2 阶单元"骑缝"覆盖，它们 64 个 2 阶单元各四数，之和全等于 "514"。

209	208	33	64	147	142	99	126	241	240	1	32	179	174	67	94
34	63	210	207	100	125	148	141	2	31	242	239	68	93	180	173
224	193	48	49	158	131	110	115	256	225	16	17	190	163	78	83
47	50	223	194	109	116	157	132	15	18	255	226	77	84	189	164
245	236	5	28	183	170	71	90	213	204	37	60	151	138	103	122
6	27	246	235	72	89	184	169	38	59	214	203	104	121	152	137
252	229	12	21	186	167	74	87	220	197	44	53	154	135	106	119
11	22	251	230	73	88	185	168	43	54	219	198	105	120	153	136
211	206	35	62	145	144	97	128	243	238	3	30	177	176	65	96
36	61	212	205	98	127	146	143	4	29	244	237	66	95	178	175
222	195	46	51	160	129	112	113	254	227	14	19	192	161	80	81
45	52	221	196	111	114	159	130	13	20	253	228	79	82	191	162
247	234	7	26	181	172	69	92	215	202	39	58	149	140	101	124
8	25	248	233	70	91	182	171	40	57	216	201	102	123	150	139
250	231	10	23	188	165	76	85	218	199	42	55	156	133	108	117
9	24	249	232	75	86	187	166	41	56	217	200	107	118	155	134

图 20.19

209	208	33	64	147	142	99	126	241	240	1	32	179	174	67	94
34	63	210	207	100	125	148	141	2	31	242	239	68	93	180	173
224	193	48	49	158	131	110	115	256	225	16	17	190	163	78	83
47	50	223	194	109	116	157	132	15	18	255	226	77	84	189	164
245	236	5	28	183	170	71	90	213	204	37	60	151	138	103	122
6	27	246	235	72	89	184	169	38	59	214	203	104	121	152	137
252	229	12	21	186	167	74	87	220	197	44	53	154	135	106	119
11	22	251	230	73	88	185	168	43	54	219	198	105	120	153	136
211	206	35	62	145	144	97	128	243	238	3	30	177	176	65	96
36	61	212	205	98	127	146	143	4	29	244	237	66	95	178	175
222	195	46	51	160	129	112	113	254	227	14	19	192	161	80	81
45	52	221	196	111	114	159	130	13	20	253	228	79	82	191	162
247	234	7	26	181	172	69	92	215	202	39	58	149	140	101	124
8	25	248	233	70	91	182	171	40	57	216	201	102	123	150	139
250	231	10	23	188	165	76	85	218	199	42	55	156	133	108	117
9	24	249	232	75	86	187	166	41	56	217	200	107	118	155	134

图 20.20

二、全等正方形斜角式覆盖

图 20.21 为对角"骑缝"，覆盖有 25 小正方形，图 20.22 为对角"拼缝"，覆盖有 22 个小正方形，各 12 个数，之和全部等于"1542"。

209	208	33	64	147	142	99	126	241	240	1	32	179	174	67	94
34	63	210	207	100	125	148	141	2	31	242	239	68	93	180	173
224	193	48	49	158	131	110	115	256	225	16	17	190	163	78	83
47	50	223	194	109	116	157	132	15	18	255	226	77	84	189	164
245	236	5	28	183	170	71	90	213	204	37	60	151	138	103	122
6	27	246	235	72	89	184	169	38	59	214	203	104	121	152	137
252	229	12	21	186	167	74	87	220	197	44	53	154	135	106	119
11	22	251	230	73	88	185	168	43	54	219	198	105	120	153	136
211	206	35	62	145	144	97	128	243	238	3	30	177	176	65	96
36	61	212	205	98	127	146	143	4	29	244	237	66	95	178	175
222	195	46	51	160	129	112	113	254	227	14	19	192	161	80	81
45	52	221	196	111	114	159	130	13	20	253	228	79	82	191	162
247	234	7	26	181	172	69	92	215	202	39	58	149	140	101	124
8	25	248	233	70	91	182	171	40	57	216	201	102	123	150	139
250	231	10	23	188	165	76	85	218	199	42	55	156	133	108	117
9	24	249	232	75	86	187	166	41	56	217	200	107	118	155	134

图 20.21

209	208	33	64	147	142	99	126	241	240	1	32	179	174	67	94
34	63	210	207	100	125	148	141	2	31	242	239	68	93	180	173
224	193	48	49	158	131	110	115	256	225	16	17	190	163	78	83
47	50	223	194	109	116	157	132	15	18	255	226	77	84	189	164
245	236	5	28	183	170	71	90	213	204	37	60	151	138	103	122
6	27	246	235	72	89	184	169	38	59	214	203	104	121	152	137
252	229	12	21	186	167	74	87	220	197	44	53	154	135	106	119
11	22	251	230	73	88	185	168	43	54	219	198	105	120	153	136
211	206	35	62	145	144	97	128	243	238	3	30	177	176	65	96
36	61	212	205	98	127	146	143	4	29	244	237	66	95	178	175
222	195	46	51	160	129	112	113	254	227	14	19	192	161	80	81
45	52	221	196	111	114	159	130	13	20	253	228	79	82	191	162
247	234	7	26	181	172	69	92	215	202	39	58	149	140	101	124
8	25	248	233	70	91	182	171	40	57	216	201	102	123	150	139
250	231	10	23	188	165	76	85	218	199	42	55	156	133	108	117
9	24	249	232	75	86	187	166	41	56	217	200	107	118	155	134

图 20.22

海市蜃楼

　　幻方表现视觉三维图像，设计思路得之于"海市蜃楼"现象。海市蜃楼是一种光学幻影，物体反射的光经大气折射而形成的虚像。据此原理，一幅幻方在不含"幻立方体"的情况下，同样可以给出有强烈立体感的图像。例如，在"变幻小立方"一文中,一幅16阶完全幻方展示了眨眼即变的难以数清的全等小立方体。幻方三维效果设计与创作,前景广阔。本文要在11阶、12阶幻方平面上,各建造一座四面采光的摩天大厦。

图20.23是一幅11阶幻方(幻和"671"),其内部子幻方结构:①以数"39"为中心位,共13个数"一正一斜"构造了两个3阶幻方,幻和都等于"117";②在两个3阶幻方下方,以数"94"为中心位,由5条互为平行的"折角线"构造了1个5阶幻方,幻和"470"(注:"折角线"5阶幻方是一种特殊的幻方排法,平铺即为一幅传统幻方)。经简单地"着色"处理,一座"九宫格"布局的高层住宅群在人们的视野中顷刻拔地而起。

"安得广厦千万间,大庇天下寒士俱欢颜,风雨不动安如山!"(杜甫)

图20.24是一幅12阶幻方(幻和"870"),其内部子幻方结构:①顶部有相间斜置的两个4阶完全幻方,泛幻和都等于"498";②下部一左一右一斜画线勾画出两个4阶完全幻方,一个泛幻和"265",另一个泛幻和"306"。

经简单"着色"处理,一座规模更宏大的摩天大厦建筑群出现在人们的视野中。

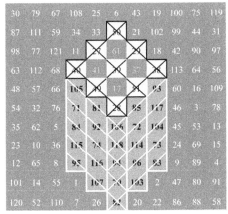

图20.23

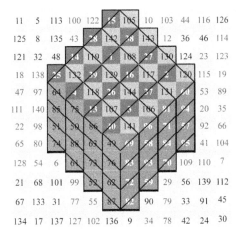

图20.24

【小资料】

海市蜃楼,古人认为:乃龙子"蜃"吐气而成山峦、楼台、城郭,故称之为蜃景。《史记》记载,秦皇、汉武曾屡次去蓬莱寻访蜃楼仙境,乞求长生灵丹。现代科学认为蜃景是物体反射的光经大气折射而形成的虚像,蜃景可出现在海面、雪原、沙漠等地方,所谓蜃景就是光学幻景。山东长岛七八月是我国观赏海市蜃楼的最佳地域。

在古籍中存有许多关于海市蜃楼的记述,其中最翔实、精彩的数明代表可立的《观海市》:"仲夏念一日,偶登署中楼,推窗北眺,于平日苍茫浩渺间俨然见一雄城在焉。因遍观诸岛,咸非故形,卑者抗之,锐者夷之;宫殿楼台,杂出其中。谛观之,飞檐列栋,丹垩粉黛,莫不具焉。纷然成形者,或如盖,如旗，如浮屠，如人偶语，春树万家，参差远迩，桥梁洲渚，断续联络，时分时合，乍现乍隐，真有画工之所不能穷其巧者。世传蓬莱仙岛，备诸灵异，其即此是欤？"

其次是清代刘献廷的《广阳杂记》："莱阳董樵云：登州海市，不止幻楼台殿阁之形，一日见战舰百余，旌仗森然，且有金鼓声。顷之，脱入水。又云，崇祯三年，樵赴登州，知府肖鱼小试，适门吏报海市。盖其俗，遇海市必击鼓报官也。肖率诸童子往观，见北门外长山忽穴其中，如城门然。水自内出，顷之上沸，断山为二。自辰至午始复故。又云，涉海者云，尝从海中望岸上，亦有楼观人物，如岸上所见者。"

珠联璧合

图 20.25 是一幅 14 阶幻方，幻和"1379"，它的特色在于：中部有一对珠联璧合的"双菱"造型幻方，左为由奇数构造的 5 阶与 3 阶同心幻方，5 阶幻和"415"，3 阶幻和"249"；右为由偶数构造的 5 阶、3 阶同心幻方，5 阶幻和"430"，3 阶幻和"258"。

"双菱"图案造型简约、端庄、大气、美观，犹如一块晶莹剔透的通灵宝玉，我国民俗文化中赋予它幸运、吉利、祥和、喜庆、长命百岁之意。

1	2	3	4	6	5	7	192	191	193	195	190	194	196
162	177	128	92	172	27	28	169	136	18	21	61	20	168
36	163	127	94	55	181	184	161	15	58	19	94	51	157
33	32	25	180	123	154	17	76	144	126	73	170	53	
29	164	135	71	146	79	138	54	64	82	64	167		
166	45	30	109	142	81	48	99	112	80	84	116	102	7
107	141	69	152	83	110	97	72	59	86	150	160	91	62
139	43	178	85	183	57	46	93	88	149	60	151	96	11
101	133	87	118	95	153	31	90	119	98	122	34	131	68
103	133	44	67	125	121	137	108	70	115	124	77	49	106
104	182	111	155	143	8	145	114	75	16	12	22		
35	37	38	158	41	39	52	63	156	171	130	159	160	140
176	23	147	24	26	47	185	129	148	66	175	9	174	50
187	105	189	186	89	134	188	40	10	13	42	117	65	14

图 20.25

长串等幂和数入幻

在平方数系、立方数系等中，n^2 个平方和等于 1 个平方数，或者 n^2 个立方和等于 1 个立方数等，这一类的长串（$n \geqslant 3$）等幂和数犹如凤毛麟角，它们的稀有与趣味性备受幻方爱好者青睐，幻方爱好者总想千方百计地引入幻方领域，本文以模块单元方式设计了长串等幂和数的一种独特入幻方式。

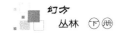

一、"平方和＝平方数"入幻

图 20.26 是一幅 9 阶幻方（幻和"369"），它中央镶嵌着 1 个 3 阶子幻方（子幻和"42"）。这个子幻方的特别之处在于：其 9 项算术级数（公差"3"）的平方和等于 1 个平方数，即：$2^2 + 5^2 + 8^2 + 11^2 + 14^2 + 17^2 + 20^2 + 23^2 + 26^2 = 48^2$。因此，这幅 9 阶幻方隐含了 1 组平方和表以 1 个平方数的游戏。

52	6	40	62	70	60	7	18	54
19	57	13	73	33	44	24	34	72
27	28	74	43	42	68	75	3	9
80	32	31	11	26	5	56	78	50
38	66	48	8	14	20	67	55	53
81	36	35	23	2	17	79	51	45
12	21	58	64	71	25	30	49	39
1	47	29	63	65	61	16	77	10
59	76	41	22	46	69	15	4	37

图 20.26

二、"立方和＝立方数"入幻

图 20.27 是一幅 24 阶幻方（幻和"6924"），中央镶嵌 1 个 8 阶完全幻方（泛幻和"300"），其结构特点：①任意划出一个 2 阶子单元之和全等于"140"；②四象为 4 个全等 4 阶子完全幻方（泛幻和"140"）；③64 个连续自然数的立方和等于 1 个立方数，即 $6^3 + 7^3 + \cdots + 69^3 = 180^3$，为 $1 \sim 100$ 立方数表中最长的等幂和关系。

533	220	135	142	274	146	110	225	233	452	470	477	396	369	429	375	122	104	253	282	259	175	287	456
164	511	74	326	128	168	361	229	474	483	285	243	421	413	497	368	273	165	268	137	79	281	463	113
119	133	141	147	185	161	294	374	482	491	292	289	366	398	503	481	363	370	283	254	83	455	126	134
310	279	184	127	169	77	232	362	319	467	485	492	502	353	365	392	112	120	160	261	465	154	272	265
188	240	99	278	576	5	152	364	462	187	453	479	394	373	386	372	303	92	236	276	217	277	264	251
299	107	342	271	88	562	136	323	213	480	493	486	315	380	393	379	244	129	262	269	263	234	255	1
172	103	95	340	257	145	231	179	490	500	440	495	513	333	339	432	138	540	125	328	210	151	174	194
140	182	121	260	78	288	116	123	469	460	499	471	404	426	180	312	535	167	297	331	256	143	258	408
510	402	507	527	514	518	545	388	18	65	58	9	50	33	26	41	539	139	347	359	338	330	334	327
525	532	509	536	521	528	322	117	56	11	16	67	24	43	48	35	345	546	352	348	329	356	341	417
538	517	523	530	508	515	572	132	17	66	57	10	49	34	25	42	554	111	360	337	350	343	399	335
531	522	524	516	529	537	563	357	59	8	19	64	27	40	51	32	118	156	351	344	358	336	434	448
542	354	487	512	215	208	324	295	14	69	54	13	46	37	22	45	441	549	466	439	458	447	457	430
317	555	556	209	186	547	318	496	60	7	20	63	28	39	52	31	444	216	505	459	296	443	506	571
211	115	203	526	207	206	543	489	21	62	61	12	53	30	29	38	383	488	519	520	534	560	570	550
196	189	212	286	400	193	309	316	55	12	15	68	23	44	47	36	559	565	569	566	564	568	575	557
183	204	191	200	241	325	124	301	541	307	478	367	574	553	551	420	544	98	96	81	275	90	105	75
190	197	384	97	192	199	387	308	473	412	313	306	567	504	573	552	85	558	205	89	76	84	91	82
181	238	163	149	395	405	227	242	475	349	433	484	411	428	302	425	166	376	468	102	153	100	158	94
173	293	237	170	427	300	245	176	252	247	461	406	381	403	418	320	202	321	178	454	114	332	305	109
171	246	378	419	250	162	224	218	501	438	385	397	155	346	442	435	157	222	266	130	446	230	2	304
131	148	401	86	150	214	144	377	248	476	472	391	389	382	449	561	3	291	159	267	437	464	4	280
177	409	371	198	195	201	226	298	494	451	249	431	422	415	407	445	223	290	93	70	80	270	436	73
423	228	87	72	239	314	219	235	498	424	416	410	414	548	390	355	71	311	106	221	284	101	108	450

图 20.27

R. Frianson 的两仪幻方

号称幻方大王的弗里安逊（R. Frianson），曾创作了一幅9阶两仪型幻方精品（图20.28左）。谈祥柏先生在《数学奇闻录》中称赞道："这幅幻方体现了自然的均衡、整齐、对称、有序等种种美学

图 20.28

特性。"我迷上幻方（一研究就有 20 多年）也是从见到了这个幻方开始的。

它具有哪些引人入胜的奇妙性质呢？①41 个奇数内接于中央，40 个偶数镶嵌于四角，品相非常优美。②中央全部奇数构成了 4 阶、5 阶两个相间的"同心"子幻方。初接触到如此复杂、精美的幻方，确实令人着魔，随即我花了几天工夫，在 9 阶自然方阵上"照葫芦画瓢"制作了一幅弗里安逊式的重构 9 阶两仪型幻方（图20.28 右），作为弗里安逊幻方的姊妹篇，这着实让我自得其乐了一阵子。

后来，我发现"洛书"是第一幅 3 阶两仪型幻方，按杨辉口诀填出的任意一幅奇数阶幻方，只要按中行、中列的数序调整其行列，即得"原版"的两仪型幻方。其实，凡是中行、中列都由奇数组成，其他行列奇、偶数相间排列的奇数阶幻方，通过行列变位都可以转化为两仪型幻方，因此两仪组合乃是奇数阶幻方的基本结构形式之一。弗里安逊是对两仪组合中的"阳仪"（全部奇数）率先做出如此精巧幻方的第一人。我以此为起点，打造了几幅更精美的两仪型 9 阶幻方（图20.29）。

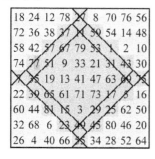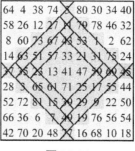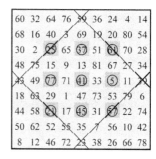

图 20.29

　　图 20.29 左这幅 9 阶幻方内接 4 阶与 5 阶两个相间的完全幻方。其中 4 阶完全幻方的 4 行、4 列及 8 条泛对角线，之和全等于"164"；5 阶完全幻方的 5 行、5 列及 10 条泛对角线，之和全部等于"205"。这个 5 阶完全幻方斜看，各列的个位数相同，品相非常美。

　　图 20.29 中这幅 9 阶幻方内接 3 阶、4 阶与 5 阶 3 个同心幻方（相套关系）。其中的 4 阶完全幻方同上；3 阶幻方的幻和"123"；5 阶幻方的幻和"205"。

　　图 20.29 右这幅 9 阶幻方内接 3 阶、5 阶两个同心幻方（相交关系）。其中 3 阶幻方的幻和"123"，5 阶幻方的幻和"205"。

和合二仙

　　"和"者：和睦、和气、和谐、和平等；"合"者：合礼、合度、合时、合群等，和为贵，合则兴，"和合"集中表达了中华民族崇尚的传统美德与处世训诫。为了弘扬我国"和合"民族精神，我特地创作了寓意"和合"的两幅 9 阶两仪型幻方。

　　图 20.30 这两幅 9 阶两仪型幻方（幻和"369"）的共同组合特征如下。

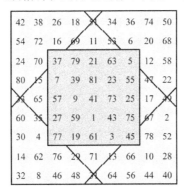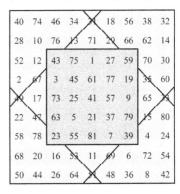

图 20.30

　　①两仪结构：阳仪，即全部奇数团聚中央；阴仪，即全部偶数分布四角。

　　②三重内接结构：全部奇数是两个等和、相交的 5 阶幻方单元（子幻和"205"），一正一斜又内接于 9 阶幻方。

　　③品相上乘：居中正排的 5 阶幻方，各列的个位数相同，显得齐整齐划一，数字造型非常精美。

　　在两仪幻方结构中，全部奇数（阳仪）子单元的再造特点：多环子单元难于少环者；相交子单元难于相套者；最优化子单元难于非优化单元。

【小资料】

　　"和合"神原发于贫家子弟万回的传奇故事：他万里边疆寻兄，早发晚归，讨回家信，以慰藉高堂。宋代老百姓被万回的神力、亲情所感动，推崇万回为"和合"神，从而形成了民间的一种供奉活动与风俗，以祈祷兄弟和合、婚姻和合、家庭和合、社会和合。

至明清，"和合"神由一个神分出两个仙，演变为"和合二仙"，即由万回改为寒山、拾得两位唐代高僧。寒山，唐代名气很大，是个看破红尘的天台山隐士；拾得的身世扑朔迷离，原是个弃儿，被天台山和尚拣回收养，起法名"拾得"。后来，与寒山相投，情同手足，形影不离，诗酬唱和，修身养性，终成正果，两人有传世《寒山子诗集（拾得集附后）》之佳作。相传，寒山、拾得乃为文殊、普贤两位大菩萨转世，其来历已非同凡响。总之，传奇故事的背后，反映了万回精神不断升华，"和合"主题更加鲜明与丰富，铸就了中华民族之魂。

巧夺天工

洛书是一幅天生的两仪型组合 3 阶幻方（图 20.31）。何为两仪？两仪者，原出于《周易》"太极生两仪"之语。按朱熹《周易本仪》解译："圣人则河图者虚其中，则洛书者总其实也。河图之虚五与十，太极也；奇数二十，偶数二十，两仪也。"这就是说，阴两仪乃指河图、洛书的奇、偶数组合结构。其分布特征是奇数团聚中央，为阳仪；偶数独立四角，为阴仪。阴阳平衡，乃是幻方成立的一条普遍组合原则。

图 20.31

图 20.32 展示了两幅"双子星"5 阶两仪型幻方（幻和"65"），其组合特点如下。

① "米"字线全中心对称，边厢全轴对称，等和数组的定位关系齐整。

图 20.32

② 13 个奇数构造了一正一斜两个相交的等和 3 阶幻方（幻和"39"）。正排 3 阶幻方的两条主对角线恰好是斜排 3 阶幻方的纵横轴，内接于 5 阶幻方，犹如一胞双子。

③ "双子星"5 阶两仪幻方的幻和总容量"65×12 ＋ 39×8×2 = 1404"，这比 5 阶完全幻方的幻和总容量"65×20 = 1300"还要多一些（注：同阶幻方的幻和总容量，乃是幻方技术含量评价指标之一）。

④ "13"立中，其他 24 个数构成 5 阶环及两个 3 阶环，相互交接严丝无缝，乃为三重次内接正方形，其几何造型玲珑剔透。

总之，"双子星"5 阶两仪幻方可谓巧夺天工，无论是数理关系，还是数字造型，都达到了两仪幻方最佳的子母结构形态。

图 20.33 为一幅 9 阶两仪型"五环"同心幻方（幻和"369"），其组合特点：9 阶幻方内部交接一正一斜两个全部奇数的等和 5 阶幻方（幻和"205"），而这个斜排 5 阶幻方内部又交接一正一斜两个全部奇数的等和 3 阶幻方（幻和"123"）。

总之，这幅 9 阶两仪型"五环"同心幻方，构图技艺高超，结构非常精美，堪称巧夺天工之稀世珍品。

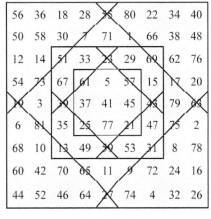

图 20.33

两仪幻方阴阳易位

两仪幻方常见于奇数阶幻方领域，阴阳两仪分布的一般特点是全部奇数聚集于中央，全部偶数分布于四角。能否让全部偶数团聚于中央，全部奇数分立于四角呢？我发现：在奇数阶或偶数阶大幻方的奇数阶子单元中，是有可能欣赏到"阴阳两仪易位"这一奇观的。

一、奇数阶两仪幻方阴阳易位

在一幅 13 阶幻方中，划出一个 9 阶子单元制作两仪幻方，令其"阴阳"易位，即一个为"阳仪居中"，另一个为"阴仪居中"，取得成功（图 20.34）。

图 20.34

图 20.34 左是一幅 13 阶幻方（幻和“1105”），在上部安排了一个两仪型 9 阶幻方（子幻和“648”），其特点：阴仪居中，阳仪分布四角。“阴仪居中”的两仪型幻方，在奇数阶大幻方中的位置相当重要，本图中若安排在中央可能无解。

图 20.34 右是一幅 13 阶幻方（幻和“1105”），首先内套了一个 11 阶幻方（子幻和“935”），其次又内套了一个 9 阶幻方（子幻和“765”），这是一个 9 阶两仪型幻方，它的阳仪居中，阴仪分布四角。

二、偶数阶两仪幻方阴阳易位

在偶数阶幻方中划出一个奇数阶子单元，同样可做出阴阳两仪易位的组合幻方。关键在于这个奇数阶子单元的配置必须符合如下基本要求。

①当“阳仪居中”时，这个奇数阶子单元的奇数配置应比偶数多一个数，当“阴仪居中”时，则偶数配置应比奇数多一个数。

②无论“阳仪居中”还是“阴仪居中”，在偶数阶幻方中所划出的奇数阶子单元，其奇、偶数相间排列时各行各列必须具有对称与互补关系。

现以 14 阶幻方为例，以其 9 阶子单元制作一幅“阳仪居中、阴仪布角”，另一幅“阴仪居中、阳仪布角”的两仪幻方（图 20.35）。

196	16	51	104	130	111	123	135	147	[illegible]	63	75	87	99
103	15	195	132	52	125	137	149	44	56	68	89	101	113
3	192	78	93	131	139	151	46	58	70	82	94	115	127
92	41	23	180	161	153	48	60	72	84	96	108	120	141
105	191	190	1	10	[illegible]	62	74	86	98	110	122	134	[illegible]
33	39	66	170	189	55	76	88	100	112	124	136	148	43
53	34	40	182	188	69	81	102	114	126	138	150	45	57
64	165	162	77	29	83	95	107	128	140	152	47	59	71
145	155	106	37	54	97	109	121	133	[illegible]	49	61	73	85
22	32	173	31	90	38	160	164	14	179	186	185	25	80
18	20	175	5	167	183	163	91	171	7	24	26	187	142
184	169	65	174	143	181	9	35	21	178	118	11	12	79
168	144	19	176	8	67	159	30	172	4	156	158	116	2
193	166	36	17	27	28	6	177	119	129	13	117	157	194

98	86	74	62	[illegible]	146	134	122	110	130	104	51	25	196
112	100	88	67	55	43	148	136	124	52	141	195	15	103
126	114	93	81	69	57	45	150	138	131	102	78	192	3
140	119	107	95	83	71	59	47	152	161	180	23	50	92
[illegible]	133	121	109	97	85	73	61	[illegible]	14	6	191	190	105
42	147	135	123	111	99	87	75	54	53	178	66	20	189
56	44	149	137	125	113	101	80	68	167	172	115	33	19
70	58	46	151	139	127	106	94	82	77	27	173	165	64
84	72	60	48	[illegible]	132	120	108	96	184	65	181	39	37
90	16	187	185	179	10	160	169	38	89	30	162	28	36
142	188	22	24	171	182	129	4	174	91	17	40	164	31
79	9	11	118	8	21	156	168	76	183	175	63	155	157
1	116	158	166	5	176	35	163	186	29	12	34	144	154
194	177	128	13	143	117	26	2	32	18	170	7	159	193

图 20.35

图 20.35 是两个 14 阶幻方（幻和“1379”），各内含 1 个 9 阶两仪幻方单元。14 阶幻方与其 9 阶子幻方为“同角型”子母结构。

图 20.35 左：9 阶子幻方“阴仪居中”，子幻和“882”。阴仪的行、列之和等差，泛对角线之和等和；同时，两仪的行、列与对角线上的数字，各自等差。

图 20.35 右：9 阶子幻方“阳仪居中”，子幻和“873”。阳仪的行、列之和等差，泛对角线之和等和，同时，两仪的行、列与对角线上的数字，也各自等差。

三、阴阳两仪合体幻方

图 20.36 这幅 15 阶幻方（幻和"1695"）由 9 个等差 5 阶子单元按洛书模型合成，每个子单元都是一幅 5 阶两仪型幻方，其子幻和依次为："165，190，215，540，565，590，915，940，965"，即子幻和的公差等于"25"。

在纵横轴上的 5 个 5 阶子幻方，两仪的组合形式为奇数集中于中央，偶数布局于四角。

在四角上的 4 个 5 阶子幻方，两仪的组合形式反之，即偶数团聚于中央、奇数分立于四角。

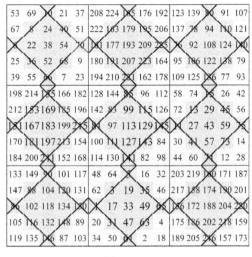

图 20.36

总之，在同一幅幻方中，可以同时欣赏到两仪型幻方"阳仪居中"或"阴仪居中"的两种表现形式，故我称之为阴阳两仪合体幻方。

精雕细刻

以"回"字型、交环型、两仪型 3 种子母结构形式相结合，填制出结构比较复杂的同心幻方，乃是创作幻方精品的重要方法。

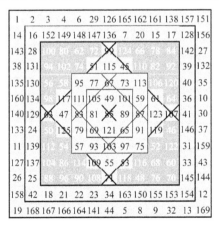
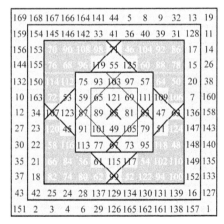

图 20.37

图 20.37 为 2 幅 13 阶幻方，其组合结构的构图特征：中央为 1 个 9 阶两仪型幻方（幻和"765"），中宫由 41 个奇数构成"一正一斜"的 2 个 5 阶幻方（幻和"425"）

及"一正一斜"2 个 3 阶幻方（幻和"225"）。9 阶两仪型幻方外套 11 阶、13 阶两环幻方，其 11 阶幻和"935"，13 阶幻和"1105"。

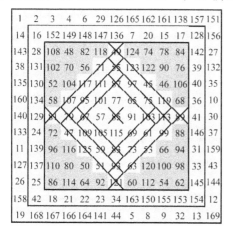

图 20.38

图 20.38 两幅 13 阶幻方的组合结构的共同特征：中央为 1 个 9 阶两仪型幻方；中宫 41 个奇数构成 5 阶、4 阶、3 阶 3 个斜排同心幻方，其中 5 阶幻和"425"，4 阶幻和"340"，3 阶幻和"225"。然而，9 阶两仪型幻方外套 11 阶、13 阶两环幻方，其 11 阶幻和"935"，13 阶幻和"1105"。

印章

图 20.39 这两幅 10 阶幻方由 1 ～ 100 自然数列填成，其 10 行、10 列与 2 条对角线的和值各等于幻和"505"，内含 1 个 7 阶完全幻方：7 行、7 列及 14 条泛对角线全等于"385"。这是 10 阶幻方内所能容纳的阶次比较高的一个完全幻方子单元。

79	90	96	6	9	41	15	30	69	70
89	81	13	20	95	61	14	59	2	71
3	99	11	94	16	18	91	31	49	93
97	19	36	25	84	73	62	58	47	4
92	21	72	68	57	46	35	24	83	7
5	17	45	34	82	71	60	56	47	98
1	80	88	77	66	55	44	33	22	39
10	50	54	43	32	28	87	76	65	60
29	40	27	86	75	64	53	42	38	51
100	8	63	52	48	37	26	85	74	12

70	69	30	15	41	9	6	96	90	79
71	2	59	14	61	95	20	13	81	89
93	49	31	91	18	16	94	11	99	3
4	74	85	26	37	48	52	63	19	97
7	38	42	53	64	75	86	27	21	92
98	65	76	87	28	32	43	54	17	5
39	22	33	44	55	66	77	88	80	1
60	56	67	78	82	23	34	45	50	10
51	83	24	35	46	57	68	72	40	29
12	47	58	62	73	84	25	36	8	100

图 20.39

这两幅 10 阶幻方的"外壳"相同，内含的 7 阶完全幻方为一对互文幻方，犹如盖章"正反"相合，因此我称之为"印章"幻方。

10 阶幻方内含的这个 7 阶完全幻方组合特点如下。

①7 阶 49 个数，其中精选 42 个（21 对）互文数，另外 7 个为叠文数。所谓互文数，指从左读是一个数，从右读是另一个数，则这两个数"互文"。所谓叠文数，指个位与十位相同的数，乃为特殊的一种互文数，因此说这个 7 阶子单元的用数非常考究。

②中行 7 个为叠文数按序一字排开，把 7 阶子单元"一分为二"，每对称两行上各对回文数对称列队，这种上下对称关系格局简洁、精致、品相优美而富于动感。在 7 阶子单元是一个完全幻方的苛刻条件下，10 阶中的这"49"子做出如此恰到好处的布置，可谓匠心独运，精雕细刻。

③这个 7 阶子单元的奇妙之处在于：每个数从左读与从右读，所读出的 7 阶完全幻方是一个改变了方位的同构体。每个数左读与右读的不同读法，实际上就是每个数的个位与十位数的相互交换。这种不同读法而子幻方依然成立，故我称该子幻方为互文幻方。

互文幻方存在两种基本形式：一种是每个数左读与右读，如果读出的两个子幻方相同，这两个子幻方就是互文同构体；另一种是如果读出的两个子幻方不同，这两个子幻方就是互文异构体。但无论哪一种情况，对于它所寄生的大幻方而言，由于子幻方改变了方位或结构，因此大幻方一定是两幅异构幻方。

虎符

虎符（兵符）是我国古代朝廷传达旨意、命令、任务或征调兵将用的凭证，以金、玉、铜、竹、木等材料制作，刻上文字、符号或图案，分成上、下两半，上一半存于朝廷，下一半授予外任官员或出征将帅。虎符："虎"者，指虎符的虎形艺术造型，象征地位、权力与威严。"符"者，相合之义。虎符两半若能对合，表示已核对、验明与确认持有者彼此的职别与身份等，上方授权特使、钦差就可宣旨、发布指令或调兵遣将；若虎符不合，表示来者冒牌、不善，外任官员或出征将帅有权拒绝、扣押人质。因此，小小的虎符，重担千斤，此物令人肃然起敬。虎符给我以灵感，因而制作如下一个"幻方虎符"（图 20.40）。

这两个 10 阶幻方都由 1 ~ 100 自然数填成，其 10 行、10 列及 2 条对角线的和值等于幻和"505"，各内含一个 5 阶完全幻方（10 阶 1/4 面积优化）：图 20.40 右 5 阶完全幻方的 5 行、5 列及 10 条泛对角线全等于"360"；图 20.40 左 5 阶完全幻方的 5 行、5 列及 10 条对角线全等于"135"；两者 25 个数及其幻和各不相同。这两个 5 阶完全幻方具有互文关系：图 20.40 右 5 阶完全幻方从左读数，就是图 20.40 左的 5 阶完全幻方；反之，图 20.40 左 5 阶完全幻方从右读数，就是图 20.40 右的 5 阶完全幻方。这两幅 10 阶幻方，因内含的 5 阶完全幻方"异数异构"互文而契合，即以特殊方式结成了有趣的一对，犹如虎符的两半，图 20.40 右（幻和"360"）为上执，图 20.40 左（幻和"135"）为下执。把玩"幻方虎符"，自得其乐而已。

13	41	1	31	14	93	66	58	90	98
24	11	4	52	20	78	71	88	72	85
63	82	91	73	61	46	07	18	29	35
94	67	86	42	81	28	39	45	06	17
62	87	57	69	95	05	16	27	38	49
74	83	84	33	96	37	48	09	15	26
100	44	77	89	60	19	25	36	47	08
3	56	34	10	23	75	65	97	99	43
40	22	50	51	2	70	92	68	30	80
32	12	21	55	53	54	76	59	79	64

1	37	24	16	3	85	66	75	100	98
47	9	38	55	21	87	86	68	89	5
53	92	81	70	64	12	57	44	13	19
71	60	54	93	82	17	32	15	25	56
94	83	72	61	50	39	42	8	34	22
62	51	90	84	73	2	29	35	48	31
80	74	63	52	91	10	27	14	36	36
11	46	33	26	23	69	28	95	77	97
45	4	7	30	78	40	67	59	99	76
41	94	43	18	20	96	88	79	6	65

图 20.40

阿当斯"幻六边形"入幻

美国铁路工人阿当斯是一个有志青年，据说他花了 46 年创作了一个举世无双的幻六边形（图 20.41）。阿当斯的这种锲而不舍、执着追求的科学精神，令全世界学子敬佩。这个幻六边形由 1 ~ 19 自然数列组成，它的奇妙组合性质：与六边平行的 15 条直线等和于 38，而这 15 条全等直线为非等长

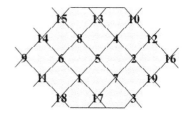

图 20.41

直线，各有三四五个不等的数构成，这是不同于"等长直线等和组合"的幻方形式。阿当斯幻六边形组合结构如下：它是一个双层结构六边形，外层每边 3 数，内层每边 2 数。幻六边形是如何求幻和的呢？在幻六边形中，每个数都有三次均等的机会被组织到 3 条等和直线上来，因此幻和 $S = \frac{1}{2}(19+1) \times 3 \times 19 \div 15 = 38$。阿当斯的这个幻六边形，因为平行于六边的 15 条直线全等，所以这是一个最优化幻六边形。

阿当斯幻六边形，犹如高智力数学游戏皇冠上的一颗璀璨钻石，我把它镶嵌在 11 阶幻方的中央，以赞扬美国铁路工人阿当斯的伟大精神（图 20.42）。幻方至小 11 阶才能容纳阿当斯幻六边形（安置在幻方中央），这个普通 11 阶幻方（幻

和 "671")因阿当斯幻六边形而蓬荜生辉。

据说，这是以 1～19 自然数填出最优化幻六边形的唯一解。如果再外套 1 个六边形（每边 4 个数）有无解呢？根据有无整数"幻和"来判别：第 3 层六边形增加 18 个数，共计 $n = 37$ 个数，代入六边形的求幻和算式 $S = \frac{1}{2}(n+1)n \div 5$，其所得不为整数，故三层六边形无解。

幻六边形填数游戏，引起了人们的极大兴趣，曾经有多少人无功而返？直至 2006 年，扎哈拉·阿尔森突破从"1"开始的常规，用 2～128 连续数列，成功填出了一个边长为"7"的多层幻六边形（图 20.43）。这个 7 阶幻六边形的组合性质：39 条平行于六边的直线全等于"635"（包括六边，每条直线有 7～13 个数不等）。

```
113  21  39  65  31  86  50  81  29  42 114
 22  90  40  89  98  48  49  60  32 110  33
 41  23 111  78  51  70  57  71  85  46  38
 54  87  72  15 100  13  99       101  52  68
 91  96  14 106   8 119      121       53  47
 67      117     118     116     120      95
 75  94     104     107   7 105      93  65
 64  62  84  18 103  17  92       74  88  66
 20  43 115  76  58  61  77  59 108  26  28
 27 112  44  45  30  82  83  79  35 109  25
 97  34  24  69  73  63  37  80  56  36 102
```

图 20.42

```
            68   91  107  123   80   74   92
         103  125   71   81   69   70   55   61
       41   21   44   83  115   96   24  117   94
     109   38   95   35   12   63   18   67   84  114
    89   82  124   25    4    9   23   43   49   56   97
  119  105    6   27   76    3   19    4   47   86   64   79
106   57   78   20   34    9   30   29   14   17   58   85   89
  116   48   36   22   33    8    2   13   65   90  102  100
    62  128   51  122   45   26   15   39   37   11   99
      77   59    7   52   88   28   40   53  110  121
        75   66   31   46  101   60  113  127   16
          87  126  120   72   54   73   10   93
            112   32  118  104   50  111  108
```

图 20.43

爱因斯坦"幻三角形"入幻

伟大的科学家爱因斯坦（1879—1955 年）常为《法兰克福报》撰稿，为读者设计各种趣味数学题，以培养人们的数学兴趣与开启智力，如下面有一个填数游戏。

图 20.44 中有 4 个等腰小三角形与 3 个等腰大三角形。要求将 1～9 这 9 个数填入各小圆圈内，这 7 个三角形中每个三角形 3 个顶点上的数字之和都相等[1]。

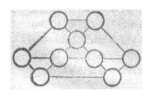

图 20.44

① 摘自《数学趣闻集锦》，[西德]约翰尼斯·莱曼著，王锦如译，1987 年，冶金工业出版社。

据研究，爱因斯坦的这个等和三角形填数游戏变幻多端，关键在于中央的小等腰三角形，它必须填入 1～9 自然数列的中段 3 个数："4，5，6"，这 3 个数在三角形 3 个顶点的位置可任意调动。在中央这个小等腰三角形既定条件下，其他三角形上的填数也可相互置换。下面出示 3 个不同的"爱因斯坦幻三角形"（图 20.45）。

这是一个非常有趣的填数游戏。根据幻方存在一个"乱数区"的理论，我在 9 阶幻方（幻和"369"）内部，嵌入两个"爱因斯坦幻三角形"（各占 9 个数），如图 20.45 所示。

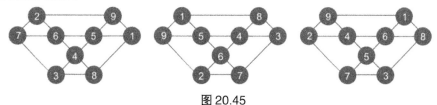

图 20.45

如图 20.46 所示，在上方 7 个小三角形中（以 51～59 这 9 个数填成），每个三角形 3 个顶点上每 3 个数之和都等于"165"，即："52，56，57""53，54，58""51，55，59""54，55，56""51，56，58""52，54，59""53，55，57"。

在下方 7 个小三角形中（以 1～9 这 9 个数填成），每个三角形 3 个顶点上每 3 个数之和都等于"15"，即："2，6，7""3，4，8""1，5，9""4，5，6""1，6，8""2，4，9""3，5，7"。

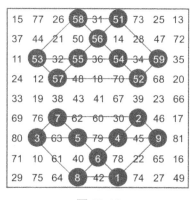

图 20.46

图形非常优美，爱因斯坦的这个"幻三角形"填数游戏，为幻方微观结构设计提供了前所未闻的一种几何造型。

幻方之神奇与魅力何在？在坚持游戏基本规则条件下，幻方能包容、表现各种几何图形、数学关系、抽象符号与事物造像等，这就是幻方引人入胜的魔力之所在。西方幻方玩家们非常重视幻方设计，不在乎构图多少，而在乎精美；不在乎精通，而在于创新，这一思维方式与玩法十分高明，值得我们仿效。

土耳其"双幻立方体"入幻

1453 年，土耳其学者玛·摩西约利斯米提出了一个非常有趣的填数游戏题目：即一个大立方体中央套着一个小立方体，连接这两个立方体的顶点，形成 6×6 个四边形（图 20.47），试用 0，1，2，…，15 自然数列填入图中两个立方体的

16个顶点，令36个四边形面四顶点上每四数之和全等于"30"（其中，有12个是大、小两个立方体的正方形面，24个是两个立方体各顶端连接而产生的等腰梯形面）。显然，土耳其立方体具有最优化组合性质，即是一个别开生面的完美双幻立方体①。

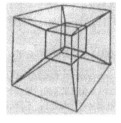

图 20.47

500多年前的这一土耳其立方体智力游戏富于挑战性，其构图难度胜于平面上的4阶幻方游戏。一幅4阶完全幻方也不过4行、4列及8条泛对角线之和全等，而土耳其立方体则需要考虑36个四边形顶点上每四数之和全等。这两种游戏的排列规则与格式完全不同，但它们都是等和组合关系问题，必然存在着组合方法等方面的共性，因而这两种游戏有异曲同工之妙。

按幻方用数规则，我把原题中"0～15"改为1～16自然数列，再填制这个土耳其幻立方体。根据玛·摩西约利斯米制定的游戏规则与要求分析：立方体某个顶点上的一个数，分别与其他数构成5个四边形面（其中，3个四边形位于一个立方体的连接面，2个四边形位于与另一个立方体的连接面），因此该数在两个立方体的整体联系中处于相当复杂的关系之中。填数方法的要点如下。

①每个立方体各8个顶点，可分上、下两个正方形面，因此16数必定要做等分组合。据枚举，从1～16自然数列中每取4个数之和等于34的组合，共有175种组合状态。那么，如何在175种等分组合状态中筛选出符合要求的等分组合方案呢？据研究，它们必须是最优化四象等分组合方案才有土耳其立方体解，因而4阶完全幻方是打开土耳其立方体之谜的钥匙。全部48幅4阶完全幻方共有6个最优化四象全等组合方案（参见"汉字"入幻篇"田"字入幻一文），其中有两个方案可在土耳其立方体游戏中应用。这6个最优化四象等分组合方案参见表20.1。

表 20.1

第1组方案：	第2组方案：	第3组方案：	第4组方案：	第5组方案：	第6组方案：
1，15，4，14	1，15，8，10	1，12，7，14	1，12，6，15	1，8，11，14	1，8，12，13
3，13，2，16	7，9，2，16	3，10，5，16	2，11，5，16	3，6，9，16	2，7，11，14
5，11，8，10	3，13，6，12	2，11，8，13	3，10，8，13	2，7，12，13	3，6，10，13
7，9，6，12	5，11，4，14	4，9，6，15	4，9，7，14	4，5，10，15	4，5，9，16

根据6组最优化方案内部数理关系差异，又可细分为两类：第一类有第1组、第3组、第4组、第5组4组最优化方案，这类等和组合状态只在由两个立方体各顶端连接而形成的等腰梯形面上出现；第二类有第2组、第6组2组最优化方案，这类等和组合状态才可构造两个立方体的正方形面。这一发现乃是掌握土耳其立方体的核心。

---

①摘自《数学趣闻集锦》，〔西德〕约翰尼斯·莱曼著，王锦如译，1987年，冶金工业出版社。

②在第2组、第6组2组最优化方案中，可任意选择一组填入土耳其立方体。那么，一组最优化全等组合方案如何在两个立方体中定位呢？每个立方体各有6个正方形面，所有正方形对边都必须互补定位，这样两个立方体的12个正方形面才能全等；同时两个立方体之间也必须保持互补关系，这样两个立方体各顶端连接而产生的24个等腰梯形面才能全等。总之，这两个层面上的互补关系，乃是最优化全等组合方案在土耳其立方体中的定位原则。

为什么第1组、第3组、第4组、第5组4组最优化方案不能构造土耳其立方体呢？因为在这几个方案中，每个方案各配置组（4组）的内部关系如下：各组前2个数与后2个数分别等和，但前2组与后2组每相间2数不等和。由于这种内部关系，它们虽然能填成两个立方体，而且各自的6个正方形面等和，但是这两个立方体之间没有互补关系，那么两个立方体各顶端连接而产生的24个等腰梯形面不能等和。

为什么第2组、第6组最优化方案能构造土耳其立方体呢？因为这2个方案内部的配置关系如下：每个方案中各配置组不仅前2个数与后2个数分别等和，而且每相间2个数也分别等和，这就是说每个方案中各配置组具有完全相同的数理关系，所以可做全方位互补定位。

现以这两组方案，各填制一大一小两个相套的立方体，并以"平面化"方式把它们镶嵌在11阶幻方中（幻和"671"），参见图20.48。

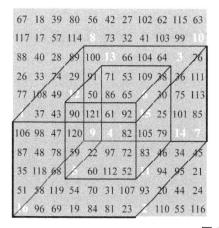 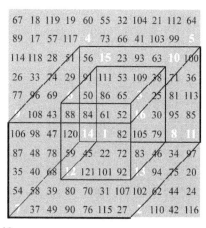

图20.48

非常奇特与巧妙，这幅11阶幻方因内含土耳其"双幻立方体"而成了一幅稀世珍品。据检验，土耳其"双幻立方体"的组合性质如下：①它们的12个正方形面，各顶点4个数之和全部等于34。②由大立方体与小立方体顶角相连接所构成的全部24个等腰梯形面，其中4个数之和全等于34；由此可见土耳其"双幻立方体"成立。由于这种全方位的等和关系，因而土耳其立方体具有最优化组合性质。从某种角度而言，土耳其立方体是4阶完全幻方的另一种表现形式，甚至是更高级的表现形式，因为它所含 16 个数的等和关系容量大于 4 阶完全幻方一倍以上。土耳其立方体游戏非常好玩，但不容易玩。为了更清晰显示土耳其幻立方体 12 个正方形与 24 个等腰梯形的等和组合状态，我为图 20.48 左做了以下几幅"三维平面视图"（图 20.49）。

图 20.49

据查检：该"三维平面视图"中的 12 个正方形为第 6 组、第 4 组、第 2 组合方案；24 个等腰梯形为第 1 组、第 3 组、第 5 组合方案 12 个配置组的复杂重组。由此可见，土耳其立方体的等和关系变化，不超出 1 ～ 16 自然数列 6 组最优化四象等分组合方案的范围。

保其寿"幻立方"入幻

在幻协主编的《中国幻方》2006 年第 2 期中，拜读前辈欧阳录先生的《超级幻立方》一文，增长见识，深受启发，据"保氏立方"一节介绍：清代数学家保其寿曾用 1 ～ 8 自然数列创作了一个 2 阶幻立方，其 6 个正方形面及其两个对角线切面各 4 数之和全等于"18"，参见图 20.50（1）。保其寿在他的《增补算法浑圆图》中称赞道："其源虽权舆洛书，其巧实不可思议。"欧阳录称之为"保氏立方"，实乃开"立体幻方"之先河。同时，欧阳录以 0 ～ 7 自然数列也填成另两个不同组合形态的

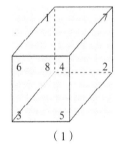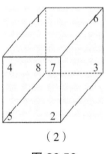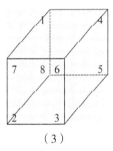

（1）　　　　　（2）　　　　　（3）

图 20.50

2 阶立方体，若加"1"就是保氏立方的异构体，参见图 20.50（2）与图 20.50（3）。

这 3 个 2 阶立方体非常美，1 ～ 8 自然数列在 6 个正方形面及两个对角线切面等和组合情况如下：顶面"1，6，4，7"；底面"2，5，3，8"；正面"3，5，4，6"；反面"1，7，2，8"；左侧面"1，6，3，8"；右侧面"2，5，4，7"；"顶—底"左对角线切面"1，4，5，8"；"顶—底"右对角线切面"2，3，6，7"。

这 3 个 2 阶立方体 8 个面 4 个数的组合相同而排列各异，保其寿是立体幻方世界纪录的第一人，立体幻方的最小阶次就是这个"2 阶立方体"，欧阳录先生补充了两个 2 阶立方体也就彻底算出了 2 阶立方体的全部可能解。

立体幻方三维有 6 个正方形面与 6 个对角线切面，"保氏立方"是立体幻方的初始组合形态，6 个正方形面及两个对角线切面等和这已经是一个结果了，另外 4 个对角线切面的各 4 数之和是不可能相等的。不难证明，2 阶立方体不存在 6 个正方形面与 6 个对角线切面等和的最优化解，理由很简单：1 ～ 8 自然数列只能提供 8 组等和数组。

"保氏立方"入幻的阶次条件，至少是 9 阶。如图 20.51 所示，在这 3 幅 9 阶幻方中，各可读出由 1 ～ 8 8 个数构造的 3 个不同"2 阶幻立方"。

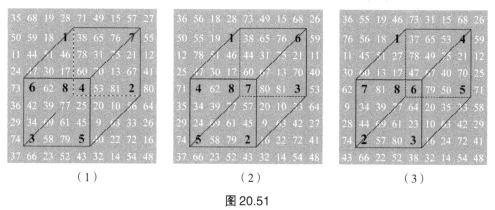

（1）　　　　（2）　　　　（3）

图 20.51

9 阶幻方本来普通（幻和"369"），但一旦其中的"1 ～ 8"被勾画出来，十分起眼了，可读出"保氏 2 阶幻立方"。这就是说，平面幻方做立体设计与解读，不失为一种有趣的玩法。

在李约瑟《中华科学文明史》"数学·幻方"一章中摘有 19 世纪下半叶保其寿（《碧奈山房集》）的一个每边由 4 数构成的立方图，据计算它的 12 条边并不等和。这个"立方图"形式是可取的，我对它做了大调整，改正后成为一个"等边立方图"，并将其嵌入到一幅 16 阶幻方之中，如图 20.52 所示。

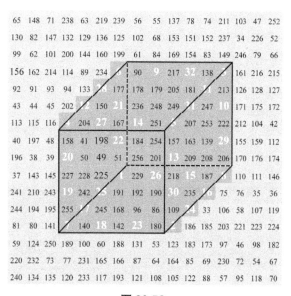

图 20.52

这幅 16 阶幻方，内含 1 个等边立方图。它由 1～32 自然数列的 32 个数填成，其组合性质及其结构特征如下：① 12 条边（每边 4 个数）全等于 50；② 6 个正方形面（每面顶角 4 个数）全等于 18；③ 12 组对边中间对称 4 个数全等于 82；④ 6 个正方形的立面整体 12 个数之和全等于 100。由此可知，这个"等边立方图"又是一个等和六面体，因而具有最优化组合结构。

这幅 16 阶幻方（幻和"2056"），对其所内含的这 32 个数，在平常很难把它读成一个"等边立方图"。它与前文"土耳其双幻立方体"幻方有异曲同工之妙。在平面幻方上做"立体"读法是我的又一项得意首创，趣味无穷，令人耳目一新，同时为幻方精品创作拓宽了路子。总之，幻方的奥妙隐秘，探之不尽。

"等边立方图"变化多端，而变化的关键在于控制 8 个顶角，因为它们必须考虑"长、宽、高"3 个维度的等和关系。图 20.53 的 8 个顶角由"1，2，3，4，5，6，7，8"构成；而图 20.53 左的 8 个顶角由"25，26，27，28，29，30，31，32"构成；图 20.53 右的 8 个顶角由"13，14，15，16，17，18，19，20"构成。它们分别取 1～32 自然数列的前、后、中 3 段，由此填成的"等边立方图"，其 12 条等边的幻和各不相同。若 8 个顶角数小，幻和亦小，反之则大。

总之，等边幻和的大小是由 8 个顶角决定的。图 20.52 的 12 条等边的幻和"50"；图 20.53 左 12 条等边的幻和"82"；图 20.53 右 12 条等边的幻和"66"。幻和"50"是"等边立方图"的最小幻和，幻和"82"是"等边立方图"的最大幻和。

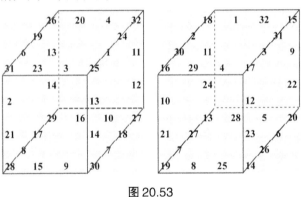

图 20.53

"九宫幻立方体"入幻

经典幻方是二维幻方，在内部安排一个立体透视图，我做了多种尝试：如前所述的"土耳其双幻立方体"入幻、保其寿"等边立方"幻方等，在平面幻方中一组有机关联的数码，若以"幻立方体"方式就可读出其等和组合关系。这好比"立体电影"不戴特制的三维"眼镜"，这些数码将杂乱无章，你什么也看不清楚，而"幻立方体"就是一幅特制的三维"眼镜"，让平面幻方中一组具有特定数学关系的数码凸显出"立体图形"，且其"立体感"只是一种视觉效果。总之，幻方表现三维图形将成为一项更有趣的创作方法，我创作了一幅以"九宫幻立方体"为整体框架的15阶幻方（图20.54）。

225	144	154	40	109	90	174	66	31	125	50	153	97	132	105
177	51	91	157	212	218	43	65	30	73	95	158	9	147	169
16	208	123	71	42	162	209	100	24	3	210	93	116	130	188
159	178	187	62	57	134	149	165	25	55	56	148	223	92	5
107	36	143	61	166	114	1	135	171	199	118	136	204	22	82
18	207	13	72	122	99	94	78	206	102	138	183	47	201	115
180	145	53	194	164	181	74	19	150	54	49	193	20	131	88
191	128	106	87	213	27	69	113	64	198	139	96	120	140	4
60	190	79	35	58	161	77	217	98	221	48	192	155	59	45
111	15	146	70	12	124	156	175	142	167	104	7	215	83	168
196	176	216	195	108	41	197	8	67	112	75	23	21	141	119
6	17	179	80	160	189	37	163	205	133	85	63	203	129	46
39	38	110	182	214	28	68	126	173	29	200	32	103	202	151
89	76	84	170	14	26	127	184	137	2	211	185	152	52	186
121	86	11	219	44	101	220	81	172	222	117	33	10	34	224

图20.54

"九宫幻立方体"15阶幻方（幻和"1695"）有如下特征。

①以1～225自然数列的中段100～126 27个连续数构造"九宫幻立方体"，搭建了15阶幻方的大框架。

②"九宫幻立方体"由6个3阶行列图表面构造，其三维中行、中列又有3个3阶行列图切面，其3行、3列"幻和"每3数之和全等于"339"。

这是一幅普通的15阶幻方，其中"100～126"27个连续数本来也不会引人的注意，但因为有了这个"九宫幻立方体"视角，当刮目相看了。可以相信：幻方内部的数字组合关系及其变化"气象万千"，有心人一定会发现与创造出更精彩、更奇妙的幻方佳作。

最优化2阶"幻多面体"入幻

四维立方体是由两个三维正方体的顶角对应连接而成的神奇空间，它的晶体结构有两种表现形态：一种是土耳其学者玛·摩西约利斯米于1453年创作的一

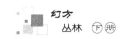

个四维最优化 2 阶立方体，它由一个小正方体套在一个大正方体中央，并连接其 8 个顶角而构成，形如一个凹晶状超多面体；另一种是加拿大数学家约翰·罗伯特·亨德里克斯（John Robert Hendrcks）于 1962 年创作的一个四维最优化 3 阶立方体，它由规格相同的两个正方体，在非同一水平面连接其 8 个顶角而构成，外形是一个空间结构变幻的凸晶状超几何体。这种凸晶状四维多面体，我将在一幅 20 阶幻方中，以"10，20，30，40，…，160"16 项等差数列（公差为 10）建立其数学关系模型（图 20.55）。

```
133 323 342  57  24  80 270 296 152 247 310 116 251 215 306 332 100 287   4 165
380  58  79 324 269 378 151  17 397  23   2 341 305  95 182 216 327 118 187 161
109 344 321 319 362 272 249 336 293 160 168  51  22 113 263  59 236 117 149  …
399  77 238 343 250 328  39 271 130  21  92 349 292 308  96 114 214 185 234  30
104 299 318  81 196 207 226 173  68 139 354 243  66 335 262 137  32 371 390   9
 10  82 297 300 225 174 361  38 353  46  67 150 261 138 159  74 389 317 325 244
 83 320 103 143 175 186 205 194  47 333 356  36 166 264 241 158 392  11 369 228
298 101  84 131 206  53 370 227 334  65 398 355 242 157 285  93  29 176 213 193
148 255 274 120 135 363 382 252 112 291  48  89 184 219  60 220  45 346  76 391
273 232 147 256 381  18 132 202 315  37 111 322 237 304 183  26 345 162 124 203
127 276 146 253  91 384 195 208  19 312 289  52 163 217 233  55  31 240 372  …
254 145 275 128  78  90 383 177 290 197 377 311 181 218 164 348  70  73  12 239
192 211 230 169  64 375 123  41 156 379 266   1  28 358 339   5 394 280 302  97
134 170 212 191 229  42  63 265 340 357 119 393 248   6  27 376  98 301 155 284
268 126 251 209  43 360  62 337  40 396 245   7 154 210 373 288  99 141 281 140
172 189 171 190 338  61 359 314 200 278 153 267  25  72 115 395 307   8 136 360
160 367 386  13 235 295  44  85 246 108 222  20 387 259 350  49 144 331 188 121
385  14  35 368 313  86 129 107 221  56 178 204 374 286  71 277 282 122 199 303
 15 388 105 365  87  34 179 106   … 400 180 352  94 167 329 326 226 198 257 142
366  33  16  30 309 224  88 364 294 223  75 351 330  69 110 258  54 316 201 279
```

图 20.55

如图 20.55 所示，这幅 20 阶幻方中镶嵌的一个凸晶状四维多面体，有 24 个平面正方形，而每个正方形的 4 个顶角之和全等于"340"，因此具备最优化组合性质。幻方的趣味性，不仅在于构图难度的挑战，而且在于巧妙的构图设计。

$3x+1$、$3x-1$ 算法入幻

一、卡拉兹黑洞

德国汉堡大学数学家卡拉兹（Callatz），1950 年在美国 Cambridge 数学大会上发布了一个关于函数置换问题："任给一个自然数，如它是偶数则除 2，若它是奇数则乘 3 加 1，经重复上述运算有限几步之后，最终结果必定为 1。"世人简称之为（$3x + 1$）问题。按照这一算法，有人将它验算至 $6.3×10^{13}$ 内的数而未发现例外。这是一个让人迷惑不解的数学"黑洞"，证明起来十分困难，甚至不知从何下手，难怪有人设立奖金 1000 英镑征解。

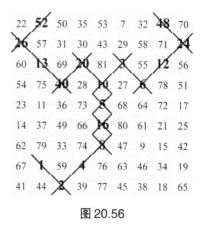

图 20.56

卡拉兹问题引人入胜，曾一度成为风靡美国的一个大众化数学游戏。我选了"48""52"2 个数，展示它们按卡拉兹算法分两路卷入"黑洞 1"的 11 步运算过程：

$48 \rightarrow 24 \rightarrow 12 \rightarrow 6 \rightarrow 3 \rightarrow 10 \rightarrow 5 \rightarrow 16 \rightarrow 8 \rightarrow 4 \rightarrow 2 \rightarrow 1$。

$52 \rightarrow 26 \rightarrow 13 \rightarrow 40 \rightarrow 20 \rightarrow 10 \rightarrow 5 \rightarrow 16 \rightarrow 8 \rightarrow 4 \rightarrow 2 \rightarrow 1$。

幻方不能错过卡拉兹所提供的这一数学奇观，拟把上述两个数字卷入"黑洞"的过程收纳于一幅 9 阶幻方内，如图 20.56 所示。16 个数的巧妙分布可勾画出一只蝎子造型，它双螯张扬、尾刺高举、形象逼真，我称之为 9 阶"蝎子座"幻方，乃是幻方数雕精品。

二、角谷"怪圈"

第二次世界大战前后，卡拉兹的"$3x + 1$"算法游戏风靡欧美。后来，被日本人角谷所模仿与再创新，他把"$3x + 1$"算法改为"$3x-1$"算法，于是奇迹出现了，角谷发现了一个新的自然数"黑洞"。这个"$3x-1$"算法游戏是：任一个自然数，若是偶数，则将它除以 2，直至为奇数为止；若是奇数，则将它乘以 3 再减 1……如此下去经有限的几步运算，最终结果若不是被吸入"黑洞 1"，则就必定卷入两个循环"怪圈"中的一个。

这个"$3x-1$"算法，世称角谷"怪圈"。其两个循环"怪圈"如下。

第 1 个"怪圈"为"$14 \rightarrow 7 \rightarrow 20 \rightarrow 10 \rightarrow 5 \rightarrow 14$"，是由 5 个数构成的循环圈。

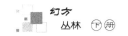
第 2 个"怪圈"是"41→122→61→182→91→272→136→68→34→17→50→25→74→37→110→55→164→82→41"，由 18 个数构成的循环圈。

我把角谷的"黑洞 1"与两个"怪圈"以特别形式安排在一幅 17 阶幻方的一个中央部位，幻和"2465"（图 20.57），以供幻方爱好者参考。

289	108	240	30	44	71	214	215	163	275	274	24	106	107	11	109	185
113	285	149	195	111	76	103	112	217	194	153	204	85	81	101	186	100
230	232	284	150	183	116	118	117	119	115	114	231	35	143	29	151	98
266	97	241	283	2	127	126	125	124	123	128	96	84	16	238	235	154
86	67	175	226	1	165	257	167	256	169	170	152	3	145	237	94	95
172	171	173	59	62	17	50	25	74	37	110	250	251	252	253	254	255
174	203	176	236	177	34	26	13	38	19	55	222	223	227	224	148	270
181	184	220	219	221	68	9	288	144	56	164	78	79	137	138	139	140
159	158	161	160	208	136	18	36	72	28	82	205	206	207	232	233	234
134	132	133	157	135	272	91	182	61	122	41	198	5	200	199	201	202
64	8	105	243	248	211	188	120	99	263	280	14	10	83	104	156	269
6	276	54	33	178	210	189	142	218	282	7	20	279	147	92	87	245
249	45	21	58	228	209	66	141	197	130	273	46	180	246	93	268	15
22	244	39	229	179	212	271	258	129	12	47	102	260	278	90	70	23
89	32	193	88	146	213	286	187	190	131	264	281	155	43	27	77	63
40	192	52	51	65	259	166	216	168	247	261	75	265	73	225	69	57
191	31	49	48	277	69	287	121	196	262	42	267	239	80	242	4	60

图 20.57

在 17 阶幻方第 2 个"怪圈"的中空部位，我特意安排了如下 16 个数：288→144→72→36→18→9→26→13→38→19→56→28→⊙14……这就掉进了第 1 个"怪圈"。

在幻方游戏中如何玩角谷"怪圈"呢？

一种玩法是：检查 17 阶幻方"1～289"自然数列中，除了"黑洞 1"、第 1 个"怪圈"的 5 个数、第 2 个"怪圈"的 18 个数之外，其他 265 个数有多少落入"黑洞 1"？有多少走进第 1 个"怪圈"？又有多少走进第 1 个"怪圈"？各分几条路线？谁的步长最短，谁的步长最长？

另一种玩法是：能不能让角谷两个"怪圈"相互联通呢？我发现第 1 个怪圈中的"14"，以及第 2 个怪圈的"41"，乃是角谷两个"怪圈"联通的一个难得"接口"，怎么玩呢？当"14"除 2 得"7"，则切入了第 1 个"怪圈"；若"14"（偶数）由原来的"除 2"算法改为"乘 3 减 1"算法，得"41"，则可切入第 2 个"怪圈"。

平方和"魔环"

任意给出一个自然数，计算其每个数位上各数码的平方之和，可得到一个新的自然数；然后对这个新自然数，再按上述方法求数码平方之和……如此继续运算下去，历经有限几步所算出的最终结果，若不是被吸入"黑洞1"，则就必定卷进如下一个"八数魔环"：

"4 → 16 → 37 → 58 → 89 → 145 → 42 → 20 → 4"。

这是由8个数构成的一个数码平方和"魔环"。不同的自然数按上述方法运算，可能以这8个特定数中不同的某个数为切入口，一旦卷进去了就都始终在"魔环"内按序循环，再也无法跳出来了。这一数字"魔环"，好比我国古代神话小说《封神演义》中诸路神仙、妖魔手持的法宝，如"乾坤袋""招魂伞"之类的宝贝，法力无边、神通广大。

在13阶幻方1～169自然数列范围内，据检索：可进入数码平方和"魔环"的有57个数（峰值不超过"169"），通过7个魔数切入口以3条路径而进入"魔环"（图20.58）。

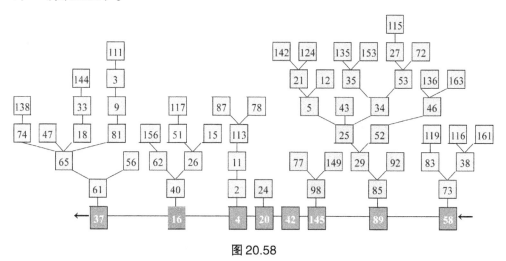

图20.58

如图20.59所示，在13阶幻方的1～169自然数列范围内，据检索：另有15个自然数，各按"数码平方和"算法经几步计算，都将直接归缩于万劫不复的黑洞"1"。

如图20.60所示，我把数码平方和的"黑洞1"与"八数魔环"都贴上了一幅 13 阶幻方（幻和"1105"），并标示了从 5 个不同切入口卷进"魔环"的 48 个自然数及其按上述方法运算的各条路径（由连线标示）。这 5 个切入口是："89""37""16""4""145"。同时，这幅 13 阶幻方标示了通过"10"与"100"两个窗口跳进"黑洞 1"的共 15 个自然数（由深色框标示），它们以国际象棋马步方式连接。

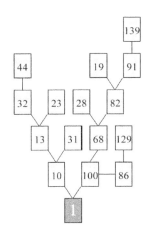

图 20.59

22	49	66	96	104	165	132	169	103	109	6	67	17
76	70	99	97	102	115	151	101	63	57	44	36	94
95	135	51	73	27	60	142	124	48	39	83	119	110
125	139	35	53	7	12	21	121	136	32	117	157	150
50	153	152	34	38	5	148	46	163	108	23	131	54
91	8	19	164	25	166	52	161	13	147	118	30	111
105	41	140	43	114	29	116	92	123	31	138	130	3
80	82	120	28	128	167	85	10	47	134	74	9	141
55	59	93	77	98	145↓	←89	←58	122	65	81	90	73
146	143	68	149	112	42↓	1	137	61	158	18	106	64
129	133	24	127	100	20→	4→	↑16	160	56	159	33	144
86	14	84	78	137	168	2	155	40	107	88	71	75
45	79	154	87	113	11	162	15	26	62	156	126	69

图 20.60

总之，学习自然数的数码平方和"魔环"数学知识，与幻方游戏两不误，这就是幻方精品设计中的乐趣。

分形幻方

19世纪富有冒险精神的少数几位数学家，创作了一些形状稀奇古怪的曲线或图案，如著名的"科克雪花"（周长趋于无穷大）、"谢尔宾斯基三角"（面积趋于零）、"皮埃诺曲线"（充满正方形空间）等。在伯诺瓦·曼德布罗于20世纪70年代开拓分形理论之前，它们都被视之为"怪物""病态"曲线，且认为是不值得研究的，因而一度被打入冷宫。然而，分形思想的光辉，终究冲破曲线一维性的直觉观念，展现了数学领域一个新的分支。分形呈现无穷变化的几何形状，因而能描述、测量不属于欧几里得几何学研究对象的自然现象与各种复杂物体。分形理论奥妙无穷，吸引着越来越多学者的深入探讨，并不断地发现分形几何的新用途，其应用几乎遍及天文、地理、气象、生态、医学等各学科。

分形几何对于非数学专业的幻方爱好者而言，乃是比较陌生的一门前沿学科。但大多数幻方爱好者可能都做过如下作业：在把玩幻方作品过程中总要把它从头至尾按数序连线，以求寻找、欣赏幻方数字排列结构之精彩。在一般情况下，寓于幻方中简洁、优美的 1 至 n^2 自然数列一笔连线图案，可用"可遇而不可求"来形容。因此，当我见到皮埃诺曲线时，眼前一亮，直觉告诉我：这就是我一直在苦苦寻找的最优美的幻方曲线。于是，我把分形曲线引入完全幻方领域，取得了成功，我称之为分形完全幻方。

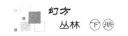

皮埃诺分形曲线合成完全幻方

一、奇妙的分形曲线

分形曲线的首创者是意大利数学家皮埃诺（Giusepp Peane），他于 1890 年制作了一条能够以"自我复制"方式填满空间的连续曲线，其基本结构与性质特点：①任何部分与整体相似，可重复应用同一个规则连续不断地无限再生；②分布匀质、对称、有序，平面分形曲线具有二度空间的几何性质（图 21.1）。

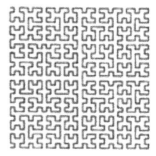

图 21.1

这与传统的一维性曲线完全不同，当初人们称之为"怪物""变态"曲线，半个世纪后数学家们开始认识到它包含着一门崭新的分形几何学科。

皮埃诺曲线片段是填满 2×2 正方形的"O"式定位曲线（图 21.2）。这个基本片段以一定的规则"自我复制"，在 4×4 正方形中生成了一个初具形态的分形单元（图 21.3）。然后，我以"1～16"自然数列按图 21.3 所示代入，建立了一个 4 阶数学模型：它的 4 行等和；4 列对称互补；8 条左、右泛对角线对称互补。

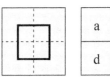

图 21.2

由此可知，"等和"或"互补"关系是皮埃诺曲线的组合规则，它与幻方行、列、对角线建立等和平衡关系的组合法则相通，这一点令人惊喜。于是，我脑子里闪过一个念头：能否将奇妙的皮埃诺曲线引入完全幻方领域中来呢？这是一个具有挑战性的问题。

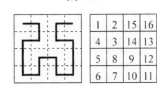

图 21.3

二、16 阶"皮埃诺曲线"完全幻方

我运用具有强大最优化组合功能的"互补—模拟"构图法，成功地合成了一幅 16 阶"皮埃诺曲线"完全幻方，其泛幻和"2056"（图 21.4）。让古老的幻方形式，表现数学前沿的分形图案，自得其乐。

从这幅 16 阶完全幻方化简形式——"商—余"正交方阵分析，它的微观结构为非逻辑规则编码，因而属于"不规则"完全幻方范畴。而本文证明："不规则"完全幻方是一个相对概念，完全幻方的组合规则具有多样性，除"逻辑规则"外，还存在其他规则，如"分形规则"等。我预言：完全幻方的"不规则"概念，终将随着更多其他规则的发现而被废弃。

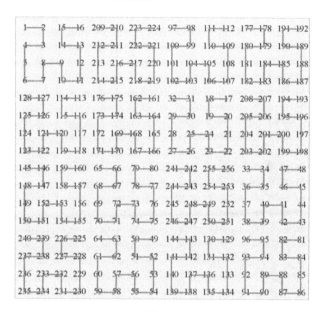

图 21.4

三、32 阶 "皮埃诺曲线" 完全幻方

皮埃诺曲线是一条充满空间、可连续 "自我复制" 的生长曲线，其任何部分与整体相似。8×8 正方形是具有完整形态的皮埃诺曲线单元，若将 "1 ~ 64" 自然数列代入，则可得皮埃诺曲线 8 阶数学模型（图 21.5），基本组合性质如下：8 行对称互补，8 列之和等于 "260"，左、右 2 条泛对角线对称互补。由此可知，这与 4 阶皮埃诺曲线的数学性质相似，体现了 "自我复制" 分形原则。

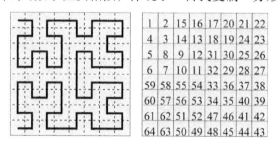

图 21.5

现以皮埃诺曲线的 8 阶数学模型为基本单元，采用最优化 "互补—模拟" 合成法，构造了一幅 32 阶 "皮埃诺曲线" 完全幻方，其泛幻和 "16400"（图 21.6）。

449	450	463	464	465	468	469	470	704	703	690	689	688	685	684	683	896	895	882	881	880	877	876	875	1	2	15	16	17	20	21	22
452	451	462	461	466	467	472	471	701	702	691	692	687	686	681	682	893	894	883	884	879	878	873	874	4	3	14	13	18	19	24	23
453	456	457	460	479	478	473	474	700	697	696	693	674	675	680	679	892	889	888	885	866	867	872	871	5	8	9	12	31	30	25	26
454	455	458	459	480	477	476	475	699	698	695	694	673	676	677	678	891	890	887	886	865	864	869	870	6	7	10	11	32	29	28	27
507	506	503	502	481	484	485	486	646	647	650	651	672	669	668	667	838	839	842	843	864	861	860	859	59	58	55	54	33	36	37	38
508	505	504	501	482	483	488	487	645	648	649	652	671	670	665	666	837	840	841	844	863	862	857	858	60	57	56	53	34	35	40	39
509	510	499	500	495	494	489	490	644	643	654	653	658	659	664	663	836	835	846	845	850	851	856	855	61	62	51	52	47	46	41	42
512	511	498	497	496	493	492	491	641	642	655	656	657	660	661	662	833	834	847	848	849	852	853	854	64	63	50	49	48	45	44	43
769	770	783	784	785	788	789	790	128	127	114	113	112	109	108	107	448	447	434	433	432	429	428	427	705	706	719	720	721	724	725	726
772	771	782	781	786	787	792	791	125	126	115	116	111	110	105	106	445	446	435	436	431	430	425	426	708	707	718	717	722	723	728	727
773	776	777	780	799	798	793	794	124	121	120	117	98	99	104	103	444	441	440	437	418	419	424	423	709	712	713	716	735	734	729	730
774	775	778	779	800	797	796	795	123	122	119	118	97	100	101	102	443	442	439	438	417	420	421	422	710	711	714	715	736	733	732	731
827	826	823	822	801	804	805	806	70	71	74	75	96	93	92	91	390	391	394	395	416	413	412	411	763	762	759	758	737	740	741	742
828	825	824	821	802	803	808	807	69	72	73	76	95	94	89	90	389	392	393	396	415	414	409	410	764	761	760	757	738	739	744	743
829	830	819	820	815	814	809	810	68	67	78	77	82	83	88	87	388	387	398	397	402	403	408	407	765	766	755	756	751	750	745	746
832	831	818	817	816	813	812	811	65	66	79	80	81	84	85	86	385	386	399	400	401	404	405	406	768	767	754	753	752	749	748	747
129	130	143	144	145	148	149	150	1024	1023	1010	1009	1008	1005	1004	1003	576	575	562	561	560	557	556	555	321	322	335	336	337	340	341	342
132	131	142	141	146	147	152	151	1021	1022	1011	1012	1007	1006	1001	1002	573	574	563	564	559	558	553	554	324	323	334	333	338	339	344	343
133	136	137	140	159	158	153	154	1020	1017	1016	1013	994	995	1000	999	572	569	568	565	546	547	552	551	325	328	329	332	351	350	345	346
134	135	138	139	160	157	156	155	1019	1018	1015	1014	993	996	997	998	571	570	567	566	545	548	549	550	326	327	330	331	352	349	348	347
187	186	183	182	161	164	165	166	966	967	970	971	992	989	988	987	518	519	522	523	544	541	540	539	379	378	375	374	353	356	357	358
188	185	184	181	162	163	168	167	965	968	969	972	991	990	985	986	517	520	521	524	543	542	537	538	380	377	376	373	354	355	360	359
189	190	179	180	175	174	169	170	964	963	974	973	978	979	984	983	516	515	526	525	530	531	536	535	381	382	371	372	367	366	361	362
192	191	178	177	176	173	172	171	961	962	975	976	977	980	981	982	513	514	527	528	529	532	533	534	384	383	370	369	368	365	364	363
577	578	591	592	593	596	597	598	320	319	306	305	304	301	300	299	256	255	242	241	240	237	236	235	897	898	911	912	913	916	917	918
580	579	590	589	594	595	600	599	317	318	307	308	303	302	297	298	253	254	243	244	239	238	233	234	900	899	910	909	914	915	920	919
581	584	585	588	607	606	601	602	316	313	312	309	290	291	296	295	252	249	248	245	226	227	232	231	901	904	905	908	927	926	921	922
582	583	586	587	608	605	604	603	315	314	311	310	289	292	293	294	251	250	247	246	225	228	229	230	902	903	906	907	928	925	924	923
635	634	631	630	609	612	613	614	262	263	266	267	288	285	284	283	198	199	202	203	224	221	220	219	955	954	951	950	929	932	933	934
636	633	632	629	610	611	616	615	261	264	265	268	287	286	281	282	197	200	201	204	223	222	217	218	956	953	952	949	930	931	936	935
637	638	627	628	623	622	617	618	260	259	270	269	274	275	280	279	196	195	206	205	210	211	216	215	957	958	947	948	943	942	937	938
640	639	626	625	624	621	620	619	257	258	271	272	273	276	277	278	193	194	207	208	209	212	213	214	960	959	946	945	944	941	940	939

图 21.6

工字分形曲线合成完全幻方

一、"O"式工字分形曲线

在 2×2 正方形中，皮埃诺曲线的基本片段为"O"式定位，尚未成形，若改变"自我复制"方法，则可产生不同形状的分形图案。如图 21.7 左所示，这是一个"O"式工字分形曲线，构成了"哈密顿"回路，并与皮埃诺 4 阶分形图案的形态特征有明显区别。触类旁通，举一反三，以"O"式定位之片段，可创作出更多变化的分形图案。

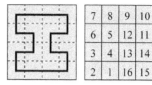

当将 1～16 自然数列按序代入，即得一个 4 阶工字数学模型（图 21.7 右），其基本组合性质：① 4 行等和；② 4 列对称互补；③ 8 条左、右泛对角线对称互补。它与皮埃诺曲线为同一组合法则，所不同的只是具体的互补关系数值。

图 21.7

二、16 阶"工字曲线"完全幻方

若以此 4 阶工字数学模型为蓝本，采用最优化"互补—模拟"合成构图法，即可制作一幅 16 阶"工字分形曲线"16 阶完全幻方，泛幻和"2056"（图 21.8）。其 16 个 4 阶单元之和等差，工字曲线排序整齐划一，结构与造型简洁、优美。因此，分形完全幻方是"不规则"，是完全幻方中的精品。

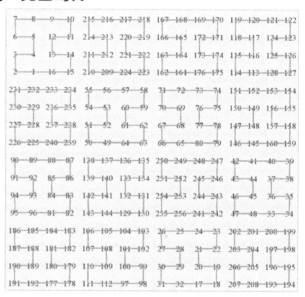

图 21.8

据研究，"O"式工字分形曲线的连续数描述，可从任何一个位置出发，所得 4 阶工字数学模型，能构造大量的 16 阶"工字分形曲线"完全幻方。

三、32 阶"工字曲线"完全幻方

"O"式定位片段的"自我复制"规则：一步一格，不跳格、不交叉、不漏格、不重格，贯通全盘空间。图 21.9 是以个体"分裂"的方式分形，从而再生一条充满 64 格的"O"式分形曲线。若以"1～64"数列描述（图 21.10），其组合性质与皮埃诺曲线有异曲同工之妙。

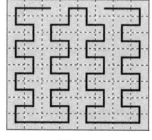

图 21.9

16	17	18	19	46	47	48	49
15	14	21	20	45	44	51	50
12	13	22	23	42	43	52	53
11	10	25	24	41	40	55	54
8	9	26	27	38	39	56	57
7	6	29	28	37	36	59	58
4	5	30	31	34	35	60	61
3	2	1	32	33	64	63	62

图 21.10

现以图 21.10 所示 8 阶工字分形数阵为蓝本，采用最优化"互补—模拟"合成构图方法，即可构造一幅 32 阶"工字分形曲线"完全幻方，其泛幻和"16400"（图 21.11）。

720	721	722	723	750	751	752	753	784	785	786	787	814	815	816	817	464	465	466	467	494	495	496	497	16	17	18	19	46	47	48	49
719	718	725	724	749	748	755	754	783	782	789	788	813	812	819	818	463	462	469	468	493	492	499	498	15	14	21	20	45	44	51	50
716	717	726	727	746	747	756	757	780	781	790	791	810	811	820	821	460	461	470	471	490	491	500	501	12	13	22	23	42	43	52	53
715	714	729	728	745	744	759	758	779	778	793	792	809	808	823	822	459	458	473	472	489	488	503	502	11	10	25	24	41	40	55	54
712	713	730	731	742	743	760	761	776	777	794	795	806	807	824	825	456	457	474	475	486	487	504	505	8	9	26	27	38	39	56	57
711	710	733	732	741	740	763	762	775	774	797	796	805	804	827	826	455	454	477	476	485	484	507	506	7	6	29	28	37	36	59	58
708	709	734	735	738	739	764	765	772	773	798	799	802	803	828	829	452	453	478	479	482	483	508	509	4	5	30	31	34	35	60	61
707	706	705	736	737	768	767	766	771	770	769	800	801	832	831	830	451	450	449	480	481	512	511	510	3	2	1	32	33	64	63	62
433	432	431	430	403	402	401	400	113	112	111	110	83	82	81	80	689	688	687	686	659	658	657	656	881	880	879	878	851	850	849	848
434	435	428	429	404	405	398	399	114	115	108	109	84	85	78	79	690	691	684	685	660	661	654	655	882	883	876	877	852	853	846	847
437	436	427	426	407	406	397	396	117	116	107	106	87	86	77	76	693	692	683	682	663	662	653	652	885	884	875	874	855	854	845	844
438	439	424	425	408	409	394	395	118	119	104	105	88	89	74	75	694	695	680	681	664	665	650	651	886	887	872	873	856	857	842	843
441	440	423	422	411	410	393	392	121	120	103	102	91	90	73	72	697	696	679	678	667	666	649	648	889	888	871	870	859	858	841	840
442	443	420	421	412	413	390	391	122	123	100	101	92	93	70	71	698	699	676	677	668	669	646	647	890	891	868	869	860	861	838	839
445	444	419	418	415	414	389	388	125	124	99	98	95	94	69	68	701	700	675	674	671	670	645	644	893	892	867	866	863	862	837	836
446	447	448	417	416	385	386	387	126	127	128	97	96	65	66	67	702	703	704	673	672	641	642	643	894	895	896	865	864	833	834	835
528	529	530	531	558	559	560	561	976	977	978	979	1006	1007	1008	1009	272	273	274	275	302	303	304	305	208	209	210	211	238	239	240	241
527	526	533	532	557	556	563	562	975	974	981	980	1005	1004	1011	1010	271	270	277	276	301	300	307	306	207	206	213	212	237	236	243	242
524	525	534	535	554	555	564	565	972	973	982	983	1002	1003	1012	1013	268	269	278	279	298	299	308	309	204	205	214	215	234	235	244	245
523	522	537	536	553	552	567	566	971	970	985	984	1001	1000	1015	1014	267	266	281	280	297	296	311	310	203	202	217	216	233	232	247	246
520	521	538	539	550	551	568	569	968	969	986	987	998	999	1016	1017	264	265	282	283	294	295	312	313	200	201	218	219	230	231	248	249
519	518	541	540	549	548	571	570	967	966	989	988	997	996	1019	1018	263	262	285	284	293	292	315	314	199	198	221	220	229	228	251	250
516	517	542	543	546	547	572	573	964	965	990	991	994	995	1020	1021	260	261	286	287	290	291	316	317	196	197	222	223	226	227	252	253
515	514	513	544	545	576	575	574	963	962	961	992	993	1024	1023	1022	259	258	257	288	289	320	319	318	195	194	193	224	225	256	255	254
369	368	367	366	339	338	337	336	177	176	175	174	147	146	145	144	625	624	623	622	595	594	593	592	945	944	943	942	915	914	913	912
370	371	364	365	340	341	334	335	178	179	172	173	148	149	142	143	626	627	620	621	596	597	590	591	946	947	940	941	916	917	910	911
373	372	363	362	343	342	333	332	181	180	171	170	151	150	141	140	629	628	619	618	599	598	589	588	949	948	939	938	919	918	909	908
374	375	360	361	344	345	330	331	182	183	168	169	152	153	138	139	630	631	616	617	600	601	586	587	950	951	936	937	920	921	906	907
377	376	359	358	347	346	329	328	185	184	167	166	155	154	137	136	633	632	615	614	603	602	585	584	953	952	935	934	923	922	905	904
378	379	356	357	348	349	326	327	186	187	164	165	156	157	134	135	634	635	612	613	604	605	582	583	954	955	932	933	924	925	902	903
381	380	355	354	351	350	324	325	189	188	163	162	159	158	133	132	637	636	611	610	607	606	581	580	957	956	931	930	927	926	901	900
382	383	384	353	352	321	322	323	190	191	192	161	160	129	130	131	638	639	640	609	608	577	578	579	958	959	960	929	928	897	898	899

图21.11

　　"O"式"工字分形曲线"的创作成功,充分说明:初始形态的"O"式定位片段,尚未定型,在遵守分形曲线"自我复制"的规则下,存在可变的分形方法与复制状态。这一点认知,将为"O"式分形曲线完全幻方设计,开拓了一条宽广的创作新路子。

　　例如,我在"汉字入幻"中:创作的"王"字幻方、"山"字幻方、"出"字幻方、"正"字幻方等,都以空心字方式体一笔连通"正方单元"空间,其"O"式定位片段的"自我复制"表现了多种多样的分形状态。总而言之,一种"分形碎片"连续不断的复制与再生设计,乃是创作分形完全幻方取之不尽、用之不竭的源泉。

螺旋分形曲线合成完全幻方

一、"O"式螺旋分形曲线

螺旋分形曲线亦称螺旋自然方阵，按旋转方向可分为左旋曲线与右旋曲线；按数字代入起点可分为内旋曲线与外旋曲线。从基本造型特点而言，螺旋分形曲线随着空间扩大，"O"式片段一圈又一圈旋转而整体膨大。这是"O"式定位片段保持原形特征的一种放大式分形方法，即由一头按单向方式"自我复制"。螺旋分形曲线，犹如中国的盘龙造型，富于动感。

（一）奇数阶螺旋分形曲线

图 21.12 是一个 3×3 螺旋分形曲线，若以"1～9"自然数列描述，可得一个 3 阶"乱数"方阵。

图 21.13 是一个 5×5 螺旋分形曲线，代入数字也得一个"乱数"方阵。

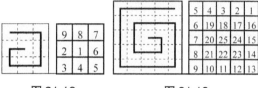

图21.12　　　　图21.13

（二）偶数阶螺旋分形曲线

图 21.14 是一个 4×4 螺旋曲线，若以"1～16"自然数列描述，可得一个 4 阶"乱数"方阵。

图 21.15 是一个 6×6 螺旋曲线，代入数字得一个 6 阶"乱数"方阵。

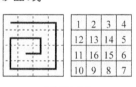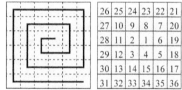

图21.14　　　　图21.15

二、螺旋分形曲线合成完全幻方

以 3 阶、4 阶、5 阶、6 阶螺旋分形曲线及 4 个"乱数"方阵为基本单元，采用最优化"互补—模拟"合成构图方法，各制作一幅完全幻方。

图 21.16 是一幅 12 阶螺旋分形曲线完全幻方，其泛幻和"870"。

图 21.17 是一幅 16 阶螺旋分形曲线完全幻方，其泛幻和"2056"。

72	71	70	91	92	93	124	123	122	3	4	5
65	64	69	98	99	94	125	126	121	2	1	6
66	67	68	97	96	95	118	119	120	9	8	7
109	110	111	18	17	16	57	58	59	106	105	104
116	117	112	11	10	15	56	55	60	107	108	103
115	114	113	12	13	14	63	62	61	100	101	102
21	22	23	142	141	140	73	74	75	54	53	52
20	19	24	143	144	139	80	81	76	47	46	51
27	26	25	136	137	138	79	78	77	48	49	50
88	87	86	39	40	41	36	35	34	127	128	129
89	90	85	38	37	42	29	28	33	134	135	130
82	83	84	45	44	43	30	31	32	133	132	131

12 阶"螺旋曲线"完全幻方

图 21.16

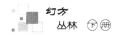
图 21.18 是一幅 20 阶螺旋分形曲线完全幻方，其泛幻和"4010"。

图 21.19 是一幅 24 阶螺旋分形曲线完全幻方，其泛幻和"6924"。

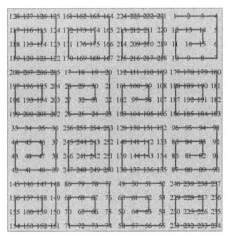

16 阶"螺旋曲线"完全幻方

图 21.17

20 阶"螺旋曲线"完全幻方

图 21.18

5	4	3	2	1	371	372	373	374	375	230	229	228	227	226	196	197	198	199	200
6	19	18	17	16	370	357	358	359	360	231	244	243	242	241	195	182	183	184	185
7	20	24	23	15	369	356	351	352	361	232	245	250	249	240	194	181	176	177	186
8	21	22	23	14	368	355	354	353	362	233	246	247	248	239	193	180	179	178	187
9	10	11	12	13	367	366	365	364	363	234	235	236	237	238	192	191	190	189	188
330	329	328	327	326	96	97	98	99	100	105	104	103	102	101	271	272	273	274	275
331	344	343	342	341	95	82	83	84	85	106	119	118	117	116	270	257	258	259	260
332	345	350	349	340	94	81	76	77	86	107	120	125	124	115	269	256	251	252	261
333	346	347	348	339	93	80	79	78	87	108	121	122	123	114	268	255	254	253	262
334	335	336	337	338	92	91	90	89	88	109	110	111	112	113	267	266	265	264	263
171	172	173	174	175	205	204	203	202	201	396	397	398	399	400	30	29	28	27	26
170	157	158	159	160	206	219	218	217	216	395	382	383	384	385	31	44	43	42	41
169	156	151	152	161	207	220	225	224	215	394	381	376	377	386	32	45	50	49	40
168	155	154	153	162	208	221	222	223	214	393	380	379	378	387	33	46	47	48	39
167	166	165	164	163	209	210	211	212	213	392	391	390	389	388	34	35	36	37	38
296	297	298	299	300	130	129	128	127	126	71	72	73	74	75	305	304	303	302	301
295	282	283	284	285	131	144	143	142	141	70	57	58	59	60	306	319	318	317	316
294	281	276	277	286	132	145	150	149	140	69	56	51	52	61	307	320	325	324	315
293	280	279	278	287	133	146	147	148	139	68	55	54	53	62	308	321	322	323	314
292	291	290	289	288	134	135	136	137	138	67	66	65	64	63	309	310	311	312	313

26	25	24	23	22	21	263	264	265	266	267	268	458	457	456	455	454	453	407	408	409	410	411	412
27	10	9	8	7	20	262	279	280	281	282	269	459	442	441	440	439	452	406	423	424	425	426	413
28	11	2	1	6	19	261	278	287	288	283	270	460	443	434	433	438	451	405	422	431	432	427	414
29	12	3	4	5	18	260	277	286	285	284	271	461	444	435	436	437	450	404	421	430	429	428	415
30	13	14	15	16	17	259	276	275	274	273	272	462	445	446	447	448	449	403	420	419	418	417	416
31	32	33	34	35	36	258	257	256	255	254	253	463	464	465	466	467	468	402	401	400	399	398	397
530	529	538	527	526	525	335	336	337	338	339	340	98	97	96	95	94	93	191	192	193	194	195	196
531	514	513	512	511	524	334	351	352	353	354	341	99	82	81	80	79	92	190	207	208	209	210	197
532	515	506	505	510	523	333	350	359	360	355	342	100	83	74	73	78	91	189	206	215	216	211	198
533	516	507	508	509	522	332	349	358	357	356	343	101	84	75	76	77	90	188	205	214	213	212	199
534	517	518	519	520	521	331	348	347	346	345	344	102	85	86	87	88	89	187	204	203	202	201	200
535	536	537	538	539	540	330	329	328	327	326	325	103	104	105	106	107	108	186	185	184	183	182	181
119	120	121	122	123	124	170	169	168	167	166	165	551	552	553	554	555	556	314	313	312	311	310	309
118	135	136	137	138	125	171	154	153	152	151	164	550	567	568	569	570	557	315	298	297	296	295	308
117	134	143	144	139	126	172	155	146	145	150	163	549	566	575	576	571	558	316	299	290	289	294	307
116	133	142	141	140	127	173	156	147	148	149	162	548	565	574	573	572	559	317	300	291	292	293	306
115	132	131	130	129	128	174	157	158	159	160	161	547	564	563	562	561	560	318	301	302	303	304	305
114	113	112	111	110	109	175	176	177	178	179	180	546	545	544	543	542	541	319	320	321	322	323	324
479	480	481	482	483	484	386	385	384	383	382	381	47	48	49	50	51	52	242	241	240	239	238	237
478	495	496	497	498	485	387	370	369	368	367	380	46	63	64	65	66	54	243	226	225	224	223	236
477	494	503	504	499	486	388	371	362	361	366	379	45	62	71	72	67	54	244	227	218	217	222	235
476	493	502	501	500	487	389	372	363	364	365	378	44	61	70	69	68	55	245	228	219	220	221	234
475	492	491	490	489	488	390	373	374	375	376	377	43	60	59	58	57	56	246	229	230	231	232	233
474	473	472	471	470	469	391	392	393	394	395	396	42	41	40	39	38	37	247	248	249	250	251	252

24 阶"螺旋曲线"完全幻方

图 21.19

弹簧分形曲线合成完全幻方

一、"O"式弹簧分形曲线

弹簧分形曲线，俗称S形曲线（亦即"逆向"自然方阵），乃为"O"式定位片段的另一种"自我复制"状态。按相邻行（或相邻列）弯曲方向可分为：左弯曲线或右弯曲线；横弯曲线或纵弯曲线。S形分形曲线普遍存在于3阶、4阶……各种阶次领域，其基本的形态特点：两头在外，弯弯曲曲，犹如中国的飞龙造型，腾云驾雾，非常灵活。

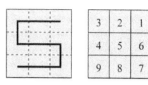

图 21.20

图 21.21

图 21.20 左是一个左向3阶S形曲线。如图 21.21 所示为一个右向4阶S形曲线。它们以自然数列描述，具有如下共同的结构特点：即对称行或对称列都具有"自互补"关系。奇、偶阶的差别在于：奇数阶S形曲线为全中心对称结构，而偶数阶S形曲线为全横轴对称结构。

二、弹簧分形曲线合成完全幻方

现以上述3阶、4阶S形曲线数阵为蓝本，采用最优化"互补—模拟"合成构图方法，分别制作一幅12阶"S形曲线"完全幻方，其泛幻和等于"870"（图 21.22）；另一幅16阶完全幻方，其泛幻和等于"2056"（图 21.23）。

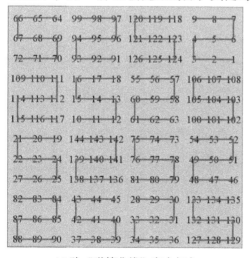

12阶"弹簧曲线"完全幻方

图 21.22

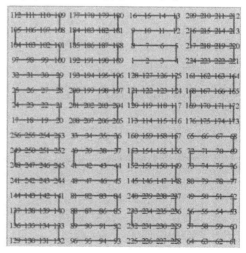

16阶"弹簧曲线"完全幻方

图 21.23

综上所述，初始形态的"O"式定位片段，因其"自我复制"的方式不同，表现为分形的几何形状差别。据研究，"自我复制"的基本方式有两种情况：其一，裂变式"自我复制"，即"O"式片段犹如细胞分裂一样，一变二、二变四……复制出许多相同的"O"式片段个体，如皮埃诺曲线、工字分形曲线等；其二，放大式"自我复制"，即"O"式片段按比例不断地自我膨胀，如螺旋分形曲线、S分形曲线等，都符合分形规则。

绞丝分形曲线合成完全幻方

一、X式绞丝分形曲线

绞丝分形曲线源于 2×2 单元的对角线定位，即 X 式定位片段（图 21.24）。它与 O 式定位有所不同，出现了以交叉为特征的形状，但这种交叉曲线在充满 2 阶空间过程中，并没有引起跳格或相重情况，因此交叉曲线仍然符合分形概念。

a	c
d	b

图 21.24

X 式定位片段，在 4×4 空间的"自我复制"形成初具形态的绞丝分形曲线。由于复制方式：线段走向与路径不同，会产生不同形状的分形曲线。

如图 21.25 所示，以 4 阶两条主对角线为一个大"X"造型，两厢通过 4 个小"△"连接，而构成填满 4×4 空间的一款 X 式分形曲线，这是属于"X"个体自我"放大"式的分形方式。

3	1	16	14
2	4	13	15
10	12	5	7
11	9	8	6

图 21.25

如图 21.26 所示，这是 2 阶 X 式定位片段，以细胞"分裂"方式的"自我复制"，为充满 4×4 空间的另一款 X 式分形曲线。

5	4	13	12
3	6	11	14
7	2	15	10
1	8	9	16

图 21.26

这两款 X 式分形曲线，以 1～16 自然数列按序描述，所得两个 4 阶数阵的共同特点：4 行等和，4 列与 2 条主对角线之和互补，故为全轴对称 4 阶"半"行列图。

二、16 阶"绞丝曲线"完全幻方

采用最优化"互补—模拟"合成方法，图 21.25、图 21.26 两款 X 式绞丝分形曲线的 4 阶数阵，都可制作 16 阶绞丝分形曲线完全幻方（图 21.27、图 21.28）。

99	97	112	110	179	177	192	190	3	1	16	14	211	209	224	222
98	100	169	111	178	180	159	191	2	4	15	13	210	212	221	223
106	158	101	103	186	158	181	193	10	12	5	7	218	220	213	215
167	105	164	162	187	185	184	182	11	9	6	8	219	217	216	214
30	32	17	19	206	208	193	195	126	128	113	115	174	176	161	163
31	29	20	18	207	205	196	194	127	123	116	114	175	173	164	162
23	21	28	26	199	197	204	202	117	124	121	167	165	172	170	
22	24	25	27	198	200	201	203	128	121	166	168	169	171		
243	241	256	254	35	33	48	46	147	145	160	158	67	65	80	78
242	244	253	255	34	36	45	47	146	148	157	159	66	68	77	79
250	252	245	247	42	44	37	39	154	156	149	151	74	76	69	71
251	249	248	246	43	41	40	38	155	153	152	150	75	73	72	70
142	144	129	131	94	96	81	83	238	240	225	227	62	64	49	51
143	141	132	130	95	93	84	82	239	237	228	226	63	61	52	50
135	133	140	138	87	85	92	90	231	229	236	234	55	53	60	58
134	136	137	139	86	88	91	89	230	232	233	235	54	56	57	59

图 21.27

5	4	13	12	124	125	116	117	197	196	205	204	188	189	180	181
3	6	11	14	126	123	118	115	195	198	203	206	190	187	182	179
7	2	15	10	122	127	114	119	199	194	207	202	186	191	178	183
1	8	9	16	128	121	120	113	193	200	201	208	192	185	184	177
229	228	237	236	156	157	148	149	37	36	45	44	92	93	84	85
227	230	235	238	158	155	150	147	35	38	43	46	94	91	86	83
231	226	239	234	154	159	146	151	39	34	47	42	90	95	82	87
225	232	233	240	160	153	152	145	33	40	41	48	96	89	88	81
60	61	52	53	69	68	77	76	252	253	244	245	133	132	141	140
62	59	54	51	67	70	75	78	254	251	246	243	131	134	139	142
58	63	50	55	71	66	79	74	250	255	242	247	135	130	143	138
64	57	56	49	65	72	73	80	256	249	248	241	129	136	137	144
220	221	212	213	165	164	173	172	28	29	20	21	101	100	109	108
222	219	214	211	163	166	171	174	30	27	22	19	99	102	107	100
218	223	210	215	167	162	175	170	26	31	18	23	103	98	111	106
224	217	216	209	161	168	169	176	32	25	24	17	97	104	105	112

图 21.28

32阶"藤蔓曲线"完全幻方

　　X式定位片段可无限分形再生。受天台"一根藤"木刻雕、石刻工艺启发，我创作了一幅8阶藤蔓分形曲线（图21.29），其图案乃为根据天台山区随处可见的"常青藤""爬山虎"等提炼的美术造型，藤蔓缠绕不绝，线条流畅，优美生动。

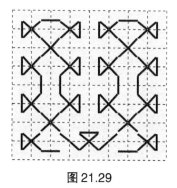

图21.29

15	17	18	20	45	47	48	50
16	14	21	19	46	44	51	49
24	22	13	11	54	52	43	41
23	25	10	12	53	55	40	42
28	26	9	7	58	56	39	37
27	29	6	8	57	59	36	38
3	5	30	32	33	35	60	62
4	2	1	31	34	64	63	61

图21.30

　　以X式藤蔓分形曲线的全轴对称8阶数阵为蓝本（图21.30），我制作了一幅32阶完全幻方（图21.31）。

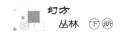
15	17	18	20	45	47	48	50	946	944	943	941	916	914	913	911	335	337	338	340	365	367	368	370	754	752	751	749	724	722	721	719
16	14	21	19	46	44	51	49	945	947	940	942	915	917	910	912	336	334	341	339	366	364	371	369	753	755	748	750	723	725	718	720
24	22	13	11	54	52	43	41	937	939	948	950	907	909	918	920	344	342	333	331	374	372	363	361	745	747	756	758	715	717	726	728
23	25	10	12	53	55	40	42	938	936	951	949	908	906	921	919	343	345	330	332	373	375	360	362	746	744	759	757	716	714	729	727
28	26	9	7	58	56	39	37	933	935	952	954	903	905	922	924	348	346	329	327	378	376	359	357	741	743	760	762	711	713	730	732
27	29	6	8	57	59	36	38	934	932	955	953	904	902	925	923	347	349	326	328	377	379	356	358	742	740	763	761	712	710	733	731
3	5	30	32	33	35	60	62	958	956	931	929	928	926	901	899	323	325	350	352	353	355	380	382	766	764	739	737	736	734	709	707
4	2	1	31	34	64	63	61	957	959	960	930	927	897	898	900	324	322	321	351	354	384	383	381	765	767	768	738	735	705	706	708
463	465	466	468	493	495	496	498	626	624	623	621	596	594	593	591	143	145	146	148	173	175	176	178	818	816	815	813	788	786	785	783
464	462	469	467	494	492	499	497	625	627	620	622	595	597	590	592	144	142	149	147	174	172	179	177	817	819	812	814	787	789	782	784
472	470	461	459	502	500	491	489	617	619	628	630	587	589	600	598	152	150	141	139	182	180	171	169	809	811	820	822	779	781	790	792
471	473	458	460	501	503	488	490	618	616	631	629	588	586	601	599	151	153	138	140	181	183	168	170	810	808	823	821	780	778	793	791
476	474	457	455	506	504	487	485	613	615	632	634	583	585	602	604	156	154	137	135	186	184	167	165	805	807	824	826	775	777	794	796
475	477	454	456	505	507	484	486	614	612	635	633	584	582	605	603	155	157	134	136	185	187	164	166	806	804	827	825	776	774	797	795
451	453	478	480	481	483	508	510	638	636	611	609	608	606	581	579	131	133	158	160	161	163	188	190	830	828	803	801	800	798	773	771
452	450	449	479	482	512	511	509	637	639	640	610	607	577	578	580	132	130	129	159	162	192	191	189	829	831	832	802	799	769	770	772
690	688	687	685	660	658	657	655	271	273	274	276	301	303	304	306	1010	1008	1007	1005	980	978	977	975	79	81	82	84	109	111	112	114
689	691	684	686	659	661	654	656	272	270	277	275	302	300	307	305	1009	1011	1004	1006	979	981	974	976	80	78	85	83	110	108	115	113
681	683	692	694	651	653	662	664	280	278	269	267	310	308	299	297	1001	1003	1012	1014	971	973	982	984	88	86	77	75	118	116	107	105
682	680	695	693	652	650	665	663	279	281	266	268	309	311	296	298	1002	1000	1015	1013	972	970	985	983	87	89	74	76	117	119	104	106
677	679	696	698	647	649	666	668	284	282	265	263	314	312	295	293	997	999	1016	1018	967	969	986	988	92	90	73	71	122	120	103	101
678	676	699	697	648	646	669	667	283	285	262	264	313	315	292	294	998	996	1019	1017	968	966	989	987	91	93	70	72	121	123	100	102
702	700	675	673	672	670	645	643	259	261	286	288	289	291	316	318	1022	1020	995	993	992	990	965	963	67	69	94	96	97	99	124	126
701	703	704	674	671	641	642	644	260	258	257	287	290	320	319	317	1021	1023	1024	994	991	961	962	964	68	66	65	95	98	128	127	125
882	880	879	877	852	850	849	847	207	209	210	212	237	239	240	242	562	560	559	557	532	530	529	527	399	401	402	404	429	431	432	434
881	883	876	878	851	853	846	848	208	206	213	211	238	236	243	241	561	563	556	558	531	533	526	528	400	398	405	403	430	428	435	433
873	875	884	886	843	845	854	856	216	214	205	203	246	244	235	233	553	555	564	566	523	525	534	536	408	406	397	395	438	436	427	425
874	872	887	885	844	842	857	855	215	217	202	204	245	247	232	234	554	552	567	565	524	522	537	535	407	409	394	396	437	439	424	426
869	871	888	890	839	841	858	860	220	218	201	199	250	248	231	229	549	551	568	570	519	521	538	540	412	410	393	391	442	440	423	421
870	868	891	889	840	838	861	859	219	221	198	200	249	251	228	230	550	548	571	569	520	518	541	539	411	413	390	392	441	443	420	422
894	892	867	865	864	862	837	835	195	197	222	224	225	227	252	254	574	572	547	545	544	542	517	515	387	389	414	416	417	419	444	446
893	895	896	866	863	833	834	836	196	194	193	223	226	256	255	253	573	575	576	546	543	513	514	516	388	386	385	415	418	448	447	445

图 21.31

32阶"发辫曲线"完全幻方

X式定位片段按"重复"方式不断自我复制，即可得形如辫子般的分形曲线（图21.32）。辫子不仅是发式，而且也是一种被广泛应用的手工编织工艺，百转千回，非常美。若有序代入数字，其8阶数阵的结构特点如下：纵轴全对称关系；每条辫子各2阶单元等和（图21.33）。若以此为构件，可构造一幅32阶"发辫分形曲线"完全幻方（图 21.34）。

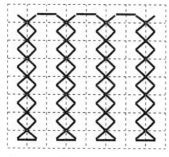

图 21.32

9	8	25	24	41	40	57	56
7	10	23	26	39	42	55	58
11	6	27	22	43	38	59	54
5	12	21	28	37	44	53	60
13	4	29	20	45	36	61	52
3	14	19	30	35	46	51	62
15	2	31	18	47	34	63	50
1	16	17	32	33	48	49	64

图 21.33

449	450	451	452	453	454	455	456	704	703	702	701	700	699	698	697	833	847	835	845	837	843	839	841	64	50	62	52	60	54	58	56
464	463	462	461	460	459	458	457	689	690	691	692	693	694	695	696	848	834	846	836	844	838	842	840	49	63	51	61	53	59	55	57
465	466	467	468	469	470	471	472	688	687	686	685	684	683	682	681	849	863	851	861	853	859	855	857	48	34	46	36	44	38	42	40
480	479	478	477	476	475	474	473	673	674	675	676	677	678	679	680	864	850	862	852	860	854	858	856	33	47	35	45	37	43	39	41
481	482	483	484	485	486	487	488	672	671	670	669	668	667	666	665	865	879	867	877	869	875	871	873	32	18	30	20	28	22	26	24
496	495	494	493	492	491	490	489	657	658	659	660	661	662	663	664	880	866	878	868	876	870	874	872	17	31	19	29	21	27	23	25
497	498	499	500	501	502	503	504	656	655	654	653	652	651	650	649	881	895	883	893	885	891	887	889	16	2	14	4	12	6	10	8
512	511	510	509	508	507	506	505	641	642	643	644	645	646	647	648	896	882	894	884	892	886	890	888	1	15	3	13	5	11	7	9
769	770	771	772	773	774	775	776	128	127	126	125	124	123	122	121	385	399	387	397	389	395	391	393	768	754	766	756	764	758	762	760
784	783	782	781	780	779	778	777	113	114	115	116	117	118	119	120	400	386	398	388	396	390	394	392	753	767	755	765	757	763	759	761
785	786	787	788	789	790	791	792	112	111	110	109	108	107	106	105	401	415	403	413	405	411	407	409	752	738	750	740	748	742	746	744
800	799	798	797	796	795	794	793	97	98	99	100	101	102	103	104	416	402	414	404	412	406	410	408	737	751	739	749	741	747	743	745
801	802	803	804	805	806	807	808	96	95	94	93	92	91	90	89	417	431	419	429	421	427	423	425	736	722	734	724	732	726	730	728
816	815	814	813	812	811	810	809	81	82	83	84	85	86	87	88	432	418	430	420	428	422	426	424	721	735	723	733	725	731	727	729
817	818	819	820	821	822	823	824	80	79	78	77	76	75	74	73	433	447	435	445	437	443	439	441	720	706	718	708	716	710	714	712
832	831	830	829	828	827	826	825	65	66	67	68	69	70	71	72	448	434	446	436	444	438	442	440	705	719	707	717	709	715	711	713
129	130	159	160	161	162	191	192	961	962	991	992	993	994	1023	1024	513	514	527	528	529	532	533	534	384	383	370	369	368	365	364	363
131	132	157	158	163	164	189	190	963	964	989	990	995	996	1021	1022	516	515	526	525	530	531	536	535	381	382	371	372	367	366	361	362
133	134	155	156	165	166	187	188	965	966	987	988	997	998	1019	1020	517	520	521	524	543	542	537	538	380	377	376	373	354	355	360	359
135	136	153	154	167	168	185	186	967	968	985	986	999	1000	1017	1018	518	519	522	523	544	541	540	539	379	378	375	374	353	356	357	358
137	138	151	152	169	170	183	184	969	970	983	984	1001	1002	1015	1016	571	570	567	566	545	548	549	550	326	327	330	331	352	349	348	347
139	140	149	150	171	172	181	182	971	972	981	982	1003	1004	1013	1014	572	569	568	565	546	547	552	551	325	328	329	332	351	350	345	346
141	142	147	148	173	174	179	180	973	974	979	980	1005	1006	1011	1012	573	574	563	564	559	558	553	554	324	323	334	333	338	339	344	343
143	144	145	146	175	176	177	178	975	976	977	978	1007	1008	1009	1010	576	575	562	561	560	557	556	555	321	322	335	336	337	340	341	342
640	639	610	609	608	607	578	577	320	319	290	289	288	287	258	257	193	194	207	208	209	212	213	214	960	959	946	945	944	941	940	939
638	637	612	611	606	605	580	579	318	317	292	291	286	285	260	259	196	195	206	205	210	211	216	215	957	958	947	948	943	942	937	938
636	635	614	613	604	603	582	581	316	315	294	293	284	283	262	261	197	200	201	204	223	222	217	218	956	953	952	949	930	931	936	935
634	633	616	615	602	601	584	583	314	313	296	295	282	281	264	263	198	199	202	203	224	221	220	219	955	954	951	950	929	932	933	934
632	631	618	617	600	599	586	585	312	311	298	297	280	279	266	265	251	250	247	246	225	228	229	230	902	903	906	907	928	925	924	923
630	629	620	619	598	597	588	587	310	309	300	299	278	277	268	267	252	249	248	245	226	227	232	231	901	904	905	908	927	926	921	922
628	627	622	621	596	595	590	589	308	307	302	301	276	275	270	269	253	254	243	244	239	238	233	234	900	899	910	909	914	915	920	919
626	625	624	623	594	593	592	591	306	305	304	303	274	273	272	271	256	255	242	241	240	237	236	235	897	898	911	912	913	916	917	918

图 21.34

24阶"锯齿分形曲线"合成完全幻方

在 2×2 单元定位中，直线与斜线非交叉连接，即 Z 式定位，形如锯齿（图 21.35），若按简单"重复"方式不断自我复制，则产生齿状分形曲线。

图 21.36 是一个 4 阶 Z 式分形曲线，其数字方阵的结构特点：各行之和相等，纵向全轴对称关系；各列奇、偶数分序。

a	b
c	d

1	2	15	16
3	4	13	14
5	6	11	12
7	8	9	10

图 21.35 　　　　　　　　　　　图 21.36

图 21.37 是一个 6 阶 Z 式分形曲线，其数字方阵结构特点：全中心对称，各行之和等差（图 21.38）。

以上述 4 阶、6 阶"Z 型"分形曲线为基本单元，采用最优化"互补—模拟"合成法，分别制作一幅 16 阶与 24 阶"齿状分形曲线"完全幻方（图 21.39、图 21.40）。

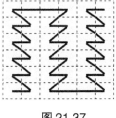

26	25	24	23	2	1
28	27	22	21	4	3
30	29	20	19	6	5
32	31	18	17	8	7
34	33	16	15	10	9
36	35	14	13	12	11

图 21.37 　　　　　　　　　　图 21.38

图 21.39

26	25	24	23	2	1	407	408	409	410	431	432	458	457	456	455	434	433	263	264	265	266	287	288
28	27	22	21	4	3	405	406	411	412	429	430	460	459	454	453	436	435	261	262	267	268	285	286
30	29	20	19	6	5	403	404	413	414	427	428	462	461	452	451	438	437	259	260	269	270	283	284
32	31	18	17	8	7	401	402	415	416	425	426	464	463	450	449	440	439	257	258	271	272	281	282
34	33	16	15	10	9	399	400	417	418	423	424	466	465	448	447	442	441	255	256	273	274	279	280
36	35	14	13	12	11	397	398	419	420	421	422	468	467	446	445	444	443	253	254	275	276	277	278
530	529	528	527	506	505	191	192	193	194	215	216	98	97	96	95	74	73	335	336	337	338	359	360
532	531	526	525	508	507	189	190	195	196	213	214	100	99	94	93	76	75	333	334	339	340	357	358
534	533	524	523	510	509	187	188	197	198	211	212	102	101	92	91	78	77	331	332	341	342	355	356
536	535	522	521	512	511	185	186	199	200	209	210	104	103	90	89	80	79	329	330	343	344	353	354
538	537	520	519	514	513	183	184	201	202	207	208	106	105	88	87	82	81	327	328	345	346	351	352
540	539	518	517	516	515	181	182	203	204	205	206	108	107	86	85	84	83	325	326	347	348	349	350
119	120	121	122	143	144	314	313	312	311	290	289	551	552	553	554	575	576	170	169	168	167	146	145
117	118	123	124	141	142	316	315	310	309	292	291	549	550	555	556	573	574	172	171	166	165	148	147
115	116	125	126	139	140	318	317	308	307	294	293	547	548	557	558	571	572	174	173	164	163	150	149
113	114	127	128	137	138	320	319	306	305	296	295	545	546	559	560	569	570	176	175	162	161	152	151
111	112	129	130	135	136	322	321	304	303	298	297	543	544	561	562	567	568	178	177	160	159	154	153
109	110	131	132	133	134	324	323	302	301	300	299	541	542	563	564	565	566	180	179	158	157	156	155
479	480	481	482	503	504	242	241	240	239	218	217	47	48	49	50	71	72	386	385	384	383	362	361
477	478	483	484	501	502	244	243	238	237	220	219	45	46	51	52	69	70	388	387	382	381	364	363
475	476	485	486	499	500	246	245	236	235	222	221	43	44	53	54	67	68	390	389	380	379	366	365
473	474	487	488	497	498	248	247	234	233	224	223	41	42	55	56	65	66	392	391	378	377	368	367
471	472	489	490	495	496	250	249	232	231	226	225	39	40	57	58	63	64	394	393	376	375	370	369
469	470	491	492	493	494	252	251	230	229	228	227	37	38	59	60	61	62	396	395	374	373	372	371

图 21.40

锯齿状分形曲线，为自然界动、植物常见的一种结构性生长规则。例如，树木的齿状叶片，大白鲨的牙齿。又如，建筑构件牢固的锯齿式榫卯结构。再如，人体解剖学发现：人的头颅顶骨，颅内矢状缝无肌肉附着，其构型的形成为单纯的齿状咬合等。

28阶"布朗曲线"完全幻方

布朗运动是1827年英国植物学罗伯特·布朗（R. Brown），在显微镜下观察花粉迸裂之微粒悬浮于水中所呈现出的随机运动。其运动方向随时改变，运动轨迹为一条不规则曲线。图21.41就是象征布朗运动轨迹的一个分形单元，由此

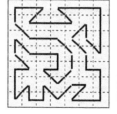

43	44	45	1	2	3	4
42	46	47	48	49	9	5
30	41	40	39	10	8	6
29	31	32	33	38	11	7
27	28	35	34	37	12	13
26	24	21	36	19	18	14
25	23	22	20	17	16	15

图 21.41

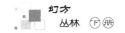

可制作最优化组合的 28 阶"布朗曲线"完全幻方（图 21.42）。

43	44	45	1	2	3	4	546	545	544	588	587	586	585	631	632	633	589	590	591	592	350	349	348	392	391	390	389
42	46	47	48	49	9	5	547	543	542	541	540	580	584	630	634	635	636	637	597	593	351	347	346	345	344	384	388
30	41	40	39	10	8	6	559	548	549	550	579	581	583	618	629	628	627	598	596	594	363	352	353	354	383	385	387
29	31	32	33	38	11	7	560	558	557	556	551	578	582	617	619	620	621	626	599	595	364	362	361	360	355	382	386
27	28	35	34	37	12	13	562	561	554	555	552	577	576	615	616	623	622	625	600	601	366	365	358	359	356	381	380
26	24	21	36	19	18	14	563	565	568	553	570	571	575	614	612	609	624	607	606	602	367	369	372	357	374	375	379
25	23	22	20	17	16	15	564	566	567	569	572	573	574	613	611	610	608	605	604	603	368	370	371	373	376	377	378
729	730	731	687	688	689	690	252	251	250	294	293	292	291	141	142	143	99	100	101	102	448	447	446	490	489	488	487
728	732	733	734	735	695	691	253	249	248	247	246	286	290	140	144	145	146	147	107	103	449	445	444	443	442	482	486
716	727	726	725	696	694	692	265	254	255	256	285	287	289	128	139	138	137	108	106	104	461	450	451	452	481	483	485
715	717	718	719	724	697	693	266	264	263	262	257	284	288	127	129	130	131	136	109	105	462	460	459	458	453	480	484
713	714	721	720	723	698	699	268	267	260	261	258	283	282	125	126	133	132	135	110	111	464	463	456	457	454	479	478
712	710	707	722	705	704	700	269	271	259	274	276	277	281	124	122	119	134	117	116	112	465	467	470	455	472	473	477
711	709	708	706	703	702	701	270	272	273	275	278	279	280	123	121	120	118	115	114	113	466	468	469	471	474	475	476
154	153	152	196	195	194	193	435	436	437	393	394	395	396	742	741	740	784	783	782	781	239	240	241	197	198	199	200
155	151	150	149	148	188	192	434	438	439	440	441	401	397	743	739	738	737	736	776	780	238	242	243	244	245	205	201
167	156	157	158	187	189	191	422	433	432	431	402	400	398	755	744	745	746	775	777	779	226	237	236	235	206	204	202
168	166	165	164	159	186	190	421	423	424	425	430	403	399	756	754	753	752	747	774	778	225	227	228	229	234	207	203
170	169	162	163	160	185	184	419	420	427	426	429	404	405	758	757	750	751	748	773	772	223	224	231	230	233	208	209
171	173	176	161	178	179	183	418	416	413	428	411	410	406	759	761	764	749	766	767	771	222	220	217	232	215	214	210
172	174	175	177	180	181	182	417	415	414	412	409	408	407	760	762	763	765	768	769	770	221	219	218	216	213	212	211
644	643	642	686	685	684	683	337	338	339	295	296	297	298	56	55	54	98	97	96	95	533	534	535	491	492	493	494
645	641	640	639	638	678	682	336	340	341	342	343	303	299	57	53	52	51	50	90	94	532	536	537	538	539	499	495
657	646	647	648	677	679	681	324	335	334	333	304	302	300	69	58	59	60	89	91	93	520	531	530	529	500	498	496
658	656	655	654	649	676	680	323	325	326	327	332	305	301	70	68	67	66	61	88	92	519	521	522	523	528	501	497
660	659	652	653	650	675	674	321	322	329	328	331	306	307	72	71	64	65	62	87	86	517	518	525	524	527	502	503
661	663	666	651	668	669	673	320	318	315	330	313	312	308	73	75	78	63	80	81	85	516	514	511	526	509	508	504
662	664	665	667	670	671	672	319	317	316	314	311	310	309	74	76	77	79	82	83	84	515	513	512	510	507	506	505

图 21.42

1968 年 Mandelbrot 和 Ness 两人，提出了一个分形布朗运动（FBM，Fractal Brown Motion）数学模型，主要应用于自然界的山脉、云层、地形地貌及模拟星球表面等不规则形状描述。布朗分形曲线入幻，乱中有治。

"O、X、Z"三式定位分形碎片

我把皮埃诺分形曲线引入幻方领域，终于打开了完全幻方迷宫深处以往从未有人触动过的一道神秘大门。在前述多篇文章中，我以子母结构方式，成功地创作了 4k 阶"分形曲线"完全幻方，在此基础上，有必要回过头去"正本溯源"，探讨分形曲线究竟存在几种基本的"碎片"？这些"碎片"如何合成"不规则"的最小分形幻方？等问题。

一、O式、Z式、X式定位"分形碎片"

在2×2单元中四数定位，无非存在"O、Z、X"三式（各有8倍"镜像"同构体）。若以"1～4"连续数代入，它们就成了三款形状最基本的"分形碎片"（图21.43）。

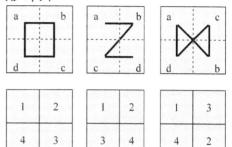

图21.43

"分形碎片"是分形的原始"细胞"，尚未复制、再生成形，按其线形结构这3款"分形碎片"的基本特征：①共同点，不重、不漏一条曲线充满2阶空间。②区别："O"式碎片为纵、横90°折线；"X"式碎片两条斜线相交；"Z"式碎片一条斜线两头与直线相连。

二、"分形碎片"合成完全幻方

所谓"分形碎片"，指"O""Z""X"各式定位在2阶单元中的一种初始状态，而以2阶"分形碎片"为基本单元，所构造的子母式完全幻方，我称之为"分形碎片"合成完全幻方。

"分形碎片"是一个"乱数"方阵，至少由16个2阶单元才能合成一幅完全幻方，因此

O式8阶完全幻方

1	2	45	46	52	51	32	31
4	3	48	47	49	50	29	30
53	54	25	26	8	7	44	43
56	55	28	27	5	6	41	42
13	14	33	34	64	63	20	19
16	15	36	35	61	62	17	18
57	58	21	22	12	11	40	39
60	59	24	23	9	10	37	38

Z式8阶完全幻方

1	2	47	48	49	50	31	32
3	4	45	46	51	52	29	30
54	53	28	27	6	5	44	43
56	55	26	25	8	7	42	41
13	14	33	34	64	63	20	19
16	15	36	35	61	62	17	18
58	57	24	23	10	9	40	39
60	59	22	21	12	11	38	37

X式8阶完全幻方

1	3	48	46	49	51	32	30
4	2	45	47	52	50	29	31
56	54	28	26	5	7	44	42
53	55	25	27	8	6	41	43
13	15	36	34	61	63	20	18
16	14	33	35	64	62	17	19
57	59	24	22	9	11	40	38
60	58	21	23	12	10	37	39

图21.44

OZ式8阶完全幻方

1	2	56	55	41	42	31	32
4	3	53	54	43	44	29	30
57	58	16	15	18	17	40	39
60	59	13	14	20	19	38	37
21	22	36	35	61	62	11	12
24	23	33	34	63	64	9	10
45	46	28	27	6	5	52	51
48	47	25	26	7	8	50	49

ZX式8阶完全幻方

1	3	56	54	41	42	31	32
4	2	53	55	43	44	29	30
57	59	16	14	18	17	40	39
60	58	13	15	20	19	38	37
21	23	36	34	61	62	11	12
24	22	33	35	63	64	9	10
45	47	28	26	6	5	52	51
48	46	25	27	8	7	50	49

OX式8阶完全幻方

1	2	56	55	41	43	32	30
4	3	53	54	44	42	29	31
57	58	16	15	17	19	40	38
60	59	13	14	20	18	37	39
21	22	36	35	61	63	12	10
24	23	33	34	64	62	9	11
45	46	28	27	5	6	52	50
48	47	25	26	8	7	49	51

图21.45

"分形碎片"合成完全幻方存在于8阶空间（图21.44、图21.45）。

顾名思义，"分形碎片"合成8阶完全幻方，所见仅仅是分形的"碎片"，并非真正意义上的"分形曲线"。但研究"分形碎片"的重要性在于：加深理解伯诺瓦·曼德布罗给出的"分形"这个词的本义。

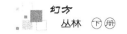
"分形曲线"模型设计

4k 阶 "分形曲线" 合成完全幻方，构图方法也已解决，主要问题是 k 阶 "分形曲线" 设计，即根据一定的分形规则，对 "O、X、Z" 三式定位 "碎片" 进行各种式样的 "自我复制"。考虑 4k 阶完全幻方篇幅不宜过大，其 k 阶分形单元可限定于 3 ～ 8 阶范围。

一、3 阶 "分形曲线" 单元

3 阶空间狭小，一线贯通九格的回旋余地不大，亦为分形的

图 21.46

初始状态，只展示 37 个分形模型，它为 "不规则" 12 阶完全幻方提供了可遵循的 "分形规则" 蓝本（图 21.46）。

二、4 阶 "分形曲线" 单元

图 21.47 展示了 30 个初具形状的 4 阶分形单元样本，有 "O、X、Z" 单一型的，也有混合型的，对于构造 16 阶 "分形曲线" 合成完全幻方而言，可谓多多益善。

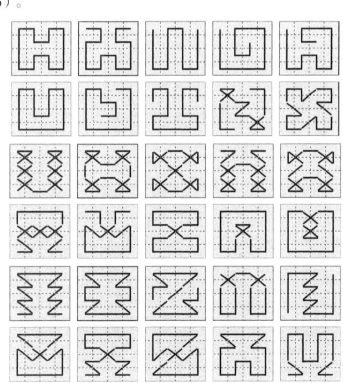

图 21.47

三、5 阶 "分形曲线" 单元

图 21.48 展示了 20 个 5 阶分形单元样本，从分形曲线两头关系区分：一种为分形回路，即两头闭合；另一种为分形曲线，或两头在外或露头藏尾或两头向内等。从分形曲线形状的规则性区分：一种为对称曲线，亦称常态曲线；另一种为不规则曲线，亦称 "布朗" 曲线，或 "变态" 曲线。它们的共同特征：一线贯通 5×5 空间，适用于构造组合式 20 阶分形完全幻方。

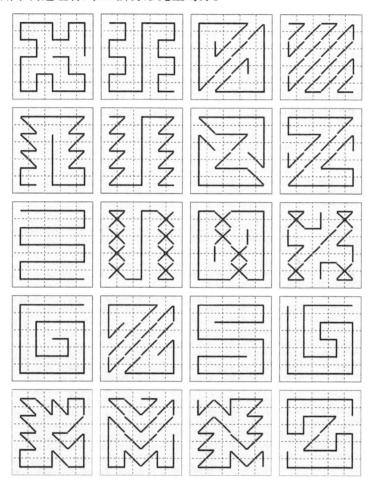

图 21.48

分形曲线形状复杂多变，其一线贯通的原则：不重、不漏、不跳格。分形曲线允许交叉（交叉点为非数位），这区别于 "后步回路" 游戏中跳格的重合或交叉连接；同时，分形曲线在连续两数之间只允许使用纵、横、斜 "直线" 连接，这与国际象棋 "王步回路" 游戏相同，但需与 "一笔画" 游戏中因造像需要允许使用特殊的 "折线" 区别开来。

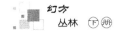

四、6阶"分形曲线"单元

图 21.49 展示了 24 个 6 阶"分形曲线"样本，适用于合成 24 阶完全幻方。尤其值得重视的是：出现了几个"空心"写法的汉字，以及一个神秘的"卍"佛符，这为"分形曲线"造字、造像提供了一种新的设计思路。

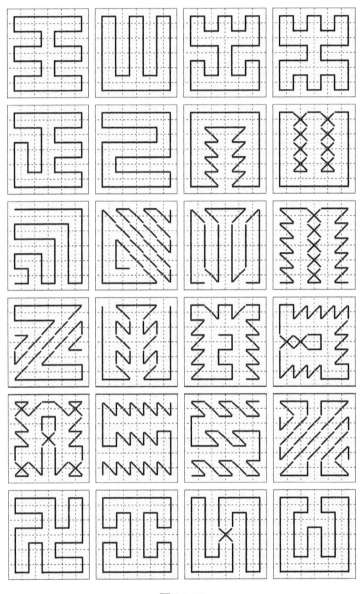

图 21.49

五、7阶"分形曲线"单元

图 21.50 展示了 15 个 7 阶"分形曲线"样本，适用于合成 28 阶完全幻方。其中有一幅命名为"钢琴协奏"，还有两幅命名为"天鹅"的分形一笔画，等等，它们将为 28 阶完全幻方"数雕艺术"创作提供精美、具有丰富想象力的构件。

图 21.50

六、8 阶"分形曲线"单元

图 21.51 展示了 15 个 8 阶分形曲线模型，线条简洁而优美，它们都可以构造子母结构式的 32 阶分形完全幻方。通过这些设计方案，主要介绍分形单元的两种"自我复制"方式。

一种是以自我"分裂"方式复制与再生，个体由"少变多"占据无限空间。其分形特点是每一个分形单元内的个体曲线形状相同。

另一种是以自我"放大"或"膨胀"方式延展与扩容，个体由"小变大"充满无限空间。其分形特点是分形单元整体化，即按比例放大。总之，随着空间的扩大，分形曲线"自我复制"的形状将变得更加丰富多彩。

图 21.51

七、"布朗运动"分形曲线

1968 年 Mandelbrot 和 Ness 两人提出了一个 FBM（Fractal Brown Motion）数学模型，他们把布朗现象（微粒悬浮在空气、水中的不规则运动）纳入到了分形理论体系之中。按我的理解：布朗曲线与分形曲线在本质方面没有原则性区别，都是关于"一线贯通"无限空间的超几何理论。但两者的概念仍然存在一定的差异之处：①再生机制差异，分形曲线强调"碎片"按一定规则"自我复制"，而布朗曲线更强调"微粒"的"随机运动"。②形态特征差异，分形曲线表现为任何部分与整体的相似性；而布朗曲线的各部分表现为更为复杂的不规则性。据此而言，分形曲线又可称为"自相似曲线"，布朗曲线则可称为"随机曲线"。这就是说，描述充满一定空间的布朗运动轨迹，其图案设计具有更大的灵活性与自由度，奇形怪状的"布朗曲线"单元同样可以最优化入幻。

"布朗运动曲线"是特殊的分形曲线，一般以"O、X、Z"式定位"碎片"的混合方式连接，因而形成比较复杂的"不规则"轨迹。

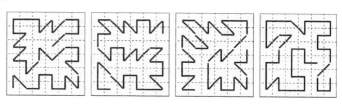

图 21.52

在上文"分形曲线"模型设计中，已展示了 5 阶、6 阶、7 阶若干"布朗运动曲线"图案。现以 6 阶为例，再做几个象征性的"布朗运动曲线"（图 21.52）。

综上所述，所谓 $4k$ 阶"分形曲线"完全幻方，乃是由 16 个 k 阶"分形曲线"单元合成的完全幻方，其构图方法已经解决，即采用构图功能强大的最优化"互补—模拟"组合技术。此法以任何性质的 k 阶分形单元，包括"乱数"单元为基本构件，都能合成 $4k$ 阶完全幻方。因而，k 阶"分形曲线"设计，乃是创作 $4k$ 阶"分形曲线"完全幻方的一个关键环节。除了 8 阶"分形碎片"完全幻方有清算任务外，其他阶次我不打算设立清算任务，因此在不计其数的 k 阶"分形曲线"单元设计中不做普查，而主要考虑图案造型的"精美、新奇、怪异"。

从"商—余"正交方阵透视，$4k$ 阶分形完全幻方都为非逻辑组合形式，都属于"不规则"完全幻方范畴。但其 16 个单元已被"分形曲线"格式化了，所以这类完全幻方的"不规则"性，已不再是一盘散沙，不再是无章可循的概念了，而摇身一变成了一线贯通各单元、严格遵守"分形"规则的有序组合体。在研究中"分形曲线"一线贯通全盘的非完全幻方已有发现，如《棋步完全幻方》栏目中介绍的几幅"8 阶王步回路幻方"等（注：王步回路就是一种分形曲线）。但一线贯通全盘的完全幻方，苦苦查找未果。我猜想：大乱大治，一线贯通全盘的完全幻方，或许隐藏于"布朗分形曲线"之中。

"二合一"分形完全幻方

图 21.53 是两个我国古典家具、用具上常见的纹饰图案或构件，经勾画变为两个精美的 8 阶分形曲线，若选择一个合适的起始点，按序代入连续数字，则会变成两个数阵单元，然后采用最优化

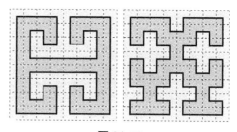

图 21.53

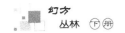

"互补—模拟"构图法，即可制作一幅"二合一"32 阶分形完全幻方，其泛幻和"16400"（图 21.54）。

388	387	386	385	430	429	428	427	765	766	767	768	723	724	725	726	4	3	2	1	62	61	60	59	893	894	895	896	835	836	837	838
389	444	445	448	431	434	435	426	764	709	708	705	722	719	718	727	5	8	9	64	63	54	55	58	892	889	888	833	834	843	842	839
390	443	446	447	432	433	436	425	763	710	707	706	721	720	717	728	6	7	10	11	52	53	56	57	891	890	887	886	845	844	841	840
391	442	441	440	439	438	437	424	762	711	712	713	714	715	716	729	17	16	13	12	51	50	47	46	880	881	884	885	846	847	850	851
392	405	406	407	408	409	410	423	761	748	747	746	745	744	743	730	18	15	14	31	32	49	48	45	879	882	883	866	865	848	849	852
393	404	401	400	415	414	411	422	760	749	752	753	738	739	742	731	19	20	29	30	33	34	43	44	878	877	868	867	864	863	854	853
394	403	402	399	416	413	412	421	759	750	751	754	737	740	741	732	22	21	28	27	36	35	42	41	875	876	869	870	861	862	855	856
395	396	397	398	417	418	419	420	758	757	756	755	736	735	734	733	23	24	25	26	37	38	39	40	874	873	872	871	860	859	858	857
125	126	127	128	83	84	85	86	772	771	770	769	814	813	812	811	509	510	511	512	451	452	453	454	644	643	642	641	702	701	700	699
124	69	68	65	82	79	78	87	773	828	829	832	815	818	819	810	508	505	504	449	450	459	458	455	645	648	649	704	703	694	695	698
123	70	67	66	81	80	77	88	774	827	830	831	816	817	820	809	507	506	503	502	461	460	457	456	646	647	650	651	692	693	696	697
122	71	72	73	74	75	76	89	775	826	825	824	823	822	821	808	496	497	500	501	462	463	466	467	657	656	653	652	691	690	687	686
121	108	107	106	105	104	103	90	776	789	790	791	792	793	794	807	495	498	499	482	481	464	465	468	658	655	654	671	672	689	688	685
120	109	112	113	98	99	102	91	777	788	785	784	799	798	795	806	494	493	484	483	480	479	470	469	659	660	669	670	673	674	683	684
119	110	111	114	97	100	101	92	778	787	786	783	800	797	796	805	491	492	485	486	477	478	471	472	662	661	668	667	676	675	682	681
118	117	116	115	96	95	94	93	779	780	781	782	801	802	803	804	490	489	488	487	476	475	474	473	663	664	665	666	677	678	679	680
1021	1022	1023	1024	963	964	965	966	132	131	130	129	190	189	188	187	637	638	639	640	595	596	597	598	260	259	258	257	302	301	300	299
1020	1017	1016	961	962	971	970	967	133	136	137	192	191	182	183	186	636	581	580	577	594	591	590	599	261	316	317	320	303	306	307	298
1019	1018	1015	1014	973	972	969	968	134	135	138	139	180	181	184	185	635	582	579	578	593	592	589	600	262	315	318	319	304	305	308	297
1008	1009	1012	1013	974	975	978	979	145	144	141	140	179	178	175	174	634	583	584	585	586	587	588	601	263	314	313	312	311	310	309	296
1007	1010	1011	994	993	976	977	980	146	143	142	159	160	177	176	173	633	620	619	618	617	616	615	602	264	277	278	279	280	281	282	295
1006	1005	996	995	992	991	982	981	147	148	157	158	161	162	171	172	632	621	624	625	610	611	614	603	265	276	273	272	287	286	283	294
1003	1004	997	998	989	990	983	984	150	149	156	155	164	163	170	169	631	622	623	626	609	612	613	604	266	275	274	271	288	285	284	293
1002	1001	1000	999	988	987	986	985	151	152	153	154	165	166	167	168	630	629	628	627	608	607	606	605	267	268	269	270	289	290	291	292
516	515	514	513	574	573	572	571	381	382	383	384	323	324	325	326	900	899	898	897	942	941	940	939	253	254	255	256	211	212	213	214
517	520	521	576	575	566	567	570	380	377	376	321	322	331	330	327	901	956	957	960	943	946	947	938	252	197	196	193	210	207	206	215
518	519	522	523	564	565	568	569	379	378	375	374	333	332	329	328	902	955	958	959	944	945	948	937	251	198	195	194	209	208	205	216
529	528	525	524	563	562	559	558	368	369	372	373	334	335	338	339	903	954	953	952	951	950	949	936	250	199	200	201	202	203	204	217
530	527	526	543	544	561	560	557	367	370	371	354	353	336	337	340	904	917	918	919	920	921	922	935	249	236	235	234	233	232	231	218
531	532	541	542	545	546	555	556	366	365	356	355	352	351	342	341	905	916	913	912	927	926	923	934	248	237	240	241	226	227	230	219
534	533	540	539	548	547	554	553	363	364	357	358	349	350	343	344	906	915	914	911	928	925	924	933	247	238	239	242	225	228	229	220
535	536	537	538	549	550	551	552	362	361	360	359	348	347	346	345	907	908	909	910	929	930	931	932	246	245	244	243	224	223	222	221

图 21.54

"三合一"分形完全幻方

精选 3 个合适的 7 阶分形数字模型（图 21.55），巧妙安排：第 1 号、第 3 号曲线为一组对角象限，第 2 号曲线为一组对角象限，各象限独立建立"等和"互补关系，即可构造"三合一"28 阶分形完全幻方，泛幻和"10990"（图 21.56）。

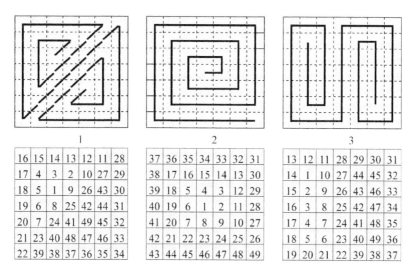

16	15	14	13	12	11	28
17	4	3	2	10	27	29
18	5	1	9	26	43	30
19	6	8	25	42	44	31
20	7	24	41	49	45	32
21	23	40	48	47	46	33
22	39	38	37	36	35	34

37	36	35	34	33	32	31
38	17	16	15	14	13	30
39	18	5	4	3	12	29
40	19	6	1	2	11	28
41	20	7	8	9	10	27
42	21	22	23	24	25	26
43	44	45	46	47	48	49

13	12	11	28	29	30	31
14	1	10	27	44	45	32
15	2	9	26	43	46	33
16	3	8	25	42	47	34
17	4	7	24	41	48	35
18	5	6	23	40	49	36
19	20	21	22	39	38	37

图 21.55

图 21.56

"四合一" 20 阶、24 阶分形幻方

什么是"四合一"分形幻方？指由 4 款不同 k 阶分形单元合成的 $4k$ 阶分形幻方。由于 k 阶分形单元的数理关系不一定统一，因此其组合性质一般为非完全幻方。

一、"四合一" 20 阶分形幻方

图 21.57 是 4 款组合形态不同的 5 阶分形曲线，代入"1～25"自然数列，各单元的共同特征：两条对角线等和，各对称行、列消长互补关系。

各 款 5 阶分形单元，按左右翻转、上下翻转"正反"规则，组建一个 20 阶幻方模板（图略）；然后，模拟一幅已知 4 阶幻方样本，按序代入"1～400"自然数列的分段配置方案，即得一幅 20 阶"四合一"分形幻方，其幻和"4010"（图 21.58）。

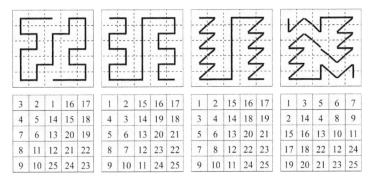

3	2	1	16	17
4	5	14	15	18
7	6	13	20	19
8	11	12	21	22
9	10	25	24	23

1	2	15	16	17
4	3	14	19	18
5	6	13	20	21
8	7	24	23	22
9	10	11	24	25

1	2	15	16	17
3	4	14	18	19
5	6	13	20	21
8	7	24	23	22
9	10	11	24	25

1	3	5	6	7
2	14	4	8	9
15	16	13	10	11
17	18	22	12	24
19	20	24	23	25

图 21.57

178	177	176	191	192	259	260	275	274	273	326	328	330	331	332	19	20	21	23	25
179	180	189	190	193	258	261	262	271	272	327	339	329	333	334	17	18	22	22	24
182	181	188	195	194	257	256	263	270	269	340	341	338	335	336	16	15	13	10	11
183	186	187	196	197	254	255	264	265	268	342	343	347	337	349	2	14	4	8	9
184	185	200	199	198	253	252	251	266	267	344	345	346	348	350	1	3	5	6	7
317	316	301	302	303	48	49	50	35	34	157	156	155	153	151	300	298	296	295	294
318	315	314	305	304	47	46	37	36	33	159	158	154	164	152	299	297	297	293	292
319	320	313	306	307	44	45	38	31	32	161	160	163	166	165	286	285	288	291	290
322	321	312	311	308	43	48	39	30	29	174	162	172	168	167	284	283	279	289	277
323	324	325	310	309	42	41	26	27	28	175	173	171	170	169	282	281	280	278	276
51	52	65	66	67	384	385	386	399	400	201	216	215	212	213	134	135	136	149	150
53	54	64	68	69	382	383	387	397	398	204	203	214	219	218	133	132	137	148	147
55	56	63	70	71	380	381	388	395	396	205	206	213	220	221	130	131	138	145	146
57	58	62	72	73	378	379	393	394	392	207	202	223	222	225	129	128	139	144	143
59	60	61	74	75	376	377	390	391	389	208	210	211	224	225	126	127	140	141	142
242	241	240	227	226	125	124	111	110	109	92	91	90	77	76	375	374	361	360	359
244	243	239	229	228	123	122	112	108	107	93	94	89	78	79	372	373	362	357	358
246	245	238	231	230	121	120	113	106	105	96	95	88	81	80	371	370	363	356	355
248	247	237	233	232	119	118	114	104	103	97	98	87	82	83	368	369	364	353	354
250	249	236	235	234	117	116	115	102	101	100	99	86	85	84	367	366	365	352	351

图 21.58

二、“四合一”24 阶分形幻方

精选 4 款组合性质相近的 6 阶分形曲线，以 1 ～ 36 自然数列描述，所得 4 个数学模型的共性特点是：各对称行、列、对角线的数学关系，或消长互补关系或“等和”互补关系（图 21.59）。这就是说，各单元的自互补关系，是“四合一”的重要条件。如图 21.60 所示，这幅 24 阶“四合一”分形幻方的全等四象，各由 4 个对称 6 阶分形曲线构成，图案造型非常美。

1	2	3	4	5	6
36	35	34	9	8	7
31	32	33	10	11	12
30	29	28	15	14	13
25	26	27	16	17	18
24	23	22	21	20	19

3	2	1	36	35	34
4	17	18	19	20	33
5	15	16	21	22	32
6	13	14	23	24	31
7	11	12	25	26	30
8	9	10	27	28	29

11	12	13	14	15	16
10	9	8	7	17	33
1	2	6	18	32	34
3	5	19	31	35	36
4	20	30	29	28	27
21	22	23	24	25	26

1	3	4	10	11	21
2	5	9	12	20	22
6	8	13	19	23	30
7	14	18	24	29	31
15	17	25	28	32	35
16	26	27	33	34	36

图 21.59

253	254	255	256	257	258	396	395	394	393	392	391	504	502	501	495	494	484	21	11	10	4	3	1
288	287	286	261	260	259	361	362	363	388	389	390	503	500	496	493	485	483	22	20	12	9	5	2
283	284	285	262	263	264	366	365	364	387	386	385	499	497	492	486	482	475	30	23	19	13	8	6
282	281	280	267	266	265	367	368	369	382	383	384	498	491	487	481	476	474	31	29	24	18	14	7
277	278	279	268	269	270	372	371	370	381	380	379	490	488	480	477	473	470	35	32	28	25	17	15
276	275	274	273	272	271	373	374	375	376	377	378	489	479	478	472	471	469	36	34	33	27	26	16
445	446	447	448	449	450	60	59	58	57	56	55	232	242	243	249	250	252	397	399	400	406	407	417
444	443	442	453	452	451	61	62	63	52	53	54	231	233	241	244	248	251	398	401	405	408	416	418
439	440	441	454	455	456	66	65	64	51	50	49	223	230	234	240	245	247	402	404	409	415	419	426
438	437	436	459	458	457	67	68	69	46	47	48	222	224	229	235	239	246	403	410	414	420	425	427
433	434	435	460	461	462	72	71	70	45	44	43	218	221	225	228	236	238	411	413	421	424	428	431
468	467	466	465	464	463	37	38	39	40	41	42	217	219	220	226	227	237	412	422	423	429	430	432
83	84	85	86	87	88	561	562	563	564	565	566	291	290	289	324	323	322	183	182	181	216	215	214
82	81	80	79	89	105	544	560	570	569	568	567	292	305	306	307	308	321	184	197	198	199	200	213
73	74	78	90	104	106	543	545	559	571	575	576	293	303	304	309	310	320	185	195	196	201	202	212
75	77	91	103	107	108	541	542	546	558	572	574	294	301	302	311	312	319	186	193	194	203	204	211
76	92	102	101	100	99	550	549	548	547	557	573	295	299	300	313	314	318	187	191	192	205	206	210
93	94	95	96	97	98	551	552	553	554	555	556	296	297	298	315	316	317	188	189	190	207	208	209
345	346	347	348	349	350	155	156	157	158	159	160	142	143	144	109	110	111	538	539	540	505	506	507
328	344	354	353	352	351	154	153	152	151	161	177	141	128	127	126	125	112	537	524	523	522	521	508
327	329	343	355	359	360	145	146	150	162	176	178	140	130	129	124	123	113	536	526	525	520	519	509
325	326	330	342	356	358	147	149	163	175	179	180	139	132	131	122	121	114	535	528	527	518	517	510
334	333	332	331	341	357	148	164	174	173	172	171	138	134	133	120	119	115	534	530	529	516	515	511
335	336	337	338	339	340	165	166	167	168	169	170	137	136	135	118	117	116	533	532	531	514	513	512

图 21.60

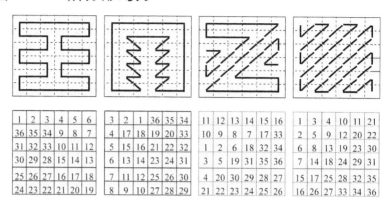

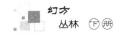

"四合一" 32 阶分形幻方

图 21.61 是精选的两幅优美 8 阶分形曲线图形。图 21.61 上是以 "X" 型定位为基本单元，采用 "发辫" 方式自我复制，一线贯通 8 阶 64 格的分形图案，基本走对角路线，拟为 8 阶分形最长曲线。

图 21.61 下就是著名的皮埃诺曲线，以 "O" 型定位为基本单元，采用 "兵步" 方式自我复制，一线贯通 8 阶 64 格的分形图案，走纵横路线。

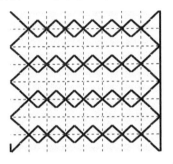

64	50	62	52	60	54	58	56	456
49	63	51	61	53	59	55	57	448
48	34	46	36	44	38	42	40	328
33	47	35	45	37	43	39	41	320
32	18	30	20	28	22	26	24	200
17	31	19	29	21	27	23	25	192
16	2	14	4	12	6	10	8	72
1	15	3	13	5	11	7	9	64
228	260	260	260	260	260	260	292	

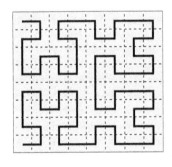

1	2	15	16	17	20	21	22	114
4	3	14	13	18	19	24	23	118
5	8	9	12	31	30	25	26	146
6	7	10	11	32	29	28	27	150
59	58	55	54	33	36	37	38	370
60	57	56	53	34	35	40	39	374
61	62	51	52	47	46	41	42	402
64	63	50	49	48	45	44	43	406
344	260	260	260	260	260	260	176	

图 21.61

两者的分形数学模型的组合性质相似：8 行等和，对称各列、两条主对角线为互补关系。

图 21.62 是精选的另两幅优美 8 阶分形曲线图案。图 21.62 上是以 "Z" 型定位为基本单元，采用 "锯齿" 方式自我复制，一线贯通 8 阶 64 格的分形图案，走横、斜相间路线。

图 21.62 下是以 S 式定位为基本单元，采用 "自然序" 方式自我复制，一线贯通 8 阶 64 格的分形图案，基本走横向直路，拟为 8 阶分形最短曲线。

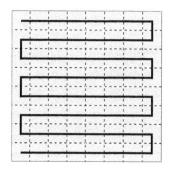

1	2	31	32	33	34	63	64	260
3	4	29	30	35	36	61	62	260
5	6	27	28	37	38	59	60	260
7	8	25	26	39	40	57	58	260
9	10	23	24	41	42	55	56	260
11	12	21	22	43	44	53	54	260
13	14	19	20	45	46	51	52	260
15	16	17	18	47	48	49	50	260

276　64　72　192　200　320　328　448　456　244

1	2	3	4	5	6	7	8	36
16	15	14	13	12	11	10	9	100
17	18	19	20	21	22	23	24	164
32	31	30	29	28	27	26	25	228
33	34	35	36	37	38	39	40	292
48	47	46	45	44	43	42	41	356
49	50	51	52	53	54	55	56	420
64	63	62	61	60	59	58	57	484

264　260　260　260　260　260　260　260　256

图 21.62

　　两者的分形数学模型的组合性质相似：8 行（或列）等和，对称各列（或行）、两条主对角线为互补关系。

　　先以上述四个 8 阶分形数学模型为基本单元，根据各自的行、列、对角线之和的具体状况，分别构造 32 阶的各一个象限；然后，按"互补"原则，四象限合成，得"四合一"32 阶幻方模板（图略）。然后，模拟一幅已知 4 阶幻方样本，按序代入"1 ～ 1024"自然数列的分段配置方案，即得一幅 32 阶"四合一"分形幻方（图 21.63）。

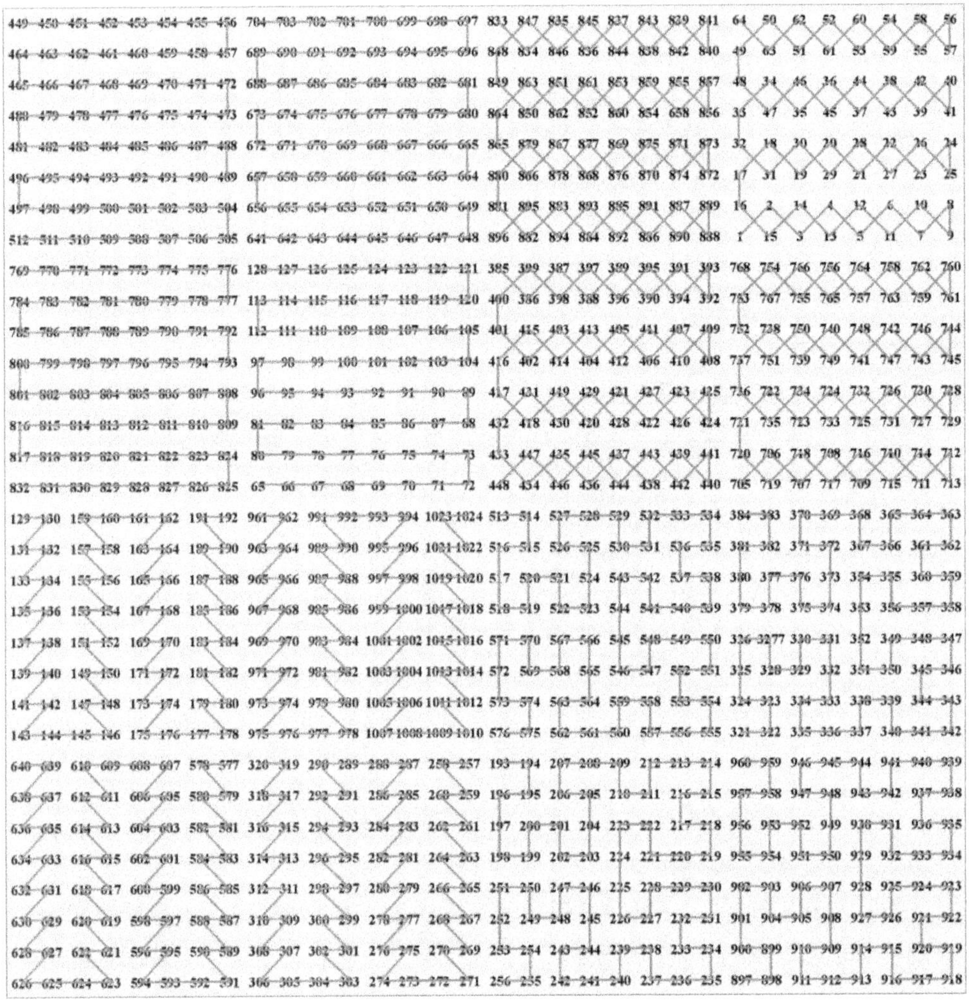

图 21.63

综上所述，分形理论引进幻方领域是我的一项重要首创，不仅丰富了完全幻方图形创作，而且更有如下 3 个主要方面的价值。

一是发掘出了完全幻方子母结构的一个新类别——"分形"单元子母结构形式。

二是证实有一部分"不规则"完全幻方严格遵守"分形规则"——确立了完全幻方组合规则的多样性原理。

三是分形曲线可以以任意一格为起始点代入连续数字——为完全幻方群就位机会均等律提供了实证。

"棋步—幻方"游戏

　　"骑士旅行"游戏盛行于18—19世纪的欧洲大陆，玩家们不是国际象棋大师，而是一群顶级数学家，他们玩的不是对弈竞赛，而是把"骑士旅行"与幻方这两种不同的游戏联系起来玩，由此产生了一种新的"马步—幻方"游戏。从我国科普书刊所介绍的"马步幻方"看，据验算最好的结果都只是8阶行列图。在标准棋盘上，只有法国穆恩、文策莱德斯创作出了一幅8阶马步"二回路"幻方。吴鹤龄《幻方与素数》介绍了由一匹马走通全盘的一幅16阶马步回路幻方，这就是说比标准棋盘尺寸扩大一倍取得了成功。意大利Ghersi创作了一幅8阶"王步回路"幻方，开了向"棋步—幻方"游戏全面拓展之先河。

　　国际象棋有"王、后、象、车、马、兵"6种棋子，模拟皇室社会中不同角色的等级、职能与权力差异，赋予了这6种棋子互有包容又互为不同的步法。根据各种棋子步法的灵活性与可变性分析：有的棋子可能没有幻方解，如"兵"的步法单一，"车"与"象"的步法没有线型变化，显然不易做成幻方图形；而有的棋子可能存在幻方解，如"马""王""后"的步法比较灵活，且线型有一定变化，因此较宜于玩"棋步—幻方"游戏。为了广泛开展按国际象棋步法规则入幻，拟采用更灵活的玩法：①放开棋盘规格；②允许一种棋子多回路合成；③允许多种棋子联步合成等，这样"棋步—幻方"游戏的路子将越走越宽广。

"骑士旅行"8阶马步行列图

18—19世纪欧洲很多人热衷于在棋盘上玩"骑士旅行"游戏，数学家们根据"马步回路"的步序，将其与幻方创作结合起来。如今仔细验算一下，不难发现他们的"马步幻方"作品都属于8阶马步行列图，即两条主对角线并不等和。迄今，谁也没有填出过8阶马步幻方，因而人们对标准棋盘马步幻方的存在性提出了质疑。据说，2003年德国的 Gunter S. Stertenbnink、法国的 Jean Charles Meyrignac、加拿大的 Hugues Mackay 等运用计算机对所有的"马步回路"进行了广泛搜索，他们发现了其中有140个8阶马步行列图，最后得出8阶马步幻方不可能存在的结论。虽然如此，早期玩家们艰辛创作的一批马步行列图尤其宝贵，为后人继续研究"马步幻方"问题提供了理论支持。

一、欧拉马步行列图

著名数学家欧拉于1759年以国际象棋"马"的步法，创作了一条从第1～64步的马步曲线，按序代入数字就成了一幅被世人称道的"8阶马步幻方"（图22.1）。据验算，其实两条对角线并不等和，但这个作品也不失为8阶马步行列图之精品，其基本结构特征如下。

1	48	31	50	33	16	63	18
30	51	46	3	62	19	14	35
47	2	49	32	15	34	17	64
52	29	4	45	20	61	36	13
5	44	25	56	9	40	21	60
28	53	8	41	24	57	12	37
43	6	55	26	39	10	59	22
54	27	42	7	58	23	38	11

图 22.1

①1～64自然数列按序连接形成一条对称马步曲线（但由终点"64"返回至始点"1"为非马步连接）。

②四象限各单元为全等4阶行列图，是难得的子母行列图结构。

二、耶尼施马步行列图

图22.2是耶尼施（Jaenisch）创作的一幅8阶马步行列图，更是一幅难能可贵的精品，其组合结构特征如下。

63	22	15	40	1	42	59	18
14	39	64	21	60	17	2	43
37	62	23	16	41	4	19	58
24	13	38	61	20	57	44	3
11	36	25	52	29	46	5	56
26	51	12	33	8	55	30	45
35	10	49	28	53	32	47	6
50	27	34	9	48	7	54	31

图 22.2

①马步从"1"依序跳到"64"，再以马步回到"1"，因此是一条闭合的马步回路。

②马步回路前半部从"1～32"顺序跳格，后半部从"64"至"33"逆序跳格，其马步回路具有不对称性。

这是耶尼施用不对称马步回路，企图构造"马步幻方"的一种大胆尝试，但结果还是得到了行列图。

806

三、斯泊尼马步行列图

图 22.3 是斯泊尼（J. E. Spriny）创作的一幅 8 阶马步行列图，也是一幅与众不同的精品，其组合结构特征如下：

46	55	44	19	58	9	22	7
43	18	47	56	21	6	59	10
54	45	20	41	12	57	8	23
17	42	53	48	5	24	11	60
52	3	32	13	40	61	34	25
31	16	49	4	33	28	37	62
2	51	14	29	64	39	26	35
15	30	1	50	27	36	63	38

图 22.3

①马步从"1"依序跳到"64"，再以马步回到"1"，因此也是一条闭合的马步回路。

②前半部"1～32"与后半部"33～64"在四象限的马步盘旋路线具有对角对称性。

③各象限 4 阶单元内每连续 4 个数的马步形状，由两个互交对称"菱形"，或者两个互交对称"正方形"构成。

四、杜德尼马步行列图

图 22.4 是杜德尼创作的一幅 8 阶马步行列图，它的组合结构特征与斯泊尼的比较相似，组合结构特征如下。

50	11	24	63	14	37	26	35
23	62	51	12	25	34	15	38
10	49	64	21	40	13	36	27
61	22	9	52	33	28	39	16
48	7	60	1	20	41	54	29
59	4	45	8	53	32	17	42
6	47	2	57	44	19	30	55
3	58	5	46	31	56	43	18

图 22.4

①马步从"1"依序跳到"64"，再以马步回到"1"，因此也是一条闭合的马步回路。

②在各象限的 4 阶单元内，每连续 4 个数的马步形状规整，即由两个互交对称"菱形"，或者两个互交对称"正方形"构成。

杜德尼 8 阶马步行列图，最突出优点是两条对角线之和具有互补关系。

综上所述，本文列举了数学家们以一条马步曲线或马步回路，贯通 8×8 标准棋盘的 4 幅马步行列图，它们是将"骑士旅行"与"幻方"两种不同游戏结合起来玩的最好的成果了，这些名人作品在我国的科普书籍中广为传播，影响甚大。

8 阶"马步二回路"幻方

国际象棋"马"在棋盘上的步法：跳 2 格，拐 90° 跳 1 格落子，或者说走 2×3 长方形对角线。按这一步法规则，"马"跳遍 8×8 棋盘的每一格，称为一条 64 格马步回路（有"闭合"与"开口"之分）。早年欧洲棋盘游戏爱好者们创作了大量优秀的各式马步回路作品，代入数字后发现了不少 8 阶马步行列图，但非常遗憾没有幻方解。

然而，法国穆恩（Moon）、文策莱德斯（Wenzelides），退而求其次，独辟蹊径，在标准棋盘上创作了相对独立的两条马步回路，代入数字后 8 阶幻方成立（A. Rilly，《Le Probleme Du Cavalier Des Echecs》，Troyes，1905 年），这样第一幅 8 阶"马步二回路"幻方问世了（图 22.5），其马步路线结构如下：

15	20	17	36	13	64	61	34
18	37	14	21	60	35	12	63
25	16	19	44	5	62	33	56
38	45	26	59	22	55	4	11
27	24	39	6	43	10	57	54
40	49	46	23	58	3	32	9
47	28	51	42	7	30	53	2
50	41	48	29	52	1	8	31

图 22.5

①一条马步路线以"1～32"为序，另一条马步路线以"33～64"为序，采用上、下轴对称方式跳马。

②"32""33"中间为非马步连接，"1""64"首尾断开，犹如两匹马走遍棋盘。

这两条马步线路的特点："1""32"为马步连接，"33""64"也为马步连接，因此这是两条相对独立的马步回路。

这幅 8 阶"马步二回路"幻方，在各象限内的走向与分布错综复杂，其建立了全部行、列与两条主对角线等和关系的统筹机制及其方法，不是马步行列图所能与之相比拟的。再者，若"32""33""1～64"视之为"车步"连接，就成了两马驾车的一幅 8 阶"马/车"联步回路幻方。总之，"马步二回路"8 阶幻方，乃是在标准棋盘上"马步—幻方"游戏所能做出的最好结果。

现以这幅 8 阶"马步二回路"幻方的化简形式——"商—余"正交方阵，分析其编码结构的基本特点如下（图 22.6）。

①"商—余"两方阵各具幻方性质，但行、列配置与组排都具有"不规则"性。

②"商数"方阵横轴对称，即横向对折，所有对称数组两数之和全等于"7"。

③"余数"方阵纵轴对称，即纵向对折，所有对称数组两数之和全等于"9"。

④"商—余"两方阵建立正交关系的机制十分复杂。

$$
\begin{bmatrix}
1 & 2 & 2 & 4 & 1 & 7 & 7 & 4 \\
2 & 4 & 1 & 2 & 7 & 4 & 1 & 7 \\
3 & 1 & 2 & 5 & 0 & 7 & 4 & 6 \\
4 & 5 & 3 & 7 & 2 & 6 & 0 & 1 \\
3 & 2 & 4 & 0 & 5 & 1 & 7 & 6 \\
4 & 6 & 5 & 2 & 7 & 0 & 3 & 1 \\
5 & 3 & 6 & 5 & 0 & 3 & 6 & 0 \\
6 & 5 & 5 & 3 & 6 & 0 & 0 & 3
\end{bmatrix}
\times 8 +
\begin{bmatrix}
7 & 4 & 1 & 4 & 5 & 8 & 5 & 2 \\
2 & 5 & 6 & 5 & 4 & 3 & 4 & 7 \\
1 & 8 & 3 & 4 & 5 & 6 & 1 & 8 \\
6 & 5 & 2 & 3 & 6 & 7 & 4 & 3 \\
3 & 8 & 7 & 6 & 3 & 2 & 1 & 6 \\
8 & 1 & 6 & 7 & 2 & 3 & 8 & 1 \\
7 & 4 & 3 & 2 & 7 & 6 & 5 & 2 \\
2 & 1 & 8 & 5 & 4 & 1 & 8 & 7
\end{bmatrix}
=
\begin{bmatrix}
15 & 20 & 17 & 36 & 13 & 64 & 61 & 34 \\
18 & 37 & 14 & 21 & 60 & 35 & 12 & 63 \\
25 & 16 & 19 & 44 & 5 & 62 & 33 & 56 \\
38 & 45 & 26 & 59 & 22 & 55 & 4 & 11 \\
27 & 24 & 39 & 6 & 43 & 10 & 57 & 54 \\
40 & 49 & 46 & 23 & 58 & 3 & 32 & 9 \\
47 & 28 & 51 & 42 & 7 & 30 & 53 & 2 \\
50 & 41 & 48 & 29 & 52 & 1 & 8 & 31
\end{bmatrix}
$$

图 22.6

在"商—余"正交方阵透视中，可以发现：这幅 8 阶"马步二回路"幻方属于"不规则"幻方的范畴。人们通常所说的"不规则"幻方，是从"逻辑编码法"角度提出的一个概念，但该幅 8 阶"马步二回路"幻方说明：非逻辑幻方，决非杂乱无章，它严格遵守"马步规则"。这就是说，"不规则"幻方是一个相对概念，若离开了逻辑编码法，即在其他构图方法中，幻方必定遵守其他不同的组合规则。总之，幻方纷繁复杂，其组合规则具有多样性。

8阶"马步二回路"幻方重构

可以认定：标准棋盘上不存在单回路8阶马步幻方，因而退而求其次，二回路8阶马步幻方将成为马步幻方研究的主攻方向。法国穆恩、文策莱德斯首创的8阶"马步二回路"幻方，乃是眼下重组、演绎新8阶"马步二回路"幻方的唯一版本。物以稀为贵，本文将研制多种适用的重构方法，可演绎出大量的8阶"马步二回路"幻方异构体。

一、"补数"重构

什么是"补数"重组法？即以互补数组之和（n^2+1），减去已知样本幻方中的每一个数，而得一幅新的异构幻方的重组方法。

图22.7（1）是法国穆恩、文策莱德斯的8阶"马步二回路"幻方样本。

15	20	17	36	13	64	61	34		50	45	48	29	52	1	4	31
18	37	14	21	60	35	12	63		47	28	51	44	5	30	53	2
25	16	19	44	5	62	33	56		40	49	46	21	60	3	32	9
38	45	26	59	22	55	4	11		27	20	39	6	43	10	61	54
27	24	39	6	43	10	57	54		38	41	26	59	22	55	8	11
40	49	46	23	58	3	32	9		25	16	19	42	7	62	33	56
47	28	51	42	7	30	53	2		18	37	14	23	58	35	12	63
50	41	48	29	52	1	8	31		15	24	17	36	13	64	57	34

（1）　　　　　　　　　　（2）

图22.7

图22.7（2）就是运用"补数"法，重组样本所得的新8阶"马步二回路"幻方异构体。两者的关系："马步二回路"数字互换位置。

二、"倒序"代入重构

什么是"倒序"代入法？这是"补数"法的另一种用法。现以图22.7两幅8阶"马步二回路"幻方为样本，它们的两个马步回路，各自的始点与终点相互交换，即"1～32"与"33～64"两段自然数列各自按"倒序"代入，

18	13	16	61	20	33	36	63		47	52	49	4	45	32	29	2
15	60	19	12	37	62	21	34		50	5	46	53	28	3	44	31
8	17	14	53	28	35	64	41		57	48	51	12	37	30	1	24
59	52	7	38	11	42	29	22		6	13	58	27	54	23	36	43
6	9	58	27	54	23	20	43		59	56	7	38	11	42	25	22
57	48	51	10	39	30	1	24		8	17	14	55	26	35	64	41
50	5	46	55	26	3	44	31		15	60	19	10	39	62	21	34
47	56	49	4	45	32	25	2		18	9	16	61	20	33	40	63

（1）　　　　　　　　　　（2）

图22.8

由此又看得到全新的一对互补8阶"马步二回路"幻方异构体（图22.8）。

三、"分节"重构

什么是"分节"重构法？即把样本幻方的两条"马步回路"各自分成两节：一条"马步回路"（1～32）平分为"1～16"与"17～32"两节；另一条"马步回路"（33～64）平分为"33～48"与"49～64"两节。这就是说，把原"马步二回路"拆分为4节，每一节按原序配置16个连续数字，这相当于一个象限的规模。然后，每一节的16个连续数字再按"倒序"代入。

第一例：以图22.7的两幅8阶"马步二回路"幻方为样本，按"分节"

2	29	32	45	4	49	52	47
31	44	3	28	53	46	5	50
24	1	30	37	12	51	48	57
43	36	23	54	27	58	13	6
22	25	42	11	38	7	56	59
41	64	35	26	55	14	17	8
34	21	62	39	10	19	60	15
63	40	33	20	61	16	9	18

（1）

63	36	33	20	61	16	13	18
34	21	62	37	12	19	60	15
41	64	35	28	53	14	17	8
22	29	42	11	38	7	52	59
43	40	23	54	27	58	9	6
24	1	30	39	10	51	48	57
31	44	3	26	55	46	5	50
2	25	32	45	4	49	56	47

（2）

图 22.9

31	4	1	52	29	48	45	50
2	53	30	5	44	51	28	47
9	32	3	60	21	46	49	40
54	61	10	43	6	39	20	27
11	8	55	22	59	26	41	38
56	33	62	7	42	19	16	25
63	12	35	58	23	14	37	18
34	57	64	13	36	17	24	15

（1）

34	61	64	13	36	17	20	15
63	12	35	60	21	14	37	18
56	33	62	5	44	19	16	25
11	4	55	22	59	26	45	38
54	57	10	43	6	39	24	27
9	32	3	58	23	46	49	40
2	53	30	7	42	51	28	47
31	8	1	52	29	48	41	50

（2）

图 22.10

重构法制作，即可得一对具有"互补"关系的全新8阶"马步二回路"幻方异构体（图22.9）。它们与样本的主要区别：①两条"马步回路"的步序的始点与终点重新定位；②两条"马步回路"的步序发生了改变。

第二例：以图22.8两幅8阶"马步二回路"幻方为样本，其"马步二回路"各自分成两节，每一条回路中两节的16个连续数相互交换配置方案，再按"倒序"代入，由此得一对具有"互补"关系的8阶"马步二回路"幻方（图22.10）。它与上例的"分节"重构法应用，有重要区别。

四、"八段细分"置换重构

所谓"细分"重构法，是指把样本的马步回路再画细，分成含8个数字的线段，然后每个马步线段各自以样本的"倒序"方式代入数字，可演绎更多的8阶"马步二回路"幻方。

现以法国穆恩、文策莱德斯原创的8阶"马步二回路"幻方为样本，其马步二回路"细分"如下：一条马步回路（1～32回路）划分为："1～8，9～16，17～24，25～32"4条线段；另一条马步回路（33～64回路）划分为："33～40，41～48，49～56，57～64"4条线段。每一段都按序配置8个连续数，重构方法仍然"倒序"代入。

但由于"马步二回路"再画细，数字按"倒序"代入，每个马步的"细分"线段不但始点与终点颠倒，而且走向相反，因而各线段之间的马步连接发生转折。如果照样"倒序"代入，各线段之间的

26	21	24	37	28	41	44	39
23	36	27	20	45	38	29	42
16	25	22	61	4	43	40	49
35	60	15	46	19	50	5	30
14	17	34	3	62	31	48	51
33	56	59	18	47	6	9	32
58	13	54	63	2	11	52	7
55	64	57	12	53	8	1	10

（1）

10	5	8	53	12	57	60	55
7	52	11	4	61	54	13	58
32	9	6	45	20	59	56	33
51	44	31	62	3	34	21	14
30	1	50	19	46	15	64	35
49	40	43	2	63	22	25	16
42	29	38	47	18	27	36	23
39	48	41	28	37	24	17	26

（2）

图 22.11

马步必然脱节与中断，这是"分节"重构法中没有出现的新情况。那么，如何使各线段之间保持马步连贯性呢？

如图 22.11（1）所示，其"细分"置换重构的具体操作方法变化：一条马步回路 4 条线段，其"1～8"与"17～24"原在位置不变，而"9～16"与"25～32"必须做相互交换位置；另一条马步回路 4 条线段，其"33～40"与"49～56"原在位置不变，而"41～48"与"57～64"也必须做相互交换位置；然后，各分段数再可按样本马步回路的"倒序"代入，则新的 8 阶"马步二回路"幻方成立。

图 22.11（2）为另一种置换方案：一条马步回路 4 条线段，其"1～8"与"17～24"做相互交换位置，而"9～16"与"25～32"原在位置不变；同理另一条马步回路 4 条线段，其"33～40"与"49～56"做相互交换位置，而"41～48"与"57～64"原在位置不变；然后，各分段数再可按样本马步回路的"倒序"代入，则新的 8 阶"马步二回路"幻方也成立。

由上述本两例可知，"细分"置换重构法的关键技术在于：样本幻方两条马步回路各"细分"成 4 段后，其中有两段的原数字配置方按必须相互置换，那么在"倒序"代入时才能保持这 4 段之间的马步回路连接。另外，本文所有 8 阶"马步二回路"幻方有一个共同特点：即泛对角线都是由清一色的奇数或者偶数构成。

一匹马跳遍棋盘的 16 阶马步幻方

在吴鹤龄《幻方与素数》（科学出版社，2008 年 8 月）一书中，介绍了一幅 16 阶"马步回路"幻方：它是将 8 阶标准棋盘扩大一倍，由一条闭合回路贯通全盘的 16 阶马步幻方，其各行、各列及两条主对角线之和等于"2056"（图 22.12）。我注意到：其泛对角线由全偶数或全奇数构成，这在一般幻方中非常少见。

自从法国人成功创作第一幅 8 阶"马步二回路"幻方以来，棋盘游戏爱好者们一直在用心查寻由一匹马独步棋盘的马步幻方，始终未果。尔今这幅16阶马步幻方的出现，令人大开眼界。

根据这幅 16 阶马步幻方，可绘出"马步回路"图谱（图 22.13），以一睹迄今唯一有幻方解的马步"哈密顿"回路的风采。

这幅 16 阶马步回路幻方二重次分解的结构特征如下。

① 4 阶母阶两组对角象限的配置关系：一组对角象限"1488—1544—1544—1600"，另一组对角象限"2512—2568—2568—2624"（图 22.14 左）。

② 其 2 阶母阶为消长态四象组合态，一组对角象限"10272"，另一组对角象限"6176"（图 22.14 右）。

由此可知，这是"不规则"非完全幻方的一种非常奇特的子母阶组合形式。

184	217	170	75	188	219	172	77	228	37	86	21	230	39	88	25
169	74	185	218	171	76	189	220	85	20	229	38	87	24	231	40
216	183	68	167	222	187	78	173	36	227	22	83	42	237	26	89
73	168	215	186	67	174	221	190	19	84	35	238	23	90	41	232
182	213	166	69	178	223	176	79	226	33	82	31	236	43	92	27
165	72	179	214	175	66	191	224	81	18	239	34	91	30	233	44
212	181	70	163	210	177	80	161	48	225	32	95	46	235	28	93
71	164	211	180	65	162	209	192	17	96	47	240	29	94	45	234
202	13	126	61	208	15	128	49	160	241	130	97	148	243	132	103
125	60	203	14	127	64	193	16	129	112	145	242	131	102	149	244
12	201	62	123	2	207	50	113	256	159	98	143	246	147	104	133
59	124	11	204	63	114	1	194	111	144	255	146	101	134	245	150
200	9	122	55	206	3	116	51	158	253	142	99	154	247	136	105
121	58	205	10	115	54	195	4	141	110	155	254	135	100	151	248
8	199	56	119	6	197	52	117	252	157	108	139	250	153	106	137
57	120	7	198	53	118	5	196	109	140	251	156	107	138	249	152

图 22.12

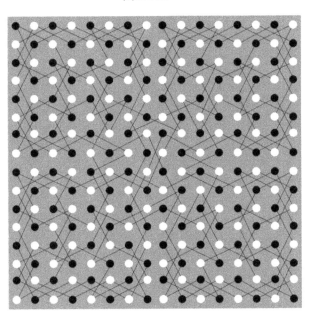

图 22.13

2568	2624	1488	1544
2512	2568	1544	1600
1600	1544	2568	2512
1544	1488	2624	2568

10272	6176
6176	10272

图 22.14

16阶马步幻方重组

由一条马步回路构造的马步幻方，仅见于吴鹤龄先生介绍的16阶马步幻方，非常珍贵。我运用"互补、分节、置换"等重组技术，对其贯通全盘的"马步回路"的始点、终点、路线走向及其相互连接关系等进行重组，创作出了更多的16阶马步幻方。

一、全盘"互补"

什么全盘互补法？即以对称数组之和（n^2+1）减一幅已知n阶幻方各数，而重组一幅新n阶幻方的"克隆"技术。它对原幻方的组合性质、结构特征等具有完整的记忆、复制功能。

图22.15是以图22.12为样本，运用全盘互补法而得的一幅16阶马步幻方。它与原16阶马步回路幻方样本组成一对"互补"幻方，即两者对应数位上两数之和一定等于"257"；同时，其马步跳遍256格的步序方向完全相反，或者说原马步回路的"1～256"自然数列描述，代之以"256至1"自然数列描述，即"倒序"代入。

二、半盘"互补—置换"

什么是半盘"互补—置换"法？即已知n阶幻方样本按数序"一分为二"，两个半盘配置相互换位、但按原序代入，制成一幅新n阶幻方的重组技术。它对原样本的组合性质、结构特征等方面具有完整的记忆功能，

73	40	87	182	69	38	85	180	29	220	171	236	27	218	169	232
88	183	72	39	86	181	68	37	172	237	28	219	170	233	26	217
41	74	189	90	35	70	179	84	221	30	235	174	215	20	231	168
184	89	42	71	190	83	36	67	238	173	222	19	234	167	216	25
75	44	91	188	79	34	81	178	31	224	175	226	21	214	165	230
92	185	73	43	82	191	66	33	176	239	18	223	166	227	24	213
45	76	187	94	47	80	177	96	209	32	225	162	211	22	229	164
186	93	46	77	192	95	48	65	240	161	210	70	228	163	212	23
55	244	131	196	49	242	129	208	97	16	127	160	109	14	125	154
132	197	54	243	130	193	64	241	128	145	112	15	126	155	108	13
245	56	195	134	255	50	207	144	1	98	159	114	11	110	153	124
198	133	246	53	194	143	256	63	146	113	2	111	156	123	12	107
57	248	135	202	51	254	141	206	99	4	115	158	103	10	121	152
136	199	52	247	142	203	62	253	116	147	102	3	122	157	106	9
249	58	201	138	251	60	205	140	5	100	149	118	7	104	151	120
200	137	250	59	204	139	252	61	148	117	6	101	150	119	8	105

图22.15

56	89	42	203	60	91	44	205	100	165	214	149	102	167	216	153
41	202	57	90	43	204	61	92	213	148	101	166	215	152	103	168
88	55	196	39	94	59	206	45	164	99	150	211	170	109	154	217
201	40	87	58	195	46	93	62	147	212	163	110	151	218	169	104
54	85	38	197	50	95	48	207	98	161	210	159	108	171	220	155
37	200	51	86	47	194	63	96	209	146	111	162	219	158	105	172
84	53	198	35	82	49	208	33	176	97	160	223	174	107	156	221
199	36	83	52	193	34	81	64	145	224	175	112	157	222	173	106
74	141	254	189	80	143	256	177	32	113	2	225	20	115	4	231
253	188	75	142	255	192	65	144	1	240	17	114	3	230	21	116
140	73	190	251	130	79	178	241	128	31	226	15	118	19	232	5
187	252	139	76	191	242	129	66	239	16	127	18	229	6	117	22
72	137	250	183	78	131	244	179	30	125	4	227	26	119	8	233
249	186	77	138	243	182	67	132	13	238	27	126	7	228	23	120
136	71	184	247	134	69	180	245	124	29	236	11	122	25	234	9
185	248	135	70	181	246	133	68	237	12	123	28	235	10	121	24

图22.16

但对各行、各列、对角线的数字排列重新洗牌，因而有强大的创新功能。

图 22.16 是以图 22.12 为样本，运用半盘"互补—置换"法而得的一幅 16 阶马步幻方。具体操作：将"1～256"自然数列分成"1～128""129～256"两组配置方案，各组按对方半盘的步序路线代入。

三、四局"互补—置换"

所谓四局"互补—置换"，即把 16 阶马步回路幻方按数序划分成四大部分（4 局）："1～64"为第 1 局，"65～128"为第 2 局，"129～192"为第 3 局，"193～256"为第 4 局。如图 22.17 所示，以图 22.12 为样本幻方，做"四局互补置换"重组，具体操作如下。

首先，第 1 局的"1～64"，以及第 3 局的"129～192"不变，但各局按样本马步回路作"倒序"代入数字；

其次，将第 2 局的"65～128"与第 4 局的"193～256"互换，然后各局按样本马步回路做"倒序"代入数字。由此便得如图 22.17 所示的全新的 16 阶马步回路幻方异构体。

4 局"互补—置换"的另一种可行方案：将第 1 局的"1～64"与第 3 局的"129～192"互换，然后各局按样本马步回路做"倒序"代入数字；再将第 2 局的"65～128"及第 4 局的"193～256"不变，各局也按样本马步回路做"倒序"代入数字，由此便得另

137	104	151	246	133	102	149	244	93	28	235	44	91	26	233	40
152	247	136	103	150	245	132	101	236	45	92	27	234	41	90	25
105	138	253	154	99	134	243	148	29	94	43	238	23	84	39	232
248	153	106	135	254	147	100	131	46	237	30	83	42	231	24	89
139	108	155	252	143	98	145	242	95	32	239	34	85	22	229	38
156	249	142	107	146	255	130	97	240	47	82	31	230	35	88	21
109	140	251	158	111	144	241	160	17	96	33	226	19	86	37	228
250	157	110	141	256	159	112	129	48	225	18	81	36	227	20	87
119	52	195	4	113	50	193	16	161	80	191	224	173	78	189	218
196	5	118	51	194	1	128	49	192	209	176	79	190	219	172	77
53	120	3	198	63	114	15	208	65	162	223	178	75	174	217	188
6	197	54	117	2	207	64	127	210	177	66	175	220	187	76	171
121	56	199	10	115	62	205	14	163	68	179	222	167	74	185	216
200	7	116	55	206	11	126	61	180	211	166	67	186	221	170	73
57	122	9	202	59	124	13	204	69	164	213	182	71	168	215	184
8	201	58	123	2	203	60	125	212	181	70	165	214	183	72	169

图 22.17

9	232	23	118	5	230	21	116	221	156	107	172	219	154	105	168
24	119	8	231	22	117	4	229	108	173	220	155	106	169	218	153
233	10	125	26	227	6	115	20	157	222	171	110	151	212	167	104
120	25	234	7	126	19	228	3	174	109	158	211	170	103	152	217
11	236	27	124	15	226	17	114	223	160	111	162	213	150	101	166
28	121	14	235	18	127	2	225	112	175	210	159	102	163	216	149
237	12	123	30	239	16	113	32	145	224	161	98	147	214	165	100
122	29	238	13	128	31	240	1	176	97	146	209	164	99	148	215
247	180	67	132	241	178	65	144	33	208	63	96	45	206	61	90
68	133	246	179	66	129	256	177	64	81	48	207	62	91	44	205
181	248	131	70	191	242	143	80	193	34	95	50	203	46	89	60
134	69	182	245	130	79	192	255	82	49	194	47	92	59	204	43
249	184	71	138	243	190	77	142	35	196	51	94	39	202	57	88
72	135	244	183	78	139	254	189	52	83	38	195	58	93	42	201
185	250	137	74	187	252	141	76	197	36	85	54	199	40	87	56
136	73	186	251	140	75	188	253	84	53	198	37	86	55	200	41

图 22.18

一幅全新 16 阶马步回路幻方（图 22.18）。

在四局互补—置换中，每一局 64 个数字，相当于 16 阶的一个"象限"（8 阶单元）。按样本马步回路"倒序"代入数字的两局，表现为起点与始点交换、马步走向改变；而交换数字后"倒序"代入的两局，还表现为整条马步回路的步序连接发生调整。

四、八段"互补—置换"

所谓八段"互补—置换"，即把样本幻方的马步回路按其数序划分成 8 个部分（各段）："1～32"为第 1 段，"33～64"为第 2 段，"65～96"为第 3 段，"97～128"为第 4 段，"129～160"为第 5 段，"161～192"为第 6 段，"193～224"为第 7 段，"225～256"为第 8 段；然后分段做出"互补—置换"以重组样本幻方，具体操作方法如下。

首先，八段马步线路置换。不改变样本原位置的马步线段有第 1 段"1～32"，第 2 段"33～64"，第 5 段"129～160"，以及第 6 段"161～192"四段。

在本例中，相互交换样本原数字的马步线段有第 3 段"65～96"与第 7 段"193～224"交换，以及第 4 段"97～128"与第 8 段"225～256"两两交换。

其次，"互补"代入：即样本每一段原马步线路的步序走向，按其"倒序"或者说"反向"代入所配置的

169	72	183	214	165	70	181	212	125	60	203	12	123	58	201	8
184	215	168	71	182	213	164	69	204	13	124	59	202	9	122	57
73	170	221	186	67	166	211	180	61	126	11	206	55	116	7	200
216	185	74	167	222	179	68	163	14	205	62	115	10	199	56	121
171	76	187	220	175	66	177	210	127	64	207	2	117	54	197	6
188	217	174	75	178	223	162	65	208	15	114	63	198	3	120	53
77	172	219	190	79	176	209	192	49	128	1	194	51	118	5	196
218	189	78	173	224	191	80	161	16	193	50	113	4	195	52	119
87	20	227	36	81	18	225	48	129	112	159	256	141	110	157	250
228	37	86	19	226	33	96	17	160	241	144	111	158	251	140	109
21	88	35	230	31	82	47	240	97	130	255	146	107	142	249	156
38	229	22	85	34	239	32	95	242	145	98	143	252	155	108	139
89	24	231	42	83	30	237	46	131	100	147	254	135	106	153	248
232	39	84	23	238	43	94	29	148	243	134	99	154	253	138	105
25	90	41	234	27	92	45	236	101	132	245	150	103	136	247	152
40	233	26	91	44	235	28	93	244	149	102	133	246	151	104	137

图 22.19

41	200	55	86	37	198	53	84	253	188	75	140	251	186	73	136
56	87	40	199	54	85	36	197	76	141	252	187	74	137	250	185
201	42	93	58	195	38	83	52	189	254	139	78	183	244	135	72
88	57	202	39	94	51	196	35	142	77	190	243	138	71	184	249
43	204	59	92	47	194	49	82	255	192	79	130	245	182	69	134
60	89	46	203	50	95	34	193	80	143	242	191	70	131	248	181
205	44	91	62	207	48	81	64	177	256	129	66	179	246	133	68
90	61	206	45	96	63	208	33	144	65	178	241	132	67	180	247
215	148	99	164	209	146	97	176	1	240	31	128	13	238	29	122
100	165	214	147	98	161	224	145	32	113	16	239	30	123	12	237
149	216	163	102	159	210	175	112	225	2	127	18	235	14	121	28
166	101	150	213	162	111	160	223	114	17	226	15	124	27	236	11
217	152	103	170	211	158	109	174	3	228	19	126	7	234	25	120
104	167	212	151	110	171	222	157	20	115	6	227	26	125	10	233
153	218	169	106	155	220	173	108	229	4	117	22	231	8	119	24
168	105	154	219	172	107	156	221	116	21	230	5	118	23	232	9

图 22.20

数字，又可得一幅新的重组 16 阶马步回路幻方异构体（图 22.19）。

八段马步线路的另一个置换方案如下。

不改变样本原位置的马步线段有第 3 段 "65 ～ 96"，第 4 段 "97 ～ 128"，第 7 段 "193 ～ 224"，第 8 段 "225 ～ 256"。

相互交换样本原数字的马步线段有第 1 段 "1 ～ 32"，第 5 段 "129 ～ 160"，第 2 段 "33 ～ 64"，第 6 段 "161 ～ 192"。

根据八段马步线路这一新的数字置换分案，再按母本每一段原马步线路的步序与走向，采用"倒序"或者说"反向"代入所配置的数字，即可得另一幅新的重组 16 阶马步回路幻方异构体（图 22.20）。

样本幻方的马步回路，划成 8 段后的 16 个新的起点与终点，全部集中于 16 阶"中象" 8 阶单元内。因此，在设计八段马步线路置换方案时，关于起始点的更换、走向转折及马步线段衔接等，应都在该"中象"内一并列示后再做出全盘考虑，而且必须遵守如下两条基本原则：其一，马步回路存在原则；其二，16 阶幻方成立原则。若两者兼得，则重组成功。

"骑士旅行" 图谱

据研究，采用最优化"互补—模拟"合成法，标准棋盘的任何一个"马步回路"，都可以成为最优化入幻的原始构件，且不必考虑是闭合的"马步回路"还是开口的"马步曲线"，也无须担心代入自然数列后是"行列图"还是"乱数方阵"，都可以合成 32 阶"马步组合"完全幻方。因此，

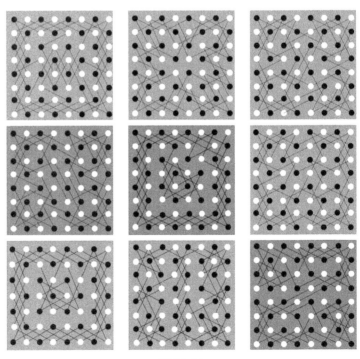

图 22.21

创作与采集"骑士旅行"图谱成了一项重要的基础作业。

马步回路的数量大得惊人。图22.21是我选辑、绘制的有代表性的9个马步图谱：有马步曲线与马步回路，有轴对称与不对称的，有的只要起始点适当可填出马步"行列图"，有的从任何一点起始填出的都是马步"乱数"方阵，等等。任何一个8阶马步回路，都不存在幻方解。其中，人们更感兴趣的是对称性马步回路，它们是一个个无始无终的"哈密顿圈"，在任意一个马步点都可以起步，并可做顺向或逆向巡回行走，因此每一个马步回路图谱都可构造相当数量的子母结构32阶"马步组合"完全幻方。

"8阶马步行列图"最优化入幻

18—19世纪欧洲的数学家们热衷于在标准棋盘"骑士旅行"游戏中查找"马步幻方"，但他们查找到的绝大多数属于"乱数方阵"，最好的不过是"行列图"。至今，谁也没有填出8阶马步幻方，人们对"骑士旅行"游戏中"马步幻方"的存在性问题提出了质疑。据最近资料显示，2003年德国Gunter S. Stertenbnink、法国Jean Charles Meyrignac、加拿大Hugues Mackay等运用计算机对所有的8阶"马步回路"进行了广泛搜索，发现其中有140个马步行列图，唯独没有一个是马步幻方，于是得出了不存在8阶马步幻方的最终结论。至此，"骑士旅行"与幻方游戏面临分道扬镳的处境，这两个不同游戏还会继续结合在一起玩下去吗？南宋诗人陆游在《游山西村》中写道："山重水复疑无路，柳暗花明又一村。"虽然不存在8阶马步幻方，但前人创作的所有"骑士旅行"图谱，我都有办法把它们合成32阶"马步组合"完全幻方。

第一例：欧拉"马步行列图"最优化入幻

图22.22是一幅32阶"马步行列图"组合完全幻方（泛幻和"16400"），它以瑞士著名数学家欧拉的一幅8阶马步"行列图"为蓝本（左上角），采用最优化"互补—模拟"的合成方法制作，其内部的16个8阶单元相对独立，按其组合性质说各单元都是行列图，按"骑士旅行"图谱说各单元都为一条马步曲线（即始点与终点断开）。

1	48	31	50	33	16	63	18	960	913	930	911	928	945	898	943	577	624	607	626	609	592	639	594	512	465	482	463	480	497	450	495
30	51	46	3	62	19	14	35	931	910	915	958	899	942	947	926	606	627	622	579	638	595	590	611	483	462	467	510	451	494	499	478
47	2	49	32	15	34	17	64	914	959	912	929	946	927	944	897	623	578	625	608	591	610	593	640	466	511	464	481	498	479	496	449
52	29	4	45	20	61	36	13	909	932	957	916	941	900	925	948	628	605	580	621	596	637	612	589	461	484	509	468	493	452	477	500
5	44	25	56	9	40	21	60	956	917	936	905	952	921	940	901	581	620	601	632	585	616	597	636	508	469	488	457	504	473	492	453
28	53	8	41	24	57	12	37	933	908	953	920	937	904	949	924	604	629	584	617	600	633	588	613	485	460	505	472	489	456	501	476
43	6	55	26	39	10	59	22	918	955	906	935	922	951	902	939	619	582	631	602	615	586	635	598	470	507	458	487	474	503	454	491
54	27	42	7	58	23	38	11	907	934	919	954	903	938	923	950	630	603	618	583	634	599	614	587	459	486	471	506	455	490	475	502
833	880	863	882	865	848	895	850	256	209	226	207	224	241	194	239	257	304	287	306	289	272	319	274	704	657	674	655	672	689	642	687
862	883	878	835	894	851	846	867	227	206	211	254	195	238	243	222	286	307	302	259	318	275	270	291	675	654	659	702	643	686	691	670
879	834	881	864	847	866	849	896	210	255	208	225	242	223	240	193	303	258	305	288	271	290	273	320	658	703	656	673	690	671	688	641
884	861	836	877	852	893	868	845	205	228	253	212	237	196	221	244	308	285	260	301	276	317	292	269	653	676	701	660	685	644	669	692
837	876	857	888	841	872	853	892	252	213	232	201	248	217	236	197	261	300	281	312	265	296	277	316	700	661	680	649	696	665	684	645
860	885	840	873	856	889	844	869	229	204	249	216	233	200	245	220	284	309	264	297	280	313	268	293	677	652	697	664	681	648	693	668
875	838	887	858	871	842	891	854	214	251	202	231	218	247	198	235	299	262	311	282	295	266	315	278	662	699	650	679	666	695	646	683
886	859	874	839	890	855	870	843	203	230	215	250	199	234	219	246	310	283	298	263	314	279	294	267	651	678	663	698	647	682	667	694
448	401	418	399	416	433	386	431	513	560	543	562	545	528	575	530	1024	977	994	975	992	1009	962	1007	65	112	95	114	97	80	127	82
419	398	403	446	387	430	435	414	542	563	558	515	574	531	526	547	995	974	979	1022	963	1006	1011	990	94	115	110	67	126	83	78	99
402	447	400	417	434	415	432	385	559	514	561	544	527	546	529	576	978	1023	976	993	1010	991	1008	961	111	66	113	96	79	98	81	128
397	420	445	404	429	388	413	436	564	541	516	557	532	573	548	525	973	996	1021	980	1005	964	989	1012	116	93	68	109	84	125	100	77
444	405	424	393	440	409	428	389	517	556	537	568	521	552	533	572	1020	981	1000	969	1016	985	1004	965	69	108	89	120	73	104	85	124
421	396	441	408	425	392	437	412	540	565	520	553	536	569	524	549	997	972	1017	984	1001	968	1013	988	92	117	72	105	88	121	76	101
406	443	394	423	410	439	390	427	555	518	567	538	551	522	571	534	982	1019	970	999	986	1015	966	1003	107	70	119	90	103	74	123	86
395	422	407	442	391	426	411	438	566	539	554	519	570	535	550	523	971	998	983	1018	967	1002	987	1014	118	91	106	71	122	87	102	75
768	721	738	719	736	753	706	751	321	368	351	370	353	336	383	338	192	145	162	143	160	177	130	175	769	816	799	818	801	784	831	786
739	718	723	766	707	750	755	734	350	371	366	323	382	339	334	355	163	142	147	190	131	174	179	158	798	819	814	771	830	787	782	803
722	767	720	737	754	735	752	705	367	322	369	352	335	354	337	384	146	191	144	161	178	159	176	129	815	770	817	800	783	802	785	832
717	740	765	724	749	708	733	756	372	349	324	365	340	381	356	333	141	164	189	148	173	132	157	180	820	797	772	813	788	829	804	781
764	725	744	713	760	729	748	709	325	364	345	376	329	360	341	380	188	149	168	137	184	153	172	133	773	812	793	824	777	808	789	828
741	716	761	728	745	712	757	732	348	373	328	361	344	377	332	357	165	140	185	152	169	136	181	156	796	821	776	809	792	825	780	805
726	763	714	743	730	759	710	747	363	326	375	346	359	330	379	342	150	187	138	167	154	183	134	171	811	774	823	794	807	778	827	790
715	742	727	762	711	746	731	758	374	347	362	327	378	343	358	331	139	166	151	186	135	170	155	182	822	795	810	775	826	791	806	779

图 22.22

第二例：杜德尼"马步行列图"最优化入幻

图 22.23 也是一幅 32 阶"马步行列图"组合完全幻方（泛幻和"16400"），它以英国著名数学娱乐大师杜德尼的一幅 8 阶"马步行列图"为蓝本（左上角），采用最优化"互补—模拟"合成方法制作，其马步图谱于上例欧拉断开的马步曲线不同，是一个闭合的"哈密顿"回路。总之，"8 阶马步行列图"最优化入幻，是"马步—幻方"游戏的一种新玩法。在 32×32 大棋盘上，犹如 16 匹马建制的一个"骑士旅行"团，以协调、齐整的步法与路线走遍各自的标准棋盘，这是多么美妙、壮观的景象啊！有序地合成一幅"马步回路"最优化 32 阶幻方。

图 22.23

50	11	24	63	14	37	26	35	463	502	489	450	499	476	487	478	818	779	792	831	782	805	794	803	719	758	745	706	755	732	743	734
23	62	51	12	25	34	15	38	490	451	462	501	488	479	498	475	791	830	819	780	793	802	783	806	746	707	718	757	744	735	754	731
10	49	64	21	40	13	36	27	503	464	449	492	473	500	477	486	778	817	832	789	808	781	804	795	759	720	705	748	729	756	733	742
61	22	9	52	33	28	39	16	452	491	504	461	480	485	474	497	829	790	777	820	801	796	807	784	748	747	760	717	736	741	730	753
48	7	60	1	20	41	54	29	465	506	453	512	493	472	459	484	816	775	828	769	788	809	822	797	721	762	709	768	749	728	715	740
59	4	45	8	53	32	17	42	454	509	468	505	460	481	496	471	827	772	813	776	821	800	785	810	710	765	724	761	716	737	752	727
6	47	2	57	44	19	30	55	507	466	511	456	469	494	483	458	774	815	770	825	787	798	823	811	763	722	767	712	725	750	739	714
3	58	5	46	31	56	43	18	510	455	508	467	482	457	470	495	771	826	773	814	799	824	811	786	766	711	764	723	738	713	726	751
946	907	920	959	910	933	922	931	591	630	617	578	627	604	615	606	178	139	152	191	142	165	154	163	335	374	361	322	371	348	359	350
919	958	947	908	921	930	911	934	618	579	590	629	616	607	626	603	151	190	179	140	153	162	143	166	362	323	334	373	360	351	370	347
906	945	960	917	936	909	932	923	631	592	577	620	601	628	605	614	138	177	192	149	168	141	164	155	375	336	321	364	345	372	349	358
957	918	905	948	929	924	935	912	580	619	632	589	608	613	602	625	189	150	137	180	161	156	167	144	324	363	376	333	352	357	346	369
944	903	956	897	916	937	950	925	593	634	581	640	621	600	587	612	176	135	188	129	148	169	182	157	337	378	325	384	365	344	331	356
955	900	941	904	949	928	913	938	582	637	596	633	588	609	624	599	187	132	173	136	181	160	145	170	326	381	340	377	332	353	368	343
902	943	898	953	940	915	926	951	635	594	639	584	597	622	611	586	134	175	130	185	172	147	158	183	379	338	383	328	341	366	355	330
899	954	901	942	927	952	939	914	638	583	636	595	610	585	598	623	131	186	133	174	159	184	171	146	382	327	380	339	354	329	342	367
207	246	233	194	243	220	231	222	306	267	280	319	270	293	282	291	975	1014	1001	962	1011	988	999	990	562	523	536	575	526	549	538	547
234	195	206	245	232	223	242	219	279	318	307	268	281	290	271	294	1002	963	974	1013	1000	991	1010	987	535	574	563	524	537	546	527	550
247	208	193	236	217	244	221	230	266	305	320	277	296	269	292	283	1015	976	961	1004	985	1012	989	998	522	561	576	533	552	525	548	539
196	235	248	205	224	229	218	241	317	278	265	308	289	284	295	272	964	1003	1016	973	992	997	986	1009	573	534	521	564	545	540	551	528
209	250	197	256	237	216	203	228	304	263	316	257	276	297	310	285	977	1018	965	1024	1005	984	971	996	560	519	572	513	532	553	566	541
198	253	212	249	204	225	240	215	315	260	301	264	309	288	273	298	966	1021	980	1017	972	993	1008	983	571	516	557	520	565	544	529	554
251	210	255	200	213	238	227	202	262	303	258	313	300	275	286	311	1019	978	1023	968	981	1006	995	970	518	559	514	569	556	531	542	567
254	199	252	211	225	201	214	239	259	314	261	302	287	312	299	274	1022	967	1020	979	994	969	982	1007	515	570	517	558	543	568	555	530
847	886	873	834	883	860	871	862	690	651	664	703	654	677	666	675	79	118	105	66	115	92	103	94	434	395	408	447	398	421	410	419
874	835	846	885	872	863	882	859	663	702	691	652	665	674	655	678	106	67	78	117	104	95	114	91	407	446	435	396	409	418	399	422
887	848	833	876	857	884	861	870	650	689	704	661	680	653	676	667	119	80	65	108	89	116	93	102	394	433	448	405	424	397	420	411
836	875	888	845	864	869	858	881	701	662	649	692	673	668	679	656	68	107	120	77	96	101	90	113	445	406	393	436	417	412	423	400
849	890	837	896	877	856	843	868	688	647	700	641	660	681	694	669	81	122	69	128	109	88	75	100	432	391	444	385	404	425	438	413
838	893	852	889	844	865	880	855	699	644	685	648	693	672	657	682	70	125	84	121	76	97	112	87	443	388	429	392	437	416	401	426
891	850	895	840	853	878	867	842	646	687	642	697	684	659	670	695	123	82	127	72	85	110	99	74	390	431	386	441	428	403	414	439
894	839	892	851	866	841	854	879	643	698	645	686	671	696	683	658	126	71	124	83	98	73	86	111	387	442	389	430	415	440	427	402

"8阶马步二回路幻方"最优化入幻

法国穆恩（Moon）、文策莱德斯（Wenzelides）独辟蹊径，在标准棋盘上创作了相对独立、互为交织的两条马步回路，代入"1～64"自然数列，8阶"马步二回路"幻方成立（图22.24）。它属于"不规则"幻方范畴，但有一个精妙的数组分布结构：主横轴对称的有24对数组，次横轴对称的8对数组；同时，全部泛对角线清

15	20	17	36	13	64	61	34
18	37	14	21	60	35	12	63
25	16	19	44	5	62	33	56
38	45	26	59	22	55	4	11
27	24	39	6	43	10	57	54
40	49	46	23	58	3	32	9
47	28	51	42	7	30	53	2
50	41	48	29	52	1	8	31

图 22.24

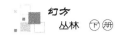

一色的由奇数或者偶数构成，非常美。下一个探索目标：是 8 阶"马步二回路"完全幻方的存在性问题。

我以这个双马"骑士旅行"图谱为基本单元，采用最优化"互补—模拟"合成法，制作了一幅由 32 匹马组建的"骑士旅行团"所走出的 32 阶完全幻方，如图 22.25 所示。

591	596	593	612	589	640	637	610	946	941	944	925	948	897	900	927	15	20	17	36	13	64	61	34	498	493	496	477	500	449	452	479
594	613	590	597	636	611	588	639	943	924	947	940	901	926	949	898	18	37	14	21	60	35	12	63	495	476	499	492	453	478	501	450
601	592	595	620	581	638	609	632	936	945	942	917	956	899	928	905	25	16	19	44	5	62	33	56	488	497	494	469	508	451	480	457
614	621	602	635	598	631	580	587	923	916	935	902	939	906	957	950	38	45	26	59	22	55	4	11	475	468	487	454	491	458	509	502
603	600	615	582	619	586	633	630	934	937	922	955	918	951	904	907	27	24	39	6	43	10	57	54	486	489	474	507	470	503	456	459
616	625	622	599	634	579	608	585	921	912	915	938	903	958	929	952	40	49	46	23	58	3	32	9	473	464	467	490	455	510	481	504
623	604	627	618	583	606	629	578	914	933	910	919	954	931	908	959	47	28	51	42	7	30	53	2	466	485	462	471	506	483	460	511
626	617	624	605	628	577	584	607	911	920	913	932	909	960	953	930	50	41	48	29	52	1	8	31	463	472	465	484	461	512	505	482
143	148	145	164	141	192	189	162	370	365	368	349	372	321	324	351	719	724	721	740	717	768	765	738	818	813	816	797	820	769	772	799
146	165	142	149	188	163	140	191	367	348	371	364	325	350	373	322	722	741	718	725	764	739	716	767	815	796	819	812	773	798	821	770
153	144	147	172	133	190	161	184	360	369	366	341	380	323	352	329	729	720	723	748	709	766	737	760	808	817	814	789	828	771	800	777
166	173	154	187	150	183	132	139	347	340	359	326	363	330	381	374	742	749	730	763	726	759	708	715	795	788	807	774	811	778	829	822
155	152	167	134	171	138	185	182	358	361	346	379	342	375	328	331	731	728	743	710	747	714	761	758	806	809	794	827	790	823	776	769
168	177	174	151	186	131	160	137	345	336	339	362	327	382	353	376	744	753	750	727	762	707	736	713	793	784	787	810	775	830	801	824
175	156	179	170	135	158	181	130	338	357	334	343	378	355	332	383	751	732	755	746	711	734	757	706	786	805	782	791	826	803	780	831
178	169	176	157	180	129	136	159	335	344	337	356	333	384	377	354	754	745	752	733	756	705	712	735	783	792	785	804	781	832	825	802
1010	1005	1008	989	1012	961	964	991	527	532	529	548	525	576	573	546	434	429	432	413	436	385	388	415	79	84	81	100	77	128	125	98
1007	988	1011	1004	965	990	1013	962	530	549	526	533	572	547	524	575	431	412	435	428	389	414	437	386	82	101	78	85	124	99	76	127
1000	1009	1006	981	1020	963	992	969	537	528	531	556	517	574	545	568	424	433	430	405	444	387	416	393	89	80	83	108	69	126	97	120
987	980	999	966	1003	970	1021	1014	550	557	538	571	534	567	516	523	411	404	423	390	427	394	445	438	102	109	90	123	86	119	68	75
998	1001	986	1019	982	1015	968	971	539	536	551	518	555	522	569	566	422	425	410	443	406	439	392	395	91	88	103	70	107	74	121	118
985	976	979	1002	967	1022	993	1016	552	561	558	535	570	515	544	521	409	400	403	426	391	446	417	440	104	113	110	87	122	67	96	73
978	997	974	983	1018	995	972	1023	559	540	563	554	519	542	565	514	402	421	398	407	442	419	396	447	111	92	115	106	71	94	117	66
975	984	977	996	973	1024	1017	994	562	553	560	541	564	513	520	543	399	408	401	420	397	448	441	418	114	105	112	93	116	65	72	95
306	301	304	285	308	257	260	287	207	212	209	228	205	256	253	226	882	877	880	861	884	833	836	863	655	660	657	676	653	704	701	674
303	284	307	300	261	286	309	258	210	229	206	213	252	227	204	255	879	860	883	876	837	862	885	834	658	677	654	661	700	675	652	703
296	305	302	277	316	259	288	265	217	208	211	236	197	254	225	248	872	881	878	853	892	835	864	841	665	656	659	684	645	702	673	696
283	276	295	262	299	266	317	310	230	237	218	251	214	247	196	203	859	852	871	838	875	842	893	886	678	685	666	699	662	695	644	651
294	297	282	315	278	311	264	267	219	216	231	198	235	202	249	246	870	873	858	891	854	887	840	843	667	664	679	646	683	650	697	694
281	272	275	298	263	318	289	312	232	241	238	215	250	195	224	201	857	848	851	874	839	894	865	888	680	689	686	663	698	643	672	649
274	293	270	279	314	291	268	319	239	220	243	234	199	222	245	194	850	869	846	855	890	867	844	895	687	668	691	682	647	670	693	642
271	280	273	292	269	320	313	290	242	233	240	221	244	193	200	223	847	856	849	868	845	896	889	866	690	681	688	669	692	641	648	671

图 22.25

小盘"马步图谱"合成完全幻方

数学家们在"骑士旅行"游戏中，探索了小于 8×8 棋盘上的马步旅行路线问题，得知：马步不可能走遍 3×3、4×4 棋盘全局（差一步），而 5×5、6×6、7×7

棋盘都有完整的马步旅行路线解。不难证明：在奇数棋盘上只存在首尾断开的马步曲线。小盘马步图谱当然是合成"马步组合"完全幻方的重要构件。

第一例："5阶马步曲线"最优化入幻

图22.26是一例5阶马步曲线图谱，由于两端断开，所以代入1～25自然数列的起步点固定于其中一端，没有灵活性。如图22.27所示，该5阶马步曲线图谱最优化入幻，必须配成一对互补单元，其组合性质为"乱数"方阵。

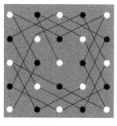

图22.26

23	2	13	8	21	67
12	7	22	3	14	58
17	24	1	20	9	71
6	11	18	15	4	54
25	16	5	10	19	75

61 83 60 59 56 67

3	24	13	18	5	63
14	19	4	23	12	72
9	2	25	6	17	59
20	15	8	11	22	76
1	10	21	16	7	55

65 69   47 70 71 74 63 65

图22.27

然而，采用最优化"互补—模拟"合成方法构造一幅20阶"马步组合"完全幻方，其操作步骤如下。

首先，以这对互补5阶马步"乱数"方阵为基本单元，编制一个最优化20阶组合模板（图略）。

其次，将1～400自然数列划分成16个自然段，同时任意选择一幅已知4阶完全幻方为母本，并按其数序把这16个自然分段方案分配于20阶组合模板，且代入各5阶马步曲线单元，即可得一幅20阶"马步组合"完全幻方，泛幻和"4010"（图22.28）。同时，以其各5阶单元的中心位数字，又恰好构成一个4阶完全幻方，泛幻和"802"。

248	227	238	233	246	353	374	363	368	355	23	2	13	8	21	178	199	188	193	180
237	232	247	228	239	364	369	354	373	362	12	7	22	3	14	189	194	179	198	187
242	249	226	245	234	359	352	375	356	367	17	24	1	20	9	184	177	200	181	192
231	236	243	240	229	370	365	358	361	372	6	11	18	15	4	195	190	183	186	197
250	241	230	235	244	351	360	371	366	357	25	16	5	10	19	176	185	196	191	182
73	52	63	58	71	128	149	138	143	130	298	277	288	283	296	303	324	313	318	305
62	57	72	53	64	139	144	129	148	137	287	282	297	278	289	314	319	304	323	312
67	74	51	70	59	134	127	150	131	142	292	299	276	295	284	309	302	325	306	317
56	61	68	65	54	145	140	133	136	147	281	286	293	290	279	320	315	308	311	322
75	66	55	60	69	126	135	146	141	132	300	291	280	285	294	301	310	321	316	307
378	399	388	393	380	223	202	213	208	221	153	174	163	168	155	48	27	38	33	46
389	394	379	398	387	212	207	222	203	214	164	169	154	173	162	37	32	47	28	39
384	377	400	381	392	217	224	201	220	209	159	152	175	156	167	42	49	26	45	34
395	390	383	386	397	206	211	218	215	204	170	165	158	161	172	31	36	43	40	29
376	385	396	391	382	225	216	205	210	219	151	160	171	166	157	50	41	30	35	44
103	124	113	118	105	98	77	88	83	96	328	349	338	343	330	273	252	263	258	271
114	119	104	123	112	87	82	97	78	89	339	344	329	348	337	262	257	272	253	264
109	102	125	106	117	92	99	76	95	84	334	327	350	331	342	267	274	251	270	259
120	115	108	111	122	81	86	93	90	79	345	340	333	336	347	256	261	268	265	254
101	110	121	116	107	100	91	80	85	94	326	335	346	341	332	275	266	255	260	269

图22.28

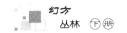

第二例："6 阶马步回路"最优化入幻

图 22.29 是一个 6 阶马步回路图谱，无论以哪一点起步按序代入 1～36 自然数列，所得都为 6 阶"乱数方阵"，现给出如图 22.30 所示的一对互补的图谱数字化底本，采用最优化"互补—模拟"合成法即可制作一幅 24 阶"马步组合"完全幻方（图 22.31）。

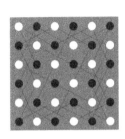

图 22.29

1	30	7	22	35	28	123
8	15	36	29	6	21	115
31	2	23	14	27	34	131
16	9	32	5	20	13	95
3	24	11	18	33	26	115
10	17	4	25	12	19	87

36	7	30	15	2	9	99
29	22	1	8	31	16	107
6	35	14	23	10	3	91
21	28	5	32	17	24	127
34	13	26	19	4	11	107
27	20	33	12	25	18	135

114 69 97 113 113 133 141 96 108 153 125 109 109 89 81 126

图 22.30

1	30	7	22	35	28	504	475	498	483	470	477	396	367	390	375	362	369	253	282	259	274	287	280
8	15	36	29	6	21	497	490	469	476	499	484	389	382	361	368	391	376	260	267	288	281	258	273
31	2	23	14	27	34	474	503	482	491	478	471	366	395	374	383	370	363	283	254	275	266	279	286
16	9	32	5	20	13	489	496	473	500	485	492	381	388	365	392	377	384	268	261	284	257	272	265
3	24	11	18	33	26	502	481	494	487	472	479	394	373	386	379	364	371	255	276	263	270	285	278
10	17	4	25	12	19	495	488	501	480	493	486	387	380	393	372	385	378	262	269	256	277	264	271
540	511	534	519	506	513	109	138	115	130	143	136	145	174	151	166	179	172	360	331	354	339	326	333
533	526	505	512	535	520	116	123	144	137	114	129	152	159	180	173	150	165	353	346	325	332	355	340
510	539	518	527	514	507	139	110	131	122	135	142	175	146	167	158	171	178	330	359	338	347	334	327
525	532	509	536	521	528	124	117	140	113	128	121	160	153	176	149	164	157	345	352	329	356	341	348
538	517	530	523	508	515	111	132	119	126	141	134	147	168	155	162	177	170	358	337	350	343	328	335
531	524	537	516	529	522	118	125	112	133	120	127	154	161	148	169	156	163	351	344	357	336	349	342
181	210	187	202	215	208	324	295	318	303	290	297	576	547	570	555	542	549	73	102	79	94	107	100
188	195	216	209	186	201	317	310	289	296	319	304	569	562	541	548	571	556	80	87	108	101	78	93
211	182	203	194	207	214	294	323	302	311	298	291	546	575	554	563	550	543	103	74	95	86	99	106
196	189	212	185	200	193	309	316	293	320	305	312	561	568	545	572	557	564	88	81	104	77	92	85
183	204	191	198	213	206	322	301	314	307	292	299	574	553	566	559	544	551	75	96	83	90	105	98
190	197	184	205	192	199	315	308	321	300	313	306	567	560	573	552	565	558	82	89	76	97	84	91
432	403	426	411	398	405	217	246	223	238	251	244	37	66	43	58	71	64	468	439	462	447	434	441
425	418	397	404	427	412	224	231	252	245	222	237	44	51	72	65	42	57	461	454	433	440	463	448
402	431	410	419	406	399	247	218	239	230	243	250	67	38	59	50	63	70	438	467	446	455	442	435
417	424	401	428	413	420	232	225	248	221	236	229	52	45	68	41	56	49	453	460	437	464	449	456
430	409	422	415	400	407	219	240	227	234	249	242	39	60	47	54	69	62	466	445	458	451	436	443
423	416	429	408	421	414	226	233	220	241	228	235	46	53	40	61	48	55	459	452	465	444	457	450

图 22.31

图 22.31 这幅 24 阶"马步组合"完全幻方，其泛幻和"6924"，它由 16 个等差 6 阶单元构成，各单元若以数序连线，则显示 16 个相同的 6 阶马步"哈密顿"回路。

第三例："7 阶马步曲线"最优化入幻

图 22.32 是英国著名趣味数学大师亨利·E.杜德尼创作的一个 7×7 马步曲线图，名曰："圣·乔治屠龙"。图形非常美，外两环犹如一条见首不见尾、飞旋的"盘龙"，内环是一个六角星的"火球"，因而我想改名为"马步舞龙"更切合中国文化传统。若将 1～49 自然数列正、反序代入，即可得两对 4 个互补 7 阶乱数方阵（图 22.33 出示两对中各一个正序乱数方阵）。然而，采用最优化"互补—模拟"合成法制作一幅 28 阶"马步组合"完全幻方，泛幻和"10990"；其 6 阶单元的中心位构成一个 4 阶完全幻方，泛幻和"1570"（图 22.34）。

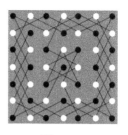

图 22.32

27	6	17	42	29	8	19
16	49	28	7	18	43	30
5	26	41	38	35	20	9
48	15	36	1	40	31	44
25	4	39	34	37	10	21
14	47	2	23	12	45	32
3	24	13	46	33	22	11

31	42	21	8	33	44	23
20	7	32	43	22	1	34
41	30	15	12	9	24	45
6	19	10	49	14	35	2
29	40	13	16	11	46	25
18	5	38	27	48	3	36
39	28	17	4	37	26	47

图 22.33

图 22.34

奇数阶“暗”马步幻方

国际象棋“马”的基本步法如下：①上跳两格，或者左拐一格，或者右拐一格；②下跳两格，或者左拐一格，或者右拐一格；③左横跳两格，或者上拐一格，或者下拐一格；④右横跳两格，或者上拐一格，或者下拐一格。由此可知，马步八式，步法灵巧与变多，因此幻方爱好者们不仅热衷于“马步回路幻方”游戏，而且还专注于研究以独特的“马步法”构造幻方。这类幻方称之为“暗”马步幻方，因为从盘面上看不存在连贯的马步回路，而只是把“马步”作为幻方的一种构图方法加以运用。

一、劳伯尔（de la Loubere）的马步法

劳伯尔（de la Loubere）的马步法，适用于奇数阶幻方构图，其基本操作规则如下。

①首行中列第1格起步。

②主体步式：上跳2格右拐1格。

③若溢出边界，则反向“回归”对应格。

④若遇数字占位，则在出步位的下方一格落子。

	11	19	2	15	23
	12	25	8		4
10	18	1	14	22	10
11	24	7	20	3	
17	5	13	21	9	17
23	6	19	2	15	
4	12	25	8	16	

图 22.35

	14	24	41	2	19	36	46
	22	32	49	10	27	37	5
13	23	40	1	18	35	45	13
21	31	48	9	26	36	4	21
22	39	7	17	34	44	12	29
30	47	8	25	42	3	20	30
38	6	16	33	43	11	28	38
46	14	24	41	2	19	29	
5	15	32	49	10	27	37	

图 22.36

凡上步落子（填数）成功者，下步继续按规则跳马，直至终盘。

图 22.35 是劳伯尔以“马步法”制作的一幅 5 阶完全幻方，泛幻和“65”。

图 22.36 是劳伯尔以“马步法”制作的一幅 7 阶完全幻方，泛幻和“175”。

劳伯尔的“马步法”非常了得。据化简透视（“商—余”方阵），它们具有最优化规则逻辑结构。这就是说，劳伯尔马步法是奇数阶完全幻方的一种重要构图方法。

据分析，劳伯尔跳马的主体步式：“上跳 2 格右拐 1 格”，因步法单一，必然发生“溢出”或“占位”，而此步使用了“非马步”的连接与调整，结果导致马步不能贯通已经扩展了的全盘，所以构造的幻方其“暗”马步也会出现断续。

二、马步法的新用法

劳伯尔马步法的局限性有两个方面：其一，起步点只有固定不变的一个位置（或4个对称位置），但人们要求能在任意一个位置起步；其二，跳马只使用单一的步式（或4个对应步式），而且"占位"时需要由"非马步"的"下方一格落子"来补救，而人们要求全部"马步八式"的综合运用。如何突破劳伯尔"马步法"构图的局限性呢？这已成了幻方爱好者们探讨的重要课题。

（一）第1种马步法构图的新用法

据有关资料介绍，有人发现了马步法的其他用法，基本操作规则如下。

①任意一格起步。

②优先"上跳2格右拐1格"，若遇到占位，则改为"右横跳2格下拐1格"。

③若溢出边界，则反向"回归"对应格落子（填数）。

据试验，上述用法"任意一格起步"是做不到的，也只能在某些位置起步才能成功（图22.37）。为什么有些位置起步行不通呢？因为，在跳马过程中，遇到占位，当改为"右横跳2格下拐1格"时，又有可能遇到占位，所以这一步就无法落子填数了。虽说有如此缺陷，但马步法的这一新用法还是有所创新的，如本例是一幅真正的7阶"暗"马步回路完全幻方。

（二）第2种马步法的新用法

据有关资料介绍，有人发现了马步法的另一种新用法，其基本操作规则如下（图22.38）。

①中心格起步。

②主体步式，"右横2格下拐1格"。

③若溢出，则反向"回归"对应格。

④若占位，则在出步位的左侧一格落子。

马步法的这种用法与劳伯尔马步法相似，两者的操作基本规则犹如旋转90°关系。

（三）第3种马步法的新用法

据资料介绍，有人发现了马步法的又一种用法，操作基本规则简介如下（图22.39）。

	7	44	39	34		17	12	
	25	20		3	47	42	30	
6	43	38	33	28	16	11	6	
24	19	14	2	46	41	29	24	
49	37	32	27	15	10	5	49	
18	13	1	45	40	35	23	18	
36	31	26	21	9	4	48	36	
12	7	44	39	34	22	17		
30	25	20	8	3	47	42		
							43	

图 22.37

	17	11	10	4	23		
6	5	24	18	12	6	5	24
13		1	25	19	13	7	
21	20	14	8	2		20	
9	3	22	16	15	9	3	
		10	4	23	17		

图 22.38

	23	12	1	20	9	
	4	18	7	21	15	
10	24	13	2	16	10	
11	5	19	8	22		
17	6	25	14	3	17	
	18	7		15	4	

图 22.39

①首行中列第 1 格起步。

②主体步式，"下跳 2 格右拐 1 格"。

③若溢出，则反向"回归"对应格。

④若占位，则在出步位的下方一格落子。

马步法的这种用法与劳伯尔马步法相似，两者的操作基本规则犹如旋转 180° 关系。如图 22.38 是由此马步法制作的一幅 5 阶完全幻方，它也不能称之为"暗"马步幻方。

总而言之，诸如此类的马步构图法相当多，不再介绍。我相信：运用"马"的八式步法及其相应的调整手段，以任意一格起步是可能实现的，奇数阶完全幻方与"马步法"有不解之缘。尤其，值得深入探讨的是奇数阶"暗"马步完全幻方。如图 37.36 所示的 7 阶完全幻方中给出了一个"扩大棋盘"上的一个"暗"马步回路。当然，必须指出：马步回路与"暗"马步回路是两个不同概念，后者应作为一种独特的构图方法来解读。这就是说，"马步法"所构造的幻方，不宜称之为马步幻方。

8 阶完全幻方"马步直线"全等结构

据谈祥柏先生的《乐在其中的数学》描述：19 世纪初期英国圣公会弗洛斯特牧师在印度传教，一生清贫，致力于东西方文化交流，在业余生活中以幻方为消遣，自得其乐。在大英博物馆收藏着他的一大堆遗物，其中有一块精美的玉器，此物原本是印度王公显贵佩戴的"护身符"，上面刻有梵文咒语与一个数字方阵—即一幅 8 阶完全幻方。人们惊奇地发现：在这幅 8 阶完全幻方中，隐藏着一个鲜为人知的秘密—即"马步"与"象步"直线全等。如图 22.40 所示。

其一，从这幅 8 阶完全幻方的任意一个数出发，按马的步法沿同方向跳 7 步，其 8 数之和一定全等于幻和"260"。

其二，从这幅 8 阶完全幻方的任意一个数出发，按象的步法（正方对角线）、相同步长、沿同方向走 7 步，其 8 数之和也一定全等于幻和"260"。

图 22.40 在该 8 阶完全幻方的辐射图（指该幻方的反复滚动编排）上标示：以"19"为出发点，可引出的 4 条互不重复的全等马步直线（反方向引出的马步直线与此相重复）。至于"象步"全等直线，因为任何一幅完全幻方的泛对角线全等，所以这一点不算稀奇。

19	44	24	47	22	45	17	42	19	44	24	47	22	45	17	42	19	44	24	47	22	45	17	42	19
30	37	25	34	27	36	32	39	30	37	25	34	27	36	32	39	30	37	25	34	27	36	(32)	39	30
59	4	64	7	62	5	57	2	59	4	64	7	62	5	57	2	59	4	64	7	(62)	5	57	2	59
54	13	49	10	51	12	56	15	54	13	49	10	51	12	56	15	54	13	(49)	10	51	12	56	15	54
43	20	48	23	46	21	41	18	43	20	48	23	46	21	41	18	(43)	20	48	23	46	21	41	18	43
38	29	33	26	35	28	40	31	38	29	33	26	35	28	(40)	31	38	29	33	26	35	28	40	31	38
3	60	8	63	6	61	1	58	3	60	8	63	(6)	61	1	58	3	60	8	63	6	61	1	58	3
14	53	9	50	11	52	16	55	14	53	(9)	50	11	52	16	55	14	53	9	50	11	52	16	55	14
19	44	24	47	22	45	17	42	(19)	44	24	47	22	45	17	42	19	44	24	47	22	45	17	42	19
30	37	25	34	27	36	32	39	30	37	(25)	34	27	36	32	39	30	37	25	34	27	36	32	39	30
59	4	64	7	62	5	57	(2)	59	(4)	64	7	62	(62)	5	57	2	59	4	64	7	62	5	57	2
54	13	49	10	51	12	56	15	54	13	49	10	51	12	(56)	15	54	13	49	10	51	12	56	15	54
43	20	48	23	46	(41)	18	43	20	(48)	23	46	21	41	18	(43)	20	48	23	46	21	41	18	43
38	29	33	26	35	28	40	31	38	29	33	26	35	28	40	31	38	29	(33)	26	35	28	40	31	38
3	60	8	63	6	(61)	1	58	3	60	8	(63)	6	61	1	58	3	60	8	63	(6)	61	1	58	3
14	53	9	58	11	52	16	55	14	53	9	50	11	52	16	55	14	53	9	58	11	52	(16)	55	14
19	44	24	(22)	45	17	42	19	44	24	47	22	45	17	42	(22)	45	17	42	19	44	24	47	22	45	17	42	19
30	37	25	34	27	36	32	39	30	37	25	34	27	36	32	39	30	37	25	34	27	36	32	39	30
59	4	64	(7)	62	5	57	2	59	4	64	7	62	(5)	57	2	59	4	64	7	62	5	57	2	59
54	13	49	10	51	12	56	15	54	13	49	10	51	12	56	15	54	13	49	10	51	12	56	15	54
43	20	(48)	23	46	21	41	18	43	20	48	23	46	(41)	18	43	20	48	23	46	21	41	18	43
38	29	33	26	35	28	40	31	38	29	33	26	35	28	40	31	38	29	33	26	35	28	40	31	38
3	(60)	8	63	6	61	1	58	3	60	8	63	6	61	(58)	3	60	8	63	6	61	1	58	3
14	53	9	58	11	52	16	55	14	53	9	50	11	52	16	55	14	53	9	58	11	52	16	55	14
19	44	24	47	22	45	17	42	19	44	24	47	22	45	17	42	19	44	24	47	22	45	17	42	19

图 22.40

什么样的 8 阶完全幻方具备的"马步直线"全等结构呢？这个问题引起了我的好奇与思考，现以它的化简形式——"商—余"正交方阵（图 22.41）透视其中的奥秘。

$$
\begin{array}{|cccccccc|}
\hline
1 & 58 & 3 & 60 & 8 & 63 & 6 & 61 \\
16 & 55 & 14 & 53 & 9 & 50 & 11 & 52 \\
17 & 42 & 19 & 44 & 24 & 47 & 22 & 45 \\
32 & 39 & 30 & 37 & 25 & 34 & 27 & 36 \\
57 & 2 & 59 & 4 & 64 & 7 & 62 & 5 \\
56 & 15 & 54 & 13 & 49 & 10 & 51 & 12 \\
41 & 18 & 43 & 20 & 48 & 23 & 46 & 21 \\
40 & 31 & 38 & 29 & 33 & 26 & 35 & 28 \\
\hline
\end{array}
=
\begin{array}{|cccccccc|}
\hline
0 & 7 & 0 & 7 & 0 & 7 & 0 & 7 \\
1 & 6 & 1 & 6 & 1 & 6 & 1 & 6 \\
2 & 5 & 2 & 5 & 2 & 5 & 2 & 5 \\
3 & 4 & 3 & 4 & 3 & 4 & 3 & 4 \\
7 & 0 & 7 & 0 & 7 & 0 & 7 & 0 \\
6 & 1 & 6 & 1 & 6 & 1 & 6 & 1 \\
5 & 2 & 5 & 2 & 5 & 2 & 5 & 2 \\
4 & 3 & 4 & 3 & 4 & 3 & 4 & 3 \\
\hline
\end{array}
\times 8+
\begin{array}{|cccccccc|}
\hline
1 & 2 & 3 & 4 & 8 & 7 & 6 & 5 \\
8 & 7 & 6 & 5 & 1 & 2 & 3 & 4 \\
1 & 2 & 3 & 4 & 8 & 7 & 6 & 5 \\
8 & 7 & 6 & 5 & 1 & 2 & 3 & 4 \\
1 & 2 & 3 & 4 & 8 & 7 & 6 & 5 \\
8 & 7 & 6 & 5 & 1 & 2 & 3 & 4 \\
1 & 2 & 3 & 4 & 8 & 7 & 6 & 5 \\
8 & 7 & 6 & 5 & 1 & 2 & 3 & 4 \\
\hline
\end{array}
$$

图 22.41

由图 22.41 "商—余"正交方阵可知，弗洛斯特牧师的这幅 8 阶完全幻方，之所以"马步直线"全等，就在于它具有最优化二位制同位逻辑结构。这类完全幻方有一个显著的特点：任意划出一个 2 阶单元 4 个数的和全等，我称之为最均匀完全幻方。由此可知，凡由最优化二位制同位逻辑编码法所制作的 $4k$ 阶完全幻方（$k \geqslant 2$）都具有这一奇妙的组合结构。

据查，英国圣公会于 1804 年向非洲、亚洲派遣第一批传教士，因此弗洛斯特牧师的这幅 8 阶完全幻方，可能创作于 19 世纪初期。这就是说 200 多年前，英国人就已经掌握了精细结构完全幻方构图技术，令人赞叹。

"马步直线"全等结构，不同于"马步回路幻方"，也不同于"象步回路幻方"，这是两个不可混同的概念。"马步直线"只借用马的步法，而没有马的步序（指数字的连续关系）。然而，谈祥柏先生的介绍，从一个新的视角揭示："马步直线"全等，是最均匀 $4k$ 阶完全幻方的另一种数理关系与结构形式。总而言之，无论是"马步构图法"，还是"马步直线"，乃至"马步幻方"等，各从不同侧面说明："马步"是幻方内在的一个重要组合规则。

意大利 Ghersi 的 8 阶王步回路幻方

一、8 阶王步幻方简介

国际象棋"王"在棋盘上的步法：纵横、上下每步只走一格，或者对角每步只走一格，而不允许跳格。按这一步法规则，走遍 8×8 棋盘 64 格，称为一条"王步回路"（"1"与"64"王步衔接）。意大利人 Ghersi 在

61	62	63	64	1	2	3	4
60	11	58	57	8	7	54	5
12	59	10	9	56	55	6	53
13	14	15	16	49	50	51	52
20	19	18	17	48	47	46	45
21	38	23	24	41	42	27	44
37	22	39	40	25	26	43	28
36	35	34	33	32	31	30	29

王步闭合回路　　　　　　8 阶王步幻方

图 22.42

《Mathematica Dilettevolee Curiorsa》（Milan，1921 年）一书中，破天荒地创作了一幅全轴对称的 8 阶"王步回路"幻方（图 22.42），堪称举世一绝。

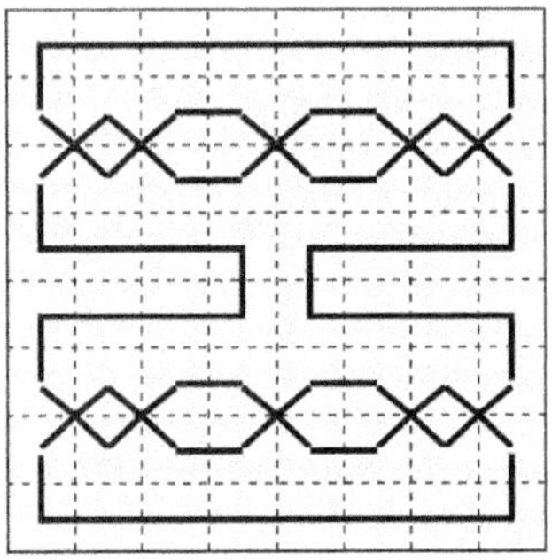

该"王步回路"的基本特征：①王从"1～32"走格，又从"64"至"33"走格，形成交互对称曲线；②王一口气从"1"依序走到"64"，又以王步回复至"1"，两端衔接，因此这是一条王步闭合回路。

总之，"1，64"与"32，33"两对数字，乃是该王步回路的"门户"，上下贯通，

使两个半盘天衣无缝连接起来。

"王步回路"按步序代入"1～64"自然数列，则得这幅 8 阶王步幻方，其结构特点如下。

①对折起来，每对称两数之和全等于"65"。

②一组对角两象限各列每 4 数之和都等于"146"，另一组对角两象限各列每 4 数之和都等于"114"，因此四象各是半行列图。

③一组对角两象限各象 16 个数之和等于"584"，另一组对角两象限各象 16 个数之和等于"456"。

④中象各行之和"130"，左 2 列各"66"，右 2 列各"194"；中象 16 个数之和等于"520"（幻和的两倍）。

这幅王步回路幻方，具有多重形式的纵横对称、交错互补组合结构特征。若从它的"化简"形式——"商—余"正交方阵观察（图 22.43），其逻辑形式特点是"余数"方阵左右两半 8 行的排列。

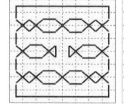

7	7	7	7	0	0	0	0
7	1	7	7	0	0	6	0
1	7	1	1	6	6	0	6
1	1	1	1	6	6	6	6
2	2	2	2	5	5	5	5
2	4	2	2	5	5	3	5
4	2	4	4	3	3	5	3
4	4	4	4	3	3	3	3

×8+

5	6	7	8	1	2	3	4
4	3	2	1	8	7	6	5
4	3	2	1	8	7	6	5
5	6	7	8	1	2	3	4
4	3	2	1	8	7	6	5
5	6	7	8	1	2	3	4
5	6	7	8	1	2	3	4
4	3	2	1	8	7	6	5

图 22.43

第 1、第 4、第 5、第 8 行格式相同；而第 2、第 3、第 6、第 7 行格式相似。

"商数"方阵左右两半 8 行的数字特点：第 1、第 4、第 6、第 7 行 4 行数字相同，第 2、第 3、第 5、第 8 行 4 行亦相同。总之，这一逻辑形式为构造 8 阶幻方提供了重要方法。

二、8 阶王步回路幻方演绎

前人首创的优秀成果，是后人借鉴的教本。Ghersi 创作了第一幅 8 阶王步幻方，至今没有第二幅问世。然而，根据其全部数

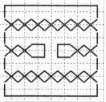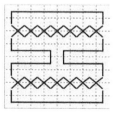

图 22.44

字成对排列特点，我发现：在不涉及两条对角线及首、尾两行的情况下，中部有 8 对数组可以相互置换，由此能产生 64 种不同形态的王步回路（包含 Ghersi 样本）。图 22.44 展示了其中 3 款王步回路的形态变化。

根据这 3 款王步回路，若按一定的起始点、王步走向代入"1～64"自然数列，则得图 22.45 3 幅新的 8 阶王步幻方，前两幅为纵、横轴全对称关系图像，后一

幅为纵轴不对称、横轴对称的半对称图像。

61	62	63	64	1	2	3	4
60	11	58	57	8	7	54	5
12	59	10	9	56	55	6	53
13	19	18	16	49	47	46	52
20	14	15	17	48	50	51	45
21	38	23	24	41	42	42	28
37	22	39	40	25	26	43	28
36	35	34	33	32	31	30	29

61	62	63	64	1	2	3	4
60	11	58	9	56	7	54	5
12	59	10	57	8	55	6	53
13	19	18	16	49	50	46	52
20	14	15	17	48	47	51	45
21	38	23	40	25	42	27	44
37	22	39	24	41	26	43	28
36	35	34	33	32	31	30	29

61	62	63	64	1	2	3	4
60	11	58	9	56	7	54	5
12	59	10	57	8	55	6	53
13	14	15	16	49	50	51	52
20	19	18	17	48	47	46	45
21	38	23	40	25	42	27	44
37	22	39	24	41	26	43	28
36	35	34	33	32	31	30	29

图 22.45

在同一版本的 64 幅 8 阶王步幻方中，也存在全不对称分形图像。由此进一步联想到：王步回路的变形技术，起始点更换技术，互补组合技术，以及王步回路的分形技术（自我复制增生），等等。这些演绎方法都可运用于以一幅已知 8 阶王步幻方为样本的再创作中来，从而不难获得更多或阶次更高的王步幻方。

4 阶后步回路幻方

国际象棋 "后" 的步法：①直线（包括上下、左右 4 个方向）每一步可走一格或任意几格（即跳格）；②对角线（包括上下、左右 4 个斜方向）每步只能走一格。由此可知，后步的步法多样、变线灵活。因而 "后步回路" 幻方构图相对容易。

一、4 阶后步回路幻方

我发现：在整个 880 幅 4 阶幻方群中，有一幅全轴对称 4 阶幻方，其 "1～8"，"9～16" 两条连线，各横向或纵向直线每步走一格；然而，"8" 与 "9" 间隔 2 格，可以视为 "后" 的跳

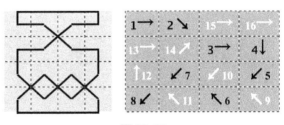

图 22.46

格步法；同理，"16" 返回 "1" 间隔 2 格，不违反后步直线跳格规则。由此，"1—16—1" 连成就一条对称的 "后步回路"（图 22.46）。

图 22.46 这幅 4 阶后步幻方，是国际象棋六种棋子中阶次最小、也是独一无二的一幅 "棋步幻方"。在全部 4 阶幻方群中，这幅 4 阶幻方原本其貌不扬，要不是解读为 "后步幻方"，恐怕无人问津，而今一步登天，堪称 "棋步幻方" 领域的稀世珍品。

从这幅4阶幻方化简后的"商—余"正交方阵分析（图22.47），其组合结构特点如下：两方阵的编码十分奇特，组合性质都是4阶行列（主对

1	2	15	16
13	14	3	4
12	7	10	5
8	11	6	9

$=$

0	0	3	3
3	3	0	0
2	1	2	1
1	2	1	2

$\times 4+$

1	2	3	4
1	2	3	4
4	3	2	1
4	3	2	1

图22.47

角线不等和），因而两方阵具有以"互补"方式进行等和整合的数理机制，由此才能还原出这幅幻方。总体而言，这是一幅"不规则"4阶幻方，它严格遵守国际象棋的"王步规则"。由此得到这样一种认识："棋步—幻方"游戏触及整个幻方领域中最难求解的"不规则"幻方部分，棋步幻方构图将是制作"不规则"幻方的一种重要方法，应大力研究。

二、二重次合成后步幻方

欧洲君主制国家，"后"为贵，比"王"的地位、权力高一筹，因此国际象棋中"后"的步法比"王"的步法自由度大。王步：直线、斜线各走一格。后步法：斜线走一格而直线走格不限，权限大了。

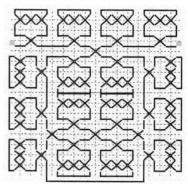

图22.48

在"棋步—幻方"游戏中，幻方必须按各棋子规定的各式步法走成"回路"，按步序代入连续数字，又必须符合幻方等和关系，因而棋步幻方是非常有趣与挑战性的游戏。棋盘的规格可大可小，我将在16×16大棋盘上，以"4阶后步幻方"为构件，设计一条充满256格的后步回路，然后按序代入"1～256"而得16阶二重次后步幻方。

图22.48是16×16大棋盘上的子母结构"后步回路"图像，由16个"后步子回路"合成，各单元相对独立，但都可按"后"的跳步规则相互连接。步法特点如下。

①走一格落子小步，有直线步，包括四正方向；也有对角步，包括四偏方向，即四面八向，应有尽有。

②跳3格落子的小跳步，每个基本单元内第8～第9步必为小跳步，系4阶单元两半部之间的连接步。

③跳8格落子的中跳步，第8～第9两个4阶单元之间为中跳步，系16阶两半盘之间连接的中盘步。

④终点返回始点的闭合大跳步，即间隔14格的"256—1"直线连接。

图22.49就是大盘"后步回路"，按既定的起始点有序代入"1～256"自然数列，所得的16阶二重次后步回路幻方（幻和"2056"）。其结构特点如下。

①4阶单元配置方案，以"1～256"自然数列按序分段方式配置，因而16个4阶单元连续等差。

②16个4阶单元各具子幻方组合性质，因而这幅16阶幻方非同一般，其"后步回路"既贯通16阶大盘，又按序相对独立地贯通16个4阶子幻方，因而具有二重次组合关系，即子母式"后步回路"合成结构。

图22.50也是16×16大棋盘上的一个子母结构"后步回路"图像，它由16个"后步子回路"合成，各4阶单元相对独立，但都可按"后"的跳步规则相互连接。但各4阶单元的排列结构与上例明显不同，主要区别如下。

①该图"后步回路"的图形纵、横两轴对折全对称，整齐划一，精美无比；而图20.25"后步回路"的图形为纵轴对折对称，横轴不对称。

②部分4阶单元"后步子回路"的方位有所调整，因而重新确定了合适的起点与终点，整盘"后步回路"的走向、连接与线形等随之而改变。

图22.51也是大盘"后步回路"，按重新定位的起始点有序代入"1～256"自然数列，所得的是另一幅异构16阶二重次后步回路幻方（幻和"2056"）。虽然，与上例"后步回路"的版本不同，但两者的数理结构有如下共性特征。

①纵轴对折重合两数之和全等于"257"，所以两者都为全轴对称16阶幻方。

②4阶单元配置方案相同，各

8	11	6	9	24	27	22	25	232	235	230	233	248	251	246	249
12	7	10	5	28	23	26	21	236	231	234	229	252	247	250	245
13	14	3	4	29	30	19	20	237	238	227	228	253	254	243	244
1	2	15	16	17	18	31	32	225	226	239	240	241	242	255	256
201	197	196	208	209	210	223	224	33	34	47	48	49	61	60	56
198	202	195	207	221	222	211	212	45	46	35	36	50	62	55	59
203	199	206	194	220	215	218	213	44	39	42	37	63	51	58	54
200	204	205	193	216	219	214	217	40	43	38	41	64	52	53	57
185	181	180	192	105	102	107	104	153	150	155	152	65	77	76	72
182	186	179	191	101	106	103	108	149	154	151	156	66	78	71	75
187	183	190	178	100	99	110	109	148	147	158	157	79	67	74	70
184	188	189	177	112	111	98	97	160	159	146	145	80	68	69	73
120	124	125	113	176	175	162	161	96	95	82	81	144	132	133	137
123	119	126	114	164	163	174	173	84	83	94	93	143	131	138	134
118	122	115	127	165	170	167	172	85	90	87	92	130	142	135	139
121	117	116	128	169	166	171	168	89	86	91	88	129	141	140	136

图22.49

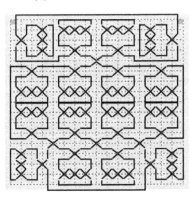

图22.50

1	13	12	8	24	27	22	25	232	235	230	233	249	245	244	256
2	14	7	11	28	23	26	21	236	231	234	229	246	250	243	255
15	3	10	6	29	30	19	20	237	238	227	228	251	247	254	242
16	4	5	9	17	18	31	32	225	226	239	240	248	252	253	241
193	194	207	208	209	210	223	224	33	34	47	48	49	50	63	64
205	206	195	196	221	222	211	212	45	46	35	36	61	62	51	52
204	199	202	197	220	215	218	213	44	39	42	37	60	55	58	53
200	203	198	201	216	219	214	217	40	43	38	41	56	59	54	57
185	182	187	184	105	102	107	104	153	150	155	152	73	70	75	72
181	186	183	188	101	106	103	108	149	154	151	156	69	74	71	76
180	179	190	189	100	99	110	109	148	147	158	157	68	67	78	77
192	191	178	177	112	111	98	97	160	159	146	145	80	79	66	65
120	124	125	113	176	175	162	161	96	95	82	81	144	132	133	137
123	119	126	114	164	163	174	173	84	83	94	93	143	131	138	134
118	122	115	127	165	170	167	172	85	90	87	92	130	142	135	139
121	117	116	128	169	166	171	168	89	86	91	88	129	141	140	136

图22.51

由 16 个连续等差的 4 阶子幻方合成,所以两者都为 16 阶二重次幻方,具有子母式结构。

本文 2 幅 16 阶后步回路幻方欣赏:在整盘后步闭合回路中,直线、斜线各 119 小步,有规则间夹 16 步小跳,中盘一步中跳,回路闭合一步大跳,步法起伏跌宕,旋律优美,仿佛在春光明媚的清晨,在绿茵湖畔,目睹一位高贵的皇后轻歌曼舞的画卷。

标准棋盘 8 阶后步回路幻方

4 阶后步幻方(图 22.46)是一个最简的后步回路图谱,它类似于一条分形曲线,因而可做多种方式"自我复制":其一为简单分形方式,即按原样重复(如图 22.48、图 22.50);其二为放大分形方式,即各部分按比例扩张;其三为变形分形方式,即各部分按机制重组。各种后步回路的不同分形方式,运用 4 阶后步回路图谱构造高阶后步幻方的重要技术。本文以"变形分形方式"制作两幅 8 阶后步回路幻方。

第一例:8 阶后步回路幻方

图 22.52 是标准棋盘上的后步回路,按序代入数字,即得 8 阶后步回路幻方(图 22.53)其 8 行、8 列及 2 条主对角线等和于"260"。

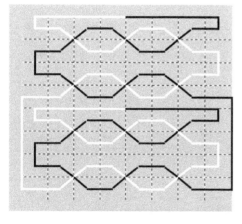

图 22.52

1→	2↘	59→	60↘	5→	6↘	63→	64→
57→	58↗	3→	4↗	61→	62↗	7→	8↓
↑56	←55	↗14	←13	↙52	←51	↗10	→9
16	←15	↘54	←53	↘12	←11	↘50	←49
→32	←31	↙38	←37	↗28	←27	↙34	←33
↓40	←39	↘30	←29	↘36	←35	↘26	→25
41→	42↘	19→	20↘	45→	46↘	23→	24↑
17→	18↗	43→	44↗	21→	22↗	47→	48

图 22.53

第二例:8 阶后步回路幻方

图 22.54 改变了上例后步的起始点、走向及其步序,由此得一个新的后步回路。同理,按序代入连续数字,可得另一幅 8 阶后步回路幻方(图 22.55)。

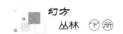
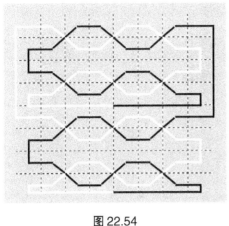

图 22.54　　　　　　　　　　　图 22.55

后步回路 8 阶行列图合成 32 阶完全幻方

　　上文所示两个 8 阶后步回路幻方图谱，若改变回路的连接点，将产生稍有差别的一个"后步回路"图谱，代入连续数字变为 8 阶行列图。若以此为基本构件，则可合成一幅 32 阶完全幻方。

一、8 阶后步回路行列图

（一）8 阶后步回路行列图

　　图 22.56 是一个标准棋盘后步回路行列图，纵或横对折全轴对称，全盘交织造型。本例后步结构有如下特点：上半盘（1—32）后步：横向一步一格，与斜线一步一格交替，如此每 7 步换行巡回；下半盘（33—64）后步：与上半盘步法、

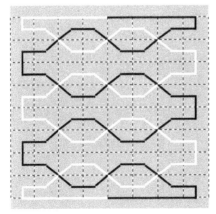

图 22.56

线路相同，方向相反。两半盘的中盘"32～33"，以及首尾"64—1"，为后步大跳格连接，由此构成后步闭合回路。

（二）8阶后步回路行列图

图22.57与图22.56的棋路结构有明显差异，系另一个8阶后步回路行列图，其图谱造型优美。两半盘分立而往返巡回，步法走向相反而线路相同；两半盘的中盘"32—33"皇后跳3格连接；首尾"64—1"皇后跳3格连接；同时，1/4盘即"16—17"皇后跳7格连接，由此构成一条后步闭合回路。

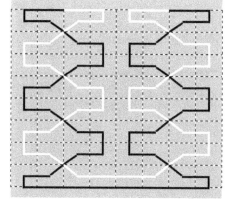

图22.57

注：以上两个8阶后步回路图谱，还存在另一个解读方案：当奇数、偶数分开连接时，各为"后/马"联步回路图谱（略）；即奇偶数各以"马步—后步"不规则间隔的方式走出两条曲线，其造型犹如"两宫太后"双马并驾齐驱，别有韵味。

二、两式后步回路合成32阶完全幻方

本例两式8阶后步回路行列图，采用下述方法共同合成一幅32阶幻方（泛幻和"2056"）：首先，以两个8阶后步回路行列图为基本单元，采用"反对"互补方式各自组建一组对角两象限，并合成一个最优化32阶组合模板（图略）；其次，以一幅已知4阶完全幻方为母本，按其数序分配1～1024自然数列的16个自然段，并代入32阶组合模板各基本单元，便得一幅32阶完全幻方（图22.58）。

1	2	59	60	5	6	63	64	833	834	891	892	837	838	895	896	641	642	703	704	673	674	671	672	449	450	511	512	481	482	479	480
57	58	3	4	61	62	7	8	889	890	835	836	893	894	839	840	701	702	643	644	669	670	675	676	509	510	451	452	477	478	483	484
56	55	14	13	52	51	10	9	888	887	846	845	884	883	842	841	700	699	646	645	668	667	678	677	508	507	454	453	476	475	486	485
16	15	54	53	12	11	50	49	848	847	886	885	844	843	882	881	648	647	698	697	680	679	666	665	456	455	506	505	488	487	474	473
17	18	43	44	21	22	47	48	849	850	875	876	853	854	879	880	649	650	695	696	681	682	663	664	457	458	503	504	489	490	471	472
41	42	19	20	45	46	23	24	873	874	851	852	877	878	855	856	693	694	651	652	661	662	683	684	501	502	459	460	469	470	491	492
40	39	30	29	36	35	26	25	872	871	862	861	868	867	858	857	692	691	654	653	660	659	686	685	500	499	462	461	468	467	494	493
32	31	38	37	28	27	34	33	864	863	870	869	860	859	866	865	656	655	690	689	688	687	658	657	464	463	498	497	496	495	466	465
960	959	902	901	956	955	898	897	256	255	198	197	252	251	194	193	288	287	290	289	320	319	258	257	608	607	610	609	640	639	578	577
904	903	958	957	900	899	954	953	200	199	254	253	196	195	250	249	292	291	286	285	260	259	318	317	612	611	606	605	580	579	638	637
905	906	947	948	909	910	951	952	201	202	243	244	205	206	247	248	293	294	283	284	261	262	315	316	613	614	603	604	581	582	635	636
945	946	907	908	949	950	911	912	241	242	203	204	245	246	207	208	281	282	295	296	313	314	263	264	601	602	615	616	633	634	583	584
944	943	918	917	940	939	914	913	240	239	214	213	236	235	210	209	280	279	298	297	312	311	266	265	600	599	618	617	632	631	586	585
920	919	942	941	916	915	938	937	216	215	238	237	212	211	234	233	300	299	278	277	268	267	310	309	620	619	598	597	588	587	630	629
921	922	931	932	925	926	935	936	217	218	227	228	221	222	231	232	301	302	275	276	269	270	307	308	621	622	595	596	589	590	627	628
929	930	923	924	933	934	927	928	225	226	219	220	229	230	223	224	273	274	303	304	305	306	271	272	593	594	623	624	625	626	591	592
321	322	383	384	353	354	351	352	513	514	575	576	545	546	543	544	961	962	1019	1020	965	966	1023	1024	129	130	187	188	133	134	191	192
381	382	323	324	349	350	355	356	573	574	515	516	541	542	547	548	1017	1018	963	964	1021	1022	967	968	185	186	131	132	189	190	135	136
380	379	326	325	348	347	358	357	572	571	518	517	540	539	550	549	1016	1015	974	973	1012	1011	970	969	184	183	142	141	180	179	138	137
328	327	378	377	360	359	346	345	520	519	570	569	552	551	538	537	976	975	1014	1013	972	971	1010	1009	144	143	182	181	140	139	178	177
329	330	375	376	361	362	343	344	521	522	567	568	553	554	535	536	977	978	1003	1004	981	982	1007	1008	145	146	171	172	149	150	175	176
373	374	331	332	341	342	363	364	565	566	523	524	533	534	555	556	1001	1002	979	980	1005	1006	983	984	169	170	147	148	173	174	151	152
372	371	334	333	340	339	366	365	564	563	526	525	532	531	558	557	1000	999	990	989	996	995	986	985	168	167	158	157	164	163	154	153
336	335	370	369	368	367	338	337	528	527	562	561	560	559	530	529	992	991	998	997	988	987	994	993	160	159	166	165	156	155	162	161
736	735	738	737	768	767	706	705	416	415	418	417	448	447	386	385	128	127	70	69	124	123	66	65	832	831	774	773	828	827	770	769
740	739	734	733	708	707	766	765	420	419	414	413	388	387	446	445	72	71	126	125	68	67	122	121	776	775	830	829	772	771	826	825
741	742	731	732	709	710	763	764	421	422	411	412	389	390	443	444	73	74	115	116	77	78	119	120	777	778	819	820	781	782	823	824
729	730	743	744	761	762	711	712	409	410	423	424	441	442	391	392	113	114	75	76	117	118	79	80	817	818	779	780	821	822	783	784
728	727	746	745	760	759	714	713	408	407	426	425	440	439	394	393	112	111	86	85	108	107	82	81	816	815	790	789	812	811	786	785
748	747	726	725	716	715	758	757	428	427	406	405	396	395	438	437	88	87	110	109	84	83	106	105	792	791	814	813	788	787	810	809
749	750	723	724	717	718	755	756	429	430	403	404	397	398	435	436	89	90	99	100	93	94	103	104	793	794	803	804	797	798	807	808
721	722	751	752	753	754	719	720	401	402	431	432	433	434	399	400	97	98	91	92	101	102	95	96	801	802	795	796	805	806	799	800

图 22.58

王步二回路四象最优化合成 32 阶幻方

一、王步"二回路"行列图

（一）第一例：8 阶王步二回路行列图

本例王步二回路结构特点：上半盘"1—32"步法：王每横向走 3 步，必斜走一步换行，又同向继续走 3 步；然后 90° 转弯，折回反向走 3 步，又斜向走一格换行，再同向继续走 3 步……如此往返；下半盘"33—64"王步：以与上半盘相同线路、方向相反而往返巡回。由于其上下两半盘，以及首尾之间断开，故两条曲线首尾有 4 个端口，是王步的"二回路"（图 22.59）。若代入连续自然数列，则得一个 8 阶行列图（图 22.60）。

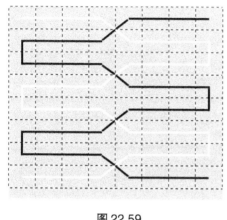

图 22.59

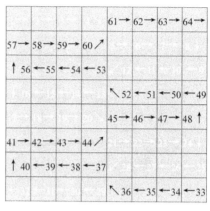

图 22.60

（二）第二例：8 阶王步二回路行列图

本例王步二回路结构特点：上半盘"1—32"王步：国王每纵向连续斜走 7 步，必横向直走一步换列，又反向连续斜走 7 步。然而又横向直走一步……如此往返巡回走完半盘；下半盘"33—64"王步：以与上半盘线路相同、方向相反方式，如此往返巡回走完另半盘。由于上下两半盘"32—33"，以及首尾"1—64"断开，故两条曲线首尾有 4 个端口，是王步的"开口二回路"（图 22.61）。若代入连续自然数列，则可以得到一幅 8 阶行列图（图 22.62）。

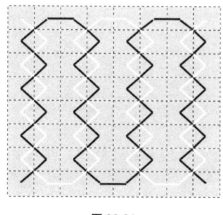

图 22.61

图 22.62

二、两式"王步二回路"合成 32 阶幻方

以上述这两个步法特点不同的 8 阶"王步二回路"图谱相结合为基本单元，采用单元互补法共同合成一幅 32 阶幻方（图 22.63）。

1	2	3	4	61	62	63	64	896	895	894	893	836	835	834	833	641	697	696	656	657	681	680	672	480	488	489	465	464	504	505	449
57	58	59	60	5	6	7	8	840	839	838	837	892	891	890	889	698	642	655	695	682	658	671	679	487	479	466	490	503	463	450	506
56	55	54	53	12	11	10	9	841	842	843	844	885	886	887	888	643	699	694	654	659	683	678	670	478	486	491	467	462	502	507	451
16	15	14	13	52	51	50	49	881	882	883	884	845	846	847	848	700	644	653	693	684	660	669	677	485	477	468	492	501	461	452	508
17	18	19	20	45	46	47	48	880	879	878	877	852	851	850	849	645	701	692	652	661	685	676	668	476	484	493	469	460	500	509	453
41	42	43	44	21	22	23	24	856	855	854	853	876	875	874	873	702	646	651	691	686	662	667	675	483	475	470	494	499	459	454	510
40	39	38	37	28	27	26	25	857	858	859	860	869	870	871	872	647	703	690	650	663	687	674	666	474	482	495	471	458	498	511	455
32	31	30	29	36	35	34	33	865	866	867	868	861	862	863	864	704	648	649	689	688	664	665	673	481	473	472	496	497	457	456	512
897	898	899	900	957	958	959	960	256	255	254	253	196	195	194	193	257	313	312	272	273	297	296	288	608	616	617	593	592	632	633	577
953	954	955	956	901	902	903	904	200	199	198	197	252	251	250	249	314	258	271	311	298	274	287	295	615	607	594	618	631	591	578	634
952	951	950	949	908	907	906	905	201	202	203	204	245	246	247	248	259	315	310	270	275	299	294	286	606	614	619	595	590	630	635	579
912	911	910	909	948	947	946	945	241	242	243	244	205	206	207	208	316	260	269	309	300	276	285	293	613	605	596	620	629	589	580	636
913	914	915	916	941	942	943	944	240	239	238	237	212	211	210	209	261	317	308	268	277	301	292	284	604	612	621	597	588	628	637	581
937	938	939	940	917	918	919	920	216	215	214	213	236	235	234	233	318	262	267	307	302	278	283	291	611	603	598	622	627	587	582	638
936	935	934	933	924	923	922	921	217	218	219	220	229	230	231	232	263	319	306	266	279	303	290	282	602	610	623	599	586	626	639	583
928	927	926	925	932	931	930	929	225	226	227	228	221	222	223	224	320	264	265	305	304	280	281	289	609	601	600	624	625	585	584	640
321	377	376	336	337	361	360	352	544	552	553	529	528	568	569	513	961	962	963	964	1021	1022	1023	1024	192	191	190	189	132	131	130	129
378	322	335	375	362	338	351	359	551	543	530	554	567	527	514	570	1017	1018	1019	1020	965	966	967	968	136	135	134	133	188	187	186	185
323	379	374	334	339	363	358	350	542	550	555	531	526	566	571	515	1016	1015	1014	1013	972	971	970	969	137	138	139	140	181	182	183	184
380	324	333	373	364	340	349	357	549	541	532	556	565	525	516	572	976	975	974	973	1012	1011	1010	1009	177	178	179	180	141	142	143	144
325	381	372	332	341	365	356	348	540	548	557	533	524	564	573	517	977	978	979	980	1005	1006	1007	1008	176	175	174	173	148	147	146	145
382	326	331	371	366	342	347	355	547	539	534	558	563	523	518	574	1001	1002	1003	1004	981	982	983	984	152	151	150	149	172	171	170	169
327	383	370	330	343	367	354	346	538	546	559	535	522	562	575	519	1000	999	998	997	988	987	986	985	153	154	155	156	165	166	167	168
384	328	329	369	368	344	345	353	545	537	536	560	561	521	520	576	992	991	990	989	996	995	994	993	161	162	163	164	157	158	159	160
705	761	760	720	721	745	744	736	416	424	425	401	400	440	441	385	65	66	67	68	125	126	127	128	832	831	830	829	772	771	770	769
762	706	719	759	746	722	735	743	423	415	402	426	439	399	386	442	121	122	123	124	69	70	71	72	776	775	774	773	828	827	826	825
707	763	758	718	723	747	742	734	414	422	427	403	398	438	443	387	120	119	118	117	76	75	74	73	777	778	779	780	821	822	823	824
764	708	717	757	748	724	733	741	421	413	404	428	437	397	388	444	80	79	78	77	116	115	114	113	817	818	819	820	781	782	783	784
709	765	756	716	725	749	740	732	412	420	429	405	396	436	445	389	81	82	83	84	109	110	111	112	816	815	814	813	788	787	786	785
766	710	715	755	750	726	731	739	419	411	406	430	435	395	390	446	105	106	107	108	85	86	87	88	792	791	790	789	812	811	810	809
711	767	754	714	727	751	738	730	410	418	431	407	394	434	447	391	104	103	102	101	92	91	90	89	793	794	795	796	805	806	807	808
768	712	713	753	752	728	729	737	417	409	408	432	433	393	392	448	96	95	94	93	100	99	98	97	801	802	803	804	797	798	799	800

图 22.63

这幅由两式 8 阶"王步二回路"行列图共同合成的 32 阶幻方，具有非完全幻方的性质。但两组对角象限，分别由各 8 阶"王步二回路"行列图以最优化的方式组建，因而四象各单元都具有 16 阶完全幻方性质。总之，这幅 32 阶幻方的数理结构特点：由 8 阶行列图基本单元合成四象 16 阶完全幻方，再由四象 16 阶完全幻方合成 32 阶非完全幻方。显然，本例解决了子母结构幻方中，一个曾经悬而未决的难题，即非完全幻方的结构性最优化问题。

阿拉伯人的8阶"混合棋步"完全幻方

据吴鹤龄《幻方与素数》（科学出版社，2008年8月）中描述：早在11世纪，阿拉伯人创作过一幅8阶完全幻方，后来被人们发现这是一幅由马步、后步与象步3种棋子步法合成的棋步幻方（图22.64）。

上半盘（1—32）有"马"与"后"两种棋子的步法，具体步序如下："1—4"连续马步；"4"由后步走一格连接"5"；"5—8"连续马步；"8"由后步走一格连接"9"；"9—12"连续马步；"12"由后步走一格接"13"；"13—16"连续马步；"16"由后步跳过四格接"17"（1/4盘）；又"17—20"连续马步；"20"由后步走一格接"21"；"21—24"连续马步；"24"由后步走一格接"25"；"25—28"连续马步；"28"由后步走一格接"29"；"29—32"连续马步。总之上半盘"马"与"后"的联步非常优雅，富有节奏感。

32	39	60	3	30	37	58	1
59	4	31	40	57	2	29	38
5	62	33	26	7	64	35	28
34	25	6	61	36	27	8	63
24	47	52	11	22	45	50	9
51	12	23	48	49	10	21	46
13	54	41	18	15	56	43	20
42	17	14	53	44	19	16	55

图 22.64

下半盘（32—64）：由"32"至"33"开局为经典的"九宫"象步；但接下来非常可惜，马步与后步还是正规的，主要问题在于："象"的步法不合规矩。按国际象棋规定：象步该走"正方"对角线，而不是"长方"对角线，如"34—35""36—37""38—39""40—41"等象步出现了"黑"与"白"违规串格。当初阿拉伯人制作这幅8阶完全幻方时，恐怕西方还没有发明"国际象棋"呢，后人说它是一幅"混合棋步幻方"，只是一种变通之说。

阿拉伯人的这幅"8阶混合棋步完全幻方"，从"商—余"正交方阵（图22.65）透视可知：其最优化逻辑形式及结构特征非常奇妙，隐藏着鲜为人知的一项

3	4	7	0	3	4	7	0
7	0	3	4	7	0	3	4
0	7	4	3	0	7	4	3
4	3	0	7	4	3	0	7
2	5	6	1	2	5	6	1
6	1	2	5	6	1	2	5
1	6	5	2	1	6	5	2
5	2	1	6	5	2	1	6

×8 +

8	7	4	3	6	5	2	1
3	4	7	8	1	2	5	6
5	6	1	2	7	8	3	4
2	1	6	5	4	3	8	7
8	7	4	3	6	5	2	1
3	4	7	8	1	2	5	6
5	6	1	2	7	8	3	4
2	1	6	5	4	3	8	7

图 22.65

最优化组合技术，以及非常独特的两方阵正交格式。因此，不要忘记，日后务必另立专题深入探讨。

从"商—余"正交方阵初步看："商—余"两方阵采用了两种不同的最优化编码规则与方法：其"商数"方阵由四象限都为最优化的4阶单元合成，其逻辑结构类似于四位制（内含二位制）错位逻辑形式；其"余数"方阵纵向4阶单元两两"等和"互补，横向4阶单元两两"消长"互补，从而四象合成了最优化8阶"余数"方阵，并与8阶"商数"方阵建立正交关系；左、右两半的两款不同4阶单元，它们的行、列组合关系异乎寻常，二位制或四位制编码单元配置方案出人意料，错位逻辑形式的最优化组合机制巧夺天工。

现回到"混合棋步幻方"这一新概念上来说，其重要意义在于：为人们开展创作真正的多棋种联步"棋步幻方"提供了启发。同时，11世纪初阿拉伯人就能创作出这幅8阶完全幻方，当然令人刮目相看了。差不多同年代，古印度人只能构造出一幅4阶完全幻方，因此古代幻方最优化组合技术水平的领先地位非这位无名氏阿拉伯人莫属了。

"王/车"联步回路8阶幻方

在"棋步—幻方"游戏中，开发多棋种联步幻方有广阔的发展前景。我建议：在不超过32阶以内，一般选择两种棋子的联步回路制作幻方比较适当，棋种过多显得随心所欲了，回路会很零乱。两棋联步：一棋为主，一棋为辅，步法必须反映该棋子的特点。本文试做"王/车"联步幻方。

第一例：8阶"王/车"联步幻方（图22.66、图22.67）

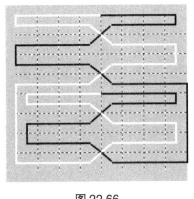

图22.66   图22.67

图22.66是标准棋盘"王/车"联步回路："1—王步—16—车步（跳4格）—17—王步—32—车步（跳7格）—33—王步—48—车步（跳4格）—49—王步—

64"；然后，"64"返回"1"则车步跳 7 格连接。它的步法特点：以"王"的横向直线、对角斜线每步一格往返连续步为基调，而大跨度"车"的纵、横直步跳格起到承上启下的连接作用。由此得到一幅 8 阶"王 / 车"联步回路幻方（图 22.67）。

第二例：8 阶"王 / 车"联步幻方（图 22.68、图 22.69）

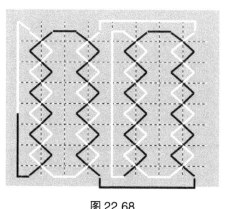

	↙57	←56	16	32	40→	41↘	↘17
58↘	↙2	↗15	↘55	39↗	↘31 18		↙42
	↙59 54↗		↘14 30↗		↘38 43↗		↙29
60↘	↙3	↗13	↘53	37↗	↘29 20		↙44
	↙61 52↗		↘12 28↗		↘36 45↗		↙21
62↘	↙4	↗11	↘51	35↗	↘27 22		↙46
	↙63 50↗		↘10 26↗		↘34 47↗		↙25
64	8→	←9↗	↘49 33↗		↗25 ←24		48

图 22.68　　　　　　　　　　　　图 22.69

图 22.68 是另一个 8 阶"王 / 车"联步回路："1—王步—16—车步（跳 4 格）—17—王步—32—车步（跳 7 格）—33—王步—48—车步（跳 4 格）—49—王步—64"，而"64"返回"1"为车步跳 7 格连接。它的步法特点：以"王"的连续交叉斜步走一格为基调，大跨度"车"步起到承上启下的连接作用。由此得到一幅 8 阶"王 / 车"联步回路幻方（图 22.69）。

"王 / 后"联步双回路行列图合成 32 阶完全幻方

图 22.70 黑线为全对称王步回路；白线为全对称后步回路，这是"王"与"后"互为独立的一个联步双回路图谱，两者镶嵌亲密无间，造型非常美。

选择适当的两个起始点，代入"1 ～ 64"二分段配置方案，可得一个精巧的 8 阶二重次行列图（四象各子单元为 4 阶行列图），其两条主对角线之和相等（图 22.71）。

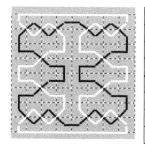

41	22	43	24	25	38	27	40
21	42	23	44	37	26	39	28
20	19	46	45	36	35	30	29
48	47	18	17	32	31	34	33
49	50	15	16	1	2	63	64
13	14	51	52	61	62	3	4
12	55	10	53	60	7	58	5
56	11	54	9	8	59	6	57

图 22.70　　　　　　　　图 22.71

然后，以该 8 阶二重次行列图为蓝本，采用最优化"互补—模拟"合成技术，制作 32 阶"王 / 后双回路"完全幻方（图 22.72）。

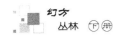

41	22	43	24	25	38	27	40	856	875	854	873	872	859	870	857	681	662	683	664	665	678	667	680	472	491	470	489	488	475	486	473
21	42	23	44	37	26	39	28	876	855	874	853	860	871	858	869	661	682	663	684	677	666	679	668	492	471	490	469	476	487	474	485
20	19	46	45	36	35	30	29	877	878	851	852	861	862	867	868	660	659	686	685	676	675	670	669	493	494	467	468	477	478	483	484
48	47	18	17	32	31	34	33	849	850	879	880	865	866	863	864	688	687	658	657	672	671	674	673	465	466	495	496	481	482	479	480
49	50	15	16	1	2	63	64	848	847	882	881	896	895	834	833	689	690	655	656	641	642	703	704	464	463	498	497	512	511	450	449
13	14	51	52	61	62	3	4	884	883	846	845	836	835	894	893	653	654	691	692	701	702	643	644	500	499	462	461	452	451	510	509
12	55	10	53	60	7	58	5	885	842	887	844	837	890	839	892	652	695	650	693	700	647	698	645	501	458	503	460	453	506	455	508
56	11	54	9	8	59	6	57	841	886	843	888	889	838	891	840	696	651	694	649	648	699	646	697	457	502	459	504	505	454	507	456
937	918	939	920	921	934	923	936	216	235	214	233	232	219	230	217	297	278	299	280	281	294	283	296	600	619	598	617	616	603	614	601
917	938	919	940	933	922	935	924	236	215	234	213	220	231	218	229	277	298	279	300	293	282	295	284	620	599	618	597	604	615	602	613
916	915	942	941	932	931	926	925	237	238	211	212	221	222	227	228	276	275	302	301	292	291	286	285	621	622	595	596	605	606	611	612
944	943	914	913	928	927	930	929	209	210	239	240	225	226	223	224	304	303	274	273	288	287	290	289	593	594	623	624	609	610	607	608
945	946	911	912	897	898	959	960	208	207	242	241	256	255	194	193	305	306	271	272	257	258	319	320	592	591	626	625	640	639	578	577
909	910	947	948	957	958	899	900	244	243	206	205	196	195	254	253	269	270	307	308	317	318	259	260	628	627	590	589	580	579	638	637
908	951	906	949	956	903	954	901	245	202	247	204	197	250	199	252	268	311	266	309	316	314	263	261	629	586	631	588	581	634	583	636
952	907	950	905	904	955	902	953	201	246	203	248	249	198	251	200	312	267	310	265	264	315	262	313	585	630	587	632	633	582	635	584
361	342	363	344	345	358	347	360	536	555	534	553	552	539	550	537	1001	982	1003	984	985	998	987	1000	152	171	150	169	168	155	166	153
341	362	343	364	357	346	359	348	556	535	554	533	540	551	538	549	981	1002	983	1004	997	986	999	988	172	151	170	149	156	167	154	165
340	339	366	365	356	355	350	349	557	558	531	532	541	542	547	548	980	979	1006	1005	996	995	990	989	173	174	147	148	157	158	163	164
368	367	338	337	352	351	354	353	529	530	559	560	545	546	543	544	1008	1007	978	977	992	991	994	993	145	146	175	176	161	162	159	160
369	370	335	336	321	322	383	384	528	527	562	561	576	575	514	513	1009	1010	975	976	961	962	1023	1024	144	143	178	177	192	191	130	129
333	334	371	372	381	382	323	324	564	563	526	525	516	515	574	573	973	974	1011	1012	1021	1022	963	964	180	179	142	141	132	131	190	189
332	375	330	373	380	327	378	325	565	522	567	524	517	570	519	572	972	1015	970	1013	1020	967	1018	965	181	138	183	140	133	186	135	188
376	331	374	329	328	379	326	377	521	566	523	568	569	518	571	520	1016	971	1014	969	968	1019	966	1017	137	182	139	184	185	134	187	136
745	726	747	728	729	742	731	744	408	427	406	425	424	411	422	409	105	86	107	88	89	102	91	104	792	811	790	809	808	795	806	793
725	746	727	748	741	730	743	732	428	407	426	405	412	423	410	421	85	106	87	108	101	90	103	92	812	791	810	789	796	807	794	805
724	723	750	749	740	739	734	733	429	430	403	404	413	414	419	420	84	83	110	109	100	99	94	93	813	814	787	788	797	798	803	804
752	751	722	721	736	735	738	737	401	402	431	432	417	418	415	416	112	111	82	81	96	95	98	97	785	786	815	816	801	802	799	800
753	754	719	720	705	706	767	768	400	399	434	433	448	447	386	385	113	114	79	80	65	66	127	128	784	783	818	817	832	831	770	769
717	718	755	756	765	766	707	708	436	435	398	397	388	387	446	445	77	78	115	116	125	126	67	68	820	819	782	781	772	771	830	829
716	759	714	757	764	711	762	709	437	394	439	396	389	442	391	444	76	119	74	117	124	71	122	69	821	778	823	780	773	826	775	828
760	715	758	713	712	763	710	761	393	438	395	440	441	390	443	392	120	75	118	73	72	123	70	121	777	822	779	824	825	774	827	776

图 22.72

"后/象"联步二回路 8 阶幻方

国际象棋的象步：走黑或白正方对角线（正方格大小不限），不走长方斜线。单独的全象步幻方非常难得。但"象"与"后"两种步法配合，灵活性倍增。在研制 8 阶后步幻方过程中，我发现：若适当插入象步连接，标准棋盘存在"后/象"联步二回路幻方解。

图 22.73 为一幅 8 阶"后/象"联步二回路曲线图谱，按合适的起始点依序代入"1～64"自然数列，即得这幅 8 阶"后/象"的联步幻方（图 22.74）。

所谓二回路曲线图谱，是指两条回路填满标准棋盘（两半回路合成）。"后/象"步法：皇后每走7步（一步一格），象走一步，接着下一轮皇后走7步；其间1/4与3/4盘处，皇后有

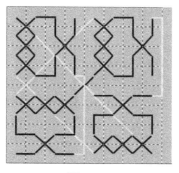

图22.73

40	12	13	33	56	28	29	49
11	39	14	34	27	55	30	50
38	10	35	16	54	26	51	31
9	37	36	16	25	53	52	32
57	22	59	24	1	2	47	48
21	58	23	60	45	46	3	4
20	19	62	61	44	7	42	5
64	63	18	17	8	43	6	41

图22.74

两次跳步（一步跳4格，"16—17"，"48—49"）……上下两半盘回路如此相同。本例步法有序对称、富有动感，非常美。

"1—32"与"33—64"两条回路的中盘交汇点："32—33"处于非正方对角线关系，因此回路断开，形成二回路；同时首尾"64—1"也处于非正方对角线关系，形成二回路均不闭合，因而有"二回路曲线"之称。总之，二回路首尾有4个端口，故这是一幅8阶"后/象"开口的二回路联步幻方。

关于本例中的象步："8—9"、"56—57"两步为5×5正方对角线跳格；"40—41"一步为8×8正方对角线跳格。象步跳格，后步跳格，都不是一般的连续连线。因此，在图22.73中的"后/象"联步二回路曲线图上，象步或后步跳格都是两个连续数字两端的连接，且由"白线"标示这种跳格连接，它符合国际象棋中"象"与"后"棋子的步法规则。

在此，谈谈关于棋步幻方的技术评价。

①单棋回路棋步幻方优于多棋联步回路棋步幻方。

②阶次小的棋步幻方难于阶次大的棋步幻方。

③回路闭合的棋步幻方高于回路开口的棋步幻方。

④回路贯通全盘的棋步幻方精于由回路子单元合成的棋步幻方。

总之，棋步幻方把国际象棋步法与幻方逻辑两种不同游戏规则巧妙地结合起来，提升了幻方制作的趣味性与挑战性，同时严格的各种棋步规则为非逻辑幻方提供了必须遵守的一种独特规则。

"后/马"联步行列图合成32阶完全幻方

一、"后/马"联步8阶"哈密顿"圈图谱

"后"与"马"两种棋子联步，可谓"强强"联合，步法的灵活性与线形的

多变性俱佳。"后"与"马"走遍 64 格的 8 阶行列图，其联步特点："1—16，17—32，33—48，49—64"各占 1/4 盘，犹如一位高贵的皇后跨着骏马，"三步一下马"，即马每走 3 步，皇后则"牵马"步行一步。皇后则步行有两种步法："16—17""48—49 为两次直线步，每次跳空第 4 格至第 5 格落子（中步跳）；又"32—33""64—1"也是两次直步，但每次跳空第 6 格至第 7 格落脚（大步飞），由此形成一条 8 阶后 / 马联步"哈密顿"回路（图 22.75）。

32			3	30			1
	4	31			2	29	
5			26	7			28
	25	6			27	8	
24			11	22			9
	12	23			10	21	
13			18	15			20
	17	14			19	16	

+

	48	51			46	49	
52			47	50			45
	53	42			55	44	
41			54	43			56
	40	59			38	57	
60			39	58			37
	61	34			63	36	
33			62	35			64

=

32	48	51	3	30	46	49	1
52	4	31	47	50	2	29	45
5	53	42	26	7	55	44	28
41	25	6	54	43	27	8	56
24	40	59	11	22	38	57	9
60	12	23	39	58	10	21	37
13	61	34	18	15	63	36	20
33	17	14	62	35	19	16	64

图 22.75

这幅后 / 马联步"哈密顿"回路，组合结构精致。

①上半盘与下半盘的"后 / 马"联步线路相同，组合结构精致但两半盘步序方向相反，相互补空关系。

②上下半盘内各自全对称结构，有纵轴对折的重合对称，有横轴对折的镶嵌对称。

③两个半盘"32—33"由皇后大飞步连接，"64—1"由皇后大飞步闭合。

④以适当起始点，代入自然数列，得 8 阶行列图。

二、"后 / 马"联步回路合成 32 阶完全幻方

图 22.76 左这幅 8 阶"后 / 马"联步回路行列图的泛对角线之和为"乱数"关系，因此必须以"补数"方法给出一对互补异构体（图 22.76 右）。

33	17	14	62	35	19	16	64
13	61	34	18	15	63	36	20
60	12	23	39	58	10	21	37
24	40	59	11	22	38	57	9
41	25	6	54	43	27	8	56
5	53	42	26	7	55	44	28
52	4	31	47	50	2	29	45
32	48	51	3	30	46	49	1

32	48	51	3	30	46	49	1
52	4	31	47	50	2	29	45
5	53	42	26	7	55	44	28
41	25	6	54	43	27	8	56
24	40	59	11	22	38	57	9
60	12	23	39	58	10	21	37
13	61	34	18	15	63	36	20
33	17	14	62	35	19	16	64

图 22.76

以此作为基本构件。先采用异构体"互补"关系组装成 32 阶模板，并以一幅已知 4 阶完全幻方为母本，按序代入数字，便得一幅后 / 马联步回路合成的 32 阶完全幻方（图 22.77）。

32 48 51 3 30 46 49 1	865 849 846 894 867 851 848 896	672 688 691 643 670 686 689 641	48 465 462 510 483 467 464 512
52 4 31 47 50 2 29 45	845 893 866 850 847 895 868 852	692 644 671 687 690 642 669 685	46 509 482 466 463 511 484 468
5 53 42 26 7 55 44 28	892 844 855 871 890 842 853 869	645 693 682 666 647 695 684 668	50 460 471 487 506 458 469 485
41 25 6 54 43 27 8 56	856 872 891 843 854 870 889 841	681 665 646 694 683 667 648 696	47 488 507 459 470 486 505 457
24 40 59 11 22 38 57 9	873 857 838 886 875 859 840 888	664 680 699 651 662 678 697 649	48 473 454 502 491 475 456 504
60 12 23 39 58 10 21 37	837 885 874 858 839 887 876 860	700 652 663 679 698 650 661 677	45 501 490 474 455 503 492 476
13 61 34 18 15 63 36 20	884 836 863 879 882 834 861 877	653 701 674 658 655 703 676 660	50 452 479 495 498 450 477 493
33 17 14 62 35 19 16 64	864 880 883 835 862 878 881 833	673 657 654 702 675 659 656 704	48 496 499 451 478 494 497 449
928 944 947 899 926 942 945 897	225 209 206 254 227 211 208 256	288 304 307 259 286 302 305 257	60 593 590 638 611 595 592 640
948 900 927 943 946 898 925 941	205 253 226 210 207 255 228 212	308 260 287 303 306 258 285 301	58 637 610 594 591 639 612 596
901 949 938 922 903 951 940 924	252 204 215 231 250 202 213 229	261 309 298 282 263 311 300 284	63 588 599 615 634 586 597 613
937 921 902 950 939 923 904 952	216 232 251 203 214 230 249 201	297 281 262 310 299 283 264 312	60 616 635 587 598 614 633 585
920 936 955 907 918 934 953 905	233 217 198 246 235 219 200 248	280 296 315 267 278 294 313 265	61 601 582 630 619 603 584 632
956 908 919 935 954 906 917 933	197 245 234 218 199 247 236 220	316 268 279 295 314 266 277 293	58 629 618 602 583 631 620 604
909 957 930 914 911 959 932 916	244 196 223 239 242 194 221 237	269 317 290 274 271 319 292 276	62 580 607 623 626 578 605 621
929 913 910 958 931 915 912 960	224 240 243 195 222 238 241 193	289 273 270 318 291 275 272 320	60 624 627 579 606 622 625 577
352 368 371 323 350 366 369 321	545 529 526 574 547 531 528 576	992 100 1011 963 990 1006 1009 961	16 145 142 190 163 147 144 192
372 324 351 367 370 322 349 365	525 573 546 530 527 575 548 532	101 964 991 1007 101 962 989 1005	14 189 162 146 143 191 164 148
325 373 362 346 327 375 364 348	572 524 535 551 570 522 533 549	965 101 1002 986 967 1015 1004 988	18 140 151 167 186 138 149 165
361 345 326 374 363 347 328 376	536 552 571 523 534 550 569 521	100 985 966 1014 100 987 968 1016	15 168 187 139 150 166 185 137
344 360 379 331 342 358 377 329	553 537 518 566 555 539 520 568	984 100 1019 971 982 998 1017 969	16 153 134 182 171 155 136 184
380 332 343 359 330 341 357	517 565 554 538 519 567 556 540	102 972 983 999 101 970 981 997	13 181 170 154 135 183 172 156
333 381 354 338 335 383 356 340	564 516 543 559 562 514 541 557	973 102 994 978 975 1023 996 980	18 132 159 175 178 130 157 173
353 337 334 382 355 339 336 384	544 560 563 515 542 558 561 513	993 977 974 1022 995 979 976 1024	16 176 179 131 158 174 177 129
736 752 755 707 734 750 753 705	417 401 398 446 419 403 400 448	96 112 115 67 94 110 113 65	80 785 782 830 803 787 784 832
756 708 735 751 754 706 733 749	397 445 418 402 399 447 420 404	116 68 95 111 114 66 93 109	78 829 802 786 783 831 804 788
709 757 746 730 711 759 748 732	444 396 407 423 442 394 405 421	69 117 106 90 71 119 108 92	82 780 791 807 826 778 789 805
745 729 710 758 747 731 712 760	408 424 443 395 406 422 441 393	105 89 70 118 107 91 72 120	79 808 827 779 790 806 825 777
728 744 763 715 726 742 761 713	425 409 390 438 427 411 392 440	88 104 123 75 86 102 121 73	80 793 774 822 811 795 776 824
764 716 727 743 762 714 725 741	389 437 426 410 391 439 428 412	124 76 87 103 122 74 85 101	77 821 810 794 775 823 812 796
717 765 738 722 719 767 740 724	436 388 415 431 434 386 413 429	77 125 98 82 79 127 100 84	82 772 799 815 818 770 797 813
737 721 718 766 739 723 720 768	416 432 435 387 414 430 433 385	97 81 78 126 99 83 80 128	80 816 819 771 798 814 817 769

图 22.77

象步二回路合成 32 阶完全幻方

按国际象棋规则：象步走斜线，格数不限，但黑格、白格不允许转换。由此可知："白象"与"黑象"必须分头起步，各走各的道，互不干扰，所以象步全盘必定是一个"二回路"图谱。为了黑白分明，在代入数字时，索性分奇、偶两条线（图 22.78）。

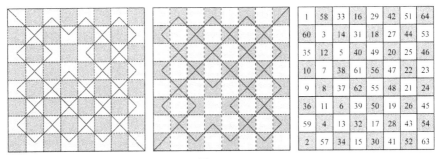

图 22.78

在标准棋盘上，"黑""白"两象各走一道，按规定步法必走"九宫格"对角线，由此形成"二回路"，步伐齐整，优美，但因奇偶数分道扬镳，所得为一个 8 阶"乱数"方阵。当然，以这个"乱数"方阵为基本单元，我有办法合成一幅 32 阶完全幻方（图 22.79）。

705	762	737	720	733	746	755	768	385	398	407	420	433	416	391	448	833	890	865	848	861	874	883	896	1	14	23	36	49	32	7	64
764	707	718	735	722	731	748	757	396	405	422	431	418	435	446	389	892	835	846	863	850	859	876	885	12	21	38	47	34	51	62	5
739	716	709	744	753	724	729	750	403	424	429	400	409	444	437	414	867	844	837	872	881	852	857	878	19	40	45	16	25	60	53	30
714	711	742	765	760	751	726	727	426	427	402	393	388	411	442	439	842	839	870	893	888	879	854	855	42	43	18	9	4	27	58	55
713	712	741	766	759	752	725	728	425	428	401	394	387	412	441	440	841	840	869	894	887	880	853	856	41	44	17	10	3	28	57	56
740	715	710	743	754	723	730	749	404	423	430	399	410	443	438	413	868	843	838	871	882	851	858	877	20	39	46	15	26	59	54	29
763	708	717	736	721	732	747	758	395	406	421	432	417	436	445	390	891	836	845	864	849	860	875	886	11	22	37	48	33	52	61	6
706	761	738	719	734	745	756	767	386	397	408	419	434	415	392	447	834	889	866	847	862	873	884	895	2	13	24	35	50	31	8	63
832	775	800	817	804	791	782	769	128	115	106	93	80	97	122	65	704	647	672	689	676	663	654	641	512	499	490	477	464	481	506	449
773	830	819	802	815	806	789	780	117	108	91	82	95	78	67	124	645	702	691	674	687	678	661	652	501	492	475	466	479	462	451	508
798	821	828	793	784	813	808	787	110	89	84	113	104	69	76	99	670	693	700	665	656	685	680	659	494	473	468	497	488	453	460	483
823	826	795	772	777	786	811	810	87	86	111	120	125	102	71	74	695	698	667	644	649	658	683	682	471	470	495	504	509	486	455	458
824	825	796	771	778	785	812	809	88	85	112	119	126	101	72	73	696	697	668	643	650	657	684	681	472	469	496	503	510	485	456	457
797	822	827	794	783	814	807	788	109	90	83	114	103	70	75	100	669	694	699	666	655	686	679	660	493	474	467	498	487	454	459	484
774	829	820	801	816	805	790	779	118	107	92	81	96	77	68	123	646	701	692	673	688	677	662	651	502	491	476	465	480	461	452	507
831	776	799	818	803	792	781	770	127	116	105	94	79	98	121	66	703	648	671	690	675	664	653	642	511	500	489	478	463	482	505	450
192	135	160	177	164	151	142	129	1024	1011	1002	989	976	993	1018	961	320	263	288	305	292	279	270	257	640	627	618	605	592	609	634	577
133	190	179	162	175	166	149	140	1013	1004	987	978	991	974	963	1020	261	318	307	290	303	294	277	268	629	620	603	594	607	590	579	636
158	181	188	153	144	173	168	147	1006	985	980	1009	1000	965	972	995	286	309	316	281	272	301	296	275	622	601	596	625	616	581	588	611
183	186	155	132	137	146	171	170	983	982	1007	1016	1021	998	967	970	311	314	283	260	265	274	299	298	599	598	623	632	637	614	583	586
184	185	156	131	138	145	172	169	984	981	1008	1015	1022	997	968	969	312	313	284	259	266	273	300	297	600	597	624	631	638	613	584	585
157	182	187	154	143	174	167	148	1005	986	979	1010	999	966	971	996	285	310	315	282	271	302	295	276	621	602	595	626	615	582	587	612
134	189	180	161	176	165	150	139	1014	1003	988	977	992	973	964	1019	262	317	308	289	304	293	278	267	630	619	604	593	608	589	580	635
191	136	159	178	163	152	141	130	1023	1012	1001	990	975	994	1017	962	319	264	287	306	291	280	269	258	639	628	617	606	591	610	633	578
321	378	353	336	349	362	371	384	513	526	535	548	561	544	519	576	193	250	225	208	221	234	243	256	897	910	919	932	945	928	903	960
380	323	334	351	338	347	364	373	524	533	550	559	546	563	574	517	252	195	206	223	210	219	236	245	908	917	934	943	930	947	958	901
355	332	325	360	369	340	345	366	531	552	557	528	537	572	565	542	227	204	197	232	241	212	217	238	915	936	941	912	921	956	949	926
330	327	358	381	376	367	342	343	554	555	530	521	516	539	570	567	202	199	230	253	248	239	214	215	938	939	914	905	900	923	954	951
329	328	357	382	375	368	341	344	553	556	529	522	515	540	569	568	201	200	229	254	247	240	213	216	937	940	913	906	899	924	953	952
356	331	326	359	370	339	346	365	532	551	558	527	538	571	566	541	228	203	198	231	242	211	218	237	916	935	942	911	922	955	950	925
379	324	333	352	337	348	363	374	523	534	549	560	545	564	573	518	251	196	205	224	209	220	235	246	907	918	933	944	929	948	957	902
322	377	354	335	350	361	372	383	514	525	536	547	562	543	520	575	194	249	226	207	222	233	244	255	898	909	920	931	946	927	904	959

图 22.79

兵步"弓形"曲线合成 20 阶完全幻方

国际象棋的兵步:只能向前进一格,或者左、右横走一格。其步法特点:只进不退,只横不斜,非常严格,这符合兵勇的地位与功能,犹如中国象棋的"小卒子过河",冲锋陷阵。兵步贯通全盘,只有一种可能情况:即走"弓形"曲线,棋盘规格无限。现以 5 阶为例,制作一幅 20 阶兵步曲线合成完全幻方。

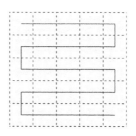

25	24	23	22	21
16	17	18	19	20
15	14	13	12	11
6	7	8	9	10
5	4	3	2	1

图 22.80

如图 22.80 所示,5 阶兵步"弓形"曲线图谱,就是一个自然数列按序往返排列的 5 阶"弓形"自然方阵,其组合性质与 5 阶幻方互为表里,即按杨辉口诀运作,则变为 5 阶幻方(图 22.81)。

200	199	198	197	196	255	254	253	252	251	350	349	348	347	346	5	4	3	2	1
191	192	193	194	195	256	257	258	259	260	341	342	343	344	345	6	7	8	9	10
190	189	188	187	186	265	264	263	262	261	340	339	338	337	336	15	14	13	12	11
181	182	183	184	185	266	267	268	269	270	331	332	333	334	335	16	17	18	19	20
180	179	178	177	176	275	274	273	272	271	330	329	328	327	326	25	24	23	22	21
321	322	323	324	325	26	27	28	29	30	171	172	173	174	175	276	277	278	279	280
320	319	318	317	316	35	34	33	32	31	170	169	168	167	166	285	284	283	282	281
311	312	313	314	315	36	37	38	39	40	161	162	163	164	165	286	287	288	289	290
310	309	308	307	306	45	44	43	42	41	160	159	158	157	156	295	294	293	292	291
301	302	303	304	305	46	47	48	49	50	151	152	153	154	155	296	297	298	299	300
75	74	73	72	71	380	379	378	377	376	225	224	223	222	221	130	129	128	127	126
66	67	68	69	70	381	382	383	384	385	216	217	218	219	220	131	132	133	134	135
65	64	63	62	61	390	389	388	387	386	215	214	213	212	211	140	139	138	137	136
56	57	58	59	60	391	392	393	394	395	206	207	208	209	210	141	142	143	144	145
55	54	53	52	51	400	399	398	397	396	205	204	203	202	201	150	149	148	147	146
246	247	248	249	250	101	102	103	104	105	96	97	98	99	100	351	352	353	354	355
245	244	243	242	241	110	109	108	107	106	95	94	93	92	91	360	359	358	357	356
236	237	238	239	240	111	112	113	114	115	86	87	88	89	90	361	362	363	364	365
235	234	233	232	231	120	119	118	117	116	85	84	83	82	81	370	369	368	367	366
226	227	228	229	230	121	122	123	124	125	76	77	78	79	80	371	372	373	374	375

图 22.81

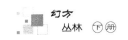

以此为基本单元，采用最优化"互补—模拟"合成法，即可得 20 阶兵步曲线合成完全幻方（图 22.81）。

综上所述，"兵"的步法单一，缺乏灵活性。因所以兵步贯通棋盘只有一种可能状态，即一条两端无法衔接的连续"弓形"曲线，所以在任何规格的棋盘上（k 阶）没有幻方解，但 16 个 k 阶兵步"弓形"曲线单元，可合成 $4k$ 阶完全幻方。

"简笔画"幻方

第 23 篇

　　简笔画趣味快然，寥寥几笔就能勾勒出象形图案，深受人们的喜爱。如何把简笔画引入幻方领域？将是幻方爱好者探索的一个重要课题。非常凑巧，在880幅4阶幻方全集中，我发现了唯有一幅按其数序连线竟是一只惟妙惟肖的"猫头鹰"图像，从此开了"简笔画"幻方创作之先河。

　　幻方按数序连线"爬"格子画图，只有纵、横、斜3种直线，因此要画出线条简洁的物像、纹饰等图案相当不容易，绝大多数幻方的按序连线犹如"一团乱麻"，成画者犹如凤毛麟角。根据连线笔画数，"简笔画"单元可分为两种：其一，"一笔画"。即从起笔到落笔一笔连线贯通 k 阶单元全盘。其二，"双曲线"。即由两条曲线互补充满 k 阶单元全盘。"简笔画"幻方的优秀作品，关键在于简笔画单元的图像设计，要求其勾线简约、形象生动与逼真，并注入更丰富的人文故事与美术元素。

猫头鹰

　　既要求一笔连线贯通幻方，又要求像一幅童趣画的，查遍880幅4阶幻方，只发现了唯一一幅4阶"猫头鹰"幻方。如图23.1所示，一只猫头鹰头戴鸭舌帽，

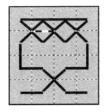

8	11	6	9
12	7	10	5
13	14	3	4
1	2	15	16

图 23.1

戴一副墨镜，开一只眼，闭一只眼。此乃幻方"一笔画"的开山之作。

　　著名国画大师黄永玉，乃是擅长画"猫头鹰"的一代鬼才。据资料，1973年黄永玉参与北京饭店壁画的创作，在启程前往长江沿线写生之前，一个偶然的机遇，在老朋友画家许麟庐的家中，应邀随手在册页上画了一只"睁一眼闭一眼"的猫头鹰。

　　若以这幅4阶"猫头鹰"幻方为基本单元，采用最优化"互补—模拟"合成技术，即可制作一幅16阶"猫头鹰"完全幻方（图23.2），其组合性质与结构特点如下。

　　① 16阶完全幻方的泛幻和"2056"，由16个等差4阶非完全幻方单元合成。

　　②每个4阶单元内部的各数按顺序连线，则显示16只复制的一笔画"猫头鹰"像。

　　总之，k阶单元以数序（或数的奇偶性）方式刻画一个物象，然后最优化合成一幅$4k$阶完全幻方，这是完全幻方数雕艺术的重要手法。

8	11	6	9	120	123	118	121	201	198	203	200	185	182	187	184
12	7	10	5	124	119	122	117	197	202	199	204	181	186	183	188
13	14	3	4	125	126	115	116	196	195	206	205	180	179	190	189
1	2	15	16	113	114	127	128	208	207	194	193	192	191	178	177
217	214	219	216	169	166	171	168	24	27	22	25	104	107	102	105
213	218	215	220	165	170	167	172	28	23	26	21	108	103	106	101
212	211	222	221	164	163	174	173	29	30	19	20	109	110	99	100
224	223	210	209	176	175	162	161	17	18	31	32	97	98	111	112
56	59	54	57	72	75	70	73	249	246	251	248	137	134	139	136
60	55	58	53	76	71	74	69	245	250	247	252	133	138	135	140
61	62	51	52	77	78	67	68	244	243	254	253	132	131	142	141
49	50	63	64	65	66	79	80	256	255	242	241	144	143	130	129
233	230	235	232	153	150	155	152	40	43	38	41	88	91	86	89
229	234	231	236	149	154	151	156	44	39	42	37	92	87	90	85
228	227	238	237	148	147	158	157	45	46	35	36	93	94	83	84
240	239	226	225	160	159	146	145	33	34	47	48	81	82	95	96

图 23.2

【小资料】

　　猫头鹰（或称枭、鸮）长相古怪，头大而宽，嘴短强壮，脖子能转动270度；双眼长在正前方，又大又圆，一开一闭，诡秘发光，在漆黑的夜晚能见度比人眼高出一百倍。警惕性极高，两耳直立不对称，扑击猎物，可根据声波传到左右耳的时间差准确定位。周身羽毛褐色散缀细斑，天鹅绒般稠密而柔软，使飞行产生

的声波频率小于1千赫，如此无声出击有"闪电战"的效果。猫头鹰昼伏夜出，飞行只见黑影一闪，像幽灵一样飘忽无声，叫声像鬼魂一样阴森凄凉，使人毛骨悚然。我国民间常把猫头鹰当作"不祥之鸟"，称之为逐魂鸟，当作厄运和死亡的象征。但是，猫头鹰是古希腊女神雅典娜的爱鸟，被认作可预示未来的智慧神鸟，这反映出东西方文化的差异。

坐井观天

我捣鼓幻方有几十年，虽然没有什么实际用处，但为什么我不觉疲劳与厌倦呢？借题添加故事、趣闻、杂谈与小常识，或许是一贴良药。

图23.3 勾画了一只青蛙的简笔图像，其形象与寓意，酷似唐代文学家韩愈在《原道》中所说的："坐井而观天，曰天小者，非天小也。"于是，"坐井观天"成为一个成语，讽喻眼界狭窄、见识短浅，而又狂妄自大、不识大局，不接受新事物的人物。

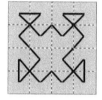

15	14	3	2
13	16	1	4
10	12	5	7
11	9	8	6

图23.3　　　　　图23.4

俗语说得好：天外有天。

在笔法上，两个连续数字之间使用了"折笔"连接，如"8与9"本来可直线连接，而特意改为"折笔"，这是"一笔画"造像中合理使用的特殊笔法，以便更灵活的勾画。在分形曲线"自我复制"及棋盘游戏的王步或后步曲线中，都不允许存在这样的"折笔"连接（图23.4）。

数字代入简笔画青蛙，得一个4阶"乱数"方阵（图23.4）。其等和数组为纵轴全对称关系，这是该"乱数"方阵的一个特色。然而，以此为蓝本，采用最优化"互补—模拟"合成法，可制作一幅16阶完全幻方（图23.5），其各单元的连续数字按一笔画灵活笔

1	2	4	5	224	223	221	220	161	162	164	165	128	127	125	124
16	15	3	6	209	210	222	219	176	175	163	166	113	114	126	123
14	11	7	8	211	214	218	217	174	171	167	168	115	118	122	121
13	12	10	9	212	213	215	216	173	172	170	169	116	117	119	120
192	191	189	188	97	98	100	101	32	31	29	28	193	194	196	197
177	178	190	187	112	111	99	102	17	18	30	27	208	207	195	198
179	182	186	185	110	107	103	104	19	22	26	25	206	203	199	200
180	181	183	184	109	108	106	105	20	21	23	24	205	204	202	201
96	95	93	92	129	130	132	133	256	255	253	252	33	34	36	37
81	82	94	91	144	143	131	134	241	242	254	251	48	47	35	38
83	86	90	89	142	139	135	136	243	246	250	249	46	43	39	40
84	85	87	88	141	140	138	137	244	245	247	248	45	44	42	41
225	226	228	229	64	63	61	60	65	66	68	69	160	159	157	156
240	239	227	230	49	50	62	59	80	79	67	70	145	146	158	155
238	235	231	232	51	54	58	57	78	75	71	72	147	150	154	153
237	236	234	233	52	53	55	56	77	74	73	76	148	149	151	152

图23.5

法连接，可勾画出 16 只"井底之蛙"。

【小资料】

《庄子·外篇·秋水》：子独不闻夫埳井之蛙乎？谓东海之鳖曰："吾乐与！出跳梁乎井干之上，入休乎缺甃之崖；赴水则接腋持颐，蹶泥则没足灭跗；还虷、蟹与科斗，莫吾能若也！且夫擅一壑之水，而跨跱埳井之乐，此亦至矣。夫子奚不时来入观乎？"

东海之鳖左足未入，而右膝已絷矣，于是逡巡而却，告之海曰："夫千里之远，不足以举其大；千仞之高，不足以极其深。禹之时十年九潦，而水弗为加益；汤之时八年七旱，而崖不为加损。夫不为顷久推移，不以多少进退者，此亦东海之大乐也。"

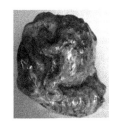

大风车

图 23.6（1）是一笔画"大风车"。从笔法而言，它既符合棋盘游戏中的王步"哈密顿"回路的步法规则，同时又与分形曲线"自我复制"的几何规则，可谓一线贯通的精品图案，我希望有朝一日成为"风力发电"的一个标志。

图 23.6（2）、图 23.6（3）以 1～16 自然数列为序做互补描述，即得两个 4 阶"互补"方阵，它们的各行、各列及主对角线是不等和的"乱数"关系。

采用具有强大最优化构图功能的"互补—模拟"合成法，即便是"乱数"单元，同样可以制作一幅 16 阶完全幻方，其泛幻和"2056"，内含 16 架大风车（图 23.7）。

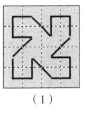

（1）

1	2	4	5
16	15	3	6
14	11	7	8
13	12	10	9

（2）

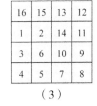

16	15	13	12
1	2	14	11
3	6	10	9
4	5	7	8

（3）

图 23.6

1	2	4	5	224	223	221	220	161	162	164	165	128	127	125	124
16	15	3	6	209	210	222	219	176	175	163	166	113	114	126	123
14	11	7	8	211	214	218	217	174	171	167	168	115	118	122	121
13	12	10	9	212	213	215	216	173	172	170	169	116	117	119	120
192	191	189	188	97	98	100	101	32	31	29	28	193	194	196	197
177	178	190	187	112	111	99	102	17	18	30	27	208	207	195	198
179	182	186	185	110	107	103	104	19	22	26	23	206	203	199	200
180	181	183	184	109	108	106	105	20	21	24	24	205	204	202	201
96	95	93	92	129	130	132	133	256	255	253	252	33	34	36	37
81	82	94	91	144	143	131	134	241	242	254	251	48	47	35	38
83	86	90	89	142	139	135	136	243	246	250	249	46	43	39	40
84	85	87	88	141	140	138	137	244	245	247	248	45	44	42	41
225	226	228	229	64	63	61	60	65	66	68	69	160	159	157	156
240	239	227	230	49	50	62	59	80	79	67	70	145	146	158	155
238	235	231	232	51	54	58	57	78	75	71	72	147	150	154	153
237	236	234	233	52	53	55	56	77	76	74	73	148	149	151	152

图 23.7

【小资料】

风车（风力机）是一种不需要燃料、没有污染、没有耗尽之虞，以自然风力作为能源的动力机械。早在 2000 多年前，中国、古埃及、希腊、古巴比伦、古波斯人早就学会利用风车灌溉、碾米、磨面、榨油等。风车是人类利用自然资源最智慧的发明创造。

荷兰被称为"风车之国"。15 世纪前后，成千上万的各式荷兰风车在荷兰兴起，每架拥有 6000 匹马力，最高的有好几层楼高，风翼长达 20 米，被广泛应用于磨坊、锯木、造纸、印染等加工工业领域。此外，随处可见的风车的另外一个主要用途是用于排水。荷兰（人口 1000 万）位于欧洲西部古世纪低洼湖床，海拔 1 米或低于大西洋海平面，正是风车不停地排除积水，才使全国 2/3 的土地免受沉没和人为鱼鳖的威胁。荷兰坐落在地球的西风带，一年四季刮强西风，大自然为荷兰无偿提供了取之不尽风力。风车并不起源于荷兰，然而风车的发展显然要归功于荷兰。18 世纪的欧洲工业革命，由于蒸汽机、内燃机、涡轮机的发展，古老的风车变得暗淡无光，被人们收藏在历史博物馆中。

风车是荷兰民族文化的象征，每年 5 月的第二个星期六被定为"风车日"，这一天全国幸存的 1000 架风车一齐转动，举国欢庆。

有识之士指出：人口、能源、环境是当今与未来世界可持续发展所面临的三大挑战，其核心是能源问题。新能源尤其是风力发电，日趋受到各国的普遍重视。目前全世界风电装机容量 490 万千瓦，而且还在以年均 60% 的速度增长。

倒立

倒立，俗称拿大顶、竖蜻蜓、翻筋斗，是年轻人喜欢的一种健身、娱乐活动。人体倒立，在杂技、武术、体操、瑜伽、健身等诸多项目中被广泛运用，或者是高难度化的一个基本动作。图 23.8 是我国传统杂技中的"顶功"，即"双手倒立"造型。

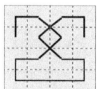

15	14	3	2
16	4	13	1
11	12	5	6
10	9	8	7

图 23.8

这幅一笔画作品，与国际象棋中王步的步法相同，直步一格，斜步一格，一线贯通 4×4 全盘，因此也可视之为一条"王步曲线"。将 1～16 自然数列按序代入，得一个全轴对称的 4 阶"乱数"方阵。

以此"乱数"单元为蓝本，采用具有强大最优化构图功能的"互补—模拟"

合成法，即可制作一幅 16 阶完全幻方，其泛幻和等于"2056"（图 23.9）。从"商—余"正交方阵看，这幅 16 阶完全幻方属于非逻辑幻方范畴，但各单元以一笔画或王步曲线的形式，则变"不规则"为有序化的一个最优化组合体。

111 110 99 98	178 179 190 191	15 14 3 2	210 211 222 223
112 100 109 97	177 189 180 192	16 4 13 1	209 221 212 224
107 108 101 102	182 181 188 187	11 12 5 6	214 213 220 219
106 105 104 103	183 184 185 186	10 9 8 7	215 216 217 218
31 30 19 18	194 195 206 207	127 126 115 114	162 163 174 175
32 20 29 17	193 205 196 208	128 116 125 113	161 173 164 176
27 28 21 22	198 197 204 203	123 124 117 118	166 165 172 171
26 25 24 23	199 200 201 202	122 121 120 119	167 168 169 170
242 243 254 255	47 46 35 34	146 147 158 159	79 78 67 66
241 253 244 256	48 36 45 33	145 157 148 160	80 68 77 65
246 245 252 251	43 44 37 38	150 149 156 155	75 76 69 70
247 248 249 250	42 41 40 39	151 152 153 154	74 73 72 71
130 131 142 143	95 94 83 82	226 227 238 239	63 62 51 50
129 141 132 144	96 84 93 81	225 237 228 240	64 52 61 49
134 133 140 139	91 92 85 86	230 229 236 235	59 60 53 54
135 136 137 138	90 89 88 87	231 232 233 234	58 57 56 55

图 23.9

【小资料】

最基本的倒立法：手倒立或头倒立。倒立健身早被医学所实践和证明：1000 多年前，我国古代医学家华佗就曾用此法治病、保健，并取得了神奇效果，他创编的五禽戏中，猴戏就有倒立动作。东方最古老的强身术瑜伽，产生于公元前的古印度婆罗门，倒立是其中的一个高级动作。倒立，目前在美国、日本、英国、瑞典、德国、日本等国都是非常流行的一项运动。

倒立伎 敦煌 249 窟 西魏

直立行走是猿进化成人的一个显著标志。但人类直立以后，由于地心引力的作用，造成了 3 个弊病：一是血液的循环由横向变成纵向造成大脑供血不足和心血管系统超负荷运行；二是在地心引力下造成心脏和肠胃等各种脏器下垂挤压而造成功能减退；三是在地心引力下颈部、肩背部及腰部等部位肌肉承重过度而造成关节疾病。克服人类进化中的先天不足，靠药物不行，只能靠锻炼，而最佳的锻炼方法就是人体倒立。长期坚持有规律的头足倒立，能给人体带来三大益处：一是提高智力和反应能力；二是延缓衰老，增神提志；三是防治各种长期直立和劳累带来的疾病，特别是心脑血管疾病。

泥陶釜灶

图 23.10 是一幅象征远古泥陶炊器的简笔画。古代泥陶炊事用具的主要形制有鼎、鬲、甑、釜、灶等。灶坑（或支座）是生火的设备并与釜（锅）一起使用煮食。现代人好奇，为什么陶釜是尖底（或半圆底）？这不是放不稳当了吗？尖

底陶器是新石器时代仰韶文化的典型器形。例如，半坡人用"尖底瓶"在河里打水，容易倒在水面汲水。例如，北辛人用"尖底釜"为的是增大受火面与通风，容易煮熟食物，尖底釜架在灶坑上很稳当。

7	8	9	10
13	6	11	4
14	12	5	3
15	16	1	2

图 23.10

若将 1～16 自然数列代入这幅象征原始泥陶釜灶的简笔画像，便得一个全轴对称"半"行列图。

然而，以此为基本单元，采用最优化"互补—模拟"合成方法，即可构造一幅 16 阶完全幻方，泛幻和等于"2056"（图 23.11）。

7	8	9	10	231	232	233	234	154	153	152	151	122	121	120	119
13	6	11	4	237	230	235	228	148	155	150	157	116	123	118	125
14	12	5	3	238	236	229	227	147	149	156	158	115	117	124	126
15	16	1	2	239	240	225	226	146	145	160	159	114	113	128	127
218	217	216	215	58	57	56	55	71	72	73	74	167	168	169	170
212	219	214	221	52	59	54	61	77	70	75	68	173	166	171	164
211	213	220	222	51	53	60	62	78	76	69	67	174	172	165	163
210	209	224	223	50	49	64	63	79	80	65	66	175	176	161	162
103	104	105	106	135	136	137	138	250	249	248	247	26	25	24	23
109	102	107	100	141	134	139	132	244	251	246	253	20	27	22	29
110	108	101	99	142	140	133	131	243	245	252	254	19	21	28	30
111	112	97	98	143	144	129	130	242	241	256	255	18	17	32	31
186	185	184	183	90	89	88	87	39	40	41	42	199	200	201	202
180	187	182	189	84	91	86	93	45	38	43	36	205	198	203	196
179	181	188	190	83	85	92	94	46	44	37	35	206	204	197	195
178	177	192	191	82	81	96	95	47	48	33	34	207	208	193	194

图 23.11

5000 年的华夏文明，创造了举世闻名的"陶瓷之国"。中国（China）含"陶瓷"之意。中国古代四大发明："造纸、指南针、火药、活字印刷"。无不可再加上"陶瓷"，中国古代有"五大发明"。

【小资料】

新石器时代至夏商周春秋，考古出土常见陶器。

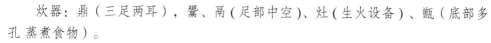

食器：钵（形状如碗）、豆（高座盆）、簋（圆口两耳）、甗（高座盘）。

汲水器：尖底瓶。

炊器：鼎（三足两耳），鬶、鬲（足部中空）、灶（生火设备）、甑（底部多孔 蒸煮食物）。

酒器：斝、爵、觚、盉（壶）、角、卣。

储器：罐（大口器皿）、瓮（腹大口小）、瓿（小瓮）、囷（圆形的谷仓）。

化妆匣：奁。

祭祀器：簠（长方形有盖有耳）

建筑件：瓦、砖、水管。

石窗

图 23.12 是一笔勾通 4×4 格的一个"哈密顿"圈（注：中间四格交叉，故不属于分形回路或王步回路性质）。4 阶"田"字结构"五象"镂空，则为一个"梅花格"图案，酷似常见于江南明清民居的老石窗，浙江临海、天台、仙居、三门一带的老百姓称之为"石花窗"。而今老石窗，已成为园林界、建筑界、文化界、收藏界的专家学者们研究与收藏的热门。

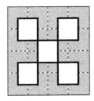

2	1	8	7
3	4	5	6
14	13	9	12
15	16	10	11

图 23.12

"梅花格"石窗是最古朴、最简单、最自然的花窗，原汁原味，具有透光、通风、防盗等实用功能，是正宗的原始乡土"老石窗"的典型代表作。

图 23.13 是由 16 扇"梅花格"老石窗图案最优化组合的一幅 16 阶完全幻方，泛幻和等于"2056"。各 4 阶单元内，四象 2×2 子单元都由 4 个连续数字构成，数理结构非常美。

每到一地古城镇，只要有石窗"走廊"或石窗"一条街"，我必去观赏、品味一番，尤其还在老房子上健在的平凡老石窗，更令人感慨不已。

图 23.14 是一个右旋"卍"佛符，原本为上古部落（古印度、古波斯、古希腊、古埃及、特洛伊人）的符咒，把它看成

98	97	104	103	218	217	224	223	162	161	168	167	26	25	32	31
99	100	101	102	219	220	221	222	163	164	165	166	27	28	29	30
110	109	105	108	213	216	212	211	174	173	169	172	21	24	20	19
111	112	106	107	214	215	209	210	175	176	170	171	22	23	17	18
191	192	185	186	7	8	1	2	127	128	121	122	199	200	193	194
190	189	188	187	6	5	4	3	126	125	124	123	198	197	196	195
179	180	184	181	12	9	13	14	115	116	120	117	204	201	205	206
178	177	183	182	11	10	16	15	114	113	119	118	203	202	208	207
95	96	89	90	231	232	225	226	159	160	153	154	39	40	33	34
94	93	92	91	230	229	228	227	158	157	156	155	38	37	36	35
83	84	88	85	236	233	237	238	147	148	152	149	44	41	45	46
82	81	87	86	235	234	240	239	146	145	151	150	43	42	48	47
130	129	136	135	58	57	64	63	66	65	72	71	250	249	256	255
131	132	133	134	59	60	61	62	67	68	69	70	251	252	253	254
142	141	137	140	53	56	51	52	78	75	73	76	245	248	244	243
143	144	138	139	54	55	49	50	79	80	74	75	246	247	241	242

图 23.13

是太阳或火的象征，后来被印度佛教所沿用。"卍"梵文读音"室利蹜蹉洛刹那"，印在佛祖如来胸口，是"瑞相"（三十二异相之一），吉祥的象征。"卍"法眼，涌出宝光，"其光晃昱，有千百色"，显于大海云天。

据史籍记载，汉明帝永平七年（公元 64 年）派遣使者 12 个人前往西域求法，印度佛教传入我国。北魏时期"卍"被译成"万"字，旨在弘扬佛法广大无边；唐玄奘译成"德"字，崇尚功德圆满，修成正果；女皇武则天又钦定之为"万"字，

示威权力，至高无上。

在民居石花窗上，可常见雕镂"卍"符号，除有透气、采光功能外，还表达一户人家的信念与追求：法眼神通，佛祖保佑。一座院宅，门窗至关重要，门为"口"，窗即"眼"，自然十分讲究。窗户有这么一个佛眼庇护，万事吉祥。

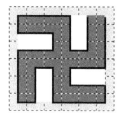

图 23.14

1	2	3	4	9	10
36	35	34	5	8	11
31	32	33	6	7	12
30	25	24	15	14	13
29	26	23	16	17	18
28	27	22	21	20	19

图 23.15

"卍"是个神秘的符号，空心写法时一笔贯通，犹如高速旋转的轮，非常的美。

"卍"符号以 1～36 自然数列按序描述，则为一个 6 阶"乱数"方阵（图23.15）。

然而，以此为基本单元，首先用 16 个"卍"以互补方式合成一个 24 阶最优化组合模板；然后任意选择一幅已知 4 阶完全幻方为母本，按其数序把 1～576 连续数列的自然分段配置方案代入各基本单元，便可得一幅 24 阶完全幻方，其泛幻和"6924"（图23.16）。各单元按数序连线，就可显现 16 个整齐排列、镂雕的一幅"卍"石花窗图案。

1	2	3	4	9	10	540	539	538	537	532	531	325	326	327	328	333	334	288	287	286	285	280	279
36	35	34	5	8	11	505	506	507	536	533	530	360	359	358	329	332	335	253	254	255	284	281	278
31	32	33	6	7	12	510	509	508	535	534	529	355	356	357	330	331	336	258	257	256	283	282	277
30	25	24	15	14	13	511	516	517	526	527	528	354	349	348	339	338	337	259	264	265	274	275	276
29	26	23	16	17	18	512	515	518	525	524	523	353	350	347	340	341	342	260	263	266	273	272	271
28	27	22	21	20	19	513	514	519	520	521	522	352	351	346	345	344	343	261	262	267	268	269	270
469	470	471	472	477	478	144	143	142	141	136	135	145	146	147	148	153	154	396	395	394	393	388	387
504	503	502	473	476	479	109	110	111	140	137	134	180	179	178	149	152	155	361	362	363	392	389	386
499	500	501	474	475	480	114	113	112	139	138	133	175	176	177	150	151	156	366	365	364	391	390	385
498	493	492	483	482	481	115	120	121	130	131	132	174	169	168	159	158	157	367	372	373	382	383	384
497	494	491	484	485	486	116	119	122	129	128	127	173	170	167	160	161	162	368	371	374	381	380	379
496	495	490	489	488	487	117	118	123	124	125	126	172	171	166	165	164	163	369	370	375	376	377	378
252	251	250	249	244	243	289	290	291	292	297	298	576	575	574	573	568	567	37	38	39	40	45	46
217	218	219	248	245	242	324	323	322	293	296	299	541	542	543	572	569	566	72	71	70	41	44	47
222	221	220	247	246	241	319	320	321	294	295	300	546	545	544	571	570	565	67	68	69	42	43	48
223	228	229	238	239	240	318	313	312	303	302	301	547	552	553	562	563	564	66	61	60	51	50	49
224	227	230	237	236	235	317	314	311	304	305	306	548	551	554	561	560	559	65	62	59	52	53	54
225	226	231	232	233	234	316	315	310	309	308	307	549	550	555	556	557	558	64	63	58	57	56	55
432	431	430	429	424	423	181	182	183	184	189	190	108	107	106	105	100	99	433	434	435	436	441	442
397	398	399	428	425	422	216	215	214	185	188	191	73	74	75	104	101	98	468	467	466	437	440	443
402	401	400	427	426	421	211	212	213	186	187	192	78	77	76	103	102	97	464	463	465	438	439	444
403	408	409	418	419	420	210	205	204	195	194	193	79	84	85	94	95	96	462	457	456	447	446	445
404	407	410	417	416	415	209	206	203	196	197	198	80	83	86	93	92	91	461	458	455	448	449	450
405	406	411	412	413	414	208	207	202	201	200	199	81	82	87	88	89	90	460	459	454	453	452	451

图 23.16

【小资料】

"石窗"即用石材雕刻的窗户，明清时期盛行
于我国江南地区。"石窗"作为民居建筑的一个重
要构件，就地取石，成本较低，坚固耐用，具有通风、
采光、防火、防盗等实用功能。一窗一景。窗花的
题材丰富多彩：有日月山川、鱼虫花鸟、飞禽走兽；
有吉祥如意、福禄寿喜、神仙鬼怪；有几何图案、
花边纹样，等等。反映了民间百姓的宗教信仰、文
化观念、生活追求、民俗风貌与审美情趣。粗犷、
简练、古朴的石花窗，成为装饰与美化一户庭院的

点睛之笔。平凡的石花窗，是能工巧匠们精雕细刻的实用艺术品，尤其天台特
色的"一根藤"石窗，藤蔓缠绕不绝，委婉多姿，线条流畅，优美生动，堪称
高水平的镂空工艺，凝聚着历史文化与乡土特色的深刻内涵。

面具

面具是人用以装扮或转换角色的面部（五官）道具。用面具装扮或转换角色，
自远古以来，是遍及世界各民族的一种文化现象。我国的面具发源于商周时代，
被用于驱妖魔、逐瘟疫的傩祭活动，至今该活动依然为贵州土家族的流行习俗。
面具被应用与另一种发展形态，即是演化为搞笑、娱乐、戏剧文化。例如，大头
娃娃舞、男绿女红、秧歌舞步，相互穿插、逗趣、嬉笑等动作表演。这种民俗节
庆舞蹈，广泛存在于闽台苏浙皖地区，代代相传。又如川剧艺术中的"变脸"特技，
用面具一层一层套在脸上，松紧死活有度，变时演员动作敏捷，不露痕迹一个个
扯下来，以一种浪漫主义手法表演人物喜怒哀乐的表情突然变化。

在古希腊悲剧中，一个演员通过变换不同形象的面具可以表演多个行当角色。
中世纪在欧洲流行宗教剧，剧中魔鬼都是依靠面具装扮出的兽头怪物。文艺复兴
时期，宫廷中出现了造型极为精美的假面喜剧、舞剧或舞会等。

图 23.17 是一笔勾画的侠客、大盗、杀手常用
的一副面具。蒙面，只露两个黑瞳，毫无表情，诡异、
恐怖至极。但它是充满 4×4 空间的一个精美的分
形曲线图形（注：直观上似乎由两个部分合成，
其实是一个"哈密顿"回路），其数字描述则为

图 23.17

15	16	1	2
14	5	12	3
6	13	4	11
7	8	9	10

图 23.18

一个全轴对称4阶"半"行列图（图23.18）。

现以这个4阶"半"行列图为蓝本，常用最优化"互补—模拟"合成方法，制作一幅16阶完全幻方，其泛幻和等于"2056"，各单元按数序连线，就可显现16个"面具"图案（图23.19）。

15	16	1	2	127	128	113	114	207	208	193	194	191	192	177	178
14	5	12	3	126	117	124	115	206	197	204	195	190	181	188	179
6	13	4	11	118	125	116	123	198	205	196	203	182	189	180	187
7	8	9	10	119	120	121	122	199	200	201	202	183	184	185	186
239	240	225	226	159	160	145	146	47	48	33	34	95	96	81	82
238	229	236	227	158	149	156	147	46	37	44	35	94	85	92	83
230	237	228	235	150	157	148	155	38	45	36	43	86	93	84	91
231	232	233	234	151	152	153	154	39	40	41	42	87	88	89	90
50	49	64	63	66	65	80	79	242	241	256	255	130	129	144	143
51	60	53	62	67	76	69	78	243	252	245	254	131	140	133	142
59	52	61	54	75	68	77	70	251	244	253	246	139	132	141	134
58	57	56	55	74	73	72	71	250	249	248	247	138	137	136	135
210	209	224	223	162	161	176	175	18	17	32	31	98	97	112	111
211	220	213	222	163	172	165	174	19	28	21	30	99	108	101	110
219	212	221	214	171	164	173	166	27	20	29	22	107	100	109	102
218	217	216	215	170	169	168	167	26	25	24	23	106	105	104	103

图23.19

据《周礼·夏官》记载："方相氏掌蒙熊皮，黄金四目，玄衣朱裳，执戈扬盾，帅百隶而时傩，以索室驱疫。"这就是古代戴面具化妆进行傩祭活动的最早记述。当初的主祭方相氏，乃是世代相传的"驱鬼消灾"的神化形象大师，他佩戴着一副

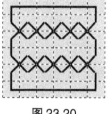

图23.20

34	35	36	1	2	3
33	8	31	6	29	4
9	32	7	30	5	28
10	23	12	25	14	27
22	11	24	13	26	15
21	20	19	18	17	16

图23.21

"黄金四目"面具，那模样神秘可畏。因此，尽管傩祭面具的造型艺术变化多端，但基本制式仍以刻画"五官"的"目"与"牙"为两个重点部位。

图23.20是一副"大嘴面具"，上下两排咬合的"尖牙利齿"，似乎更接近傩班祖师"方相氏"的神秘扮相。它是图23.17按一定规则复制的分形图案，其数化模型为全轴对称6阶"半"行列图（图23.21）。

然而，若以这个"四目面具"数化模型为基本单元合成一幅24阶完全幻方，其泛幻和等于"6924"（图23.22）。

34	35	36	1	2	3	255	254	253	288	287	286	466	467	468	433	434	435	399	398	397	432	431	430
33	8	31	6	29	4	256	281	258	283	260	285	465	440	463	438	461	436	400	425	402	427	404	429
9	32	7	30	5	28	280	257	282	259	284	261	441	464	439	462	437	460	424	401	426	403	428	405
10	23	12	25	14	27	279	266	277	264	275	262	442	455	333	457	446	459	423	410	421	408	419	406
22	11	24	13	26	15	267	278	265	276	263	274	454	443	356	445	458	447	411	422	409	420	407	418
21	20	19	18	17	16	268	269	270	271	272	273	453	452	451	450	449	448	412	413	414	415	416	417
538	539	540	505	506	507	327	326	325	360	359	358	106	107	108	73	74	75	183	182	181	216	215	214
537	512	535	510	533	508	328	353	330	355	332	357	105	80	103	78	101	76	184	209	186	211	188	213
513	536	511	534	509	532	352	329	354	331	356	333	81	104	79	102	77	100	208	185	210	187	212	189
514	527	516	529	518	531	351	338	349	336	347	334	82	95	84	97	86	99	207	194	205	192	203	190
526	515	528	517	530	519	339	350	337	348	335	346	94	83	96	85	98	87	195	206	193	204	191	202
525	524	523	522	521	520	340	341	342	343	344	345	93	92	91	90	89	88	196	197	198	199	200	201
111	110	109	144	143	142	178	179	180	145	146	147	543	542	541	576	575	574	322	323	424	289	290	291
112	137	114	139	116	141	177	152	175	150	173	148	544	569	546	571	548	573	321	296	319	294	317	292
136	113	138	115	140	117	153	176	151	174	149	172	568	545	570	547	572	549	297	320	295	318	293	316
135	122	133	120	131	118	154	167	156	169	158	171	567	554	565	552	563	550	298	311	300	313	302	315
123	134	121	132	119	130	166	155	168	157	170	159	555	566	553	564	551	562	310	299	312	301	314	303
124	125	126	127	128	129	165	164	163	162	161	160	556	557	558	559	560	561	309	308	307	306	305	304
471	470	469	504	503	502	394	395	396	361	362	363	39	38	37	72	71	70	250	251	252	217	218	219
472	497	474	499	476	501	393	368	391	366	389	364	40	65	42	67	44	69	249	224	247	222	245	220
496	473	498	475	500	477	369	392	367	390	365	388	64	41	66	43	68	45	225	248	223	246	221	244
495	482	493	480	491	478	370	383	372	385	374	387	63	50	61	48	59	46	226	239	228	241	230	243
483	494	481	492	479	490	382	371	384	373	386	375	51	62	49	60	47	58	238	227	240	229	242	231
484	485	486	487	488	489	381	380	379	378	377	376	52	53	54	55	56	57	237	236	235	234	233	232

图 23.22

【小资料】

我国的面具发源于商周时代的傩祭活动（注："傩"指驱妖魔、逐瘟疫的祭祀），傩人戴面具扮作"神"，行祭拜礼，手舞足蹈驱鬼，这就是傩祭仪式中的"跳神"或"傩舞"（即

一种原始舞蹈）。至今，傩文化活动依然在黔东、黔北地区的汉族、苗族、侗族、土家族、仡佬族、布依族中甚为流行，尤以土家族的傩技、傩戏最为兴盛。它以丰富的文化内涵和特殊的外在形式为学术界所重视。傩技是一种令人不可思议的绝技，如有开红山、上刀梯、抱坛墩、刹铧、劈推、下油锅、口含红铁、定鸡等。傩戏是在傩舞基础之上发展形成的，表演的主要特点是头戴正神、凶神、牛头马面或丑角等面具，载歌载舞，获得强烈的祭祀（或许娱乐）效果，使人感到一股神秘的威力和粗犷之美。总而言之，傩祭、傩舞、傩技、傩戏在贵州铜仁地区形成了以面具为特色的一个民间"梵净山傩文化圈"。

龙首

龙是中华民族发祥和文化的象征。龙的概念起源于7000多年前的新石器时代，龙的造像于商周时代基本定形。几千年传承与发展的龙文化，已成为全世界炎黄血统的中国人所认同的根与精神。

一、20 阶“龙首”合成完全幻方

图 23.23 是为“龙首”造像的一条充满 5×5 空间的分形曲线，其 5 阶数学模型的行、列、对角线不等和。若配以一对“相生相成”异构体，采用最优化“互补—模拟”合成方法，则可制作一幅 20 阶完全幻方，泛幻和等于“4010”（图 23.24）。

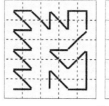

	9	10	12	14	15	60
	7	8	11	13	16	55
	5	6	18	17	20	66
	3	4	24	19	21	71
	1	2	25	23	22	73
51	25	30	90	86	94	76

	17	16	14	12	11	70
	19	18	15	13	10	75
	21	20	8	9	6	64
	23	22	2	7	5	59
	25	24	1	3	4	57
79	105	100	40	44	36	54

图 23.23

9	10	12	14	15	342	341	339	337	336	259	260	262	264	265	192	191	189	187	186
7	8	11	13	16	344	343	340	338	335	257	258	261	263	266	194	193	190	188	185
5	6	18	17	20	346	345	333	334	331	255	256	268	267	270	196	195	183	184	181
3	4	24	19	21	348	347	327	332	330	253	254	274	269	271	198	197	177	182	180
1	2	25	23	22	350	349	326	328	329	251	252	275	273	272	200	199	176	178	179
367	366	364	362	361	84	85	87	89	90	117	116	114	112	111	234	235	237	239	240
369	368	365	363	360	82	83	86	88	91	119	118	115	113	110	232	233	236	238	241
371	370	358	359	356	80	81	93	92	95	121	120	108	109	106	230	231	243	242	245
373	372	352	357	355	78	79	99	94	96	123	122	102	107	105	228	229	249	244	246
375	374	351	353	354	76	77	100	98	97	125	124	101	103	104	226	227	250	248	247
142	141	139	137	136	209	210	212	214	215	392	391	389	387	386	59	60	62	64	65
144	143	140	138	135	207	208	211	213	216	394	393	390	388	385	57	58	61	63	66
146	145	133	134	131	205	206	218	217	220	396	395	383	384	381	55	56	68	67	70
148	147	127	132	130	203	204	224	219	221	398	397	377	382	380	53	54	74	69	71
150	149	126	128	129	201	202	225	223	222	400	399	376	378	379	51	52	75	73	72
284	285	287	289	290	167	166	164	162	161	34	35	37	39	40	317	316	314	312	311
282	283	286	288	291	169	168	165	163	160	32	33	36	38	41	319	318	315	313	310
280	281	293	292	295	171	170	158	159	156	30	31	43	42	45	321	320	308	309	306
278	279	299	294	296	173	172	152	157	155	28	29	49	44	46	323	322	302	307	305
276	277	300	298	297	175	174	151	153	154	26	27	50	48	47	325	324	301	303	304

图 23.24

二、24 阶"龙首"合成完全幻方

图 23.25 是一笔勾画的"龙首"图像（龙口以"折线"齿形连接），其数学模型不等和。若配以一对"相生相成"异构体，采用最优化"互补—模拟"合成法，则可制作24 阶完全幻方（图 23.26）。

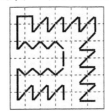

19	18	16	14	12	10	89
20	17	15	13	11	9	85
21	22	23	24	8	7	105
28	27	26	25	6	5	117
29	31	33	35	4	3	135
30	32	34	36	2	1	135

18	19	21	23	25	27	133
17	20	22	24	26	28	137
16	15	14	13	29	30	117
9	10	11	12	31	32	105
8	6	4	2	33	34	87
7	5	3	1	35	36	87

132 147 147 147 147 43 35　89 90 75 75 75 75 179 187 133

图 23.25

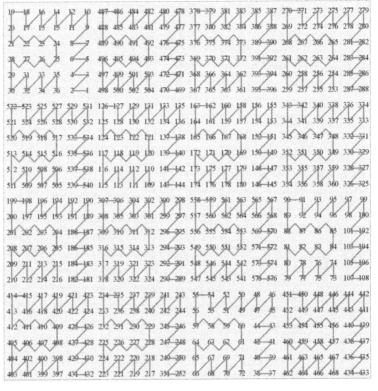

图 23.26

【小资料】

①红山文化 C 型玉龙。

②红山文化玉猪龙。

③商周玉龙。

④春秋 S 型龙。

⑤战国双龙首。

⑥战国青铜龙。

貔貅

　　传说：貔貅是龙王第九个太子，又名天禄、辟邪。貔貅貌似金蟾，大嘴、突眼、獠牙、独角、鬃须、披甲，卷尾、无窍，凶猛威武，神通广大。在战争年代，貔貅象征战神：中国战争史的开篇——黄帝率领北方"貔貅"甲兵部队，发动板泉、冀州、涿鹿三大战役（《史记》），最终打败来犯的东夷部族蚩尤，故而勇猛无敌的军队称为"貔貅之师"。在和平年代，貔貅象征财神：此兽有一个特长即"吞金食银、只纳不泄"，因此历代帝王将定之为御用神物。据说清朝乾隆年间，和珅私藏御制貔貅达到富豪，后被刘庸告发，但因乾隆对和珅百般宠信而不予追究，此例一开，貔貅便在民间广泛流传起来。至今香港人特别钟爱貔貅，貔为公（招财），

貅为母（财库），在家居、店堂中供奉貔貅，坚信它们具有旺财、聚财、发财的神奇灵验，以及驱邪、挡煞的无比威力。随着经济社会发展，内地佩戴玉石、翡翠貔貅的人也越来越多，已成为人们发家致富的一种期盼与精神寄托。

　　图23.27是一幅貔貅画像，公母有别，设计精巧。由此为基本单元，制作一幅24阶完全幻方，其泛幻和"6924"（图23.28）。

3	4	1	36	33	34		3	4	1	36	33	34
5	2	18	19	35	32		5	2	18	19	35	32
7	6	20	17	31	30		7	6	20	17	31	30
9	8	16	21	29	28		9	8	21	16	29	28
10	13	22	15	24	27		10	13	15	22	24	27
12	11	14	23	26	25		12	11	14	23	26	25

图 23.27

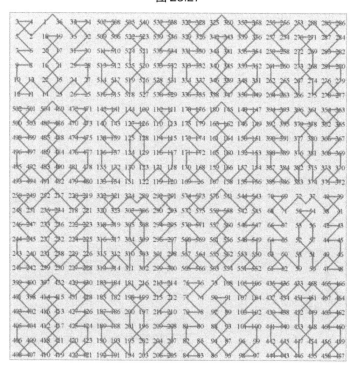

图 23.28

【小资料】

龙生九子之说,原出明代李东阳《怀麓堂集》。何为九子?

其一说:囚牛,立于琴头;睚眦,刀剑雕饰;嘲风,殿角走兽;蒲牢,洪钟提梁;狻猊,香炉盖顶;赑屃,负碑石座;狴犴,衙狱镇堂;负屃,石碑盘头;螭吻,屋脊辟火。

另一说:囚牛、嘲风、负屃并非九子,代之以饕餮,食器纹饰;蚣蝮,桥柱护栏;椒图,门圜铺首。

再一说:麒麟,祥瑞佩饰;犼,华表天使,观音坐骑;貔貅,吞金食银,盾甲利器。

龙生九子,"九"是个虚数,形容多的意思。古代先民们面对自然界发生的不可力抗灾祸,以及对臆想中妖魔鬼怪与地狱的恐惧等,于是不断塑造出了能克制、避让、消除这一切灾难的大群龙子。日常生活中得到神灵庇护,不管你信与不信,都会使人们壮胆,在心里、精神上产生一种神秘的安全感。

丑小鸭

一、16 阶"丑小鸭"完全幻方

图 23.29 是充满 4×4 空间的分形曲线,酷似一对"丑小鸭",形态对称、简洁而生动。当用 1 ~ 16 自然数列描绘时,所得 4 阶数学模型:其各行等和,对称列、泛对角线互补。据此,制作一幅 16 阶"丑小鸭"完全幻方(图 23.30)。

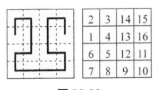

图 23.29

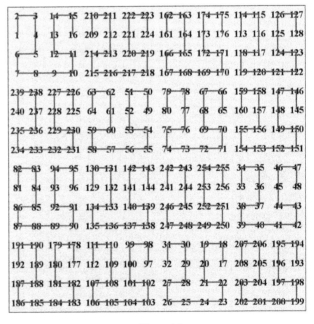

图 23.30

世界最优秀的童话大师——丹麦安徒生（1805—1875年），一生共写下了168篇脍炙人口的童话故事。其中《丑小鸭》篇尤其令人难忘，丑小鸭身世凄惨，当她还是一个"蛋"的时候，鸭妈妈怎么也看不顺眼，厌弃她，一出生兄弟姐妹、邻居们大家都说她长得"丑"，经常遭受无端的讥笑、冷眼、辱骂与虐待，不久终究被逐出了家门。四处漂泊、饥寒交迫的丑小鸭，不为世俗所容，受尽百般欺负与凌辱，历经了重重困苦与磨难……但有谁能知道她的未来呢？作者通过丑小鸭不幸遭遇，强烈地抨击了世俗社会的势利、冷酷与愚昧。无助的丑小鸭，顽强地生活着、成长着，终究脱颖而出，变成了一只美丽的天鹅。这个动人的故事，激励着全世界无数身处逆境、命运挫折的孩子们与大人们，去自强不息地面对现实、追求与实现自己人生的梦想。这幅16阶完全幻方为了纪念安徒生的不朽名篇《丑小鸭》而做。

二、28阶"天鹅"完全幻方

在安徒生笔下，"丑小鸭"历尽千辛万苦终究成长为一只美丽的天鹅，给了读者非常强烈的一种追求自我，以及百折不挠去实现理想的巨大动力。图23.31就是简笔画一对"天鹅"，或埋首理翅，或昂首远顾……造型生动活泼、可爱。然后，采用"互补—模拟"合成技术，创作一幅28阶"天鹅"完全幻方幻方，泛幻和"10990"（图23.32）。

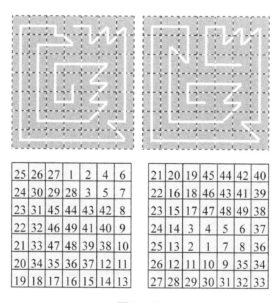

25	26	27	1	2	4	6
24	30	29	28	3	5	7
23	31	45	44	43	42	8
22	32	46	49	41	40	9
21	33	47	48	39	38	10
20	34	35	36	37	12	11
19	18	17	16	15	14	13

21	20	19	45	44	42	40
22	16	18	46	43	41	39
23	15	17	47	48	49	38
24	14	3	4	5	6	37
25	13	2	1	7	8	36
26	12	11	10	9	35	34
27	28	29	30	31	32	33

图23.31

图 23.32

【小资料】

　　1876 年柴科夫斯基创作的四幕芭蕾舞剧《天鹅湖》，乃是世界芭蕾音乐、舞蹈的经典名著。剧情大致是：被魔法师变成天鹅的奥杰塔公主，在湖边与王子齐格弗里德相遇，倾诉自己的不幸，告诉他，只有忠诚的爱情才能使她摆脱魔法，王子发誓永远爱她。但在为王子挑选新娘的舞会上，魔法师化成武士，以外貌与奥杰塔相似的女儿奥吉莉雅欺骗了王子。王子发觉受骗，勇敢奔向湖岸，在一群天鹅的帮助和鼓舞下，战胜了魔法师，天鹅们恢复了人形，奥杰塔和王子终于结合。全剧以歌颂爱情战胜邪恶为主题，优美、奔放的芭蕾舞姿，浪漫、抒情的芭蕾舞曲，两相交融辉映，展现了天鹅高雅、纯洁、美丽与自由的生动形象。

海军上将

　　俄国著名作家叶·诺索夫的散文《白公鹅》，堪称世界鹅文化的一篇杰作，他写道："要是可以把军衔授给禽类的话，这只白公鹅理当荣膺海军上将衔了。"作者通过一只领头鹅一举一动、一物一事的细腻记叙，把它全是"海军上将"的派头刻画得活灵活现。《白公鹅》在读者眼前，展现了一位让人可敬、高大的老将军形象：他平日里有板正、沉着、坚定的练达风度；维权时有一股人若犯我、我必犯人的凛然正气；战时有一副胸有成竹、战无不胜的豪迈气概；临危时有一份勇于担当、视死如归的使命感。

　　我国卓越的文艺大师丰子恺先生的散文《白鹅》，与叶·诺索夫的《白公鹅》有异曲同工之妙。作者从白鹅严厉的引吭大叫、大模大样的步态、三眼一板的吃相中，惟妙惟肖地素描"我们这位鹅老爷"的架子与脾气，使人如闻其声，如见其人。

　　我国晋代大书法家王羲之非常喜爱鹅，在庐山脚下养鹅、观鹅、写鹅，从鹅的各种动作形象中吸取艺术营养，得到了运笔、布局、行气的创作灵感，他著名的一笔"鹅"，便是"行、草"结合的瑰宝。

　　图23.34是一幅简笔画"呆头鹅"小品，略表读书、赏字的爱鹅之感，没有文采，不成敬意。简笔画"呆头鹅"是一笔贯通5×5空间的一条分形几何曲线，它的数字描述是一个不等和、非互补5阶"乱数"方阵。以此为蓝本单元，采用最优化"互补—模拟"合成技术，构造一幅20阶"呆头鹅"完全幻方，其泛幻和"4010"（图23.34）。

18	19	1	2	3	183	182	200	199	198	318	319	301	302	303	283	282	300	299	298
17	21	20	4	5	184	180	181	197	196	317	321	320	304	305	284	280	281	297	296
16	22	25	6	7	185	179	176	195	194	316	322	325	306	307	285	279	276	295	294
15	23	24	8	9	186	178	177	193	192	315	323	324	308	309	286	278	277	293	292
14	13	12	11	10	187	188	189	190	191	314	313	312	311	310	287	288	289	290	291
368	369	351	352	353	233	232	250	249	248	68	69	51	52	53	133	132	150	149	148
367	371	370	354	355	234	230	231	247	246	67	71	70	54	55	134	130	131	147	146
366	372	375	356	357	235	229	226	245	244	66	72	75	56	57	135	129	126	145	144
365	373	374	358	359	236	228	227	243	242	65	73	74	58	59	136	128	127	143	142
364	363	362	361	360	237	238	239	240	241	64	63	62	61	60	137	138	139	140	141
83	82	100	99	98	118	119	101	102	103	383	382	400	399	398	218	219	201	202	203
84	80	81	97	96	117	121	120	104	105	384	380	381	397	396	217	221	220	204	205
85	79	76	95	94	116	122	125	106	107	385	379	376	395	394	216	222	225	206	207
86	78	77	93	92	115	123	124	108	109	386	378	377	393	392	215	223	224	208	209
87	88	89	90	91	114	113	112	111	110	387	388	389	390	391	214	213	212	211	210
333	332	350	349	348	268	269	251	252	253	33	32	50	49	48	168	169	151	152	153
334	330	331	347	346	267	271	270	254	255	34	30	31	47	46	167	171	170	154	155
335	329	326	345	344	266	272	275	256	257	35	29	26	45	44	166	172	175	156	157
336	328	327	343	342	265	273	274	258	259	36	28	27	43	42	165	173	174	158	159
337	338	339	340	341	264	263	262	261	260	37	38	39	40	41	164	163	162	161	160

图 23.33

18	19	1	2	3
17	21	20	4	5
16	22	25	6	7
15	23	24	8	9
14	13	12	11	10

图 23.34

【小资料】

《白鹅》与《白公鹅》这两篇脍炙人口的杰作，异曲同工，两位大师从叫声、步态、吃相、板正的姿势与攀谈的腔调……惟妙惟肖地刻画了白鹅的派头。一个是架子十足的"鹅老爷"，丰子恺更多的是善意的揶揄；一个是从容不迫的海军上将，叶·诺索夫更多的是轻松调侃。

32阶"太阳神"完全幻方

印加帝国太阳神图腾，采集于《数学万花筒》（〔英国〕Ian Stewart 著，张云译，人民邮电出版社，2012 年 3 月）中由一则神秘的探宝故事演绎出来的一个数学智力游戏题。由此，我设计了一幅 32 阶"太阳神"完全幻方精品。

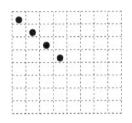

图 23.35

传说科罗拉多·史密斯与布琳希德一路披荆斩棘，终于来到了印加帝国"黄金城"——Psyttakosis Ⅳ 太阳神殿 64 块巨石铺地大厅，只见其对角线四块巨石上安装有千斤重的纯金太阳圆盘（图 23.35）。

"我们该怎么做？"布琳希德问。

"根据本特诺西纸草书记载：我们必须把大厅地面划分为四个区域，每个区域有 16 块巨石，且各有一个太阳圆盘，"史密斯回答，"然后，转动圆盘，太阳神殿藏宝库大门将自动打开……"

布琳希德开始草拟解决方案，"有什么要求？史密斯！"

"嗯，根据 Oxyrhincus 陶片的模糊诠释，这 4 个区域必须形状相同。"史密斯答道。

"啊，不是这样的！"布琳希德慌忙撕掉了她的草拟方案（图 23.36左）。她继续思考……

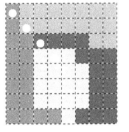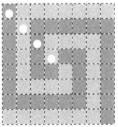

图 23.36

然后，非常糟糕，史密斯惊恐地发现：进来的入口已被封死，悬在头顶的巨大花岗岩，眼见其悬索即将燃断……在花岗岩砸下来之前，他们能逃过这一劫吗？故事的结尾："请帮帮史密斯、布琳希德逃离悲惨的困境吧！"这个问题的正确答案，如图 23.36 右所示，是一个旋转的双曲线图形——开启太阳神殿宝库的秘密钥匙——印加帝国太阳神图腾。

　　显然，史密斯的太阳神殿探宝传奇故事，折射出西方殖民主义者强盗们抢劫印加帝国"黄金城"的侵略历史背景。这一下触动了中国人，不由得联想到：清咸丰十年（1860 年）英法联军、清光绪二十六年（1900 年）八国联军入侵北京，先后两次烧杀抢掠、野蛮洗劫、焚毁了举世闻名的圆明园……令人发指。去其糟粕，取其精华，故事中透露的我所敬佩的是：印第安人在太阳神殿设置的让偷盗者丧命的这个玄妙机关，即一个有趣的 8×8 方格四等分几何切割问题，此乃印加帝国留给文明世界的无价遗产。

　　图 23.37 左为双曲线化的印加帝国的太阳神图腾，旋转的双曲线犹如一团活火，象征生命之永恒，意境高远，图形自然、古朴、壮美。然而，我以 1～64 自然数列按序描绘这个双曲线图形（图 23.37 中、图 23.37 右），四条旋臂呈对称互补关系。根据数字化的印加帝国太阳神图腾，可采用"乱数单元"的如下两种入幻方式制作幻方。

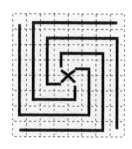

1	58	59	60	61	62	63	64
2	57	21	22	23	24	25	26
3	56	20	47	46	45	44	27
4	55	19	48	16	15	43	28
5	54	18	17	49	14	42	29
6	53	52	51	50	13	41	30
7	8	9	10	11	12	40	31
33	34	35	36	37	38	39	32

64	7	6	5	4	3	2	1
63	8	44	43	42	41	40	39
62	9	45	18	19	20	21	38
61	10	46	17	49	50	22	37
60	11	47	48	16	51	23	36
59	12	13	14	15	52	24	35
58	57	56	55	54	53	25	34
32	31	30	29	28	27	26	33

图 23.37

　　① 一种是以镶嵌方式入幻。如图 23.38 所示，在 12 阶幻方（幻和"870"）的中央，嵌入"41～104"连续数字（取 1～144 自然数列中间的 64 个数字）描绘的"印加帝国太阳神图腾"。据研究，特定"乱数单元"以嵌入方式入幻，采用"镶边法"手工构图，一般适用于非完全幻方。

　　② 另一种是以合成方式入幻。如图 23.39 所示，这幅 32 阶"双曲线"完全幻方（泛幻和"16400"），乃采用最优化"互补—模拟"合成技术构图，因而

120	124	115	1	25	135	136	138	12	7	28	29
143	13	116	22	35	8	109	19	40	134	110	121
23	38	41	98	99	100	101	102	103	104	37	24
106	113	42	97	61	62	63	64	65	66	26	105
130	14	43	96	60	87	86	85	84	67	112	6
36	129	44	95	59	88	55	56	83	68	123	34
125	128	45	94	58	57	89	54	82	69	39	30
4	3	46	93	92	91	90	53	81	70	108	139
31	142	47	48	49	50	51	52	80	71	122	127
15	117	73	74	75	76	77	78	79	72	118	16
18	32	114	11	126	5	2	137	140	133	20	132
119	17	144	141	131	111	10	33	21	9	27	107

图 23.38

其 16 个 8 阶单元用 1～1024 自然数列按序划分的自然段配置，且都是清一色的"印加帝国太阳神图腾"数字造型，非常壮观。

```
1   58  59  60  61  62  63  64  960 903 902 901 900 899 898 897 577 634 635 636 637 638 639 640 512 455 454 453 452 451 450 449
2   57  21  22  23  24  25  26  959 904 940 939 938 937 936 935 578 633 597 598 599 600 601 602 511 456 492 491 490 489 488 487
3   56  20  47  46  45  44  27  958 905 941 914 915 916 917 934 579 632 596 623 622 621 620 603 510 457 493 466 467 468 469 486
4   55  19  48  16  15  43  28  957 906 942 913 945 946 918 933 580 631 595 624 592 591 619 604 509 458 494 465 497 498 470 485
5   54  18  17  49  14  42  29  956 907 943 944 912 947 919 932 581 630 594 593 625 590 618 605 508 459 495 496 464 499 471 484
6   53  52  51  50  13  41  30  955 908 909 910 911 948 920 931 582 629 628 627 626 589 617 606 507 460 461 462 463 500 472 483
7   8   9   10  11  12  40  31  954 953 952 951 950 949 921 930 583 584 585 586 587 588 616 607 506 505 504 503 502 501 473 482
33  34  35  36  37  38  39  32  928 927 926 925 924 923 922 929 609 610 611 612 613 614 615 608 480 479 478 477 476 475 474 481
705 762 763 764 765 766 767 768 384 327 326 325 324 323 322 321 129 186 187 188 189 190 191 192 832 775 774 773 772 771 770 769
706 761 725 726 727 728 729 730 383 328 364 363 362 361 360 359 130 185 149 150 151 152 153 154 831 776 812 811 810 809 808 807
707 760 724 751 750 749 748 731 382 329 365 338 339 340 341 358 131 184 148 175 174 173 172 155 830 777 813 786 787 788 789 806
708 759 723 752 720 719 747 732 381 330 366 337 369 370 342 357 132 183 147 176 144 143 171 156 829 778 814 785 817 818 790 805
709 758 722 721 753 718 746 733 380 331 367 368 336 371 343 356 133 182 146 145 177 142 170 157 828 779 815 816 784 819 791 804
710 757 756 755 754 717 745 734 379 332 333 334 335 372 344 355 134 181 180 179 178 141 169 158 827 780 781 782 783 820 792 803
711 712 713 714 715 716 744 735 378 377 376 375 374 373 345 354 135 136 137 138 139 140 168 159 826 825 824 823 822 821 793 802
737 738 739 740 741 742 743 736 352 351 350 349 348 347 346 353 161 162 163 164 165 166 167 160 800 799 798 797 796 795 794 801
448 391 390 389 388 387 386 385 513 570 571 572 573 574 575 576 1024 967 966 965 964 963 962 961 65 122 123 124 125 126 127 128
447 392 428 427 426 425 424 423 514 569 533 534 535 536 537 538 1023 968 1004 1003 1002 1001 1000 999 66 121 85 86 87 88 89 90
446 393 429 402 403 404 405 422 515 568 532 559 558 557 556 539 1022 969 1005 978 979 980 981 998 67 120 84 111 110 109 108 91
445 394 430 401 434 406 421 516 567 531 560 529 527 555 540 1021 970 1006 1009 1010 982 997 68 119 83 112 80 79 107 92
444 395 431 432 400 435 407 420 517 566 530 529 561 554 541 1020 971 1007 1008 976 1011 983 996 69 118 82 113 78 106 93
443 396 397 398 399 436 408 419 518 565 564 563 562 525 553 542 1019 972 973 974 975 1012 984 995 70 117 116 115 114 77 105 94
442 441 440 439 438 437 409 418 519 520 521 522 523 524 552 543 1018 1017 1016 1015 1014 1013 985 994 71 72 73 74 75 76 104 95
416 415 414 413 412 411 410 417 545 546 547 548 549 550 551 544 992 991 990 989 988 987 986 993 97 98 99 100 101 102 103 96
896 839 838 837 836 835 834 833 193 250 251 252 253 254 255 256 320 263 262 261 260 259 258 257 641 698 699 700 701 702 703 704
895 840 876 875 874 873 872 871 194 249 213 214 215 216 217 218 319 264 300 299 298 297 296 295 642 697 661 662 663 664 665 666
894 841 877 850 851 852 853 870 195 248 212 239 238 237 236 219 318 265 301 274 275 276 277 294 643 696 660 687 686 685 684 667
893 842 878 849 881 882 854 869 196 247 211 240 208 207 235 220 317 266 302 273 305 306 278 293 644 695 659 688 656 655 683 668
892 843 879 880 883 855 868 197 246 210 209 241 206 221 316 267 303 304 307 279 292 645 694 658 657 689 654 682 669
891 844 845 846 847 884 856 867 198 245 244 243 242 223 315 268 269 270 271 308 291 646 693 692 691 690 653 681 670
890 889 888 887 886 885 857 866 199 200 201 202 203 204 232 223 314 313 312 311 310 309 281 290 647 648 649 650 651 652 680 671
864 863 862 861 860 859 858 865 225 226 227 228 229 230 231 224 288 287 286 285 284 283 282 289 673 674 675 676 677 678 679 672
```

图 23.39

【小资料】

印加帝国是 11—16 世纪时位于南美洲的古老帝国，其版图大约是今日的秘鲁、厄瓜多尔、哥伦比亚、玻利维亚、智利、阿根廷一带，首都设于库斯科（秘鲁），经历了十四任印加王。16 世纪初被西班牙殖民者灭亡，随后遭受了西方殖民主义强盗们的野蛮奴役与掠夺。

"黄金城"之谜

据说印加帝国"黄金城"位于亚马孙丛林的马诺城——哥伦比亚瓜达维达湖。西班牙历史学家弗朗西斯科·洛佩兹曾这样描绘马诺城："马诺城位于巨大咸水湖中的一座岛屿，城墙和建筑物由黄金堆砌而成，厨房和餐厅里陈列的都是黄金餐具，连树干都有金丝银线缠绕，整座城金碧辉煌地倒映在湖水中。岛中央有一座供奉太阳神的神庙，庙里矗立着巨大的金像。而君王的塑像周身也全覆盖着金粉。整个城市里有着近百吨的黄金制品。"

16世纪初，西班牙人推翻了强盛的印加帝国。据说，有位叫凯萨达的西班牙人率领716名探险队员向"黄金城"进发，在付出550条性命的惨重代价后，洗劫了价值300万美元的黄金翡翠宝石。然而，西班牙统帅庇萨罗闻风，根据凯萨达提供的线索，率领大军前往寻找金银财宝堆积如山的"黄金城"，但是面对茂密的原始森林，犹如一只只无头苍蝇找不着方向，再加上环境恶劣，食人鱼、吸血蝙蝠、日轮花等凶残动植物的威胁，大批掠夺者莫名其妙地丧生。庇萨罗只找到了一座空城，城墙是粗糙的岩石，城中也没有传说中堆积如山的金银财宝，黄粱美梦破灭。

几个世纪以来，"黄金城"如同充满磁力的磁铁，牢牢吸引着欧洲各地探险家和考古专家的注意力，西班牙人、葡萄牙人、英国人、荷兰人和德国人等，谁都想一攫千金，于是蜂拥而至深入亚马孙密林探宝。然而，在这个广袤无垠的原始森林里，每前进一步都意味着恐惧和死亡，一支支探险队或失败而归，或下落不明，没有人能再发现这座富丽堂皇的"黄金城"，它如同烟雾般在丛林中神秘地消失了！

1911年，英国探险家沃克率领了50名员工，在瓜达维达湖边挖了一条地道，花了3周的时间将湖水全部抽干准备挖湖，但没两天太阳很快就把厚厚的泥浆晒成干硬的泥板。无奈的沃克只好从英国运来钻探设备进行挖掘工作，可此时湖中竟再度充满湖水。这次代价巨昂的打捞最终失败，沃克为此损失了近50万英镑。但是这丝毫没有击溃英国探险家沃克的斗志。1913年，沃克再次率领12名员工来到瓜达维达湖，利用潜水器械直接从较浅的湖底开始挖掘。这次行动终于有了收获，他们挖掘出几百件黄金制品：金杯、金碗、金罐和大小各异的金制法器。沃克的举动和成果引起了哥伦比亚政府的关注，他们立即制止了沃克的行动，并出动大量的军队来保护瓜达维达湖，从此再也无人能够接近这批宝藏。

哥伦比亚政府组织考古专家和潜水队对瓜达维达湖展开深度挖掘后，仅仅获得300件黄金器物，与传说中"黄金城"宝藏的数量相去甚远。这使专家们不禁发出疑问："黄金城"的大部分宝藏究竟去哪里了？难道真是如传闻中所描述那样，西班牙人凯萨达无法将近百吨的黄金制品全部带走，而一部分深藏在不为人知的亚马逊密林深处，又一部分掩埋在瓜达维达湖底？便不得而知了。但是，也有部分专家怀疑，"黄金城"的宝藏并不像传闻中描述的那么多，所谓近百吨的黄金制品之说只是谣传而非确有其事。但仍然有不计其数的探险家和考古学家踏上了南美洲的土地，来到曾经的印加帝国寻找"黄金城"宝藏消失之谜的真相。

现在，在哥伦比亚首都波哥大世界上最大的著名黄金博物馆，汇集了在欧洲殖民者疯狂掠夺中幸存下来的一大批手工艺珍品，最引人注目的是一件被称作"穆伊斯卡人的轻舟"的纯金圆雕。这件精致的黄金制品来自传说中的"黄金城"。

32阶"对撞"完全幻方

中科院高能物理研究所的阴阳太极标识（图23.40），源自著名画家吴作人先生的水墨画"无尽无极"图，寓意北京正负电子对撞机内正电子和负电子高速对撞湮灭，产生 τ 轻子和各种粲粒子，是高能所科学研究的主要对象。阴阳对立统一，深刻揭示了物质结构运动规律。

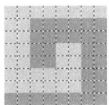

图 23.40

图 23.41

图 23.41 是"无尽无极"图充满 8×8 空间的双曲线形态，可分别以 32 个奇数与 32 个偶数描绘，表现高速粒子"对撞"意境，并以此为基本单元，采用"互补—模拟"合成制作一幅 32 阶"对撞"完全幻方（图 23.41）。

16 阶"青蛙"完全幻方

图 23.42 是由两条相交曲线勾画的一幅"青蛙"美术图像：头顶双眼鼓鼓，四肢发达，活脱脱的一位跳远、跳高运动健将，同时又是一位大自然的青年男高音歌唱家。青蛙双曲线各以 1～16 自然数列的一半描述，可得各行等和，以及各列对称、泛对角线互补的一个 4 阶方阵。本例配以另一个左右

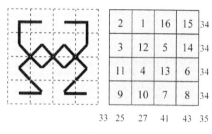

2	1	16	15	34
3	12	5	14	34
11	4	13	6	34
9	10	7	8	34

33　25　　27　　41　　43　35

图 23.42

"镜像"同构单元，即可建立最优化 16 阶幻方模板（图略）。然而，以一幅已知 4 阶完全幻方为母本，按其数序把 16 阶自然数列的自然分段方案，分配与代入 16 阶幻方模板各单元，便得一幅 16 阶"青蛙"美术完全幻方（图 23.43）。

西江月·夜行黄沙道中

辛弃疾

明月别枝惊鹊，
清风半夜鸣蝉。
稻花香里说丰年，
听取蛙声一片。
七八个星天外，
两三点雨山前。
旧时茅店社林边，
路转溪桥忽见。

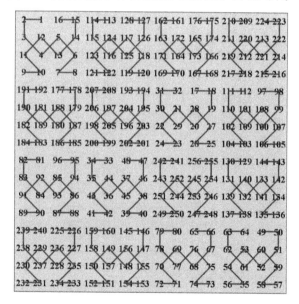

图 23.43

这首词把江南水乡恬静夏夜中的一派喧闹景象写得活灵活现，作者抒发了对田园生活的热爱和眷恋，以及表达了勤劳农民对夏熟作物丰收的期盼。

【小资料】

青蛙是水陆两栖动物（蛙类大约有 4800 种，最小的只有 50 毫米，大的有 300 毫米），成体无尾，卵一般产于水中，孵化成蝌蚪，用鳃呼吸，经过变态，成体主要用肺呼吸。水塘、湿地是青蛙生息的乐园。青蛙四肢肌肉发达，爆发力惊人，一跳足足有它体长的 20 倍距离；宽大的嘴巴，舌尖分两叉，舌跟在口的前部，倒着长回口中，能突然翻出捕捉虫子，是捕捉农田害虫的能手。一只青蛙一年可以消灭一万只害虫，可谓害虫的天敌，丰收的卫士。

16 阶 "鲸" 完全幻方

一、"巨鲸" 完全幻方

图 23.44 是由两条对称、相交曲线勾画的巨鲸，形象简洁而生动。1 ～ 16 自然数列分两段描述巨鲸双曲线，可选择各曲线的一端为起始点，其 4 阶数学方阵的行、列、对角线都为非自互补关系，因此必须配以"互补"异构体，才能建立最优化 16 阶幻方模板（略示）。然后，以一幅已知 4 阶完全幻方为母本，按其数序分配 16 阶自然数列的自然分段方案，并代入 16 阶幻方模板各"鲸鱼"单元，即得一幅 16 阶"鲸鱼"完全幻方（图 23.45）。

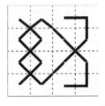

16	5	9	10	40
6	15	4	11	36
14	7	12	3	36
8	13	1	2	24

29　44　40　26　26　45

1	12	8	7	28
11	2	13	6	32
3	10	5	14	32
4	9	16	15	44

39　24　28　42　42　23

图 23.44

1	12	8	7	128	117	121	122	161	172	168	167	224	213	217	218
10	2	13	6	118	127	116	123	171	162	173	166	214	223	212	219
3	10	5	14	126	119	124	115	163	170	165	174	222	215	220	211
9	4	16	15	120	113	114	169	164	176	175	216	221	209	210	
192	181	185	186	193	204	200	199	32	21	25	26	97	108	104	103
182	191	180	187	203	194	205	198	22	31	20	27	107	98	109	102
190	183	188	179	195	202	197	206	30	23	28	19	99	106	101	110
184	189	177	178	201	196	208	207	24	29	17	18	105	100	112	111
96	85	89	90	33	44	40	39	256	245	249	250	129	140	136	135
86	95	84	91	43	34	45	38	246	255	244	251	139	130	141	134
94	87	92	83	35	42	37	46	254	247	252	243	131	138	133	142
88	93	81	82	41	36	48	47	248	253	241	242	137	132	144	143
225	236	232	231	160	149	153	154	65	76	72	71	64	53	57	58
235	226	237	230	150	159	148	155	75	66	77	70	54	63	52	59
227	234	229	238	158	151	156	147	67	74	69	78	62	55	60	61
233	228	240	239	152	157	145	146	73	68	80	79	56	61	49	50

图 23.45

二、“金鱼”完全幻方

图 23.46 是由全对称相交双曲线造型的一对交尾金鱼图像。若以 1 ～ 16 自然数列做对称描述，可得一个罕见的双曲线 4 阶“行列图”，其 4 行、4 列等和，对角线互补。本例配以左右“镜像”同构单元，即可构建一个最优化 16 阶组合模板（图 23.47）。

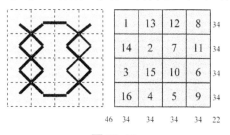

	1	13	12	8	34
	14	2	7	11	34
	3	15	10	6	34
	16	4	5	9	34
46	34	34	34	34	22

图 23.46

1	13	12	8	1	13	12	8	1	13	12	8	1	13	12	8
14	2	7	11	14	2	7	11	14	2	7	11	14	2	7	11
3	15	10	6	3	15	10	6	3	15	10	6	3	15	10	6
16	4	5	9	16	4	5	9	16	4	5	9	16	4	5	9
8	12	13	1	8	12	13	1	8	12	13	1	8	12	13	1
11	7	2	14	11	7	2	14	11	7	2	14	11	7	2	14
6	10	15	3	6	10	15	3	6	10	15	3	6	10	15	3
9	5	4	16	9	5	4	16	9	5	4	16	9	5	4	16
1	13	12	8	1	13	12	8	1	13	12	8	1	13	12	8
14	2	7	11	14	2	7	11	14	2	7	11	14	2	7	11
3	15	10	6	3	15	10	6	3	15	10	6	3	15	10	6
16	4	5	9	16	4	5	9	16	4	5	9	16	4	5	9
8	12	13	1	8	12	13	1	8	12	13	1	8	12	13	1
11	7	2	14	11	7	2	14	11	7	2	14	11	7	2	14
6	10	15	3	6	10	15	3	6	10	15	3	6	10	15	3
9	5	4	16	9	5	4	16	9	5	4	16	9	5	4	16

图 23.47

1	13	12	8	113	125	124	120	161	173	172	168	209	221	220	216
14	2	7	11	126	114	119	123	174	162	167	171	222	210	215	219
3	15	10	6	115	127	122	118	163	175	170	166	211	223	218	214
16	4	5	9	128	116	117	121	176	164	165	169	224	212	213	217
184	188	189	177	200	204	205	193	24	28	29	17	104	108	109	97
187	183	178	190	203	199	194	206	27	23	18	30	107	103	98	110
182	186	191	179	198	202	207	195	22	26	31	19	102	106	111	99
185	181	180	192	201	197	196	208	25	21	20	32	105	101	100	112
81	93	92	88	33	45	44	40	241	253	252	248	129	141	140	136
94	82	87	91	46	34	39	43	254	242	247	251	142	130	135	139
83	95	90	86	35	47	42	38	243	255	250	246	131	143	138	134
96	84	85	89	48	36	37	41	256	244	245	249	144	132	133	137
232	236	237	225	152	156	157	145	72	76	77	65	56	60	61	49
235	231	226	238	155	151	146	158	75	71	66	78	59	55	50	62
230	234	239	227	150	154	159	147	70	74	79	67	54	58	63	51
233	229	228	240	153	149	148	160	73	69	68	80	57	53	52	64

图 23.48

然后，选定一幅已知 4 阶完全幻方为母本，按其数序把 16 阶自然数列分段配置方案代入 16 阶组合模板各单元，即得一幅 16 阶“金鱼”完全幻方（图 23.48）。

我国古代赋予金鱼以吉祥、富裕的象征。过春节时，老百姓喜欢贴一幅大胖小子怀抱金鱼年画，取意“人财两旺，年年有余”；或者，家中养一缸金鱼，以“金鱼满塘”取其谐音为“金玉满堂”之意等。总之，金鱼具有丰富的文化蕴含。

【小资料】

海洋巨兽—鲸，体形如同鱼类，所以俗称为鲸鱼。其实鲸具有胎生、哺乳、恒温和用肺呼吸等特点，与鱼类完全不同，属于哺乳动物。鲸类经济价值很高，人类大肆捕杀，海洋污染，产业化捕鱼等，都对鲸类等海洋动物生存构成了极大的威胁。保护海洋生态环境，保护鲸类及其他海洋生物，已成为当今世界关注、刻不容缓的重大问题。

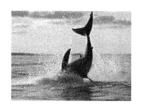

16 阶 "蜘蛛" 完全幻方

蜘蛛属于节肢动物，有毒，是结网捕食的顶尖杀手。

图 23.49 是由两条中心对称的相交曲线勾勒的蜘蛛图形，用 1 ～ 16 自然数列描绘蜘蛛双曲线，所得 4 阶数学方阵的组合性质：全部行、列、对角线具有对称互补关系。

1	2	14	16	33
3	4	13	15	35
10	12	5	6	33
9	11	7	8	35
50	23	29	39	45 18

图 23.49

以上述一款 4 阶蜘蛛双曲线方阵为基本单元，采用最优化 "互补—模拟" 合成技术，以 "镜像" 互补式合成一个 16 阶最优化组合模板（略示），选定一幅已知 4 阶完全幻方为母本，按其数序把 1 ～ 256 自然数列的分段方案分配、代入模板，可构造一幅 16 阶 "蜘蛛" 完全幻方（图 23.50）。

图 23.50

图 23.51 是由两条纵向对称的相交曲线勾勒的蜘蛛图案，其 1 ～ 16 自然数列描绘的 4 阶方阵组合性质：各列等和，各行、对角线为非互补关系。因而必须给出另一个互补 4 阶方阵，制作其 16 阶最优化组合模板，然后采用模拟方法构造一幅 16 阶 "蜘蛛" 完全幻方（图 23.52）。

2	3	11	10	26
1	12	4	9	26
15	5	13	7	40
16	14	6	8	44

35　34　34　34　34　35

图 23.51

图 23.52

【小资料】

全世界的蜘蛛已知约有 4 万种，中国记载约有 3000 种，蜘蛛体长 1～90 毫米，最大的蜘蛛是南美洲潮湿森林中的格莱斯捕鸟蛛，我国饲养的捕鸟蛛，最大体长近 10 厘米，堪称"世界毒蜘蛛之王"。最小的蜘蛛西萨摩尔群岛为施展蜘蛛，一只成年雄性施展蜘蛛，体长只有 0.43 毫米，还没句号那么大。蜘蛛的种类繁多，分布较广，适应性强，水、陆、空都有蜘蛛的踪迹。

蜘蛛身体分头胸部和腹部两部分。头胸部有附肢两对：第一对为螯肢，螯牙尖端有毒腺开口；第二对为须肢，用以夹持食物；步足 4 对分基节、转节、腿节、膝节、胫节、后跗节（具爪），步足上覆刚毛，并具数种感觉器官；8 个单眼，神经系统完全集中于头胸部。腹部不分节，有消化系统、心脏、生殖器官和丝腺。蜘蛛进食时先吐出消化液，进行体外消化，再吸入液化纺的食物。蜘蛛（除蟊蛛科外）都有毒腺，分泌物全是消化酶。

大多数蜘蛛腹部有 3 对纺织器，布满纺管，内连各种丝腺，由纺管纺出丝。各类丝腺产生不同类型的丝，泡状腺产生的丝用来束缚猎物，壶腹状腺产生蛛网螺旋的黏性小球，圆粒形腺的丝构成卵囊等。同时，不同蜘蛛的纺管数目不同，不同形状的纺筛管器，能纺出不同的蛛丝（如线纹帽头蛛有 9600 个纺管，纺出的丝极其纤细）。蜘蛛纺丝结网，技艺非常高超，能用最少的丝织成面积最大的网，乃为性能优良的主要捕食工具。在农田中，蜘蛛捕食大多是害虫，因此就其贡献而言，蜘蛛主要是益虫。

蜘蛛丝是一种骨蛋白，十分黏细坚韧而具弹性，吐出后遇空气而变硬。俄罗斯科学院基因生物学研究所专家，正在积极研究利用蜘蛛丝来制造高强度材料。专家们发现，这种材料硬度比同样厚度的钢材高 9 倍，弹性比具弹力的其他合成材料高 2 倍，可用其制造轻型防弹背心、降落伞、武器装备防护材料、车轮外胎、

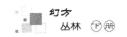
整形手术用具和高强度渔网等产品。

《本草纲目》记载蜘蛛可以入药：如园蛛有解毒、消肿的功能，主治：疔疮、瘰疬结核、疮疡、蜈蚣、蜂、蝎蜇伤、口噤、中风口斜、小儿惊风、疳积、阳瘘、脱肛、腋臭、小儿口疮、小儿腹股斜疝、背疮、鼻息肉。如大腹园蛛网丝，主治金创出血、吐血、毒疮。如短螯蝇虎有调血脉的功能，能治跌打损伤。如土蜘蛛，主治疔肿出根，宿肉螫瘤，蛛壳主治虫牙，牙龈出血。

16阶四式"全等双曲线"完全幻方

　　$4k$ 阶双曲线完全幻方的结构特征：以 k 阶"双曲线"图形为基本单元，采用"互补—模拟"方法合成的子母结构完全幻方。在前面几篇文章中所示 $4k$ 阶双曲线完全幻方，都是由单一 k 阶"双曲线"、等差配置单元合成的子母结构组合形式。本文将制作一幅16阶四式"全等双曲线"完全幻方，即由四款不同4阶"双曲线"，各单元以 $1\sim256$ 自然数列"对折"，且首尾相配按序分段配置，从而形成"等和单元"合成的子母结构组合形式。

　　图23.53是4款4阶双曲线图形特点：1号双曲线"开口"互交；2号双曲线"闭合"分立；3号双曲线"开口"互交；4号双曲线自相交"闭合"分立。这4款双曲线的每一条曲线各占4阶16格的一半位置，同时两条曲线为全轴对称关系。以 $1\sim16$ 自然数列描述这4款双曲线，所得各4阶方阵的组合性质相似，即各行等和、各对称列与对角线自互补。

　　据此，以每一款双曲线4阶方阵数为基本单元，配以左右"镜像"同构体，各可相对独立地组建16阶的一个8阶象限，而四象简单合成，则可建成一个最优化16阶组合模板（略示）。

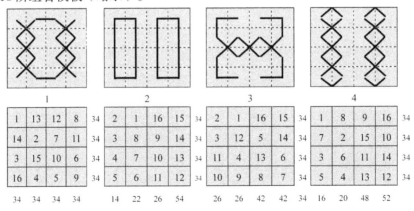

图 23.53

然后，各单元等和配置：即以 1～256 自然数列做首尾"对折"，且按序分为 16 段，每一段 16 个数分二节，8 对数组等和。

最后，选定一幅已知 4 阶完全幻方为母本，按其数序分配、代入 16 阶组合模板，即得一幅 16 阶"四合一"全等双曲线完全幻方，泛幻和"2056"（图 23.54）。

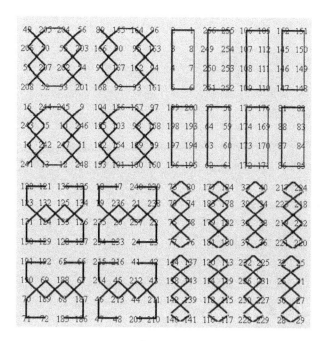

图 23.54

"汉字"入幻

文字是记录语言的符号，是人类从野蛮走向文明的重要标志。我国的符号文字起源于5000多年前，《周易·系辞》曰："上古结绳而治，后世圣人易之以书契"。相传黄帝史官仓颉造字，乃为记事、交流而刻识的象形符号。考古发掘证明：成熟的象形文字始于商代甲骨文，后尔演化为金文（周）与篆（秦），及至隶书（汉）、草书、楷书、行书（魏晋）七大种字体。现代文字改革，简化汉字，便利使用。

1716年《康熙字典》有47035个汉字；1994年《中华字海》有87019个汉字。国家在1988年公布的《现代汉语常用字表》选收了2500个常用字、1000个次常用字，总共只有3500字，数量上没有超过甲骨文。汉字内涵最丰富、每一个字都有造字、构形故事，积淀着华夏儿女丰富的想象力与创造性智慧。汉字笔画方正、格致、合度，表现了一种书法艺术。什么是汉字入幻？以一个连笔的"空心"写法汉字，若其笔画不重、不漏充满一个 k 阶单元，然后按数序描字，采用最优化"互补—模拟"合成方法，即可制作由16个"空心"汉字合成的 $4k$ 阶完全幻方。

"口"字16阶完全幻方

空心写法的"口"字是大小相套的两个四方环，各环以1～16自然数列的两段连续数字描述，可得一个4阶乱数单元，即行、列、对角线之和无序关系（图24.1）。若采用乱数单元最优化"互补—模拟"合成方法，便可得一幅16阶完全幻方（图24.2）。其组合结构如下。

①每个4阶单元按其数序头尾连线，则显示16个空心写法的"口"字，故称之为"口"字16阶完全幻方，其泛幻和"2056"。

②16个4阶子单元之和等差，即依次为"136，392，648，904，1160，1416，1672，1928，2184，2440，2696，2952，3208，3464，3720，3976"，公差"256"，且形成一幅母阶4阶完全幻方，泛幻和"8224"。

4阶空心"口"字的外环12个数位的数字描述，可分顺向、逆向，各有12个可能的起始点；内环4个数位的数字描述，亦可分顺向、逆向，各有4个可能的起始点，除去2倍互补对计96个不同的"口"字4阶乱数单元；每对"口"字4阶乱数单元的16阶最优化合成有四个成对互补模式；它的母阶有已知48个4阶完全幻方模拟样本；在1～256自然数列按顺序分16个自然段配置方案下，可以制作出4×48×96＝18432幅"口"字16阶完全幻方（注：不包括1～256自然数列在16个4阶子单元更多其他的最优化配置方案）。

总之，汉字入幻的重要意义在于：在最优化逻辑编码法中，乱数单元最优化入幻是不可思议的复杂组合体，被称为"不规则"完全幻方，令人望而却步。现在我发明了汉字入幻，以此证明非逻辑形式完全幻方存在多样化的"汉字"组合规则。

1	2	3	4
12	15	16	5
11	14	13	6
10	9	8	7

图24.1

1	2	3	4	192	191	190	189	193	194	195	196	128	127	126	125
12	15	16	5	181	178	177	188	204	207	208	197	117	114	113	124
11	14	13	6	182	179	180	187	203	206	205	198	118	115	116	123
10	9	8	7	183	184	185	186	202	201	200	199	119	120	121	122
225	226	227	228	96	95	94	93	33	34	35	36	160	159	158	157
236	239	240	229	85	82	81	92	44	47	48	37	149	146	145	156
235	238	237	230	86	83	84	91	43	46	45	38	150	147	148	155
234	233	232	231	87	88	89	90	42	41	40	39	151	152	153	154
64	63	62	61	129	130	131	132	256	255	254	253	65	66	67	68
53	50	49	60	140	143	144	133	245	242	241	252	76	79	80	69
54	51	52	59	139	142	141	134	246	243	244	251	75	78	77	70
55	56	57	58	138	137	136	135	247	248	249	250	74	73	72	71
224	223	222	221	97	98	99	100	32	31	30	29	161	162	163	164
213	210	209	220	108	111	112	101	21	18	17	28	172	175	176	165
214	211	212	219	107	110	109	102	22	19	20	27	171	174	173	166
215	216	217	218	106	105	104	103	23	24	25	26	170	169	168	167

图24.2

【小资料】

"口"字从甲骨文到小篆，字形没有太大改变。至今仍然是四四方方，只不过少了上翘的两个嘴角。东汉许慎的《说文解字·口部》云："口，人所以言、食也，象形。"

（甲骨文） （金文） （小篆）

口部字共收录180多个：其中形声字有170多个，左形右声，占口部字的大多数；另外，口部的会意字有10个，两个组成部分的意义合起来就表示该字的整体。

"工"字16阶完全幻方

空心写法的"工"字，可一笔勾画成一个闭合回路，用1～16自然数列连续描述，可得一个4阶乱数单元，即行、列、对角线之和无序关系（图24.3）。若采用乱数单元最优化"互补—模拟"合成方法，则得一幅16阶完全幻方（图24.4），其组合结构如下。

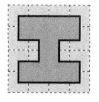

图 24.3

1	2	3	4
16	15	6	5
13	14	7	8
12	11	10	9

1	2	3	4	177	178	179	180	208	207	206	205	128	127	126	125
16	15	6	5	192	191	182	181	193	194	203	204	113	114	123	124
13	14	7	8	189	190	183	184	196	195	202	201	116	115	122	121
12	11	10	9	188	187	186	185	197	198	199	200	117	118	119	120
240	239	238	237	96	95	94	93	33	34	35	36	145	146	147	148
225	226	235	236	81	82	91	92	48	47	38	37	160	159	150	149
228	227	234	233	84	83	90	89	45	46	39	40	157	158	151	152
229	230	231	232	85	86	87	88	44	43	42	41	156	155	154	153
49	50	51	52	129	130	131	132	256	255	254	253	80	79	78	77
64	63	54	53	144	143	134	133	241	242	251	252	65	66	75	76
61	62	55	56	141	142	135	136	244	243	250	249	68	67	74	73
60	59	58	57	140	139	138	137	245	246	247	248	69	70	71	72
224	223	222	221	112	111	110	109	17	18	19	20	161	162	163	164
209	210	219	220	97	98	107	108	32	31	22	21	176	175	166	165
212	211	218	217	100	99	106	105	29	30	23	24	173	174	167	168
213	214	215	216	101	102	103	104	28	27	26	25	172	171	170	169

图 24.4

①每个4阶单元按其数序头尾连线，则显示16个空心写法的"工"字，故称之为"工"字16阶完全幻方，其泛幻和"2056"。

②16个4阶子单元之和等差，即依次为"136，392，648，904，1160，

1416，1672，1928，2184，2440，2696，2952，3208，3464，3720，3976"，公差"256"，且形成一幅母阶 4 阶完全幻方，其泛幻和"8224"。

4 阶一笔空心"工"字有 16 个数位，可做顺向、逆向数字描述，各有 16 个可能的起始点，除去 2 倍"互补对"计 8 个不同的"工"字 4 阶乱数单元；每对"工"字 4 阶乱数单元的 16 阶最优化合成有 4 个成对互补模式；它的母阶有已知的 48 个 4 阶完全幻方模拟样本；在 1～256 自然数列按顺序分 16 个自然段配置方案下，可以制作出 4×48×8 = 1536 幅"工"字 16 阶完全幻方（注：不包括 1～256 自然数列在 16 个 4 阶子单元更多其他的最优化配置方案）。

由此可知，按连续数字描述的一笔空心"工"字比上文的二笔空心"口"字入幻，两者所得的 16 阶完全幻方数量相差 6 倍。连续数字描述的笔数越多 4 阶乱数单元就越多，因而合成的完全幻方也越多。

【小资料】

"工"字：早期甲骨文象筑墙用的"石杵"，早期金文象"斧头"或月牙形的"刀铲"，

（甲骨文）　　（金文）　　（小篆）

古人的多用途生产器具；晚期金文沿袭晚期甲骨文的简化字形，到小篆基本定型。《说文·工部》译义："工，巧饰也，匠人有规矩也。"

"王"字 24 阶完全幻方

空心写法的"王"字是可一笔勾画的 6×6 规格闭合回路，用 1～36 自然数列连续描述，可得一个 6 阶乱数单元，即行、列、对角线之和无序关系（图 24.5）。

若采用乱数单元最优化"互补—模拟"合成方法，则得一幅 24 阶完全幻方（图 24.6），其组合结构如下。

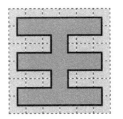

1	2	3	4	5	6
36	35	34	9	8	7
31	32	33	10	11	12
30	29	28	15	14	13
25	26	27	16	17	18
24	23	22	21	20	19

图 24.5

①每个 6 阶单元按其数序头尾连线，则可显示 16 个空心写法的"王"字，故称之为"王"字 24 阶完全幻方，其泛幻和"6924"。

②16 个 6 阶子单元之和等差，公差"1296"，依次为"666，1962，…，20106"，且形成一幅母阶 4 阶完全幻方，其泛幻和等于"41546"。

根据上两种相关变更方法计算，可演绎出 4×48×18 = 3456 幅同类性质的"王"字 24 阶完全幻方图形。

1	2	3	4	5	6	504	503	502	501	500	499	361	362	363	364	365	366	288	287	286	285	284	283
36	35	34	9	8	7	469	470	471	496	497	498	396	395	394	369	368	367	253	254	255	280	281	282
31	32	33	10	11	12	474	473	472	495	494	493	391	392	393	370	371	372	258	257	256	279	278	277
30	29	28	15	14	13	475	476	477	490	491	492	390	389	388	375	374	373	259	260	261	274	275	276
25	26	27	16	17	18	480	479	478	489	488	487	385	386	387	376	377	378	264	263	262	273	272	271
24	23	22	21	20	19	481	482	483	484	485	486	384	383	382	381	380	379	265	266	267	268	269	270
397	398	399	400	401	402	252	251	250	249	248	247	37	38	39	40	41	42	468	467	466	465	464	463
432	431	430	405	404	403	217	218	219	244	245	246	72	71	70	45	44	43	433	434	435	460	461	462
427	428	429	406	407	408	222	221	220	243	242	241	67	68	69	46	47	48	438	437	436	459	458	457
426	425	424	411	410	409	223	224	225	238	239	240	66	65	64	51	50	49	439	440	441	454	455	456
421	422	423	412	413	414	228	227	226	237	236	235	61	62	63	52	53	54	444	443	442	453	452	451
420	419	418	417	416	415	229	230	231	232	233	234	60	59	58	57	56	55	445	446	447	448	449	450
216	215	214	213	212	211	289	290	291	292	293	294	576	575	574	573	572	571	73	74	75	76	77	78
181	182	183	208	209	210	324	323	322	297	296	295	541	542	543	568	569	570	108	107	106	81	80	79
186	185	184	207	206	205	319	320	321	298	299	300	546	545	544	567	566	565	103	104	105	82	83	84
187	188	189	202	203	204	318	317	316	303	302	301	547	548	549	562	563	564	102	101	100	87	86	85
192	191	190	201	200	199	313	314	315	304	305	306	552	551	550	561	560	559	97	98	99	88	89	90
193	194	195	196	197	198	312	311	310	309	308	307	553	554	555	556	557	558	96	95	94	93	92	91
540	539	538	537	536	535	109	110	111	112	113	114	180	179	178	177	176	175	325	326	327	328	329	330
505	506	507	532	533	534	144	143	142	117	116	115	145	146	147	172	173	174	360	359	358	333	332	331
510	509	508	531	530	529	139	140	141	118	119	120	150	149	148	171	170	169	355	356	357	334	335	336
511	512	513	526	527	528	138	137	136	123	122	121	151	152	153	166	167	168	354	353	352	339	338	337
516	515	514	525	524	523	133	134	135	124	125	126	156	155	154	165	164	163	349	350	351	340	341	342
517	518	519	520	521	522	132	131	130	129	128	127	157	158	159	160	161	162	348	347	346	345	344	343

图 24.6

【小资料】

"王"字:本义大斧,劈山开路,征战杀戮,谁掌握大斧,谁就拥有至高无上的权力。甲骨文的"王"字摆（甲骨文）（金文）（小篆）（隶书）出一个主宰大地、力大无穷的巨人姿态,金文的"王"字头上加了一横,象征顶天立地的王者风范。

"日"字24阶完全幻方

空心写法的"日"字是分3笔勾画的6×6规格的包合回路,用1～36自然数列分段连续描述,可得一个6阶乱数单元,即行、列、对角线之和为无序关系（图24.7）。

1	2	3	4	5	6
20	24	23	22	21	7
19	25	26	27	28	8
18	29	30	31	32	9
17	36	35	34	33	10
16	15	14	13	12	11

图 24.7

若采用乱数单元最优化"互补—模拟"合成方法，则得一幅由 16 个"日"字 4 阶单元构造的 24 阶完全幻方（图 24.8），其基本组合结构如下。

1	2	3	4	5	6	469	470	471	472	473	474	396	395	394	393	392	391	288	287	286	285	284	283
20	24	23	22	21	7	488	492	491	490	489	475	377	373	374	375	376	390	269	265	266	267	268	282
19	25	26	27	28	8	487	493	494	495	496	476	378	372	371	370	369	389	270	264	263	262	261	281
18	29	30	31	32	9	486	497	498	499	500	477	379	368	367	366	365	388	271	260	259	258	257	280
17	36	35	34	33	10	485	504	503	502	501	478	380	361	362	363	364	387	272	253	254	255	256	279
16	15	14	13	12	11	484	483	482	481	480	479	381	382	383	384	385	386	273	274	275	276	277	278
432	431	430	429	428	427	252	251	250	249	248	247	37	38	39	40	41	42	433	434	435	436	437	438
413	409	410	411	412	426	233	229	230	231	232	246	56	60	59	58	57	43	452	456	455	454	453	439
414	408	407	406	405	425	234	228	227	226	225	245	55	61	62	63	64	44	451	457	458	459	460	440
415	404	403	402	401	424	235	224	223	222	221	244	54	65	66	67	68	45	450	461	462	463	464	441
416	397	398	399	400	423	236	217	218	219	220	243	53	72	71	70	69	46	449	468	467	466	465	442
417	418	419	420	421	422	237	238	239	240	241	242	52	51	50	49	48	47	448	447	446	445	444	443
181	182	183	184	185	186	289	290	291	292	293	294	576	575	574	573	572	571	108	107	106	105	104	103
200	204	203	202	201	187	308	312	311	310	309	295	557	553	554	555	556	570	89	85	86	87	88	102
199	205	206	207	208	188	307	313	314	315	316	296	558	552	551	550	549	569	90	84	83	82	81	101
198	209	210	211	212	189	306	317	318	319	320	297	559	548	547	546	545	568	91	80	79	78	77	100
197	216	215	214	213	190	305	324	323	322	321	298	560	541	542	543	544	567	92	73	74	75	76	99
196	195	194	193	192	191	304	303	302	301	300	299	561	562	563	564	565	566	93	94	95	96	97	98
540	539	538	537	536	535	144	143	142	141	140	139	145	146	147	148	149	150	325	326	327	328	329	330
521	517	518	519	520	534	125	121	122	123	124	138	164	168	167	166	165	151	344	348	347	346	345	331
522	516	515	514	513	533	126	120	119	118	117	137	163	169	170	171	172	152	343	349	350	351	352	332
523	512	511	510	509	532	127	116	115	114	113	136	162	173	174	175	176	153	342	353	354	355	356	333
524	505	506	507	508	531	128	109	110	111	112	135	161	180	179	178	177	154	341	360	359	358	357	334
525	526	527	528	529	530	129	130	131	132	133	134	160	159	158	157	156	155	340	339	338	337	336	335

图 24.8

①在每个 6 阶单元中，3 分段数列各按数序、头尾连线，则可显示 16 个空心写法的"日"字，故称之为"日"字 24 阶完全幻方，其泛幻和"6924"。

② 16 个 6 阶子单元之和等差，公差"1296"，依次为"666，1962，…，20106"，且形成一幅母阶 4 阶完全幻方，其泛幻和等于"41546"。

"日"字分为 3 段数列描述，各段任何数位都可作起始点，因此存在 $20 \times 8 \times 8 \div 2 = 640$ 对互补 6 阶乱数单元；24 阶最优化合成有 4 个成对互补模式；母阶已知有 48 个 4 阶完全幻方模拟样本；在 1～576 自然数列按序分为 16 个段配置方案下，可制作 $4 \times 48 \times 640 = 122880$ 幅"日"字 24 阶完全幻方。

【小资料】

"日"字：象形太阳，甲骨文、金文画成一个近似的圆圈，中间加上一划，有人解释之为太阳黑痣或太阳光芒，我觉得圆圈中的一划

（甲骨文）　（金文）　（小篆）

本义表示"一天"的意思。先民"日出而作，日落而息"，所以日出日落就是"一日"的时间长度单位。

"田"字24阶完全幻方

空心写法的"田"字是分五笔勾画的6×6规格的包合回路，用1～36自然数列分5段连续数描述，可得一个6阶乱数单元，即行、列、对角线之和为无序关系（图24.9）。

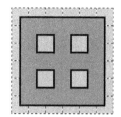

1	20	19	18	17	16
2	25	26	30	29	15
3	28	27	31	32	14
4	33	34	21	22	13
5	36	35	24	23	12
6	7	8	9	10	11

图 24.9

若采用乱数单元最优化"互补—模拟"合成方法，则得一幅由16个"田"字4阶单元合成构造的24阶完全幻方（图24.10），其基本组合结构如下。

1	20	19	18	17	16	504	485	486	487	488	489	361	380	379	378	377	376	288	269	270	271	272	273
2	25	26	30	29	15	503	480	479	475	476	490	362	385	386	390	389	375	287	264	263	259	260	274
3	28	27	31	32	14	502	477	478	474	473	491	363	388	387	391	392	374	286	261	262	258	257	275
4	33	34	21	22	13	501	472	471	484	483	492	364	393	394	381	382	373	285	256	255	268	267	276
5	36	35	24	23	12	500	469	470	481	482	493	365	396	395	384	383	372	284	253	254	265	266	277
6	7	8	9	10	11	499	498	497	496	495	494	366	367	368	369	370	371	283	282	281	280	279	278
432	413	414	415	416	417	217	236	235	234	233	232	72	53	54	55	56	57	433	452	451	450	449	448
431	408	407	403	404	418	218	241	242	246	245	231	71	48	47	43	44	58	434	457	458	462	461	447
430	405	406	402	401	419	219	244	243	247	248	230	70	45	46	42	41	59	435	460	459	463	464	446
429	400	399	412	411	420	220	249	250	237	238	229	69	40	39	52	51	60	436	465	466	453	454	445
428	397	398	409	410	421	221	252	251	240	239	228	68	37	38	49	50	61	437	468	467	456	455	444
427	426	425	424	423	422	222	223	224	225	226	227	67	66	65	64	63	62	438	439	440	441	442	443
181	200	199	198	197	196	324	305	306	307	308	309	541	560	559	558	557	556	108	89	90	91	92	93
182	205	206	210	209	195	323	300	299	295	296	310	542	565	566	570	569	555	107	84	83	79	80	94
183	208	207	211	212	194	322	297	298	294	293	311	543	568	567	571	572	554	106	81	82	78	77	95
184	213	214	201	202	193	321	292	291	304	303	312	544	573	574	561	562	553	105	76	75	88	87	96
185	216	215	204	203	192	320	289	290	301	302	313	545	576	575	564	563	552	104	73	74	85	86	97
186	187	188	189	190	191	319	318	317	316	315	314	546	547	548	549	550	551	103	102	101	100	99	98
540	521	522	523	524	525	109	128	127	126	125	124	180	161	162	163	164	165	325	344	343	342	341	340
539	516	515	511	512	526	110	133	134	138	137	123	179	156	155	151	152	166	326	349	350	354	353	339
538	513	514	510	509	527	111	136	135	139	140	122	178	153	154	150	149	167	327	352	351	355	356	338
537	508	507	520	519	528	112	141	142	129	130	121	177	148	147	160	159	168	328	357	358	345	346	337
536	505	506	517	518	529	113	144	143	132	131	120	176	145	146	157	158	169	329	360	359	348	347	336
535	534	533	532	531	530	114	115	116	117	118	119	175	174	173	172	171	170	330	331	332	333	334	335

图 24.10

①在每个 6 阶单元中，5 分段数列各按数序、头尾连线，则可显示 16 个"田"字，故称之为"田"字 24 阶完全幻方。

② 16 个 6 阶子单元之和等差，公差"1296"，依次为"666，1962，…，20106"，且形成母阶 4 阶完全幻方。

③"田"字分为 5 段数列描述，每段各数位都可作起点，因此存在 $20×4^4÷2 = 2560$ 对互补 6 阶乱数单元；24 阶最优化合成有 4 个互补模式；母阶已知 48 个 4 阶完全幻方样本；在 1～576 自然数列按序分段配置方案下，可制作 $4×48×2560 = 491520$ 幅"田"字 24 阶完全幻方。

【小资料】

"田"字："囗"里一个"井"，阡陌纵横，奴隶社会九宫井田制的象形符号，后简化为"囗"里一个"十"。《说文》释义："树谷曰田"，种庄稼的农田。《周易》曰："田猎"；蒋礼鸿在《读字臆记》说："有树谷之田字，有猎禽之田字，形同而非一字也。"但以我之见："田猎"者，不是一般的狩猎活动，而是古人用篱笆围起来驯养野生动物，田猎标志着原始畜牧业的开创，与种植业并举。

（甲骨文）（金文）（小篆）

"山"字 24 阶完全幻方

空心写法的"山"字是可一笔勾画的 6×6 规格闭合回路，用 1～36 自然数列连续描述，可得一个 6 阶乱数单元，即行、列、对角线之和为无序关系（图 24.11）。

若采用乱数单元最优化"互补—模拟"合成方法，则得一幅 24 阶完全幻方（图 24.12）。其组合结构如下。

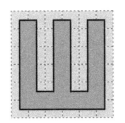

1	36	27	26	17	16
2	35	28	25	18	15
3	34	29	24	19	14
4	33	30	23	20	13
5	32	31	22	21	12
6	7	8	9	10	11

图 24.11

①每个 6 阶单元按其数序及其头尾连线，则可显示 16 个空心写法的"山"字，故称之为"山"字 24 阶完全幻方，其泛幻和"6924"。

② 16 个 6 阶子单元之和等差，公差"1296"，依次为"666，1962，…，20106"，且形成一幅母阶 4 阶完全幻方，其泛幻和等于"41546"。根据相关变更方法计算，可演绎出 $4×48×18 = 3456$ 幅同类性质的"山"字 24 阶完全幻方图形。

1	36	27	26	17	16	397	432	423	422	413	412	468	433	442	443	452	453	288	253	262	263	272	273
2	35	28	25	18	15	398	431	424	421	414	411	467	434	441	444	451	454	287	254	261	264	271	274
3	34	29	24	19	14	399	430	425	420	415	410	466	435	440	445	450	455	286	255	260	265	270	275
4	33	30	23	20	13	400	429	426	419	416	409	465	436	439	446	449	456	285	256	259	266	269	276
5	32	31	22	21	12	401	428	427	418	417	408	464	437	438	447	448	457	284	257	258	267	268	277
6	7	8	9	10	11	402	403	404	405	406	407	463	462	461	460	459	458	283	282	281	280	279	278
504	469	478	479	488	489	252	217	226	227	236	237	37	72	63	62	53	52	361	396	387	386	377	376
503	470	477	480	487	490	251	218	225	228	235	238	38	71	64	61	54	51	362	395	388	385	378	375
502	471	476	481	486	491	250	219	224	229	234	239	39	70	65	60	55	50	363	394	389	384	379	374
501	472	475	482	485	492	249	220	223	230	233	240	40	69	66	59	56	49	364	393	390	383	380	373
500	473	474	483	484	493	248	221	222	231	232	241	41	68	67	58	57	48	365	392	391	382	381	372
499	498	497	496	495	494	247	246	245	244	243	242	42	43	44	45	46	47	366	367	368	369	370	371
109	144	135	134	125	124	289	324	315	314	305	304	576	541	550	551	560	561	180	145	154	155	164	165
110	143	136	133	126	123	290	323	316	313	306	303	575	542	549	552	559	562	179	146	153	156	163	166
111	142	137	132	127	122	291	322	317	312	307	302	574	543	548	553	558	563	178	147	152	157	162	167
112	141	138	131	128	121	292	321	318	311	308	301	573	544	547	554	557	564	177	148	151	158	161	168
113	140	139	130	129	120	293	320	319	310	309	300	572	545	546	555	556	565	176	149	150	159	160	169
114	115	116	117	118	119	294	295	296	297	298	299	571	570	569	568	567	566	175	174	173	172	171	170
540	505	514	515	524	525	216	181	190	191	200	201	73	108	99	98	89	88	325	360	351	350	341	340
539	506	513	516	523	526	215	182	189	192	199	202	74	107	100	97	90	87	326	359	352	349	342	339
538	507	512	517	522	527	214	183	188	193	198	203	75	106	101	96	91	86	327	358	353	348	343	338
537	508	511	518	521	528	213	184	187	194	197	204	76	105	102	95	92	85	328	357	354	347	344	337
536	509	510	519	520	529	212	185	186	195	196	205	77	104	103	94	93	84	329	356	355	346	345	336
535	534	533	532	531	530	211	210	209	208	207	206	78	79	80	81	82	83	330	331	332	333	334	335

图 24.12

【小资料】

"山"字：《说文》云："山，宣也；宣气散，生万物，有石而高，象形"。"宣"，指地气。徐锴注"山出云雨，所以宣地气"；王筠注："无石曰丘，有石曰山"。石峰壁立，云雾蒸腾，生机蓬勃，山野之象。

（甲骨文） （金文） （小篆）

"出"字24阶完全幻方

空心写法的"出"字是可一笔勾画的6×6规格闭合回路，用1～36自然数列连续描述，可得一个6阶乱数单元，即行、列、对角线之和为无序关系（图24.13）。

若采用乱数单元最优化"互补—模拟"合成方法，则得一幅24阶完全幻方（图24.14）。其组合结构如下。

①每个6阶单元按其数序及其首尾连线，则可显示16个空心写法的"出"字，故称之为"出"字24阶完全幻方，其泛幻和"6924"。

②16个6阶子单元之和等差，公差"1296"，依次为"666, 1962,…, 20106"，且形成一幅母阶4阶完全幻方，其泛幻和等于"41546"。

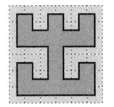

1	2	5	6	9	10
36	3	4	7	8	11
35	34	33	14	13	12
28	29	32	15	18	19
27	30	31	16	17	20
26	25	24	23	22	21

图 24.13

根据相关变更方法计算，可演绎出 4×48×18 = 3456 幅同类性质的"出"字24阶完全幻方图形。

1	2	5	6	9	10	397	398	401	402	405	406	468	467	464	463	460	459	288	287	284	283	280	279
36	3	4	7	8	11	432	399	400	403	404	407	433	466	465	462	461	458	253	286	285	282	281	278
35	34	33	14	13	12	431	430	429	410	409	408	434	435	436	455	456	457	254	255	256	275	276	277
28	29	32	15	18	19	424	425	428	411	414	415	441	440	437	454	451	450	261	260	257	274	271	270
27	30	31	16	17	20	423	426	427	412	413	416	442	439	438	453	452	449	262	259	258	273	272	269
26	25	24	23	22	21	422	421	420	419	418	417	443	444	445	446	447	448	263	264	265	266	267	268
504	503	500	499	496	495	252	251	248	247	244	243	37	38	41	42	45	46	361	362	365	366	369	370
469	502	501	498	497	494	217	250	249	246	245	242	72	39	40	43	44	47	396	363	364	367	368	371
470	471	472	491	492	493	218	219	220	239	240	241	71	70	69	50	49	48	395	394	393	374	373	372
477	476	473	490	487	486	225	224	221	238	235	234	64	65	68	51	54	55	388	389	392	375	378	379
478	475	474	489	488	485	226	223	222	237	236	233	63	66	67	52	53	56	387	390	391	376	377	380
479	480	481	482	483	484	227	228	229	230	231	232	62	61	60	59	58	57	386	385	384	383	382	381
109	110	113	114	117	118	289	290	293	294	297	298	576	575	572	571	568	567	180	179	176	175	172	171
144	111	112	115	116	119	324	291	292	295	296	299	541	574	573	570	569	566	145	178	177	174	173	170
143	142	141	122	121	120	323	322	321	302	301	300	542	543	544	563	564	565	146	147	148	167	168	169
136	137	140	123	126	127	316	317	320	303	306	307	549	548	545	562	559	558	153	152	149	166	163	162
135	138	139	124	125	128	315	318	319	304	305	308	550	547	546	561	560	557	154	151	150	165	164	161
134	133	132	131	130	129	314	313	312	311	310	309	551	552	553	554	555	556	155	156	157	158	159	160
540	539	536	535	532	531	216	215	212	211	208	207	73	74	77	78	81	82	325	326	329	330	333	334
505	538	537	534	533	530	181	214	213	210	209	206	108	75	76	79	80	83	360	327	328	331	332	335
506	507	508	527	528	529	182	183	184	203	204	205	107	106	105	86	85	84	359	358	357	338	337	336
513	512	509	526	523	522	189	188	185	202	199	198	100	101	104	87	90	91	352	353	356	339	342	343
514	511	510	525	524	521	190	187	186	201	200	197	99	102	103	88	89	92	351	354	355	340	341	344
515	516	517	518	519	520	191	192	193	194	195	196	98	97	96	95	94	93	350	349	348	347	346	345

图 24.14

【小资料】

"出"字：造字本义"离开城邑，行军远征"。小篆将"凵"写成"屮"，隶书将篆文的"止"混同"屮"，至此"屮山相叠"，字形全非，离城远征的本义线索完全消失。徐中舒先生《甲骨文字典》"出"字义有：①出入之出；②引申之谓日出之出；③发生、发现之义；④贞人名。

（甲骨文）（金文）（小篆）（隶书）

"正"字24阶完全幻方

空心写法的"正"字是可一笔勾画的 6×6 规格闭合回路，用 1 ～ 36 自然数列连续描述，可得一个 6 阶乱数单元，即行、列、对角线之和为无序关系（图 24.15）。

若采用乱数单元最优化"互补一模拟"合成方法，则得一幅 24 阶完全幻方（图 24.16）。其组合结构如下。

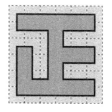

1	2	3	4	5	6
36	35	34	9	8	7
27	28	33	10	11	12
26	29	32	15	14	13
25	30	31	16	17	18
24	23	22	21	20	19

图 24.15

1	2	3	4	5	6	504	503	502	501	500	499	361	362	363	364	365	366	288	287	286	285	284	283
36	35	34	9	8	7	469	470	471	496	497	498	396	395	394	369	368	367	253	254	255	280	281	282
27	28	33	10	11	12	478	477	472	495	494	493	387	388	393	370	371	372	262	261	256	279	278	277
26	29	32	15	14	13	479	476	473	490	491	492	386	389	392	375	374	373	263	260	257	274	275	276
25	30	31	16	17	18	480	475	474	489	488	487	385	390	391	376	377	378	264	259	258	273	272	271
24	23	22	21	20	19	481	482	483	484	485	486	384	383	382	381	380	379	265	266	267	268	269	270
505	506	507	508	509	510	144	143	142	141	140	139	145	146	147	148	149	150	360	359	358	357	356	355
540	539	538	513	512	511	109	110	111	136	137	138	180	179	178	153	152	151	325	326	327	352	353	354
531	532	537	514	515	516	118	117	112	133	134	135	171	172	177	154	155	156	334	333	328	351	350	349
530	533	536	519	518	517	119	116	113	130	131	132	170	173	176	159	158	157	335	332	329	346	347	348
529	534	535	520	521	522	120	115	114	129	128	127	169	174	175	160	161	162	336	331	330	345	344	343
528	527	526	525	524	523	121	122	123	124	125	126	168	167	166	165	164	163	337	338	339	340	341	342
216	215	214	213	212	211	289	290	291	292	293	294	576	575	574	573	572	571	73	74	75	76	77	78
181	182	183	208	209	210	324	323	322	297	296	295	541	542	543	568	569	570	108	107	106	81	80	79
190	189	184	207	206	205	315	316	321	298	299	300	550	549	544	567	566	565	99	100	105	82	83	84
191	188	185	202	203	204	314	317	320	303	302	301	551	548	545	562	563	564	98	101	104	87	86	85
192	187	186	201	200	199	313	318	319	304	305	306	552	547	546	561	560	559	97	102	103	88	89	90
193	194	195	196	197	198	312	311	310	309	308	307	553	554	555	556	557	558	96	95	94	93	92	91
432	431	430	429	428	427	217	218	219	220	221	222	72	71	70	69	68	67	433	434	435	436	437	438
397	398	399	424	425	426	252	251	250	225	224	223	37	38	39	64	65	66	468	467	466	441	440	439
406	405	400	423	422	421	243	244	249	226	227	228	46	45	40	63	62	61	459	460	465	442	443	444
407	404	401	418	419	420	242	245	248	231	230	229	47	44	41	58	59	60	458	461	464	447	446	445
408	403	402	417	416	415	241	246	247	232	233	234	48	43	42	57	56	55	457	462	463	448	449	450
409	410	411	412	413	414	240	239	238	237	236	235	49	50	51	52	53	54	456	455	454	453	452	451

图 24.16

①每个 6 阶单元按其数序及其头尾连线，则可显示 16 个空心写法的"正"字，故称之为"正"字 24 阶完全幻方，其泛幻和"6924"。

②16个6阶子单元之和等差，公差"1296"，依次为"666，1962，…，20106"，且形成一幅母阶4阶完全幻方，其泛幻和等于"41546"。

根据相关变更方法计算，可演绎出 4×48×18 = 3456 幅同类性质的"正"字 24 阶完全幻方图形。

【小资料】

"正"字：造字本义"出征讨伐"。《诗文解字》："正，是也，从止，一以止"。所谓"是"，纠正；"止"作字根，上"一"表示阻止错误。

（甲骨文）（金文）（小篆）

古人称不义的侵略为"各"，正义的讨伐为"正"。篆文另造"征"字代替"正"。

"巨"字 32 阶完全幻方

空心写法的"巨"字可分两笔勾画 8×8 规格的一个包合回路，用 1 ~ 64 自然数列连续描述，可得一个 8 阶乱数单元，即行、列、对角线之和为无序关系（图 24.17）。

若采用乱数单元最优化"互补—模拟"合成方法，则得一幅 32 阶完全幻方（图 24.18）。

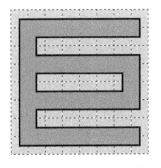

8	9	10	11	12	13	14	15
7	22	21	20	19	18	17	16
6	23	24	25	26	27	28	29
5	53	54	55	56	57	58	30
4	64	63	62	61	60	59	31
3	38	37	36	35	34	33	32
2	39	40	41	42	43	44	45
1	52	51	50	49	48	47	46

图 24.17

这幅"巨"字 32 阶完全幻方的基本组合结构如下。

①每个 8 阶单元按其数序及其头尾连线，则可显示 16 个空心写法的"巨"字，故称之为"巨"字 32 阶完全幻方，其 32 行 32 列及 64 条泛对角线之和即泛幻和等于"16400"。

②16 个 8 阶子单元之和等差，公差"4096"，依次为"260，4356，8452，12548，16644，20740，24836，28932，33028，37124，41220，45316，49412，53508，57604，61700"。这条 8 阶子单元之和的等差数列形成一幅母阶 4 阶完全幻方。

"巨"字分为两段数列描述，一段 1 ~ 52，另一段 53 ~ 64，每段各数位都可作起点，因此存在 52×12÷2 = 312 对互补 8 阶乱数单元；32 阶最优化合成有 4 个互补模式；母阶已知有 48 个 4 阶完全幻方样本；在 1 ~ 576 自然数列按序分段配置方案下，可制作 4×48×312 = 59904 幅"巨"字 32 阶完全幻方。

8	9	10	11	12	13	14	15	953	952	951	950	949	948	947	946	584	585	586	587	588	589	590	591	505	504	503	502	501	500	499	498
7	22	21	20	19	18	17	16	954	939	940	941	942	943	944	945	583	598	597	596	595	594	593	592	506	491	492	493	494	495	496	497
6	23	24	25	26	27	28	29	955	938	937	936	935	934	933	932	582	599	600	601	602	603	604	605	507	490	489	488	487	486	485	484
5	53	54	55	56	57	58	30	956	908	907	906	905	904	903	931	581	629	630	631	632	633	634	606	508	460	459	458	457	456	455	483
4	64	63	62	61	60	59	31	957	897	898	899	900	901	902	930	580	640	639	638	637	636	635	607	509	449	450	451	452	453	454	482
3	38	37	36	35	34	33	32	958	923	924	925	926	927	928	929	579	614	613	612	611	610	609	608	510	475	476	477	478	479	480	481
2	39	40	41	42	43	44	45	959	922	921	920	919	918	917	916	578	615	616	617	618	619	620	621	511	474	473	472	471	470	469	468
1	52	51	50	49	48	47	46	960	909	910	911	912	913	914	915	577	628	627	626	625	624	623	622	512	461	462	463	464	465	466	467
889	888	887	886	885	884	883	882	200	201	202	203	204	205	206	207	313	312	311	310	309	308	307	306	648	649	650	651	652	653	654	655
890	875	876	877	878	879	880	881	199	214	213	212	211	210	209	208	314	299	300	301	302	303	304	305	647	662	661	660	659	658	657	656
891	874	873	872	871	870	869	868	198	215	216	217	218	219	220	221	315	298	297	296	295	294	293	292	646	663	664	665	666	667	668	669
892	844	843	842	841	840	839	867	197	245	246	247	248	249	250	222	316	268	267	266	265	264	263	291	645	693	694	695	696	697	698	670
893	833	834	835	836	837	838	866	196	256	255	254	253	252	251	223	317	257	258	259	260	261	262	290	644	704	703	702	701	700	699	671
894	859	860	861	862	863	864	865	195	230	229	228	227	226	225	224	318	283	284	285	286	287	288	289	643	678	677	676	675	674	673	672
895	858	857	856	855	854	853	852	194	231	232	233	234	235	236	237	319	282	281	280	279	278	277	276	642	679	680	681	682	683	684	685
896	845	846	847	848	849	850	851	193	244	243	242	241	240	239	238	320	269	270	271	272	273	274	275	641	692	691	690	689	688	687	686
392	393	394	395	396	397	398	399	569	568	567	566	565	564	563	562	968	969	970	971	972	973	974	975	121	120	119	118	117	116	115	114
391	406	405	404	403	402	401	400	570	555	556	557	558	559	560	561	967	982	981	980	979	978	977	976	122	107	108	109	110	111	112	113
390	407	408	409	410	411	412	413	571	554	553	552	551	550	549	548	966	983	984	985	986	987	988	989	123	106	105	104	103	102	101	100
389	437	438	439	440	441	442	414	572	524	523	522	521	520	519	547	965	1013	1014	1015	1016	1017	1018	990	124	76	75	74	73	72	71	99
388	448	447	446	445	444	443	415	573	513	514	515	516	517	518	546	964	1024	1023	1022	1021	1020	1019	991	125	65	66	67	68	69	70	98
387	422	421	420	419	418	417	416	574	539	540	541	542	543	544	545	963	998	997	996	995	994	993	992	126	91	92	93	94	95	96	97
386	423	424	425	426	427	428	429	575	538	537	536	535	534	533	532	962	999	1000	1001	1002	1003	1004	1005	127	90	89	88	87	86	85	84
385	436	435	434	433	432	431	430	576	525	526	527	528	529	530	531	961	1012	1011	1010	1009	1008	1007	1006	128	77	78	79	80	81	82	83
761	760	759	758	757	756	755	754	328	329	330	331	332	333	334	335	185	184	183	182	181	180	179	178	776	777	778	779	780	781	782	783
762	747	748	749	750	751	752	753	327	342	341	340	339	338	337	336	186	171	172	173	174	175	176	177	775	790	789	788	787	786	785	784
763	746	745	744	743	742	741	740	326	343	344	345	346	347	348	349	187	170	169	168	167	166	165	164	774	791	792	793	794	795	796	797
764	716	715	714	713	712	711	739	325	373	374	375	376	377	378	350	188	140	139	138	137	136	135	163	773	821	822	823	824	825	826	798
765	705	706	707	708	709	710	738	324	384	383	382	381	380	379	351	189	129	130	131	132	133	134	162	772	832	831	830	829	828	827	799
766	731	732	733	734	735	736	737	323	358	357	356	355	354	353	352	190	155	156	157	158	159	160-	161	771	806	805	804	803	802	801	800
767	730	729	728	727	726	725	724	322	359	360	361	362	363	364	365	191	154	153	152	151	150	149	148	770	807	808	809	810	811	812	813
768	717	718	719	720	721	722	723	321	372	371	370	369	368	367	366	192	141	142	143	144	145	146	147	769	820	819	818	817	816	815	814

图 24.18

【小资料】

"巨"字：造字本义工匠用来画直线直角的大工尺。《说文解字》："规巨也。从工，象手持之。榘，巨或从木、矢。矢者，其中正也。"巨，即矩，常与规并用。

（金文）（籀文）（小篆）

"回"字 32 阶完全幻方

空心写法的"回"字可分两笔勾画 8×8 规格的一个包合回路，以 1～64 自然数列连续描述，可得一个 8 阶乱数单元，即行、列、对角线之和为无序关系（图 24.19）。然后，以此为基本单元构件，可以制作一幅 32 阶完全幻方（图 24.20）。

893

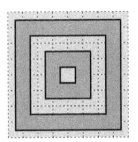

28	27	26	25	24	23	22	21
1	48	47	46	45	44	43	20
2	29	60	59	58	57	42	19
3	30	49	64	63	56	41	18
4	31	50	61	62	55	40	17
5	32	51	52	53	54	39	16
6	33	34	35	36	37	38	15
7	8	9	10	11	12	13	14

图 24.19

485	486	487	488	489	490	491	492	668	667	666	665	664	663	662	661	869	870	871	872	873	874	875	876	28	27	26	25	24	23	22	21
512	465	466	467	468	469	470	493	641	688	687	686	685	684	683	660	896	849	850	851	852	853	854	877	1	48	47	46	45	44	43	20
511	484	453	454	455	456	471	494	642	669	700	699	698	697	682	659	895	868	837	838	839	840	855	878	2	29	60	59	58	57	42	19
510	483	464	449	450	457	472	495	643	670	689	704	703	696	681	658	894	867	848	833	834	841	856	879	3	30	49	64	63	56	41	18
509	482	463	452	451	458	473	496	644	671	690	701	702	695	680	657	893	866	847	836	835	842	857	880	4	31	50	61	62	55	40	17
508	481	462	461	460	459	474	497	645	672	691	692	693	694	679	656	892	865	846	845	844	843	858	881	5	32	51	52	53	54	39	16
507	480	479	478	477	476	475	498	646	673	674	675	676	677	678	655	891	864	863	862	861	860	859	882	6	33	34	35	36	37	38	15
506	505	504	503	502	501	500	499	647	648	649	650	651	652	653	654	890	889	888	887	886	885	884	883	7	8	9	10	11	12	13	14
805	806	807	808	809	810	811	812	92	91	90	89	88	87	86	85	421	422	423	424	425	426	427	428	732	731	730	729	728	727	726	725
832	785	786	787	788	789	790	813	65	112	111	110	109	108	107	84	448	401	402	403	404	405	406	429	705	752	751	750	749	748	747	724
831	804	773	774	775	776	791	814	66	93	124	123	122	121	106	83	447	420	389	390	391	392	407	430	706	733	764	763	762	761	746	723
830	803	784	769	770	777	792	815	67	94	113	128	127	120	105	82	446	419	400	385	386	393	408	431	707	734	753	768	767	760	745	722
829	802	783	772	771	778	793	816	68	95	114	125	126	119	104	81	445	418	399	388	387	394	409	432	708	735	754	765	766	759	744	721
828	801	782	781	780	779	794	817	69	96	115	116	117	118	103	80	444	417	398	397	396	395	410	433	709	736	755	756	757	758	743	720
827	800	799	798	797	796	795	818	70	97	98	99	100	101	102	79	443	416	415	414	413	412	411	434	710	737	738	739	740	741	742	719
826	825	824	823	822	821	820	819	71	72	73	74	75	76	77	78	442	441	440	439	438	437	436	435	711	712	713	714	715	716	717	718
156	155	154	153	152	151	150	149	997	998	999	1000	1001	1002	1003	1004	540	539	538	537	536	535	534	533	357	358	359	360	361	362	363	364
129	176	175	174	173	172	171	148	1024	977	978	979	980	981	982	1005	513	560	559	558	557	556	555	532	384	337	338	339	340	341	342	365
130	157	188	187	186	185	170	147	1023	996	965	966	967	968	983	1006	514	541	572	571	570	569	554	531	383	356	325	326	327	328	343	366
131	158	177	192	191	184	169	146	1022	995	976	961	962	969	984	1007	515	542	561	576	575	568	553	530	382	355	336	321	322	329	344	367
132	159	178	189	190	183	168	145	1021	994	975	964	963	970	985	1008	516	543	562	573	574	567	552	529	381	354	335	324	323	330	345	368
133	160	179	180	181	182	167	144	1020	993	974	973	972	971	986	1009	517	544	563	564	565	566	551	528	380	353	334	333	332	331	346	369
134	161	162	163	164	165	166	143	1019	992	991	990	989	988	987	1010	518	545	546	547	548	549	550	527	379	352	351	350	349	348	347	370
135	136	137	138	139	140	141	142	1018	1017	1016	1015	1014	1013	1012	1011	519	520	521	522	523	524	525	526	378	377	376	375	374	373	372	371
604	603	602	601	600	599	598	597	293	294	295	296	297	298	299	300	220	219	218	217	216	215	214	213	933	934	935	936	937	938	939	940
577	624	623	622	621	620	619	596	320	273	274	275	276	277	278	301	193	240	239	238	237	236	235	212	960	913	914	915	916	917	918	941
578	605	636	635	634	633	618	595	319	292	261	262	263	264	279	302	194	221	252	251	250	249	234	211	959	932	901	902	903	904	919	942
579	606	625	640	639	632	617	594	318	291	272	257	258	265	280	303	195	222	241	256	255	248	233	210	958	931	912	897	898	905	920	943
580	607	626	637	638	631	616	593	317	290	271	260	259	266	281	304	196	223	242	253	254	247	232	209	957	930	911	900	899	906	921	944
581	608	627	628	629	630	615	592	316	289	270	269	268	267	282	305	197	224	243	244	245	246	231	208	956	929	910	909	908	907	922	945
582	609	610	611	612	613	614	591	315	288	287	286	285	284	283	306	198	225	226	227	228	229	230	207	955	928	927	926	925	924	923	946
583	584	585	586	587	588	589	590	314	313	312	311	310	309	308	307	199	200	201	202	203	204	205	206	954	953	952	951	950	949	948	947

图 24.20

【小资料】

"回"字：本义循环反复、周而复始。《说文解字》："回，转也。从口，中象回转形。"

（甲骨文）（金文）（籀文）（小篆）

特种数系入幻

在自然数中存在许多数理奇特、诡异的数、数组或数列等，我称之为特种数系。幻方爱好者们早已瞄上了特种数系入幻课题，尽可能创新入幻条件与方式，以提升幻方的趣味性及其数学内涵。

勾股数：据《周髀算经》记载，周文王与商高关于周天历度的谈话故事："昔者周公问于商高曰：窃闻大夫善数也，请问数从安出？商高曰：数之法出于圆方，圆出于方，方出于矩，矩出于九九八十一，故折矩以为勾广三，股修四，径隅五。既方其外，半之一矩。环而共盘，得成三、四、五。两共长二十有五，是谓积矩。故禹之所以治天下者，此数之生也。"总之，"勾股"之法，在周代我国就已经发现且被广泛应用。

亲和数：按现代数学定义：一对自然数 n 与 m，若整除 n 的全部正整数因子（包括 1，不包括 n 自身）之和等于 m，而整除 m 的全部正整数因子之和等于 n，这两个数称为亲和数。公元前 500 年毕达哥拉斯发现了第一对亲和数"220，284"。然而，古希腊人为亲和数注入了神圣的文化内涵：据说在青年男女缔结婚约时，要为举办一个隆重的抽签仪式，即一把竹签中写着这两个数字，若抽到了"220"签与"284"签，则许可婚配。这一古老的求签缔婚方式，表达了男女双方的终身约定、托付与承诺，作为忠贞爱情的见证。

本篇还将介绍"野兽数""十全数"等以独特方式入幻的精彩作品。俗话说物以稀为贵，特种数系入幻乃是幻方丛林中的一片神奇园地，赢得了广大幻方爱好者的青睐。

衍生勾股数组三联对幻方

在不定方程"$x^2 + y^2 = z^2$"正整数解中，若"x，y，z"无公因子，即勾、股、弦 3 个数互质，一般称之为原生勾股数组。原生勾股数三联对入幻的可能性微乎其微。然而，不得已退而求其次，不妨在衍生勾股数组中实现这"三联对幻方"之设计思想。什么是衍生勾股数组？在不定方程"$x^2 + y^2 = z^2$"正整数解中，若"x，y，z"有公因子，即勾、股、弦 3 个数具有齐次性，可称之为衍生勾股数。任何一组原生勾股数，同乘以一个正整数 k（$k \geqslant 1$），则得一组衍生勾股数。

如何构造衍生勾股数三联对幻方呢？第一步取一组原生勾股数，将其"x、y、z"同乘 n^2 个（$n \geqslant 3$）连续变量，即得可入幻的 n^2 组衍生勾股数（包括原生勾股数）配置方案；第二步取一幅已知 n 阶幻方为模本，按序代入 n^2 组衍生勾股数，一定能做成以"x、y、z"方式表示的 n 阶衍生勾股数三联对幻方。

以"3，4，5""5，12，13""20，21，29"3 款原生勾股数组为样本，同乘 1 ～ 16 连续自然数，则衍生 16 组勾股数，其"x，y，z"3 个序列各为连续等差数列，因此配置方案符合入幻条件与要求。然而，各同步代入一幅已知 4 阶完全幻方模板，即 3 组"勾、股、弦"三联对广义 4 阶完全幻方（图 25.1）。

18	45	30	9
36	3	24	39
21	42	33	6
27	12	15	48

$S=102$

+

24	60	40	12
48	4	32	52
28	56	44	8
36	16	20	64

$S=136$

=

30	75	50	15
60	5	40	65
35	70	55	10
45	20	25	80

$S=170$

40	55	70	5
65	10	35	60
15	80	45	30
50	25	20	75

$S=170$

+

96	132	168	12
156	24	84	144
36	192	108	72
120	60	48	180

$S=408$

=

104	143	182	13
169	26	91	156
39	208	117	78
130	65	52	195

$S=442$

140	240	20	280
40	260	160	220
320	60	200	100
180	120	300	80

$S=680$
"勾"完全幻方

+

147	252	21	294
42	273	168	231
336	63	210	105
189	126	315	84

$S=714$
"股"完全幻方

=

203	348	29	406
58	377	232	319
464	87	290	145
261	174	435	116

$S=986$
"弦"完全幻方

图 25.1

如图 25.1 所示，3 例衍生勾股数组三联对 4 阶完全幻方的组合关系如下。

①各三联对幻方的对应数位上，各组"勾、股、弦"满足不定方程 $x^2 + y^2 = z^2$ 条件，比如 $18^2 + 24^2 = 30^2$，即 $324 + 576 = 900$ 等。

②各三联对幻方的 3 个泛幻和之间的关系：$102^2 + 136^2 = 170^2$，即 $10404 + 18496 = 28900$。这就是说，同源衍生勾股数组相加，一定得到新的衍生勾股数。

衍生勾股数组入幻成功，乃是"勾股幻方"一个不错的收获。但是，各例三联对幻方在二次时都没有幻方性质，它们不能直接表达"$x^2 + y^2 = z^2$"勾股定理，因此这只是衍生勾股数三联对一次幻方。那么，是否存在衍生勾股数三联对平方幻方呢？值得继续探讨。

"勾股图"幻方

勾股定理：直角三角形两条直角边的平方和等于斜边的平方，数学表达式："$x^2 + y^2 = z^2$"不定方程。"勾三股四弦五"模型：3×3 正方形、4×4 正方形、5×5 正方形三边并接，这是一个最简单、明了表示勾股定理的"数—形"关系图。

在 14 阶幻方内，我搭建了这个勾股图。根据 14 阶幻方的组合条件，具体选择原生勾股数组"9、40、41"赋值于 3 阶、4 阶、5 阶 3 个子单元。如图 25.2 所示，14 阶幻方的幻和"1379"，内部的勾股图如下。

①"勾"$9^2 = 81$，即 3 阶子单元 9 个奇数之和，表示 3×3 正方形的面积，它构成一幅 3 阶幻方（勾），其幻和"27"。

②"股"$40^2 = 1600$，即 4 阶子单元 16 个偶数之和，表示 4×4 正方形面积，它构成一幅 4 阶完全幻方（股），其泛幻和"400"。

③"弦"$41^2 = 1681$，即 4 阶与 3 阶两个相间子单元的 25 个奇数之和，示意 5×5 正方形面积。其中，3 阶幻方的幻和"123"，4 阶幻方的幻和"328"（$123 \times 3 = 369$，

146	24	22	185	12	92	108	143	167	182	124	28	27	119
32	101	62	187	171	84	107	132	175	115	54	18	120	21
52	14	147	188	192	94	109	133	67	114	88	105	23	53
196	31	149	72	155	96	113	77	35	89	106	174	56	30
121	170	70	123	74	91	49	95	45	73	64	184	122
131	178	135	128	130	93	39	65	41	71	43	99	136	90
181	177	7	17	3	100	79	37	97	33	85	189	180	194
141	138	5	9	13	102	101	87	47	75	157	179	176	139
137	118	15	1	11	104	112	127	69	125	140	134	117	169
58	151	173	83	142	160	158	46	36	126	16	76	4	150
57	8	63	144	159	48	34	162	156	183	148	161	50	6
20	168	145	51	86	154	164	40	80	190	166	10	163
29	82	191	165	59	58	44	152	166	81	153	61	103	55
78	19	195	26	172	116	110	129	186	60	2	25	193	68

图 25.2

$328 \times 4 = 1312$，$369 + 1312 = 1681$）。幻方作图精于数，而不苛求形。

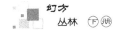
"28 亲和链" 幻方

1965 年滑铁卢大学福莱尔（K.D.Fryer）发现了一条从"14316"开端的 28 环亲和数链，是目前最长的亲和数链，令数学界震惊！这条 28 环亲和数链是：

"— 14316 —— 19116 —— 31704 —— 47616 —— 83328 —— 177792 — 295488 —— 629072 —— 589786 —— 294896 —— 358336 —— 418904 — 366556 —— 274924 —— 275444 —— 243760 —— 376736 —— 285778 — 152990 —— 122410 —— 297946 —— 48976 —— 45946 —— 22976 —— 22744 — 19916 —— 17716 —"。

无巧不成书，福莱尔的这条 28 环亲和数链，正好围成一个 8 阶环。因此，制造一幅"28 亲和链"幻方，将成为一大乐趣。我的设计：以 10 阶为体，表达完整无缺之意；"28 亲和链"为 8 阶环，非常吉利；并确定 10 阶的幻和为"3333333"，数字"3 = 1 + 2"，《周易》谓"天地人"合一之神数。这幅 10 阶幻方创作始于 2007 年 2 月 21 日，完工于 2007 年 3 月 12 日，我取其名为金镶玉"28 亲和链"幻方（图 25.3）。

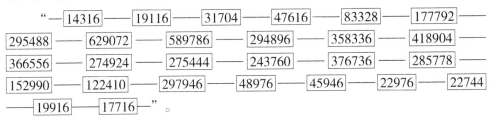

图 25.3

亲和环"钻石"幻方

钻石是最贵重的金刚宝石，唯一由单一元素（碳）组成的等轴晶系晶体。千百年来，钻石以其坚硬无比、玲珑剔透、光芒四射的品质，赢得世界女人与男人的青睐。我出于对大自然神奇的赞叹，对人间真、善、美的追求，运用幻方数雕艺术，设计与创作了一颗幻方"钻石"，起名"银河之星"，象征人类永恒之爱（图 25.4）。

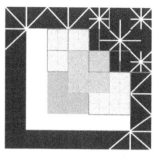

图 25.4

图 25.5 所示，这颗熠熠生辉的巨钻——"银河之星"，填上了两组三元数、两条四环亲和数链，以及一条五环亲和数链，然后采用"综合平衡"法，制作成一幅幻和尽可能小的广义 9 阶幻方（其幻和等于"4939828605178"）。这些入幻稀有数系，拥有钻石般高贵、纯洁的品格与光彩，数学家们将其赞喻为上帝的宠物。

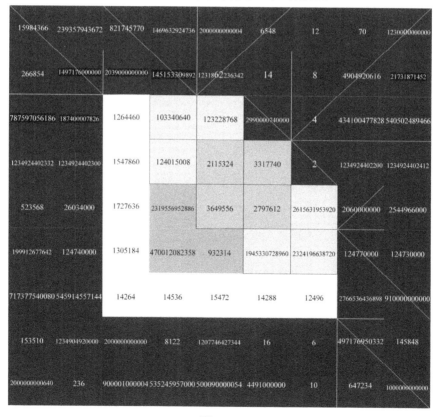

15984366	239357943672	821745770	1469632924736	2000000000004	6548	12	70	1230000000000
266854	1497176000000	2039000000000	145153309892	1231862236342	14	8	4904920616	21731871452
787597056186	187400007826	1264460	103340640	123228768	2990000740000	4	434100477828	540502489466
1234924402332	1234924402300	1547860	124015008	2115324	3317740	2	1234924402200	1234924402100
523568	26034000	1727636	2319556952886	3649556	2797612	2615631953920	2060000000	2544966000
199912677642	124740000	1305184	470012082358	932314	1945330728960	2324196638720	124770000	124730000
717377540080	545914557144	14264	14536	15472	14288	12496	2766536436898	910000000000
153510	1234904920000	2000000000000	8122	1207746427344	16	6	4971176950332	145848
2000000000640	236	900001000004	535245957000	500090000054	4491000000	10	647234	1000000000000

图 25.5

金兰数"双鱼"幻方

　　"双鱼"在东西方文化中源远流长。我国《周易》阴阳合抱太极图，是最初以"双鱼"形象图解大自然一阴一阳变化之道。西方的"双鱼"是12个天文星座之一，又类似于我国的生肖属相，寄托着个人的不同禀性、气质乃至婚配与命理等。在我国古代，"双鱼"图案、纹饰等，可见之于泥陶器皿、瓦当、青铜镜及钱币等遗存。"双鱼"寓意：一是"年年有余"。"鱼"的谐音"余"，人们借"双鱼"吉言，期盼五谷丰登，六畜兴旺，年年丰收，代代富裕。二是"鱼跃龙门"。相传，鲤鱼跳过水门就能变成龙，象征读书人十年寒窗，一旦及第，飞黄腾达。因此，"双鱼"图深得人们青睐。

　　图25.6是我创作的一幅数雕"双鱼图"8阶幻方（幻和"233030332"），金镶玉嵌，富贵，高雅。"双鱼图"的头部："123228768，103340640，124015008"，是已知最小的一组三元数（又名"金兰数"）；身部："2115324，3317740，3649556，2797612"，"1264460，1547860，1727636、1305184"，是迄今发现的两组四环亲和数链；尾部："12496，14288，15472，14536，14264"，是已知唯一的五环亲和数链。双鱼口吐"888888，8888888，9999999"水连珠，尤显生动活泼。

56068341	9293894	45620623	75339588	660467	21397849	14649571	9999999
15914819	56068337	45620619	75339587	660465	21397850	8888888	9139767
13771053	41055060	2115324	3317740	124015008	888888	21657218	26210041
3436	3437	2797612	3649556	103340640	123228768	3438	3445
76570861	12496	14288	15472	1727636	1547860	76570859	76570860
8235455	58004413	78568569	14536	1305184	1264460	46206384	39431331
46802427	15663936	56307540	14264	660468	41906806	56068340	15606551
15663940	52928759	1985757	79339589	660464	21397851	8985634	56068338

图25.6

　　总之，"双鱼图"由数学中的稀缺瑰宝——"金兰数"与亲和数链组装（和值"368380844"），其造型简洁、古朴、独特，且切中"双鱼"旨意，整体形象质感、贵重、气派、奇珍。积淀千年的中国民俗与吉祥文化，如今回归到现代社会生活，成为老百姓对未来美好生活渴望的一种精神寄托。

《圣经》启示录6阶素数完全幻方

什么是"野兽数"？其出处见于《新约全书·启示录》
第 13 章 18 节："在这里有智能，凡有聪明的，可以算计兽
的数目，因为这是人的数目，他的数目是六百六十六。"这
句话语义晦涩，大意如下："666"是代表野兽的数目，若
某人粘上了这个"666"，此人即无异于野兽了，故凡聪明
的人都懂得如何计算野兽数而去辨别人与野兽。因此，西

3	107	5	131	109	311
7	331	193	11	83	41
103	53	71	89	151	199
113	61	97	197	167	31
367	13	173	59	17	37
73	101	127	179	139	47

图 25.7

方从政要、名流、学者乃至平民百姓，凡信奉《圣经》的人们都患上了"666"
数字恐惧症，闹出了许许多多荒诞不经的笑话与故事。但是，在阿拉伯以及东方
国家正相反，"666"大顺，非常吉利。

然而，令人赞不绝口的是：美国 C. A. 匹克奥弗在《果戈尔博士数字奇遇记》
介绍：神秘奇人约翰逊（A. W. Johnson）偏偏不信邪，煞费苦心创作出了一幅由
36 个素数构造的 6 阶完全幻方，它的 6 行 6 列及泛对角线之和全等于野兽数"666"
（图 25.7）。在素数幻方领域中，幻和等于"666"野兽数的 6 阶素数完全幻方
绝无仅有，堪称一幅稀世珍品。这是一个"命题"幻方游戏，即先有幻和后造幻方，
玩法新鲜也很有难度。

经典 6 阶幻方组合机制"天生"不规则，同时不存在最优化解，其幻和常数
"111"、总和常数"666"，也是一个"野兽数"。这个有神秘故事的数字，引
起了数学家们的格外关注，着意寻觅关于"666"的数学奇闻：

① $666 = 3^6 - 2^6 + 1^6$；

② $666 = 6 + 6 + 6 + 6^3 + 6^3 + 6^3$；

③ $666 = 2^2 + 3^2 + 5^2 + 7^2 + 11^2 + 13^2 + 17^2$（前 7 个素数的平方和）；

④ $666 = 313 + 353$（两个连续素数）；

⑤ $\phi(666) = 6 \cdot 6 \cdot 6$（数论中一个标准函数）；

⑥ 666 既是第 36 号三角形数，又是 4×4 正方形数；

⑦ 圆周率 π 的前 144 位小数相加之和等于"666"。

这幅"启示录"6 阶素数完全幻方的结构特点：①四象互为消长组合态，即
纵横相邻两象之和以"873"与"1125"互补，左右对角两象之和相等。在最优
化构图中，四象消长是一种高难度组合技术。②各 3 阶单元的两条主对角线对称
互补，因此存在四象同步旋转关系。若以这幅"启示录"6 阶素数完全幻方为样
本，通过四象各 3 阶单元"镜像"八倍同构体的同步转换或位移，则可"重构"
样本（图 25.8）。

3	107	5	131	109	311
7	331	193	11	83	41
103	53	71	89	151	199
113	61	97	197	167	31
367	13	173	59	17	37
73	101	127	179	139	47

5	193	71	97	173	127
107	331	53	61	13	101
3	7	103	113	367	73
311	41	199	31	37	47
109	83	151	167	17	139
131	11	89	197	59	179

97	173	127	5	193	71
61	13	101	107	331	53
113	367	73	3	7	103
31	37	47	311	41	199
167	17	139	109	83	151
197	59	179	131	11	89

31	37	47	311	41	199
167	17	139	109	83	151
197	59	179	131	11	89
97	173	127	5	193	71
61	13	101	107	331	53
113	367	73	3	7	103

图 25.8

以上所示 6 阶素数完全幻方，各行各列上 6 个素数的组合状态不变，但排列结构发生了变化，因而称之为"启示录" 6 阶素数完全幻方同数异构体。

退而求其次，在控制两主对角线之和等于"666"前提下，样本做不对称行列交换，那么将重新"洗牌"，但由完全幻方退化成了非完全幻方（图 25.9）。

13	367	59	173	37	17
61	113	197	97	31	167
107	3	131	5	311	109
101	73	179	127	47	139
53	103	89	71	199	151
331	7	11	193	41	83

179	139	47	127	101	73
59	17	37	173	13	367
197	167	31	97	61	113
131	109	311	5	107	3
11	83	41	193	331	7
89	151	199	71	53	103

17	59	367	37	173	13
167	197	113	31	97	61
109	131	3	311	5	107
139	179	73	47	127	101
151	89	103	199	71	53
83	11	7	41	193	331

5	107	3	131	109	311
193	331	7	11	83	41
71	53	103	89	151	199
127	101	73	179	139	47
173	13	367	59	17	37
97	61	113	197	167	31

331	7	11	193	41	83
107	3	131	5	311	109
61	113	197	97	31	167
53	103	89	71	199	151
101	73	179	127	47	139
13	367	59	173	37	17

13	367	59	173	37	17
61	113	197	97	31	167
107	3	131	5	311	109
101	73	179	127	47	139
53	103	89	71	199	151
331	7	11	193	41	83

17	139	151	167	109	83
59	179	89	197	131	11
367	103	113	3	3	7
37	47	199	31	311	41
173	127	71	97	5	193
13	101	53	61	107	331

13	61	107	101	53	331
173	97	5	127	71	193
37	31	311	47	199	41
367	113	3	73	103	7
59	197	131	179	89	11
17	167	109	139	151	83

图 25.9

图 25.9 所示的 6 阶素数幻方，幻和"666"，其行列上各 6 个素数组合与样本相同，但四象消长关系，两条主对角线组合及内部结构全部更新。

"666"分拆素数幻方对

以幻和等于野兽数"666"求幻方，我称之为"命题幻方"。这好比先出题目，再做文章。由于素数的选择范围相当有限，难点在于找出符合入幻条件的素数配置方案。所谓"666"分拆素数幻方，是我启用的一种新玩法：把"666"分拆为两个或三个幻和，再按此构造 2 个或 3 个素数幻方，然而幻和相加成"666"的广义幻方。

一、"666"分拆为 2 个 3 阶素数幻方

2 幅 3 阶素数幻方的幻和相加等于野兽数"666"，这就是"野兽数"二联式

3 阶素数幻方，由此相加得一幅"野兽数"广义 3 阶幻方。

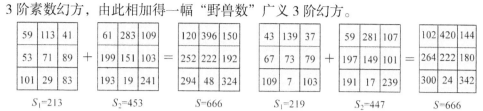

$$S_1=213 \qquad S_2=453 \qquad S=666 \qquad S_1=219 \qquad S_2=447 \qquad S=666$$

图 25.10

图 25.10 显示，两组 3 阶素数幻方二联相加，而各得一幅幻和等于"野兽数"的全偶数 3 阶幻方。有趣的是：两组 3 阶素数幻方的 $S_1 = 213$ 与 $S_1 = 219$，以及 $S_2 = 453$ 与 $S_2 = 447$，两者为"±6"的关系，因此是两对广义孪生 3 阶素数幻方。

二、"666"分拆为 3 个 4 阶素数幻方

由 3 幅 4 阶素数幻方相加幻和等于"野兽数"666，这就是"野兽数"三联式 4 阶素数幻方，由此相加得一幅"野兽数"广义 4 阶幻方。

图 25.11、图 25.12 展示给出，两组 4 阶素数幻方三联相加，而各得幻和等于"野兽数"的全奇数 4 阶幻方。有趣的是：两组 4 阶素数幻方的 $S_1 = 258$ 与 $S_1 = 276$，以及 $S_3 = 168$ 与 $S_3 =$

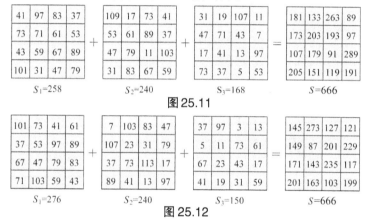

$$S_1=258 \qquad S_2=240 \qquad S_3=168 \qquad S=666$$

图 25.11

$$S_1=276 \qquad S_2=240 \qquad S_3=150 \qquad S=666$$

图 25.12

150，两者为"±18"的关系，因此形成了广义孪生式 4 阶素数幻方对。

三、表以"666"的半子母结构 6 阶幻方

在美国 C. A. 匹克奥弗在《果戈尔博士数字奇遇记》（谈祥柏译）一书中，介绍了一幅幻和等于"666"由非素数构造的 6 阶非完全幻方珍品（图 25.13 左）。

这幅 6 阶非完全幻方有什么特异之处吗？其第 2、第 3 象限是两个 3 阶子幻方，子幻和分别为"252"与"414"回文数，两者之和以"666"建立起左边三列的互补关系。这是别具一格的精巧安排。它由 36 个公差为"6"的全偶数构成，乃是一幅经典 6 阶幻方乘"6"所得（图 25.13 右）。其第 2、第 3 象限为什么是两个 3 阶幻方？其成因一目了然，即这两象限取"1 ~ 36"自然数列中部各一段 9 数连续数列，并按洛书定位构造两个 3 阶子幻方；而右边第 1、第 4 两象限为了与第 2、第 3 象限建立互补关系，势必要放弃这两个象限 3 阶子幻方的安排。由

此而言，4个3阶子幻方合成6阶幻方是不可能的，6阶最好的子母结构只能“存活”两个3阶子幻方，因此我称之为6阶半子母结构幻方。

66	108	78	174	216	24
96	84	72	204	30	180
90	60	102	198	168	48
120	162	132	12	54	186
150	138	126	42	192	18
144	114	156	36	6	210

=

11	18	13	29	36	4
16	14	12	34	5	30
15	10	17	33	28	8
20	27	22	2	9	31
25	23	21	7	32	3
24	19	26	6	1	35

×6

图 25.13

同时，这里告诉了人们一个秘密：即6阶幻方的总和“666”，幻和“111”，要使之变成“666”幻和，只需扩大6倍即得。任何一幅6阶幻方，每一个数字乘“6”都能变为“野兽数”6阶幻方，因此6阶幻方就是一座“666”迷宫。

“666大顺”广义完全幻方

“666”在两方被称为“野兽数”，是邪恶的标志。因此，诸如一个人的出身日期、门牌号、车牌号、电话号等，一旦涉及了这个可怕的“野兽数”，那么此人犹如魔鬼、恶棍与灾星，世人唯恐避之而不及，于是乎闹出了许许多多荒诞不经的笑话与故事。然而，在中国“666”被称为“大顺数”，乃吉利、好运的兆头。因此，我更喜欢以“大顺数”命名幻和等于“666”的完全幻方。

第一例：泛幻和“666”广义4阶完全幻方

任意一幅经典4阶完全幻方各数加“158”，都可变成幻和等于“666”的“野兽数”4阶完全幻方（图25.14）。

166	169	172	159
171	160	165	170
161	174	167	164
168	163	162	173

165	170	159	172
160	171	166	169
174	161	168	163
167	164	173	162

172	169	166	159
165	160	171	170
167	174	161	164
162	163	168	173

172	165	170	159
169	160	171	166
163	164	161	168
162	167	164	173

图 25.14

第二例：泛幻和“666”广义5阶完全幻方

自由选数必须同时符合如下两个基本要求：其一，在幻和“666”定数下，能给出最优化配置方案；其二，选择适用的最优化入幻模型（图25.15）。

38	22	272	16	318
274	20	316	32	24
310	34	26	278	18
30	276	12	312	36
14	314	40	28	270

38	558	4	16	50
6	20	48	32	560
42	34	562	10	18
566	8	12	44	36
14	46	40	564	2

172	156	4	150	184
6	154	182	166	158
176	168	160	10	152
164	8	146	178	170
148	180	174	162	2

40	24	538	18	46
544	16	50	34	22
44	32	28	542	20
26	546	14	42	38
12	48	36	30	540

146	160	142	174	44
144	168	42	150	162
46	152	164	138	166
158	136	170	48	154
172	50	148	156	140

图 25.15

第三例：泛幻和"666"广义 6 阶完全幻方

自由选数的 6 阶最优化配置方案，在幻和"666"命题下，有一定灵活性，但难度较大。如图 25.16 所示为 8 幅 6 阶完全幻方，它们的结构特点是四象全等态组合。

87	122	115	93	128	121
92	127	120	88	123	116
91	126	119	89	124	117
129	94	101	135	100	107
134	99	106	130	95	102
133	98	105	131	96	103

94	98	99	122	126	127
101	105	106	115	119	120
129	133	134	87	91	92
100	96	95	118	124	123
107	103	102	121	117	116
135	131	130	93	89	88

119	92	117	127	99	112
94	126	98	118	114	116
125	115	113	93	120	100
95	123	110	103	130	105
104	108	106	128	96	124
129	102	122	97	107	109

103	92	100	119	130	122
121	133	123	101	89	99
102	87	96	120	135	126
117	134	128	105	88	94
107	91	95	115	131	127
116	129	124	106	93	98

31	171	106	71	206	81
76	96	86	196	36	176
201	66	166	41	91	101
151	16	141	191	51	116
26	186	46	146	126	136
181	131	121	21	156	56

100	126	101	107	123	109
98	105	114	119	112	118
129	106	92	125	92	94
115	99	113	122	96	121
103	110	104	124	117	108
130	97	128	102	93	116

47	159	107	79	187	87
83	99	91	179	51	163
183	75	155	55	95	103
143	35	135	175	63	115
43	171	59	139	123	131
167	127	119	39	147	67

78	156	81	99	147	105
72	96	135	114	132	132
138	165	96	54	153	60
123	75	117	144	66	141
87	108	90	150	129	102
168	69	161	84	57	126

图 25.16

第四例：泛幻和"666"广义 7 阶完全幻方

在幻和"666"定数下，7 阶没有连续数列配置方案解，我以不同的自由选数方案构造了 6 幅 7 阶完全幻方（图 25.17）。

60	115	52	196	36	84	123
56	200	32	82	127	58	111
30	78	131	62	107	54	204
129	66	105	50	208	34	74
109	46	206	38	72	125	70
202	42	76	121	68	113	44
80	119	64	117	48	198	40

115	12	107	189	36	187	20
111	193	32	185	24	113	8
30	181	28	117	4	109	197
26	121	2	105	201	34	177
6	101	199	38	175	22	125
195	42	179	18	123	10	99
183	16	119	14	103	191	40

60	67	104	137	88	135	75
108	141	84	133	79	58	63
82	129	83	62	59	106	145
81	66	57	102	149	86	125
61	98	147	90	123	77	70
143	94	127	73	68	65	96
131	71	64	69	100	139	92

112	121	137	50	66	82	98
139	52	68	84	86	114	123
70	72	88	116	125	141	54
90	118	127	143	76	58	54
129	145	44	60	76	92	120
46	62	78	94	122	131	133
80	96	124	119	135	48	64

208	185	169	50	34	18	2
20	4	196	187	171	52	36
54	38	22	6	198	175	173
177	161	56	40	24	200	200
10	202	179	163	44	42	26
30	28	12	204	181	165	46
167	48	32	16	14	206	183

209	185	169	51	34	17	1
19	3	197	187	171	53	36
55	38	21	5	199	175	173
177	161	57	41	2	51	201
9	203	179	163	45	42	25
30	27	11	205	181	165	47
167	49	32	15	13	207	183

图 25.17

第五例：泛幻和"666"广义 9 阶完全幻方

1 ～ 81 自然数列加"33"，得 34 ～ 114 自然数列（公差为"33"），总和"5994"，被"9"整除得商"666"。因此，任意一幅经典 9 阶完全幻方各数加"33"，都可变成幻和等于"666"的"野兽数"9阶完全幻方（图25.18）。

114	37	71	69	100	53	51	82	89
61	104	93	43	86	75	106	41	57
47	85	54	110	40	90	65	103	72
109	35	78	64	98	60	46	80	96
68	102	88	50	84	70	113	39	52
45	83	58	108	38	94	63	101	76
107	42	73	62	105	55	44	87	91
66	97	95	48	79	77	111	34	59
49	81	56	112	36	92	67	99	74

74	64	40	96	113	84	52	45	98
111	79	54	44	101	73	67	42	95
100	76	69	41	93	106	81	53	47
88	108	80	56	46	103	78	68	39
49	105	77	66	34	90	107	83	55
36	89	110	82	58	51	104	75	61
60	50	102	70	63	35	92	109	85
62	38	91	112	87	59	41	97	72
86	57	43	99	71	65	37	94	114

63	79	78	49	39	55	110	104	89
57	109	101	95	62	81	70	51	40
80	72	43	42	58	111	100	92	68
112	102	91	65	86	71	45	34	60
77	44	36	52	114	103	93	64	83
105	94	66	82	74	50	35	54	106
47	41	53	108	97	96	67	84	73
88	69	85	75	46	38	59	107	99
37	56	113	98	90	61	87	76	48

图 25.18

第六例：幻和"666"广义 3 阶幻方

3 阶除了九数相同外不存在最优化解，因此幻和表以"666"的 3 阶只能是非完全幻方。图 25.19 右是一幅幻和"666"的全偶数 3 阶幻方，它的独一无二性，可与约翰逊（A. W. Johnson）的"启示录"6 阶素数完全幻方相媲美。为什么呢？它简化后，可变成一幅 3 阶素数幻方（图 25.19 左），

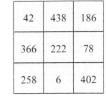

7	73	31
61	37	13
43	1	67

×6＝

42	438	186
366	222	78
258	6	402

S=111　　　　　　　　　　S=666

图 25.19

幻和"111"，乃"野兽数"的 6 倍。这就是说，该 3 阶幻方骨子里是唯一的一幅素数幻方。至于"1"是不是素数？公说公有理，婆说婆有理，素数入幻不一定要去争论该命题的复杂。

阿根廷 R. M. Kurchan 首创"十全数"幻方

一、4 阶"十全数"幻方简介

阿根廷鲁道夫·马赛罗·科尔钦（Rodoifo Marceio Kurchan）首创了一幅奇妙的 4 阶"十全数"幻方作品（图 25.20）。它由自选的 16 个"十全数"填写，其幻和等于"4129607358"，也是一个"十全数"。幻方游戏的这一创新设计思路，引起了我很大的兴趣，我将其发扬光大。

1037956284	1036947285	1027856394	1026847395
1026857394	1027846395	1036957284	1037946285
1036847295	1037856294	1026947385	1027956384
1027946385	1026957384	1037846295	1036857294

图 25.20

什么是"十全数"？指以"0，1，2，3，4，5，6，7，8，9"10 个阿拉伯基

本数字，按"不重、不漏"原则构成的 10 位数字（最高位不得为"0"）。所谓"十全数"幻方：按鲁道夫确定的游戏规则说：其一，必须全部选用"十全数"制作的幻方；其二，要求幻和必须也是"十全数"。制作"十全数"幻方的趣味点，在于幻和被限定为一个"十全数"，这样"十全数"幻方的阶次最高肯定不会超过 9 阶，各阶的选数也相当不容易了。鲁道夫认为：他的这幅 4 阶"十全数"幻方的幻和为最小。

二、4 阶"十全数"幻方拆解

我采用最简单的数字拆分方法，初步了解这幅 4 阶"十全数"幻方的合成结构：把每个"十全数"拆开，即由单数码表示，则其 10 个位次上的各个"4 阶幻方"成立（图 25.21）。这就是说，鲁道夫的 4 阶"十全数"幻方，可看作由 10 个单数码幻方按一定位次加成的（注：这 10 个单数码幻方，我称之为位次幻方）。

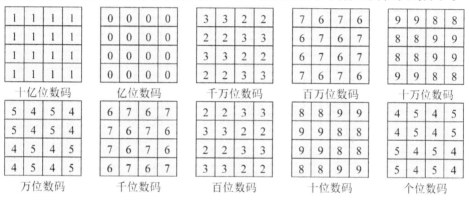

图 25.21

由图 25.21 可知：鲁道夫这幅 4 阶"十全数"幻方的位次加成特点：十亿位与亿位两个位次幻方，各由数码"1"或者"0"清一色配置；而其他 8 个位次，比如个位与万位、十位与十万位、百位与千万位、千位与百万位等形成了 4 对位次幻方，每一对的数码配置相同而编辑格式相反，它们各具最优化组合性质。

三、位次交换重构样本

根据对鲁道夫 4 阶"十全数"幻方的数码拆解发现：若交换成对位次幻方的位次，即得重构 4 阶"十全数"幻方。因为鲁道夫样本交换位次，其 4 对位次幻方的数码配置与编辑格式未变，故原 16 个"十全数"不变，但其排序发生了重构，所得新 4 阶"十全数"幻方的依然等于"4129607358"。四对位次幻方的位次交换方案：$c_4^1 + c_4^2 + c_4^3 + c_4^4 = 15$（加上样本 16），剔除 4 倍"镜像"同构体，实计 4 幅 4 阶"十全数"幻方（包括样本，图 25.22）。

1037956284	1036947285	1027856394	1026847395
1026857394	1027846395	1036957284	1037946285
1036847295	1037856294	1026947385	1027956384
1027946385	1026957384	1037846295	1036857294

1026957384	1027946385	1036857294	1037846295
1037856294	1036847295	1027956384	1026947385
1027846395	1026857394	1037946285	1036957284
1036947285	1037956284	1026847395	1027856394

鲁道夫 4 阶"十全数"幻方样本

1027956384	1026947385	1037856294	1036847295
1036857294	1037846295	1026957384	1027946385
1026847395	1027856394	1036947285	1037956284
1037946285	1036957284	1027846395	1026857394

1036957284	1037946285	1026857394	1027846395
1027856394	1026847395	1037956284	1036947285
1037846295	1036857294	1027946385	1026957384
1026947385	1027956384	1036847295	1037856294

图 25.22

如图 25.22 所示，鲁道夫样本十亿位、亿位以下的数码做位次交换，从其可能存在的幻和相同的 16 幅 4 阶"十全数"幻方中筛选出了 4 幅异构体。它们四象结构的共同特征是两组对角象限互为消长。

四、"十全数"幻方探问

"十全数"幻方的用数及其幻和都被限制在"十全数"范围，因此提高了构图的难度与趣味性，尚有如下几个主要问题值得思考与探讨。

①据分析"十全数"幻方可能存在的阶次区间：$3 < n < 10$。由于规定幻和必须是一个"十全数"，因此从理论上说"十全数"幻方的最高阶次绝对不超过 9 阶。但是，除了已知 4 阶存在"十全数"幻方阶之外，能填出其他阶次的"十全数"幻方吗？

②鲁道夫 4 阶"十全数"幻方的幻和等于"4129607358"是最小的吗？求解最小或最大幻和的"十全数"幻方乃是一项竞技性游戏。从可能性而言，"十全数"幻方的幻和变动区间为 $4012356789 < S < 9876543210$。鲁道夫样本的幻和似乎不算最小。

③"十全数"幻方可能存在最优化解吗？十全数共有"3265920"个，若按序排队其间距有一定节律但相当复杂。十全数最优化入幻必须有最优化配置方案，而这很难找到。

十全数奥妙多多，入幻游戏更添精彩。"十全数"幻方研究的乐趣在于猎奇、创作令人惊讶、别有内涵的精品，而一般不以清算其全部解为研究目标。

在十全数中，存在完全平方数"十全数"、素数"十全数"等。这些特殊十全数资源十分稀缺，值得收藏。我收集了 36 个完全平方数"十全数"（表 25.1）。是否能合成天生"不规则"的 6 阶幻方呢？据计算：其平方和等于"88091125495"，不能被"6 阶"整除；但其"底"之和等于"1752678"，能被"6 阶"整除，如果入幻成立也不失为打出了一个漂亮的"十全数"幻方擦边球。

表 25.1

$1026753849 = 32043^2$	$1643897025 = 40545^2$	$3015986724 = 54918^2$
$1042385796 = 32286^2$	$1827049536 = 42744^2$	$3074258916 = 55446^2$
$1098524736 = 33144^2$	$1927385604 = 43902^2$	$3082914576 = 55524^2$
$1237069584 = 35172^2$	$1937408256 = 44016^2$	$3089247561 = 55581^2$
$1248703569 = 35337^2$	$2076351489 = 45567^2$	$3094251876 = 55626^2$
$1278563049 = 35757^2$	$2081549376 = 45624^2$	$3195867024 = 56532^2$
$1285437609 = 35853^2$	$2170348569 = 46587^2$	$3285697041 = 57321^2$
$1382054976 = 37176^2$	$2386517904 = 48852^2$	$3412078569 = 58413^2$
$1436789025 = 37905^2$	$2431870596 = 49314^2$	$3416987025 = 58455^2$
$1503267984 = 38772^2$	$2435718609 = 49353^2$	$4728350169 = 68763^2$
$1532487609 = 39147^2$	$2571098436 = 50706^2$	$7042398561 = 83919^2$
$1547320896 = 39336^2$	$2913408576 = 53976^2$	$9814072356 = 99066^2$

"十全数"幻方位次加成构图法

鲁道夫没有介绍他是如何制作这幅 4 阶 "十全数" 幻方的，但从上文 "十全数" 拆解中，我悟出了构图的 "位次加成" 机制，即以 "十全数" 幻和为标杆，配置其 10 个位次的数码，然而按一定规则与方法编制各位次幻方，再按位次加成 4 阶 "十全数" 幻方。这一基本思路转化为可操作的构图方法，关键在于设计 "十全数" 位次数码配置表，以此为工具就能规划、制成符合游戏规则要求的构图方案。

一、4 阶 "十全数" 位次数码配置表设计与用法

十全数是一个十位数字，其位次数码配置表的设计参见表 25.2。

表 25.2

S	十亿位	亿位	千万位	百万位	十万位	万位	千位	百位	十位	个位	配置
十亿位	4										1
亿位		0									0
千万位		3	4								8/9
百万位			1	8							4/5
十万位				1	0						2/3
万位					1	8					4/5
千位						3	4				8/9
百位							2	6			6/7
十位								2	6		6/7
个位									1	0	2/3
ΣS	4	3	5	9	2	1	6	8	7	0	

①位次栏：从个位至十亿位设置 10 个位次。

②配置栏：即 0～9 这 10 个阿拉伯数码在各位次按一定规则分配。

③求和栏：根据各位次的配置数码，计算各位次之和（用 S 表示，满"10"进位）；而 $\sum S$ 表示该配置方案下加成的"十全数"幻和。

在填制位次数码配置表之前，对 4 阶"十全数"幻方各位次上的数码配置及其幻和要做基本分析，做到心中有数，以便减少不必要的盲目性配置。例如，十亿位上的配置，不是"1"就是"2"，不能大于"3"，也不能为"0"；再如，在 4 阶中必定有两个位次各配置一个数码，其余 8 个位次必定配置两个数码，而且这 8 个位次的配置两两相同；又如配置一般以个位至十亿位为序操作，并以幻和（$\sum S$）为一个加成的"十全数"为准则，反复推算与调整 0～9 10 阿拉伯数码在 10 个位次上的配置，等。现结合本例，详细说明 4 阶"十全数"位次数码配置表的具体用法：

个位配置"2/3"两个数码，在预想 4 阶"十全数"幻方中的分布：乃各行或各列两个"十全数"的个位数"2"，及另两个"十全数"的个位数"3"，因此幻方一行或一列个位数之和等于（2＋3）×2＝10，这就是表中的"S"求和。然而，此个位数之和满"10"则进位，即"1"进十位，其幻和"$\sum S$"的个位数以"0"记之。

十位配置"6/7"两个数码，在预想 4 阶"十全数"幻方中的分布：乃各行或各列两个"十全数"的十位数"6"，及另两个"十全数"的十位数"7"，因此幻方一行或一列十位数之和 S＝（6＋7）×2＝26。然而，按位次数码之和"逢十进一"原则，"2"进百位，其幻和"$\sum S$"十位数以"6＋1"＝7 记之（算式中"1"乃个位数之和进位）。

从低位到高位配置，依次类推。

可支配数码"0～9"，各位次上或配置一个数码，或者配置两个数码。各位次上数码之和"S"算法：配置一个数码者乘"4"，如本例"十亿位"之和"S＝1×4＝4"，表示在预想 4 阶"十全数"幻方中每行每列的"十亿位"都为"1"，共用了 16 个"1"。配置两个数码者乘"2"，如本例的个位、十位配置等。因为每个数码在预想的 4 阶"十全数"幻方中都使用 16 次，所以配置两个数码者必定出现两个位次的配置相同。总之，可支配数码"0～9"在配置方案中各使用 16 次，乃是用数的控制条件。

至于各位次上如何配置？配置什么数码？取决于能否求出以"$\sum S$"表示的"十全数"幻和，因此配置作业是一个反复推算与调整过程，如本例"$\sum S$"＝4359216870"十全数"，说明该配置方案成立。在位次数码配置表上，10 个位次的数码分配方案，与求"十全数"幻和是同步实现的，这是 10 个"位次幻方"加成 4 阶"十全数"幻方的关键技术。

二、"位次幻方"编制及加成 4 阶"十全数"幻方

什么是"位次幻方"？即同一位次上的数码所编制的幻方。"位次幻方"的组合模型如下。

图 25.23

若某个位次配置一个数码，则该"位次幻方"由同一个数码构成。

若某个位次配置两个数码"a/b"，则该"位次幻方"存在 3 种基本定位模型（图 25.23）。若各自"左右反对"产生两对互补定位模型；若各自旋转"90°"又产生 3 对互补定位模型，都适用于两个相同配置组的"位次幻方"错综编制。

据分析，四对相同配置位次必须贯彻"错综"原则选择定位模型，即应以互不同的定位模型编制"位次幻方"，否则在加成 4 阶"十全数"幻方中出现重复十全数。

图 25.24 是一例"位次幻方"，按位次高低叠加这 10 个"位次幻方"，即得如图 25.25 所示的 4 阶"十全数"幻方，其幻和等于"4359216870"十全数等。

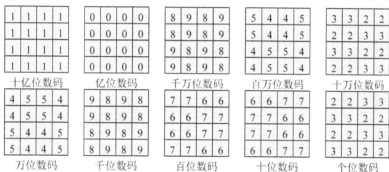

图 25.24

1085349762	1094358762	1084259673	1095248673
1085249673	1094258673	1084359762	1095348762
1094358672	1085349672	1095248763	1084259763
1094258763	1085249763	1095348672	1084359672

（1）

1085249673	1085349762	1094358672	1094258763
1094258673	1094358762	1085349762	1085249763
1095348762	1095248673	1084259763	1084359672
1084359762	1084259673	1095248763	1095348672

（2）

1084259673	1085349672	1094358762	1095248673
1094258763	1095348762	1084359672	1085249673
1085349762	1084259673	1095248673	1094358672
1095348672	1094258673	1085249763	1084359762

（3）

1095348762	1085349762	1084259673	1094258673
1094258763	1084259673	1085349762	1095348672
1084359672	1094358762	1095248673	1085249763
1085249673	1095248763	1094358672	1084359762

（4）

图 25.25

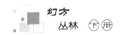
4阶"十全数"幻方最小化

鲁道夫4阶"十全数"幻方的幻和"4129607358"，他认为这是4阶一个最小的"十全数"幻和。事实上，我已经发现了两例4阶"十全数"幻方，其幻和小于"4129607358"的一例较小幻和"4127360958"和另一例更小幻和"4120736958"。这就是说，阿根廷人鲁道夫的这个"十全数"4阶幻方的幻和不算最小。

第一例：较小4阶"十全数"幻方

制作幻和尽可能小的4阶"十全数"幻方，乃是一项既有趣而又具有挑战性的游戏。为了幻和尽可能小，一般来说在高位应配置比较小的数码，但在确保幻和是一个"十全数"条件下，取得这种合格的配置方案相当不容易。几经试验与改进，一个幻和较小的配置方案终于填制成功（表25.3）。

表 25.3

S	十亿位	亿位	千万位	百万位	十万位	万位	千位	百位	十位	个位	配置
十亿位	4										1
亿位		0									0
千万位		1	0								3/2
百万位			2	6							7/6
十万位				1	0						2/3
万位					3	4					9/8
千位						1	8				5/4
百位							2	6			6/7
十位								3	4		8/9
个位									1	8	4/5
ΣS	4	1	2	7	3	6	0	9	5	8	

然而，根据上表10个数位上所配置的数码，按"错综"原则选择定位模型，从高位至低位叠加10个"位次幻方"，即得幻和等于"4127360958"的4阶"十全数"幻方，现出示其4幅案例（图25.26）。

1037295684	1027384695	1026395784	1036284795
1036285794	1026394785	1027385694	1037294685
1026384795	1036295784	1037284695	1027395684
1027394685	1037285694	1036294785	1026385794

1036295784	1026384795	1027395684	1037284695
1037285694	1027394685	1026385794	1036294785
1027384695	1037295684	1036284795	1026395784
1026394785	1036285794	1037294685	1027385694

1026394785	1036295784	1037284695	1027385694
1027384695	1037285694	1036294785	1026395784
1037295684	1027394685	1026385794	1036284795
1036285794	1026384795	1027395684	1037294685

1036295784	1026394785	1027385694	1037284695
1037285694	1027384695	1026395784	1036294785
1027394685	1037295684	1036284795	1026385794
1026384795	1036285794	1037294685	1027395684

图 25.26

第二例：更小 4 阶"十全数"幻方

从理论上说，4 阶最小的"十全数"幻和为"4012356789"，但它可能不存在各位次的配置方案，因而没有 4 阶"十全数"幻方解，但可作为查找最小化幻和的一个渐近参考目标。在对上例各位次的配置组的反复调整的过程中，我发现了幻和更小的一个配置方案（表 25.4）。

表 25.4

S	十亿位	亿位	千万位	百万位	十万位	万位	千位	百位	十位	个位	配置
十亿位	4										1
亿位		0									0
千万位		1	0								2/3
百万位			1	8							5/4
十万位				2	6						6/7
万位					1	0					3/2
千位						3	4				9/8
百位							2	6			7/6
十位								3	4		8/9
个位									1	8	4/5
ΣS	4	1	2	0	7	3	6	9	5	8	

然而，根据上表 10 个位次的数码配置方案，按"错综"原则选择定位模型，从高位至低位叠加 10 个"位次幻方"，即得幻和等于"4120736958"的 4 阶"十全数"幻方，现出示其 4 幅例案（图 25.27）。

1024639785	1035629784	1025738694	1034728695
1035728694	1024738695	1034629785	1025639784
1034729685	1025739684	1035628794	1024638795
1025638794	1034628795	1024739685	1035729684

1025639784	1034629785	1035728694	1024738695
1025738694	1034728695	1035629784	1024639785
1034729685	1025739684	1024638795	1035628794
1034628795	1025638794	1024739685	1035729684

1024639785	1035629784	1034728695	1025738694
1024738695	1035728694	1034629785	1025639784
1035729684	1024739685	1025638794	1034628795
1035628794	1024638795	1025739684	1034729685

1035629784	1024639785	1025738694	1034728695
1035728694	1024738695	1025639784	1034629785
1024739685	1035729684	1034628795	1025638794
1024638795	1035628794	1034729685	1025739684

图 25.27

　　"十全数"幻和"4120736958"，乃是至今所知的尽可能小的 4 阶"十全数"幻方了。有没有再下调的可能性呢？估计没有下调空间了，因为这个幻和的前 4 位数码已经是最小的安排了，若要下调只能在后 6 个位次。然而，从构图法推敲，这后 6 个位次的数码配置也没有调整的余地了。因此，我斗胆宣布：我找到了幻和最小的 4 阶"十全数"幻方，其最小幻和等于"4120736958"十全数。

4 阶"十全数"幻方最大化

　　求幻和最大化 4 阶"十全数"幻方，同样是一个具有挑战性的游戏。从理论上说，最大的"十全数"为"9876543210"。据分析，满打满算的这个"十全数"不存在 10 个位次的数码配置方案，因而没有这个 4 阶"十全数"幻方解。但它也可以作为查找最大化幻和的一个渐近参考目标。

一、小中求大

　　十亿最高位上"1"乃属于小的数码配置，其幻和最高位一般不超过"4"。在这种情况下，如何使幻和最大化？称之为"小中求大"。在对上文位次数码配置表的后 8 个位次的配置组调试过程中，我发现了"十全数"幻和为"4360712958"的一个较大的配置方案（表 25.5）。

表 25.5

S	十亿位	亿位	千万位	百万位	十万位	万位	千位	百位	十位	个位	配置
十亿位	4										1
亿位		0									0
千万位		3	4								9/8
百万位			1	8							5/4
十万位				2	6						6/7
万位					1	0					3/2
千位						1	0				2/3
百位							2	6			7/6
十位								3	4		8/9
个位									1	8	4/5
$\sum S$	4	3	6	0	7	1	2	9	5	8	

根据配置方案，贯彻"错综"原则选择定位模型，从高位至低位叠加 10 个"位次幻方"，即得幻和等于"4360712958"的 4 阶"十全数"幻方，现出示其 4 幅例案（图 25.28）。

1094632785	1095623784	1085732694	1084723695
1085723694	1084732695	1094623785	1095632784
1094723685	1095732684	1085623794	1084632795
1085632794	1084623795	1094732685	1095723684

1095632784	1094623785	1085723694	1084732695
1085732694	1084723695	1095632784	1094623785
1094723685	1095732684	1084632795	1085623794
1084623795	1085632794	1094732685	1095723684

1094632785	1095623784	1084723695	1085732694
1084732695	1085723694	1094623785	1095632784
1095723684	1094732685	1085632794	1084623795
1085623794	1084632795	1095732684	1094723685

1095623784	1094632785	1085732694	1084723695
1085723694	1084732695	1095632784	1094623785
1094732685	1095723684	1084623795	1085632794
1084632795	1085623794	1094723685	1095732684

图 25.28

这是"小中求大"目前发现的幻和较大的一幅 4 阶"十全数"幻方。还存在比本例幻和更大的解吗？有可能还有递增的余地。

二、大中求大

若求 4 阶最大化"十全数"幻和，必须加大"十亿位"数码。据分析，"十亿位"配置数码"2"，其"位次幻方"的最高位之和等于"8"，留有"亿位"之和可能"逢十进一"的余地，而不至于"暴顶"。因此，"大中求大"是制作幻和尽可能大4阶"十全数"幻方的一项高难度挑战。如表25.6所示的"位次加成表"已取得成功。

表25.6

S	十亿位	亿位	千万位	百万位	十万位	万位	千位	百位	十位	个位	配置
十亿位	8										2
亿位	1	2									5/1
千万位		3	4								9/8
百万位			3	4							8/9
十万位				2	2						7/4
万位					1	8					6/3
千位						2	2				4/7
百位							1	2			1/5
十位									0		0
个位									1	8	3/6
ΣS	9	5	7	6	4	0	3	2	1	8	

这个"位次加成表"的特点:各配置组是一个全新方案,但其配置格式与前相同,即有两个位次上为一个数码配置,其他8个位次上各为两个数码配置。据研究,构造4阶幻方的16个"十全数",为了建立其"错综"关系而互不重复,至少要有8个位次的必须是两个数码配置。这就是说,某一个"位次加成表",如果各位次的数码配置不合理,则无法编辑4阶幻方。然后,根据图25.29所示的"位次加成表"的配置方案,各位次数码按"错综"原则编辑,即可得4幅4阶"十全数"幻方,其幻和都等于"9576403218"(图25.29)。

2198734506	2598467106	2589734103	2189467503
2589764103	2189437503	2198764506	2598437106
2189437506	2589764106	2598437103	2198764503
2598467103	2198734503	2189467506	2589734106

2598467103	2189734506	2589467103	2198734506
2589734106	2189467503	2598734106	2189467503
2198437506	2589764103	2189437506	2598764103
2189764503	2598437106	2198764503	2589437106

2189467503	2198437506	2598734106	2589764103
2589734106	2598764106	2198467503	2189437506
2598467103	2589437106	2189734506	2198764503
2198734506	2189764506	2589467103	2598437106

2589467103	2598437106	2198734506	2189764503
2189734506	2198764506	2598467103	2589437106
2198467503	2189437506	2589734106	2598764103
2598734106	2589764106	2189467503	2198437506

图25.29

本例4幅4阶"十全数"幻方，幻和"9576403218"，其"十亿位"等于"9"，已封顶，但"亿位"只有"5"，拟有进一步调高的余地。几经实验，在原配置方案不变条件下，适当调整各配置组的位次，可得到幻和更大的一个"位次加成表"，其幻和等于"9815764032"（表25.7）。

表 25.7

S	十亿位	亿位	千万位	百万位	十万位	万位	千位	百位	十位	个位	配置
十亿位	8										2
亿位	1	8									6/3
千万位			0								0
百万位			1	2							1/5
十万位				3	4						8/9
万位					3	4					9/8
千位						2	2				4/7
百位							1	8			3/6
十位								2	2		7/4
个位									1	2	5/1
$\sum S$	9	8	1	5	7	6	4	0	3	2	

根据表25.7所示"位次加成表"的配置方案，各位次数码按"错综"原则编辑，即可得4幅4阶"十全数"幻方，其幻和都等于"9815764032"（图25.30）。这是目前所见幻和最大的4阶"十全数"幻方。

2601894375	2605897341	2301987645	2305984671
2301984675	2305987641	2601897345	2605894371
2605987341	2601984375	2305894671	2301897645
2305897641	2301894675	2605984371	2601987345

2305894671	2605987341	2301897645	2601984375
2601897345	2301984675	2605894371	2305987641
2605984371	2305897641	2601987345	2301894675
2301987645	2601894375	2305984671	2605897341

2301984675	2601987345	2605897341	2305894671
2305897641	2605894371	2601984375	2301987645
2605984371	2305987641	2301897645	2601894375
2601897345	2301894675	2305984671	2605987341

2601984375	2305984671	2601897345	2305897641
2301987645	2605897341	2301984675	2605894371
2305987641	2601987345	2305894671	2301894375
2605894371	2301894675	2605987341	2301987645

图 25.30

总之，"十全数"幻方是特种数系入幻中最有趣的课题之一，根据对鲁道夫首创的4阶"十全数"幻方的解析，发现它由10个"位次幻方"加成的组合原理，从而我设计了"位次加成表"这一操作简易的构图工具，它可把位次配置与求"十

全数"幻和两者做出统筹安排，然后按"错综"编码原则制作各"位次幻方"，即可加成 4 阶"十全数"幻方。这一构图原理及其方法，适用于可能存在的 3～8 阶"十全数"幻方。

　　从以上 4 阶"十全数"幻方范例看，其"位次加成表"中各位次配置的特点是：有两个位次各配置一个数码，8 个位次各配置两个数码，这种配置比较简单。当大于 4 阶时，"位次加成表"的设计就比较复杂了，各位次数码的配置规则与方法拟不同于 4 阶，应在实验中摸索出新东西来。

方圆共幻

第 26 篇

　　幻圆是人们非常喜爱的一种组合形式。究竟什么是幻圆呢？迄今尚无统一的界定与组合规则，各家玩各家的游戏，自得其乐而已。幻圆游戏有代表性的有如下 3 种基本玩法：一种是宋代数学家杨辉九宫幻圆，"圆环＝直径"；另一种是宋代丁易东的九宫幻圆，"圆环≠直径"（注：圆环等和，直径等和，圆环与直径不等和）；还有一种是美国弗兰克林的九宫幻圆，"圆环＝半径"，同时左旋螺线、右旋螺线相间式等和。另外，W. S. 安德鲁斯首创了一个九环幻球，令人拍案叫绝。

　　根据前人的成果，可把幻圆分为两类：一类为正方幻圆，要求"直径＝圆环＝左旋螺线＝右旋螺线"；另一类为长方幻圆，要求"半径＝圆环＝左、右旋螺线"。这两类幻圆已提升为最优化幻圆，或许还可以有更多的玩法。

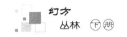

幻圆游戏规则

在总结前人各式幻圆游戏的基础上，幻圆研究必须推陈出新，以我之见幻圆游戏可定型为如下两类不同的基本玩法：第一类"直径＝圆环"幻圆，即杨辉式幻圆，它本质上是一个 $n \times 2n$ 长方数阵，因此我称之为长方幻圆；第二类"半径＝圆环"幻圆，即弗兰克林式幻圆，它本质上是一个 $n \times n$ 正方数阵，可称之为正方幻圆。若令"半径＝圆环＝左旋螺线＝右旋螺线"，即半径、圆环、左旋螺线及右旋螺线全等，这是对弗兰克林式幻圆的进一步优化，因此我称之为完美幻圆。

一、关于长方幻圆游戏规则

什么是长方幻圆呢？即以 1 至 $2n^2$ 自然数列填成"直径＝圆环"的幻圆，各直径与圆环上都有 $2n$ 个数字，其幻圆和等于定数 $S = n(2n^2+1)$。根据这一界定，长方幻圆游戏的基本规则如下。

①实用数为 1 至 $2n^2$ 自然数列（不重、不漏），长方幻圆中心改设为不占数的空位（亦可填写有特定寓意的符号或数字）。

②长方幻圆的组合性质，即"直径＝圆环"，其和值称为"幻圆和"。

③长方幻圆各直径必须由两条长度相等的半径组成，作为"直径＝圆环"的约束条件。

④同阶长方"幻圆和"等于一个定数 $S = n(2n^2+1)$，其中 $n \geqslant 4$。

在新的长方幻圆游戏规则中，为什么要把幻圆中心位改设为空位呢？因为杨辉幻圆的圆心位是一个虚置数，"实而不用"，即不计入"幻圆和"内；同时杨辉幻圆的圆心位不同数的可置换性，只引起"幻圆和"变化，并不改变幻圆组合方法，也不增加构图技术难度，因此把杨辉幻圆改为空心圆没有降低组合要求。在新游戏规则下，长方幻圆的实际用数是特定的一条自然数列，同阶"幻圆和"也不再是一个变数。

二、关于正方幻圆游戏规则

什么是正方幻圆呢？即以 1 至 n^2 自然数列填成"半径＝圆环"全等的幻圆，各半径与圆环上都有 n 个数字，其幻圆和等于定数 $S = 1/2\, n(n^2+1)$。最优化正方幻圆具有如下组合性质：即"半径＝圆环＝左旋螺线＝右旋螺线"。完美幻圆游戏的基本规则如下。

①实用数为 1 至 n^2 自然数列（不重、不漏），完美幻圆中心设为空位（亦可填写有特定寓意的符号或数字）。

②完美幻圆具有最优化组合性质,即"半径=圆环=左旋螺线=右旋螺线"。

③同阶幻圆和是一个定数,即 $S_n = 1/2\ n(n^2+1)$,$n > 3$,且 $n \neq 2(2k+1)$,$k \geqslant 1$。

据研究,在上述新游戏规则下,完美幻圆存在两种基本组合格式:一种是完美九宫幻圆,系指每两条半径能构成一条直径的幻圆,因此九宫幻圆为偶数阶完美幻圆;另一种是完美太极幻圆,系指半径不构成直径的幻圆,因此太极幻圆为奇数阶完美幻圆。

幻圆游戏秘诀:合方为圆,开圆成方;求圆于方,方圆共幻。

杨辉幻圆

一、杨辉幻圆简介

宋代大数学家杨辉创作了世界上第一个幻圆,它由 1～33 自然数列填成,以"9"立中,为"米"字型九宫结构(图 26.1),具有如下组合性质。

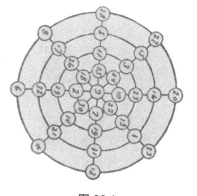

图 26.1

①4 条"米"字直径各 8 数之和全等于"138"(不加中位"9")。

②若 4 条直径一分为二,则成 8 条半径,各 4 数之和等于"69"(不加中位"9")。

③4 个"米"字同心圆环上 8 数之和全等于"138"(不加中位"9")。

由组合性质可知,杨辉幻圆本质上是一个长边为短边 2 倍的长方数阵(圆环是长边,半径是短边),其组合特征是"直径=圆环"。

设短边为 n,则长边为 $2n$,$n \geqslant 4$(系短边或长边上数字的个数)。杨辉式幻圆的游戏可做如下描述。

①杨辉式幻圆用数为一条 1 至 $2n^2+1$ 自然数列,要求不重、不漏。

②选择其中一个适当的数立于"米"字型九宫中位。

③由其余 $2n^2$ 个数组成一个"米"字造型,令 n 条直径与 n 个同心圆环上的各 $2n$ 个数之和相等(此和称为"幻圆和",不加中位数)。

④要求"米"字直径所分成的各条半径 n 个数之和必须相等(不加中位数),这是杨辉式幻圆"直径=圆环"的一个重要制约条件。

杨辉式幻圆的圆心是一个虚置数,即不计入"幻圆和"内,但这个不用而"用"

的数至关重要，首先圆心位不是任意一个数都可填入的，而是部分特定数的专用位；其次在圆心位不同数的置换（它虽然不计入"幻圆和"），会引起"幻圆和"变化，这样使杨辉式幻圆游戏非常有趣味。

二、杨辉幻圆重构

（一）对应数组变位

在保持圆心"9"不变的条件下，杨辉幻圆可做如下两种形式的对应数组变位：

第一种直径上对应数组变位，如有 13 与 1，19 与 31 交换位置；13 与 1，3 与 15 交换位置；10 与 20，18 与 8 交换位置等。

第二种圆径上对应数组变位，如有 18 与 30，26 与 14 交换位置等以上各组变位可重构出多个杨辉式幻圆。若以这第一批变位杨辉式幻圆为样本，再检索其对应数组就可变出第二批变位杨辉式幻圆……

（二）全排列变位

在保持圆心"9"不变条件下，杨辉幻圆又可做如下两种形式的全排列变位。

第一种"米"字直径之间可做全排列变位。

第二种"米"字圆环之间也可做全排列变位。

（三）圆心置换

圆心即中位数不加入直径与圆环之和的计算，所以置换圆心会引起"幻圆和"变化，不同"幻圆和"属于不同的"杨辉式幻圆"群。什么数可以进入圆心位呢？我发现：在 1～33 自然数列中，若取出这个数后剩余的 32 个数之和能被 4 整除，那么该数就可立于圆心位，并有杨辉式幻圆解，可见立于圆心的这个数不难一一检索出来。圆心置换，乃是不同"杨辉幻圆"群的重构，但并不改变幻圆组合方法与增加构图技术难度。现出示两幅圆心置换的例图。

（1）第一例以"17"置换杨辉幻圆的圆心"9"（图 26.2）

本例幻圆的圆心"17"，它的组合性质如下。

①4 条"米"字直径各 8 数之和等于幻圆和"136"。

②4 个"米"字圆环各 8 数之和等于幻圆和"136"。

③8 条"米"字半径各 4 数之和等于幻圆和的 1/2，即"68"。

（2）第二例以"33"置换杨辉幻圆的圆心"9"（图 26.3）

本例幻圆以"33"为圆心，因为该数是 1～33

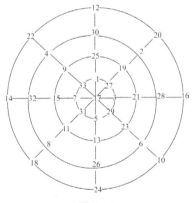

图 26.2

自然数列中的最后一个数，所以实际用数为 1～32 自然数列，当然其"幻圆和"

最小，它的组合性质如下。

①4 条"米"字直径各 8 数之和等于幻圆和"132"。

②4 个"米"字圆环各 8 数之和等于幻圆和"132"。

③8 条"米"字半径各 4 数之和等于幻圆和的一半。

杨辉式幻圆的最大"幻圆和"为 140，即以"1"为圆心，实际用 2～33 自然数列。若图 26.2 以"1"置换"33"，"米"字圆环上各数加"1"，即得"幻圆和"最大的杨辉幻圆，这就是圆心置换的一般方法。

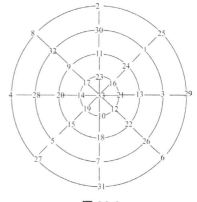

图 26.3

丁易东幻圆

宋代丁易东《大衍索隐》中卷载"洛书四十九数得大衍五十数图"（图 26.4），摘于李俨著的《中国算学史》。

【此图重要勘误】

①半径"2, 12, 22, 33, 42, 10"中的"33"应改为"32"。

②半径"3, 13, 23, 33, 43, 13"中的"13"应改为"15"。

丁氏做的是一个六环"米"字型幻圆，由

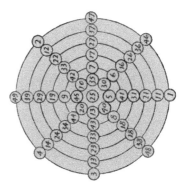

图 26.4

1～49 自然数列填成，以"25"立中，"米"字中心对称每两数之和全等于"50"；中宫九数"纵、横、斜"等于"75"，乃为洛书的五倍，故丁氏自称为"洛书四十九数得大衍五十数图"，这一点颇有创意。

这个六环"米"字幻圆具有如下组合性质。

①6 个圆环各 8 数之和等于 200。

②4 条直径各 12 数之和等于 300（不计中位数"25"）。

丁氏六环"米"字幻圆的品相不错，但"圆环≠直径"总不为幻圆之道。丁氏六环"米"字幻圆，本质上是一个 6×8 长方数阵，且长边不等于短边的整数倍，因此谁也无法使它的圆环＝直径。但如果去掉两环即可实现圆环与直径等和。

丁氏自称之为"洛书四十九数得大衍五十数图"，其实只有内环是一个洛书

（3阶幻方成立）。如何尽可能提升丁氏六环"米"字幻圆的组合质量呢？据研究在保持1～49自然数列及其组合性质不变条件下，应有3个圆环按洛书模型可做成3阶幻方，如图26.5所示。

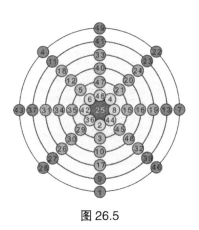

这个改进后的六环"米"字幻圆，具有如下组合性质。

①4条直径各12数之和等于300（不计中位数"25"）。

②6个圆环各8数之和等于200（不计中位数"25"）。

图26.5

③外三环为3个同心3阶幻方，全等于幻和"75"。

总之，杨辉幻圆与丁易东幻圆各有千秋，开创了研究同心圆与直径或半径之间的等和组合关系，以及幻圆非常美的"米"字基本造型设计。同时，丁氏幻圆的独特之处还在于：圆环与圆心构成3阶幻方，这一"圆中求方"的创意令人赞叹！

印度纳拉亚呐稀世幻圆

中世纪印度人纳拉亚呐（Narayana）创作的一个稀世幻圆（图26.6），由1～32自然数列、另加"294"填制，隐含丰富的数学内容，其奥妙鲜为人知。

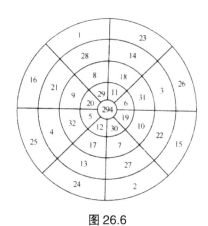

纳拉亚呐幻圆的组合性质与层次结构如下。

①4个同心圆环由"米"字型分隔为8个填数扇面，"294"居中。

②左、右2个半圆由2个等和4阶完全幻方弯成半圆对称拼合，每中心对称两数互为加1或减1关系，幻和都等于"66"（图26.7左4阶完全幻方图）。

图26.6

③上、下2个半圆由2个等和4阶行列图弯成半圆对称拼合，每中心对称两数互为加1或减1关系；两者的行列和都等于66。其中一个行列图的两条主对角线等和于68，另一个行列图的两条主对角线等和于64（图26.7右4阶行列图）。

④四层圆环各8数之和132，四条直径各8数之和132（不计圆心），即"直径＝圆环"。

全面识读、欣赏纳拉亚呐幻圆，令人惊叹中世纪印度人高超的4阶完全幻方的构图水平，及其"合方为圆"的组合技巧。总之，纳拉亚呐幻圆的总体设计匠心独运，堪称幻圆之稀世奇珍。

1	16	25	24
28	21	4	13
8	9	32	17
29	20	5	12

2	15	26	23
27	22	3	14
7	10	31	18
30	19	6	11

16	1	23	26
21	28	14	3
9	8	18	31
20	29	11	6

25	24	2	15
4	13	27	22
32	17	7	10
5	12	30	19

4阶完全幻方　　　　　　　　　4阶行列图

图 26.7

除此之外，令人疑惑不解的是纳拉亚呐幻圆的圆心为什么莫名其妙地填上了"294"这个数字？我的猜想：幻圆8条半径加上圆心，即 66 ＋ 294 ＝ 360。此外，左、右两个半圆（即两个等和4阶完全幻方）的四条主对角线："1，21，32，12"；"24，4，9，29"；"2，22，31，11"；"23，3，10，30"，若分别加上圆心，即 66 ＋ 294 ＝ 360。因此，纳拉亚呐幻圆或许表示圆周角 360° 之意。

如果此迷猜对了，以我之见：若圆心"294"代之以"228"岂非更合理？这样一来，4 条直径各 9 数之和全等于 360，四层同心环各 9 数之和全等于 360，左、右两个半圆（4阶完全幻方）的 4 条主对角线，通过圆心连接起来，乃构成左、右旋两条"S"型曲线，而每条"S"型曲线 9 数之和各等于 360。这样圆心置数赋予了实质性含义，否则形同虚设。

弗兰克林幻圆

在美国耶鲁大学数学系主任奥尔教授的《有趣的数论》一书的封面上，载有一幅美国议员弗兰克林的幻圆（图26.8）。奥尔教授没有做详细介绍，但在一章习题中提出了一个让人思考的问题："试指出弗兰克林幻圆的性质。"且有一条脚注说："原作最近在纽约的一次拍卖中被一个私人收藏家以高阶买去了。"这引起了我的好奇心，要回答奥尔教授的提问，首先得弄清弗兰克林幻圆的性质，然后与我国宋代杨辉做出的第一个幻圆做比较，以领悟幻圆之奥妙及其发展趋向。

弗兰克林幻圆的组合性质如下。

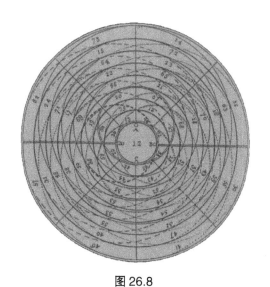

图 26.8

①全圆由 12 ～ 75 自然数列填成，"米"字型（九宫）组合结构，数字 12 立于中心。

②8 条圆半径上各有 8 个数，八数之和都等于"348"。

③8 个同心圆上各有 8 个数，八数之和都等于"348"。

④8 条左旋螺线与八条右旋螺线上各有 8 个数，每两条相间螺线八数之和分别等于"332"与"364"。

弗兰克林幻圆，半径＝圆环，不失为幻圆的一个杰作；同时左、右螺线的相间等和关系，更为幻圆平添了妙趣。弗兰克林幻圆与杨辉幻圆的组合形态，都是"米"字型（九宫）结构。但所不同的是杨辉幻圆的组合性质为"直径＝圆环"，而弗兰克林幻圆的组合性质为"半径＝圆环"。这一区别表示这是两种不同类型的幻圆，杨辉幻圆本质上是一个长方数阵，我称之为长方幻圆；而弗兰克林幻圆本质上是一个正方数阵，我称之为正方幻圆。弗兰克林幻圆美中不足点在于：一是虽然左、右螺线的相间等和，但螺线与半径、圆环不等和。据研究，正方幻圆存在"半径＝圆环＝螺线"最优化组合形式。二是弗兰克林幻圆用数要求不严密（应以 1 为起点），同时"12"出现过 2 次（非排版之误）。弗兰克林为什么在圆心不惜重复而置数"12"呢？这与我对纳拉亚呐幻圆所做的分析同理，弗兰克林是为了令 8 条圆半径、8 个同心圆之和"348"与圆心"12"相加，以凑足圆周 360°。

俗话说：外行看热闹，内行看门道。弗兰克林幻圆"开圆成方"，可显示它本质上就是一幅 8 阶行列图（图 26.9），它由四个全等 4 阶行列图合成。

如果这幅 8 阶行列图各数同减"11"，则变为由 1 ～ 64 自然数列填成的 8 阶行列图，又做"合方为圆"，再者以"100"置于圆心，则周圆 360°。这就变成了一个简约的弗兰克林式幻圆。

弗兰克林幻圆的启示：他已经考虑到建立正方幻圆的半径、圆环、螺线三者之间的等和关系。

62	73	14	25	30	41	46	57
24	15	72	63	56	47	40	31
71	64	23	16	39	32	55	48
17	22	65	70	49	54	33	38
69	66	21	18	37	34	53	50
19	20	67	68	51	52	35	36
60	75	12	27	28	43	44	59
26	13	74	61	58	45	42	29

图 26.9

蝙蝠幻圆

这幅 9 阶两仪幻圆是我精心创作的一个大吉大利、大富大贵的蝙蝠图徽（图 26.10），赠送给外甥女小瞳瞳 2004 年 5 月 12 日出生的礼物，老猴赐福于小猴，祝小宝贝聪明、平安、快乐成长！

这是一个 9 阶正方幻圆，由 1～81 自然数列填成，它具有如下组合性质：

①9 条圆半径各 9 个数之和等于 369。

②9 个圆周环各 9 个数之和等于 369。

为什么称之为两仪幻圆呢？物分阴阳,数有奇偶,《周易》曰："太极生两仪"。这个 9 阶幻圆全部 40 个偶数抱合 41 个奇数，奇偶同圆，浑然一体。圆心"太极"与九条半径象征光芒四射的太阳，而全部 41 个奇数是一只目光炯炯、振翅飞翔的蝙蝠

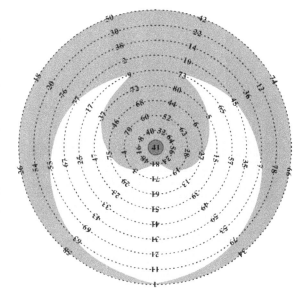

图 26.10

造型。在我国民俗文化中，蝙蝠象征吉祥、幸福、安康，因而深得人们的喜爱。在宫殿、亭台楼宇、服饰、器物年画……到处可以见到它那生动的艺术形象。

【小资料】

蝙蝠属翼手目。考古发现：始新世的蝙蝠化石已经与现代类型的蝙蝠相近，翼手目可能起源于类似食虫目的最原始的真兽类。即蝙蝠始新世的蝙蝠化石已经与现代类型相近，其起源可以追溯到更早的时期。

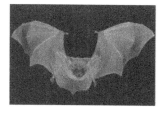

蝙蝠类是唯一真正能够飞翔的哺乳动物，它们具有敏锐的听觉定向（或回声定位）系统，因此素有"活雷达"之称。它们头部的口鼻部上长着被称作"鼻状叶"的结构，其周围还有很复杂的特殊皮肤皱褶，具有发射高频率超声波的功能。如果碰到障碍物或飞舞的昆虫时，这些超声波就能反射回来，然后由它们超凡的大耳郭所接收，使反馈的讯息在它们微细的大脑中进行即时、准确分析，这种超声波探测的灵敏度和分辨力极高，使它们根据回声不仅能判别方向，为自身飞行路线定位，而且还能辨别昆虫或者障碍物的大小、方位与距离。这种能力可帮助蝙蝠准确判断猎物所在位置，并进行有效的追捕，或者有效地回避树木、建筑物等。蝙蝠个体之间也可能使用声脉冲的方式交流。

蝙蝠是著名的"夜行侠"，靠着准确的回声定位和无比柔软的皮膜，在空中盘旋自如，甚至还能运用灵巧的曲线飞行，并不断变化发出超声波的方向，以防止昆虫干扰它的超声波信息系统乘机逃脱的企图。它们能在完全黑暗的环境中飞行和捕捉食物。借助仿生原理，人类根据蝙蝠的回声定位系统制造出了雷达。

在大量的研究实验中，美国新泽西州普林斯顿大学生物学家理查德·霍兰德更有新的发现：蝙蝠不仅具有回声定位系统，而且还具有磁性感官能力，在飞行数千英里之远仍能准确判断方向，蝙蝠的这种能力与某些鸟类有相同之处。

目前，科学家们知道：自然界动物的磁性感官定位主要分为两种类型：一种是简单的"指南针"感官功能，这是基于体内磁铁矿颗粒与外界环境发生的反应；另一种是根据处于地球磁场不同位置所"感应"的磁场光强度，来准确判断飞行方向。

根据地磁场定向外，蝙蝠还使用日落标识导航，因而即便在"人造磁场"干扰（顺时针 90° 磁场）的环境中，能不断调整体内的生物"指南针"，有效地区分磁场北向和真实北向之间的差别，绝不会因此迷失方向。

"米"字完美幻圆

这个"米"字完美幻圆（图 26.11）由 1 ~ 64 自然数列填成，最优化组合性质如下。

① 8 条圆半径各等和于 260。

② 8 个圆环各等和于 260。

③ 8 条左旋螺线各等和于 260。

④ 8 条右旋螺线各等和于 260。

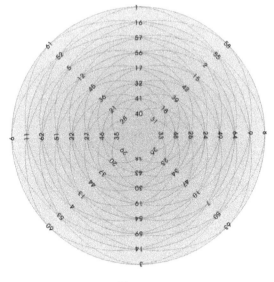

图 26.11

由于这个幻圆的"半径＝圆环＝螺线"，即全等最优化组合，而且 8×8 组合，因此我又称之为 8 阶完美幻圆。它已经克服了美国富兰克林幻圆左、右螺线内部，以及螺线与半径、圆环之间互相不等和的缺点。幻圆"米"字造型，幻圆有直径，8 条左旋螺线与 8 条右旋螺线、过圆心对称相接，而形成 8 对正、反向"S"曲线，堪称举世一绝。

九宫完美幻圆

这个九宫完美幻圆（图26.12），由 1～81 自然数列填成，具有如下最优化组合性质。

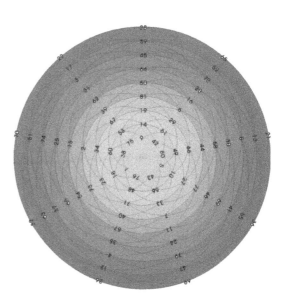

①9 条圆半径上各 9 个数之和等于 369。

②9 个圆周上各 9 个数之和等于 369。

③9 条左旋螺线上各 9 个数之和等于 369。

④9 条右旋螺线上各 9 个数之和等于 369。

这幅 9 阶完美幻圆全等组合，即"半径＝圆环＝螺线"，因此是

图 26.12

一个最优化组合幻圆。它 9×9 组合，因此我又称之为 9 阶完美幻圆。幻圆九宫者系"车辐"式造型，光芒四射，幻圆的半径不形成直径；9 条左旋螺线与 9 条右旋螺线过圆心对称相接，而形成 8 对正、反向"S"曲线，堪称一件稀世珍宝。

长方幻圆

当幻圆的"圆环＝直径"时，它实际上是一个长边等于短边 2 倍的长方数阵，所以我称之为长方幻圆。杨辉做的是一个 4×8 长方幻圆，即长边为短边的 2 倍。下面我将制作一个 6×12 长方幻圆（图26.13）。

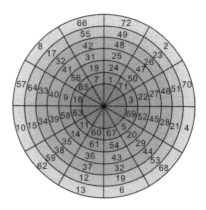

这个长方幻圆（图26.13）由 1～72 自然数列填成，具有如下组合性质。

①6 个圆环上各 12 个数之和等于 438。

②12 条半径上各 6 个数之和等于 219。

图 26.13

③ 6 条直径上各 12 个数之和等于 438。

这个 6×12 长方幻圆的"直径＝圆环"，系中心对称造型。圆具有最美的直觉形象，俯视则可变为一个经、纬"幻球"。

自然螺旋幻圆

所谓自然螺旋幻圆（图 26.14），指以 1～81 自然数列按序由内至外、分九定位、沿顺时针方向旋卷，由此形成一个螺旋线圈，具有如下组合结构与数学性质。

① 9 条半径各 9 数之和等差（中径之和"369"），各半径之和公差为"72"。

② 9 个螺旋圆各 9 数之和等差（中圆之和"369"），各螺旋圆之和为公差"81"。

③ 9 条左旋螺线各 9 数之和全等于"369"。

④ 九条右旋螺线各 9 数之和全等于"369"。

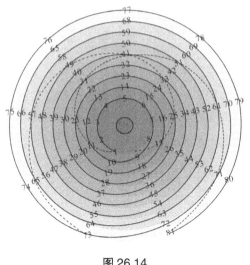

图 26.14

英国视觉科学家尼古拉斯·韦德弗雷泽螺旋体

四象全等二重完美幻圆

这个四象全等二重完美幻圆（图 26.15），由 1～64 自然数列填成（圆心 100），具有如下组合结构。

①左下内、外半圆内分为 2 个 4 阶完全幻方，泛幻和"130"。

②右上内、外半圆内分为 2 个 4 阶完全幻方，泛幻和"130"。

③左上内、外半圆内分为 2 个 4 阶行列图，行列和"130"。

④右下内、外半圆内分为 2 个 4 阶行列图，行列和"130"。

这个四象全等二重完美幻圆的整体最优化组合性质如下。

①8 条圆半径各等和于"260"。

②8 个圆环各等和于"260"。

③8 条左旋螺线各等和于"260"。

④8 条右旋螺线各等和于"260"。

⑤圆心 100 与圆半径 260 之和标示周圆角 360°。

总之，这个幻圆的"半径＝圆环＝螺线"，系"8×8"最优化组合；幻圆"米"字造型，其"×"分隔区内形成二重次内、外半圆，它由 4 个等和 4 阶完全幻方合成，或者说由 4 个等和 4 阶行列图合成，我又称之为 8 阶二重完美幻圆。

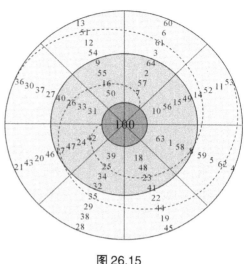

图 26.15

九环幻球

神奇的幻球是幻环的立体化发展形式，100 多年前，W. S. 安德鲁斯在《幻方与魔方》一书中创作了第一个九环幻球，直至近年昆明理工大学杨高石先生在《幻环探秘》专著中展现了他的两个九环幻球，并揭示了幻球的制作机制与方法等。

一、W. S. 安德鲁斯幻球

W. S. 安德鲁斯幻球，将 1 ～ 26 连续自然数列排在球面的 9 个环上，每个环有 8 个数字，环和全等于"108"，如图 26.16 所示。

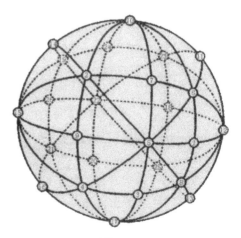

图 26.16

九环幻球有6个四重交点，有8个三重交点，有12个二重交点。九环交点互为对称，不同交点上的数字被组入的环次不相等。等和九环的列式如下：

$5 + 7 + 10 + 24 + 22 + 20 + 17 + 3 = 108$；

$5 + 2 + 14 + 19 + 22 + 25 + 13 + 8 = 108$；

$5 + 9 + 15 + 26 + 22 + 18 + 12 + 1 = 108$；

$5 + 4 + 16 + 21 + 22 + 23 + 11 + 6 = 108$；

$10 + 2 + 9 + 4 + 17 + 25 + 18 + 23 = 108$；

$10 + 6 + 1 + 8 + 17 + 21 + 26 + 19 = 108$；

$10 + 11 + 12 + 13 + 17 + 16 + 15 + 14 = 108$；

$15 + 4 + 3 + 8 + 12 + 23 + 24 + 19 = 108$；

$15 + 2 + 7 + 6 + 12 + 25 + 20 + 21 = 108$。

二、杨高石幻球

杨高石先生创作的两个九环幻球，其中一个与 W. S. 安德鲁斯幻球相同，另一个是新的九环幻球，如图 26.17 所示。

这个幻球的 6 个四重交点、8 个三重交点、12 个二重交点上的数字，不同于 W. S. 安德鲁斯幻球，等和九环的列式如下：

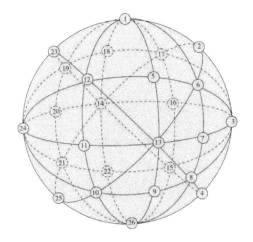

图 26.17

$1 + 5 + 13 + 9 + 26 + 22 + 14 + 18 = 108$；

$1 + 6 + 7 + 8 + 26 + 21 + 20 + 19 = 108$；

$1 + 2 + 3 + 4 + 26 + 25 + 24 + 23 = 108$；

$1 + 12 + 11 + 10 + 26 + 15 + 16 + 17 = 108$；

$13 + 6 + 2 + 17 + 14 + 21 + 25 + 10 = 108$；

$13 + 7 + 3 + 16 + 14 + 20 + 24 + 11 = 108$；

$13 + 8 + 4 + 15 + 14 + 19 + 23 + 12 = 108$；

$3 + 8 + 9 + 10 + 24 + 19 + 18 + 17 = 108$；

$3 + 6 + 2 + 17 + 14 + 21 + 25 + 10 = 108$。

据杨高石先生推算：九环幻球的全部解为 3.6×10^{12} 个。同时，杨高石先生指出：在球面三维方向再增加 4 个等径环，则得二十一环幻球。

前沿理论

第 27 篇

　　人们欣赏的是幻方图形，毫无疑问必须重视构图方法研究。当前应注意防止与克服"重图轻理"的倾向，没有理论的游戏，终将导致"只见树木，不见森林"的片面认知。因此，决不应停留在幻方构图水平上，纵然能制作出不知其数的幻方精品，但这并不等于走出了幻方迷宫。从根本上说，要想揭示幻方迷宫的奥秘与谜底，就必须要诉诸幻方前沿理论探讨。

　　一个重要任务是，必须对幻方组合原理、构图机制、组织结构、相互联系与转化关系等方面进行总结，从整体幻方群角度揭示其内在的本质关系及其组合规律。为此，幻方爱好者们必须贯彻"图理并重"的研究思路。一个经得起任何幻方检验与实证，或者被数学严格证明了的幻方组合理论，对于幻方构图、检索、计数及幻方精品设计等都具有全面而系统的指导意义。

完全幻方群第一定律——就位机会均等律

关于"就位机会均等律"命题，我先后曾在两篇文章中提出，一篇参见《最小偶数阶幻方的解》一文（《周易研究》1992 年第 3 期），另一篇参见《易筮是我国古代的一部九宫历算法》（刘大钧主编的《大易集义》，2002 年 12 月，上海古籍出版社）。几经修改、补充而集成完全幻方群第一定律。

一、定义

在各阶完全幻方群中（注："群"指某阶完全幻方的全部解），1 至 n^2 自然数列中的每一个数在幻方 n^2 个位置上的就位次数均等，或者说幻方每一个位置为 n^2 个数所提供的就位机会相同，这就是"就位机会均等律"，我称之为完全幻方群第一组合定律。

在一幅 n 阶完全幻方中，每一数在 n 行、n 列及 $2n$ 条泛对角线上各有 4 次被组织到等和关系之中，n^2 个数在 n^2 个位置上的分布具有全方位的相互约束关系，一动而全盘皆动，因此每一数的定位都处在整体联系的最佳位置上。这种"相互约束"与"整体联系"机制，从整个完全幻方群而言，决定了 n^2 个数的就位机会均等。如若机会不均等，那么 n^2 个数各有 4 次组织到等和关系中的最佳分布被打破。总之，完全幻方群"就位机会均等律"，是由幻方最优化组合性质所决定的。

二、实证

4 阶完全幻方群早已被中外幻方爱好者们清算，人们使用多种不同的构图、检索、计数方法所得到的结果相同，即 48 幅异构体，这个答案的正确性毋庸置疑。就位机会实证，需要完全幻方群的全方位检索，所以必须按每幅完全幻方的"镜像"八倍同构体计数，即 48×8 = 384 幅图形。我对每一个数做了全方位的"就位"清点，结果是：4 阶完全幻方每个数在全盘 16 个位置各有 24 次就位，或者说每个位置为 16 个数各提供了 24 次机会。因此，"就位机会均等律"由 4 阶完全幻方群得到了实证。

5 阶完全幻方群也被精准清算，其全部解有 3600 幅异构体，按"镜像"8 倍同构体计算，即有 3600×8 = 28800 幅 5 阶完全幻方图形。由于数量较大，5 阶完全幻方全部解不方便也不必要展示出来。但 5 阶完全幻方的组合结构、最优化逻辑形式单一，我从构图法中确认（参见"最优化逻辑法"一文）：在 28800 幅 5 阶完全幻方群中，1～25 自然数列的每一个数在全盘 25 个位置各"就位"1152 次。因此，"就位机会均等律"也由 5 阶完全幻方群得到验证。

三、疑点

4 阶、5 阶都是"规则"完全幻方，没有"不规则"完全幻方。而在大于 5 阶时，完全幻方从"商—余"正交方阵看，存在编码逻辑形式不同的两类图形：一类是"规则"完全幻方；另一类是"不规则"完全幻方。"就位机会均等律"存在于在"规则"完全幻方领域，毋庸置疑。但是，在大于 5 阶的"不规则"完全幻方领域中，"就位机会均等律"是否同样存在呢？目前，"不规则"完全幻方只能采用"手工"作业以"一对一"方式构造，它们的非逻辑形式变化莫测，组合结构错综复杂。这就是说，"就位机会均等律"的普遍性问题受到了考问与质疑。以日本阿部乐方创作的第一幅 7 阶"不规则"完全幻方为例，若展示其"商—余"正交阵，各数码分布显示无序与不均匀状态，这些特征确实让人怀疑"不规则"完全幻方不存在"就位机会均等律"。

"不规则"完全幻方的就位机会究竟是否均等？解析如下：完全幻方的"规则"或"不规则"概念，是从其化简形式："商—余"正交方阵中，根据编码的逻辑与非逻辑形式而区分出来的，直接反映了编码方法方面的差异。但是，"不规则"完全幻方不是"杂乱无章"的一盘散沙，只是没有"逻辑"格式化规则而已，而其"非逻辑形式"不是没有规则，已经发现在其他构图方法中存在其他规则或"复杂"规则，如"互补"规则等。

从根本上说，整个完全幻方群的最优化原理、最优化性质具有统一性与普遍性。据研究，离开了"商—余"正交方阵，所还原出的全部完全幻方，本质上没有"规则"与"不规则"之别，只表现最优化组合性质之共性。例如，在幻方样本重组、演绎、检索多种方法中，可通用于"规则"或"不规则"完全幻方，这说明整个完全幻方群具有高度统一性。

为了支持"不规则"完全幻方分群存在"就位机会均等律"这一论点，我以阿部乐方的 7 阶"不规则"完全幻方为样本，演示 1～49 自然数列每一数在 7 阶全盘 49 个位置均等就位的状况（图 27.1）。

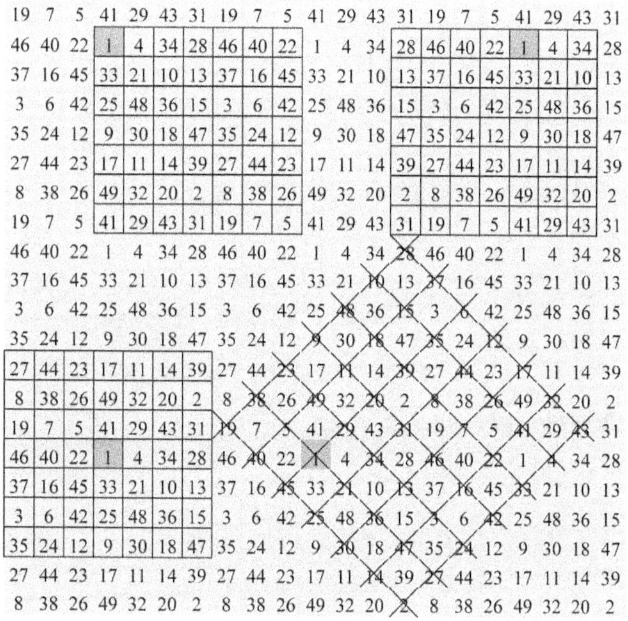

在这个可无限扩展的数板上，以 7 阶正方形、

图 27.1

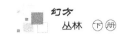

菱形等几何体，任意移动、覆盖其"49"个数，都可得到阿部乐方 7 阶"不规则"完全幻方异构体，而且同一个数依次在 49 个不同位置就位，或者说同一个位置可以让 49 个不同数在此定位。

在这翻天覆地的重组中，形成了阿部乐方 7 阶"不规则"完全幻方异构体"就位均等"相关集。由此推断：在全部 7 阶"不规则"完全幻方分群中，必然存在大量同版本的"就位均等"相关集。总而言之，"就位机会均等律"既存在于"规则"完全幻方分群，又存在于"不规则"完全幻方分群，乃是完全幻方群的普遍组合规律。

完全幻方群第二定律——边际定位递减律

一、定义

关于一幅 n 阶完全幻方到整个 n 阶完全幻方群形成过程的动态分析如下。

在完全幻方中，第 1 个数随机定位后，每增加一个数定位，后一个数的位置选择机会将不断递减，直至第 i 个数与其余数都没有位置选择的机会，这一动态组合过程反映了边际定位机会递减规律，我称之为完全幻方群第二组合定律。

边际定位机会递减律是就位机会均等律的延伸。根据完全幻方群第一定律，设 n 阶自然数列中任意一个数在 n^2 每个位置均等就位 E 次。第二组合定律的研究内容：当第 1 个数在 n^2 个空位选定其中某一个位置定位，在该位置这个数可做 E 次定位，必定产生 E 个定位初始方案；第 2 个数将在 n^2-1 个空位中的若干可选位置定位，该数的 E 次定位在其可选位置平均分配；随着定位数增加，后续能提供的可选位置会不断减少，而 E 次定位在各位的分配数随之增多；直至第 i 个数与其余数的位置都被固定，不再有选位机会，则各就各位 E 次定位，从而完成 E 个初始方案的全部定位。

总而言之，边际定位递减律是关于第 1 个数定位后，研究其他 n^2-1 数的边际位置分配及其定位次数分配的规律。若第 1 个数在 n^2 个位置上分别作 E 次定位，这 $E n^2$ 个边际定位方案就是整个 n 阶完全幻方群。边际定位递减律不是具体的构图方法，而是构图原理，以及对整个完全幻方群形成过程的动态分析。

二、定性描述

在 n 阶幻方空盘上每增加一个数定位，这个数被称作边际定位数。1 至 n^2 自然数列中，任意一个数都可作为定位的第 1 个数，它可在 n^2 个空位上随机定位。当第 1 个数一经定位后，则为其他 n^2-1 个数各提供了 E 次定位机会（"E"为与

阶次 n 相关的"就位机会均等律"的设定参数）。那么其他数在随后逐个定位过程中，n^2-1 个空位是如何边际分配的呢？以及 E 次机会在各数可选位置如何分配的呢？将分"一次边际定位""E 次边际定位"描述。

（一）一次边际定位理论

什么是一次边际定位？边际定位理论是指每个数只选一个位置，且只做一次定位，这是一幅 n 阶完全幻方的形成过程。

第 1 个数随机定位后（有 n^2 个空位可供选择），第 2 个数定位的位置选择必然受到约束，在 n^2-1 个可供空位中只有一部分空位（至少一个位置）可供定位，而另一部分空位对于该数则不可定位，因此第 2 个数的位置选择机会减少；第 2 个数在可供定位的位置中选其一定位（不同选择形成不同方案）后，第 3 个数可供定位的空位相应减少……随着已定位数的逐一增加，可供后一个数定位的选择机会越来越少，同时一幅 n 阶完全幻方的最优化逻辑结构逐步生成与定型；直至第 i 个数与其他未定位数不再有选择位置的机会，因为它们的位置已被一一固定下来了。从第 1 个数定位开始至第 i 个数定位后，可供各数定位的位置将从 n^2 个空位递减至 1 个。若每个数都选其一定位，则形成一幅特定 n 阶完全幻方。

边际定位需要测定两个关键参数（下同）：一是可供后一个数定位的数目；二是各具体位置的确认。这两个参数的重要影响因素：①阶次 n 的大小及性质；②取决于当前定位数与已定位数之间在自然数列中的次第关系；③取决于前已定位数的位置分布状态。这些因素对两个参数的影响非常复杂，要具体阶次具体分析，量化难度相当高。"马步"构图法、"象步"构图法等，就是一次边际定位原理的实际应用。在"棋步幻方"构图中，边际定位是以自然数列为序，按棋子规定步法定位，这就是说边际定位格式化了。

（二）E 次边际定位理论

什么是 E 次边际定位？指 n 阶第 1 个数在同一位置定位时，其余 n^2-1 个数各自全选可定位边际位置，并平均分配 E 次机会定位，这是 E 幅 n 阶完全幻方的形成过程。

第 1 个数在某一位置定位 E 次，产生 E 个初方案；其余位置在其余数之间分配如下：同一空位能许可一个或若干个数定位，或者说同一数可定位的有一个或若干个位置，因此位与数之间的分配不均等。E 次定位机会的分配如下：对与某个数而言，E 次定位机会将在可定空位上平均分配，因此某个数可定空位越多则同一位置上的定位次数越少，反之可供这个数定位的空位越少则定位的次数越多。当其余数在可定空位按可定次数逐一各就各位后，那么由第 1 个数在某一位置定位所产生的 E 个初方案，就变成占 $1/n^2$ 的 n 阶完全幻方群。

在这 E 幅 n 阶完全幻方群中：第 1 个定位数，只占用一个位置。第 i 个数之前的定位数一般占用多于一个位置，而谁的占位多，则在各位的定位次数就少；反之，谁的占位少，则在各位的定位次数就多。从第 i 个数开始，边际各数都只有一个位置可供定位。总之，各数可定位置的交叉性与不均等性，在先后依次定位过程中，表现了边际定位递减规律。

中位"决策树"构图法，就是 E 次边际定位原理的实际应用。它的第 1 个数定位，固定于中位（注：偶数阶的中位是 2 阶子单元，故以 4 个数为一组定位），其余位置在其余数之间做出边际分配，以及 E 次机会在各数可定位的位置平均分配，其构图是一个边际定位过程，如"决策树"方法依次展开完成 E 幅 n 阶完全幻方。

三、定量分析

（一）第一例，4 阶完全幻方"1"定位于边厢位，"2"的边际定位机会

如图 27.2 所示，数"1"为第 1 个定位数，它在"横四厢"同一个位置定位 24 次（E），现定量描述其中一个最优化边际定位递减方案［图 27.2（1）～（6）］。

```
(1)               (2)               (3)               (4)               (5)               (6)
② 16  9  7        ② 16  5 11        ② 16  5 11        ② 16  3 13        ② 16  9  7        ② 16  3 13
13  3  6 12        13  3 10  8         7  9  4 14         7  9  6 12        11  5  4 14        11  5 10  8
 8 10 15 [1]       12  6 15 [1]       12  6 15 [1]        14  4 15 [1]        8 10 15 [1]        14  4 15 [1]
11  5  4 14         7  9  4 14        13  3 10  8        11  5  2 14        13  3  6 12         7  9  6 12

(7)               (8)               (9)               (10)              (11)              (12)
 3 16  9  6         3 16  5 10         9 16  5  4         9 16  3  6         5 16  3 10         5 16  9  4
13  ② 7 12        13  ② 11  8         7  ② 11 14         7  ② 11 12        11  ② 13  6        11  ② 13  6
 8 11 14 [1]       12  7 14 [1]       12 13  8 [1]       14 11  8 [1]       14  7 12 [1]        8 13 12 [1]
10  5  4 15         6  9  4 15         6  3 10 15         4  5  2 15         4  9  6 15        10  3  6 15

(13)              (14)              (15)              (16)              (17)              (18)
 3 16  5 10        3 16  9  6         9 16  3  6         9 16  5  4         5 16  3 10         5 16  9  4
12  7 14 15       10  5  4 15        14 11  8 15         6  3 10 15        14  7 12 15        10  3  6 15
12  7 14 [1]        8 11 14 [1]       14 11  8 [1]       12 13  8 [1]       14  7 12 [1]        8 13 12 [1]
13  ② 11  8       13  ② 7 12          7  ② 13 12         7  ② 11 14        11  ② 13  6        11  ② 7 14

(19)              (20)              (21)              (22)              (23)              (24)
 3 16  ② 13        3 16  ② 13        9 16  ② 7          9 16  ② 7          5 16  ② 11         5 16  ② 11
10  5 11  8       15  4  5 12         4  5 14 12         6  3 13 12         4  9 13 14        10  3 13  8
15  4 14 [1]       10  5 11  8        15 11  8 [1]        4  5 14 [1]        15  4  8 [1]        15  4  8 [1]
 6  9  7 12         4  9  7 12         6  3 13 12         4  5 11 14        10  3 13  8         4  9  7 14
```

图 27.2

①第 1 个定位数"1"，有全盘 16 位置可供选择，在"横四厢"择一而定位后，第 2 个定位数"2"，则有"外四角""内四角""纵四厢"3 个区域各一个位置可供选择，选择机会递减。

②第 2 个定位数"2"若在"外四角"择一定位，其互补数"15"的定位将受到制约，不再有选择位置的机会，只能在"内四角"于"2"的交叉对称位就位（注：

"2" 在其他可选位置的定位方案不表）。然后，第 3 个定位数 "3"，尚有 "内四角" 特定的一个位置，以及 "纵四厢" 特定的两个位置可供选择，共计 3 个选位。

③第 3 个定位数 "3" 若在 "内四角""纵四厢" 提供的 3 个选位做全选定位，由此形成 3 个不同定位方案［图 27.2（1）、图 27.2（3）、图 27.2（4）］。随之，其互补数 "14" 也将受到制约，而不再有选择位置的机会。然而，第 4 个定位数 "4"，在每个定位方案中各有特定的一个位置可供定位，共计 3 个选位。

④第 4 个定位数 "4" 若在 3 个不同定位方案中各一个可供位置做全选定位，其互补数 "13" 都没有选位机会，只能各随其主定位。然而，第 5 个定位数 "5"，在每个定位方案中各有两个位置可供选择。

⑤第 5 个定位数 "5" 若在每个定位方案中的两个可选位置做全选定位，由此这 3 个不同定位方案 "一化为二"，形成六个不同定位方案，即图 27.2（1）～（6）。其互补数 "12" 的定位将受到制约，没有选择位置的机会，各随之定位。

其余尚待定位的 "6，7，8" 各数，及其互补数 "11，10，9"，在 6 个不同定位方案都已没有选择定位的机会，即边际定位机会逐步为零，只能按每个定位方案的最优化要求而无选择定位。

（二）第二例，4 阶完全幻方 "1" 定位于外角位，"2" 的边际定位机会

如图 27.3 所示，数 "1" 为第一个定位数，它在 "外四角" 的同一个位置定位，以此展开最优化边际定位递减方案的定量化描述。

```
(1)                (2)                (3)
14 11  8 [1]       14  7 12 [1]       12 13  8 [1]
 7 ②  13 12        11 ②  13  8         7 ②  11 14
 9 16  3  6         5 16  3 10         9 16  5  4
 4  5 10 15         4  9  6 15         6  3 10 15

(4)                (5)                (6)
12  7 14 [1]        8 11 14 [1]        8 13 12 [1]
13 ②  11  8        13 ②   7 12        11 ②   7 14
 3 16  5 10         3 16  9  6         5 16  9  4
 6  9  4 15        10  5  4 15        10  3  6 15

(7)                (8)                (9)
12 13  8 [1]       14 11  8 [1]        8 13 12 [1]
 6  3 10 15         4  5 10 15        10  3  6 15
 9 16  5  4         9 16  3  6         5 16  9  4
 7 ②  11 14         7 ②  13 12        11 ②   7 14

(10)               (11)               (12)
14  7 12 [1]        8 11 14 [1]       12  7 14 [1]
 4  9  6 15        10  5  4 15         6  9  4 15
 5 16  3 10         3 16  9  6         3 16  5 10
11 ②  13  8        13 ②   7 12        13 ②  11  8
```

图 27.3

①第 1 个定位数 "1"，本有全盘 16 位置可供选择，但若在 "外四角" 择 "1" 而定位后，第 2 个定位数 "2"，在 "内四角""纵四厢"（或 "横四厢"）两个区域各有两个位置可供选择，选择机会递减。

②第 2 个定位数 "2" 若在 "内四角" 择一定位，其互补数 "15" 的定位将受到制约，不再有选择位置机会，只能在 "外四角" 于 "2" 的交叉对称位就位（注："2" 在 "内四角" 另一个择一定位不表）。然而，第 3 个定位数 "3"，尚有 "内四角" 一个位置可供定位，以及 "纵四厢""横四厢" 两个区域各有一个位置可

供定位。因而"3"共有 3 个位置可供定位，机会又减少了。

③第 3 个定位数"3"在可供定位的 3 个位置全选定位，由此形成了 3 个不同定位方案［图 27.3（1）、图 27.3（3）、图 27.3（4）］。其互补数"14"的定位将受到制约，不再有选择位置的机会，各随之定位。然后，第 4 个定位数"4"在这 3 个不同定位方案中，各有一个位置可供定位，机会与"3"相同。

④第 4 个定位数"4"在 3 个不同定位方案中的 3 个可供位置全选定位，其互补数"13"的定位将受到制约，没有选择位置的机会，各随之定位。然而，第 5 个定位数"5"，在每个定位方案中各有两个位置可供选择。

⑤第 5 个定位数"5"在每个定位方案中的两个可供位置全选定位，由此这 3 个不同定位方案"一化为二"，形成 6 个不同定位方案，如图 27.3（1）～（6）所示。其互补数"12"的定位将受到制约，没有选择位置的机会，各随之定位。

⑥其余尚待定位的"6，7，8"各数，及其互补数"11，10，9"，在 6 个不同定位方案都已没有选择定位的机会，即边际定位的机会递减至零，只能按每个定位方案的最优化要求而无选择定位。

在上述边际定位分析中，为了辨别位置关系，我把幻方轴对称或中心对称的位置称为"镜像区"。4 阶有内、外"四角"两个"镜像区"，以及纵、横"四厢"系互为旋转 90° 的一个"镜像区"。同时，为了便于分析制约关系，边际定位可按数序为次第，并"对称数组"配对定位，因为"对称数组"在定位中具有强制约关系。以上两例定量化分析，采用"1"与"2"位置都固定的方法，各数依次定位展开 6 幅 4 阶完全幻方，从而实证完全幻方群存在"边际定位机会递减律"。但是，完全幻方边际定位过程的定量描述是相当复杂的。随着阶次增高，边际定位的机会如何递减、边际定位可供选择的机会位置如何落实等核心问题，都是尚待进一步深化探讨的"模糊"问题。

完全幻方群第二定律与第一定律互为表里，两者异曲同工。第二定律揭示了 n^2 个数定位的边际机会，表达完全幻方群形成的动态过程；而第一定律则清算了 n^2 个数定位的全部机会，即表达完全幻方群的求解结果。我相信，随着对完全幻方群这两条基本规律的具体化研究，将进一步完善其丰富的内涵，使之成为具有指导意义与应用价值的组合理论。

四、幻方逻辑寄存器理论

逻辑寄存器理论，是从完全幻方群第二定律导出、关系第二定律核心问题研究的一个组合理论。大体思路：当完全幻方第 1 个数定位后，某种逻辑关系立即生成，这是由该数在自然数列中的序次及其所定位置决定的。随着边际定位数增加，这种逻辑关系不断地展开充实与完善，至第 i 个数定位后其逻辑关系已定型。如在上文两例中，第 1 个定位数"1"在"外四角"择一定位，与在"横四厢"

择一定位，两者对第 2 定位数 "2" 的机会位置就产生了影响，这说明第 1 个数定位后某种逻辑关系立即生成。为了简化描述，两例中 "2" 都为择一定位，此时各自只有一个定位方案。再看，第 3 个定位数 "3"，两例中都采取可供位置的全选定位，然而这个定位方案 "一化为三" 逻辑展开。第 4 个定位数 "4" 以与 "3" 相同的机会全选定位，充实 3 个定位方案的逻辑内涵。第 5 个定位数 "5" 在 3 个定位方案中各有 2 个位置可供选择，若全选定位，每个定位方案都 "一化为二"。然而，此后的定位数在各定位方案中已不再有定位的选择机会了。这说明第五个定位数定位后，其逻辑关系已完善与定型。这就是说：在第 i 个数定位之前，这部分已定位数可视之为一个完全幻方的逻辑寄存器，它寄存着某些未知幻方或 "屏蔽" 幻方不断生成、发展的最优化逻辑格式（注：未知幻方指构图过程中的幻方，"屏蔽" 幻方指一幅已知幻方人为抹去部分数字的幻方，犹如数独游戏）。当阶次较高、已定位数接近 $2n$ 个时，幻方最优化逻辑寄存器具有极强的抗攻击能力，因此可在数控、保密、防伪等技术中广泛应用。若在幻方设计中运用逻辑寄存器理论，可对其逻辑片段做专门安排，从而填出令人拍案叫绝的稀世珍品。

完全幻方群计数理论通式

幻方按组合性质可分为两大部分：一部分为最优化组合的完全幻方；另一部分为非完全幻方。这两大部分组合性质不同的幻方，应分开计数。现代幻方组合方法与技术已达到了相当高的水平，但据我所知：除了 3 阶、4 阶或 5 阶等低阶幻方外，截至 2005 年对其他阶次的幻方的全部解，尚无法或者说不能做出准确、彻底的清算。一般而言，幻方检索与计数是根据构图方法做出的。但是，幻方因组合性质、阶次大小与奇偶性不同及结构变化等，我认为不可能存在通解构图方法，或者说目前还没有发现这样的构图方法，所以幻方检索与计数变得异常困难。幻方爱好者们，各自研制与掌握了不少幻方构图方法，有的检索功能比较强大，有的几种构图方法之间可相互交叉重叠等，但终究 "只见树木，不见森林"，达不到幻方检索与计数的 "准确、彻底" 清算要求。

幻方构图方法五花八门，各显神通，因而多多益善。我认为在掌握足够多、足够好的构图方法条件下，根据幻方组合性质、阶次与结构不同，分门别类地（即从低阶到高阶，先完全幻方后非完全幻方，划定较小的阶次范围等）求解清算幻方还是有可能的，但这是一个浩大的系统工程。我在《完全幻方》一书中提出：确立主攻 10 阶以内（即 4 阶、5 阶、7 阶、8 阶、9 阶）完全幻方群清算目标，而且根据不同逻辑形式，把完全幻方群划分为："规则" 完全幻方分群与 "不规则"

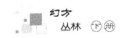

完全幻方分群将分别计算，其求解的难点在于"不规则"完全幻方分群。这一目标、任务是明确的，但是真正实现谈何容易。

在幻方计数问题的长期困扰下，完全幻方群第一组合定律——"就位机会均等律"的发现，独辟蹊径，把计数与构图两者分开来。"就位机会均等律"经过10多年的不断修改补充与提炼，使之有了一个比较清晰、正确的定性描述，总算为建立完全幻方计数的理论表达式提供了全新的理论基础。幻方第 1 组合定律认为：在 n 阶完全幻方群（$n \neq 3$，$n \neq 4k + 2$，$k \geq 1$）中，n^2 个数在 n^2 个不同数位上的就位次数相等。据此，设"就位次数"为 E，则完全幻方群计数的理论通式为：$S_n = E n^2$。

这个完全幻方群计数通式是一个高度抽象的理论表达式，具有简明性、统一性、客观性等特点，集中表现了完全幻方群的整体组合美，令人耳目一新。它既适用于 n 阶完全幻方群，又适用于 n 阶非完全幻方群。因为"就位机会均等律"在 n 阶非完全幻方群（$n > 3$）中，表现为：在就位机会的消长过程中，必然有某一个特定的"幸运数"在 n^2 个不同数位上达到就位次数相等一个最高均衡点。

完全幻方群计数这个理论通式，其重要的理论意义在于：为"准确、彻底"清算完全幻方群的全部解树立了一个计数总目标。对其含义应做如下理解。

①计算 n 阶完全幻方群。若 E 代表同一个数位为 n^2 个数所提供的均等的"就位次数"，则通式中的"n^2"系指 n^2 个数位；若 E 代表同一个数在 n^2 个数位上均等的"就位次数"，则通式中的"n^2"系指 n^2 个数字。

②计算 n 阶非完全幻方群。E 代表各阶特定的一个"幸运数"在某一个数位上全部的"就位次数"，通式中的"n^2"系指 n^2 个数位。

③选择一个数在同一个位置上，构造、检出与计算其全部可能图形，将成为完全幻方群清算的一条比较简捷的路子。

目前，完全幻方群第 1 组合定律尚停留在定性论证阶段，一旦被精确定量化描述，求解参数"E"不是不可能。有朝一日，这个理论通式真正变成计算公式，就可以独立于各式各样的构图方法而准确计数了。

幻方与完全幻方初步统计

在国内外相关著作中，时有关于幻方计数成果的介绍，尽管具体数据说法不一，但仍然是进一步研究的重要参考资料。幻方构图法不下几十种，每一种构图法的切入点与组合机制不同，因此计数方式、方法各有千秋，可谓"八仙过海，各显神通"。当然，幻方计数正确的结果只有一个。我认为：研究重点应解决完全幻方计数问题，而且确定以 4 阶、5 阶、7 阶、8 阶、9 阶完全幻方群第一步算清目标，这已经称得上走出了完全幻方迷宫。

一、［法］让 – 弗朗索瓦·费黎宗的幻方计数成果

在《神奇方阵》（［法］让 – 弗朗索瓦·费黎宗著，赵忠源译，中国市场出版社，2008 年 10 月）中提供了一份幻方计数资料（表 27.1）。

表 27.1

阶次	半神奇方阵（行列图）	神奇方阵（幻方）	全神奇方阵（完全幻方）
3	9	1	0
4	68688	880	48
5	5.79×10^{11}	275305224	3600
6	9.46×10^{22}	1.77×10^{19}	0
7	4.28×10^{38}	3.80×10^{34}	1.21×10^{17}
8	1.08×10^{59}	5.79×10^{54}	未知
9	2.90×10^{84}	7.84×10^{79}	未知
10	1.48×10^{115}	2.41×10^{110}	0

这份幻方计数资料表明：幻方计数通常只计算幻方异构体，不计其"镜像"8 倍同构体；幻方计数通常包含非完全幻方与完全幻方两部分之和，如 4 阶幻方 880，其中 4 阶完全幻方 48 幅图形等[①]。

二、［英］凯瑟琳·奥伦肖关于"最完美幻方"计数成果

据吴鹤龄著《幻方与素数》一书介绍：英国幻方业余爱好者凯瑟琳·奥伦肖（K. Oiierenshaw）和戴维·勃利（David Bree）在 1998 年出版的《最完美的泛对角线幻方：它们的构造方法与数量》中解决了"最完美幻方"的计数问题。以数学百科全书著称的《World of Mathematics》评论说："他们的成果标志着人类首次完成了对 5 阶以上一类幻方的彻底清算"。他的"最完美幻方"清单如下：

①4 阶"最完美幻方"：48；

②8 阶"最完美幻方"：368640；

③12 阶"最完美幻方"：2.22953×10^{10}；

④16 阶"最完美幻方"：9.322433×10^{14}；

⑤32 阶"最完美幻方"：6×10^{37}。

什么是"最完美幻方"（most perfect maic square）？最完美幻方是指在任意位置划出一个 2 阶子单元的 4 数之和全等的 $4k$ 完全幻方。从微观结构而言，显然这是 $4k$ 阶完全幻方群中数字分布最均匀的一个特定类别。48 幅 4 阶完全幻方群都属于"最完美幻方"，大于 4 阶时"最完美幻方"仅属于整个完全幻方群中的一小部分。

---

①法国人贝尔纳·弗雷尼克勒 – 德 – 贝西（Simon de la Loubere, 1605—1675 年）是第 1 个发表 880 个 4 阶幻方名单的人。

据介绍："可逆方阵"与"最完美幻方"为一对一关系，知道"可逆方阵"有多少就可求解"最完美幻方"（参见"幻方构图方法"篇中"自然方阵与完全幻方可逆法"一文）。"可逆方阵"可按"主方"分类并演绎，每一类以 $Q = 2^{n-2}\left[(n/2)!\right]^2$ 计数。某阶"可逆方阵"的"主方"数量在组合数学中已有计算公式，与上式 Q 相乘则得。非常遗憾，我不知道组合数学中"可逆方阵"的"主方"计算公式。为了校对奥伦肖的计数结果，根据已知数据倒算"主方"数量如下。

4阶完全幻方按公式计算：$Q_4 = 2^{n-2}\left[(n/2)!\right]^2 = 2^2(2!)^2 = 16$，这是每一类4阶"可逆方阵"的数量，已知4阶完全幻方群48幅，那么倒推出4阶存在三类"主方"，则 $16 \times 3 = 48$，每一幅4阶完全都符合"最完美幻方"概念，因此计算没有错。

8阶完全幻方按公式计算：$Q_8 = 2^{n-2}\left[(n/2)!\right]^2 = 2^6(4!)^2 = 368640$，照理说这是每一类8阶"可逆方阵"的数量。但上文开出的清单中8阶"最完美幻方"等于368640，这就是说8阶只有一类"主方"。这是什么原因呢？不是计算技术失误，就是计算思路有矛盾，这里是看不明白的一个疑点。

我在"二位制同位逻辑编码技术"一文中，精确检索与计数得到：以二位制最优化同位逻辑形式存在的8阶完全幻方有"2985984"幅，这就是说仅这一部分已远远超出奥伦肖8阶"最完美幻方"等于"368640"的计算。再横向比较：一般而言阶次高的总比阶次低的数量大，见之于《神奇方阵》提供的数据资料7阶完全幻方群 1.21×10^{17}（包含"不规则"7阶完全幻方子群），凭这一点说8阶"最完美幻方"368640不可能是"彻底清算"的结果。

三、质数阶"规则"完全幻方子群计数清单

质数阶完全幻方组合结构单一，按其"商—余"正交方阵编码逻辑形式可分为两大类：一类为"规则"完全幻方；另一类为"不规则"完全幻方。前一类质数阶完全幻方，我采用最优化自然逻辑编码法可彻底求解之（参见"最优化逻辑编码法技术"一章"最优化自然逻辑构图技术"一文），其计数公式如下：$S_n = \frac{1}{8}(n!)^2(n-3)(n-4)$。根据本公式，几个质数阶"规则"完全幻方子群的求解清单如下。

①5阶"规则"完全幻方群：3600。

②7阶"规则"完全幻方子群：38102400。

③11阶"规则"完全幻方子群：11153456455680000。

④13阶"规则"完全幻方子群：533167085599948800000。

其中5阶完全幻方没有"不规则"完全幻方，因此"3600"是5阶完全幻方群的全部解，这与前文资料所提供的数据相同，互证无疑。由此可知，5阶完全幻方群实现了清算目标。

大于 5 阶的质数阶完全幻方群存在"不规则"完全幻方，本公式只是"规则"完全幻方部分。

由本公式精确算得 7 阶"规则"完全幻方子群 38102400，若精确到小数点后两位，则以 3.81×10^7 计之，这与上文"神奇方阵"所提供的数据 7 阶完全幻方群 1.21×10^{17} 大相径庭（包括"规则"与"不规则"两大类子群）。一般而言"不规则"完全幻方子群略大于"规则"完全幻方子群，但这里相差太大了，比凯瑟琳·奥伦肖计算的 16 阶"最完美幻方"数量还大许多。

幻方组合技术评价指标体系

幻方是一项高智力数学游戏，西方幻方爱好者常常不惜花费大量时间，填制出一幅幅令人拍案叫绝的幻方图案，以此来炫耀自己所掌握的设计秘诀与高超的构图技巧，然而自称为"幻方大王"。我认为：独具匠心的幻方精品创作，这是中国幻方爱好者也应该重视的一个研究环节。幻方精品不可能从浩如烟海的全部幻方解中被检索出来，而必须在精通幻方组合机制与构图方法的基础上，靠标新立异的构思与精心创作获取。人们总喜欢创作与众不同、独一无二的精品幻方，并从对比中去理解、评价与欣赏幻方之美。为了便于对幻方技术含量做客观比较，有必要建立一套关于幻方的组合技术评价指标体系。

一、幻和容量

什么是幻和容量？所谓幻和容量是指一幅幻方的幻和总量。n 阶非完全幻方的最低幻和容量，等于 n 行、n 列及 2 条对角线幻和之总和，即 $\sum S_n = 2(n+1)S_n$，若低于这个最低幻和容量则幻方不成立。n 阶完全幻方的最低幻和容量，等于 n 行、n 列与 $2n$ 条泛对角线幻和之总和，即 $\sum S_n = 4n S_n$，若低于这个最低幻和容量则完全幻方不成立。这是幻和容量的一个绝对指标，只能在同阶幻方之间做比较。当阶次及其组合性质给定时，幻方的最低幻和容量为一个常数。显然，完全幻方的幻和最低容量，比同阶非完全幻方将近扩大一倍。因此，从幻和最低容量而言，完全幻方的技术含量高于同阶非完全幻方。

n 阶幻和容量的相对指标：幻和总量除以 1 至 n^2 自然数列之和，我称之为幻和量级指标。n 阶非完全幻方的最低幻和量级（取其整数）为 2g；n 阶完全幻方最低幻和量级为 4g（注："g"为幻和量级单位代号）。若采用这个相对指标，就可以在不同阶幻方之间做比较与评价了。

林则徐诗云："海纳百川，有容乃大。"最低幻和容量是幻方成立的基本条件，而幻方可容之幻和容量是无限制的，幻和容量（或幻和量级）越大则幻方组合技术水平越高。在一定阶次条件下，扩大幻和容量的主要组合技术因素包括幻方子母结构的复杂程度、多层次性及优化程度；内含高次等幂和子幻方等。在幻方内部的高次等幂和子幻方，能大幅度地扩大幻和容量，其幂指越高、幂次越多则幻和容量越大。一般而言，高阶合数幻方更能充分展现幻和扩容组合技术。另外，幻方容量不仅指幻和容量，而且还可能包括幻积容量，两者应分别比较与评价。在一定阶次条件下，幻方的幻积容量越大则组合技术水平越高，扩大幻积容量的主要组合技术因素包括幻方内部等积子幻方或双重子幻方的阶次高低与优化程度，以及构成子幻方的等积因子大小等。在同阶幻方内部等积子幻方或双重子幻方的阶次越高，构成子幻方的等积因子越大，或者具有最优化组合性质等，那么它的幻积容量就越大，技术含量就越高。以上所说的高次子幻方、等积子幻方或双重子幻方，都因作为经典幻方内部的一个单元而被纳入幻方容量评价指标范围。

幻和或幻积容量是幻方组合技术的一个评价指标，与反映幻方组合性质的最优化标准不是同一概念，幻和或幻积容量所比较的是幻方内含数学关系的"量"；而最优化标准所追求的是幻方内含数学关系的"质"。一个是"量"的技术指标，一个是"质"的技术指标，两者有所不同。幻方最优化一定能扩大幻和或幻积容量，而大容量幻方不一定能达到最优化组合水平。现以两幅 5 阶幻方为例做幻和容量比较。

图 27.4 右是一幅 5 阶完全幻方，幻和量级为 4g，图 27.4 左是一幅 5 阶两仪型非完全幻方，全部奇数团居中央，全部偶数分布四角，5 阶内部含一正一斜两个共生态 3 阶子幻方，结构玲珑剔透，5 阶子幻和"65"，3 阶子幻和"39"，按此计算幻和总容量"1482"。若按幻和量级指

图 27.4

标计算，这幅 5 阶非完全幻方的幻和量级为 4.48g，比 5 阶完全幻方的最低幻和量级 4g 还要大一点。这说明这幅 5 阶非完全幻方的组合技术含量已超过结构单一的 5 阶完全幻方。但尽管如此，也不能说这幅 5 阶非完全幻方比那幅 5 阶完全幻方的优化程度更高。我相信：这一评价是客观、公正的。

二、组合均匀度

什么是幻方组合均匀度？幻方组合均匀度就是指 n 阶幻方 1 至 n^2 自然数列的 n^2 个数分布的匀称性或在子单元面积中的等和程度。幻方组合均匀度越高，则幻方的技术含量就越高。幻方均匀度评价是一个复杂而困难的数学问题，决定组合均匀度的主要技术因素有幻方组合性质、结构、层次、子单元面积大小及其数学关系等。一般地说，若幻方内含等积子幻方、双重子幻方、高次子幻方及其他数学要求等，可能会降低幻方均匀度。下列关于幻方均匀度的几种比较可资参考。

（一）完全幻方比非完全幻方均匀度高

幻方均匀度与它的组合性质有关。完全幻方全部行、列及全部泛对角线等和，在这种全等关系下，每一个数都处在整体联系的最佳位置，全部数字是一盘"活"棋，因此组合均匀度非常高。而在非完全幻方的全部次对角线上，由于不等和关系，各数之间缺乏有机联系，分布散乱，因此组合均匀度不如完全幻方高。但也不能一概而论，如单一结构完全幻方的均匀度就不比多重结构非完全幻方高。

（二）幻方等和单元比等差单元均匀度高

合数阶幻方可分解为 a 与 b 两个（或两个以上）因子，若以 a 为母阶 b 为子阶，那么这个合数阶幻方可视为由 a^2 个 b 阶子单元合成的。在其他条件相同情况下，组合均匀度取决于 a^2 个 b 阶子单元的配置状态，子单元等和配置一定比等差配置数的分布均匀；同理子单元之间公差小的等差配置一定比公差大的等差配置数的分布均匀；另外子单元之间有序配置一定比无序配置数的分布相对均匀。

现以出示两幅 10 阶幻方（图 27.5）做组合均匀度对比：两图组合性质都是非完全幻方，子单元的阶次都为 2 阶，且中位 2 阶子单元等和，母阶都具有最优化组合性质。在以上条件相同情况

82 81	35 65	1 99	27 28	44 43
19 20	66 36	100 2	74 73	57 58
21 22	53 54	88 87	40 39	96 05
80 79	47 48	13 14	62 61	6 95
68 34	92 10	25 26	41 42	83 84
33 67	9 11	76 75	60 59	17 18
45 46	12 11	64 63	98 97	29 30
55 46	90 89	38 37	3 4	72 71
8 7	78 77	51 50	85 86	31 32
94 93	23 24	49 52	15 16	70 69

24 23	57 59	73 74	89 91	8 7
21 22	60 58	76 75	92 90	5 6
69 71	88 87	1 2	40 39	53 55
72 70	85 86	4 3	37 38	56 54
20 19	33 35	49 50	65 67	84 83
17 18	36 34	52 51	68 66	81 82
48 47	61 63	97 98	13 15	32 31
45 46	64 62	100 99	16 14	29 30
96 95	9 11	25 26	41 43	80 79
93 94	12 10	28 27	44 42	77 78

图 27.5

下，两图的区别仅在于：图 27.5 左 25 个 2 阶子单元 4 数为等和匹配（单元和值 202）；而图 27.5 右 25 个 2 阶子单元 4 数为等差匹配（单元和之公差"16"），因此从 2 阶子单元分析，图 27.5 左 10 阶幻方组合均匀度更高。

（三）等和面积越小组合均匀度越高

合数阶幻方可分解为 a 与 b 两个（或两个以上）因子，设 $a > b$。若一幅幻方以大因子 a 为母阶，小因子 b 为子阶；另一幅幻方则以小因子 b 为母阶，大因子 a 为子阶。在其他组合条件相同的情况下，等和子单元阶次小比阶次大的组合均匀度高，因为子单元阶次决定等和面积，而等和面积越小则组合均匀度越高。

现以两幅 15 阶非完全幻方（幻和"1695"）为例，分析等和面积与组合均匀度的关系：图 27.6 左以 5 阶为子阶，其 9 个 5 阶子单元各 25 数之和全等于"2825"；而图 27.6 右以 3 阶为子阶，其 25 个 3 阶子单元各 9 数之和全等于"1017"。两图的构图方法与逻辑规则相同，子单元各为等和配置，且都不具有子幻方性质。在以上组合条件相同情况下，两图的区别仅在于：子单元阶次即等和面积不同，而等和面积较小的比等和面积较大的组合均匀度高。

图27.6 左半：

210	36	137	57	125	202	31	146	58	128	198	34	145	54	134
42	140	60	126	197	43	143	52	121	206	39	149	48	124	205
141	47	132	200	45	136	56	133	203	37	139	55	129	209	33
50	135	201	32	147	53	127	196	41	148	59	123	199	40	144
122	207	35	150	51	131	208	38	142	46	130	204	44	138	49
15	216	77	162	95	7	211	86	163	98	3	214	85	159	104
222	80	165	96	2	223	83	157	91	11	219	89	153	94	10
81	152	102	5	225	76	161	103	8	217	79	160	99	14	213
155	105	6	212	87	158	97	1	221	88	164	93	4	220	84
92	12	215	90	156	101	13	218	82	151	100	9	224	78	154
180		17	192	110	172	61	26	193	113	168	64	25	189	119
72	20	195	111	167	73	23	187	106	176	69	29	183	109	175
21	182	117	170	75	16	191	118	173	67	19	190	114	179	63
185	120	171	62	27	188	112	166	71	28	194	108	169	70	24
107	177	65	30	186	116	178	68	22	181	115	174	74	18	184

图27.6 右半：

138	180	21	148	169	22	146	170	23	149	166	24	147	167	25
30	141	168	19	142	178	20	143	176	16	144	179	17	145	177
171	18	150	172	28	139	173	66	140	174	29	136	175	27	137
123	210	6	133	199	7	131	200	8	134	196	9	132	197	10
15	126	198	4	127	208	5	128	206	1	129	209	2	130	207
201	3	135	202	13	124	203	11	125	204	14	121	205	12	122
108	165	66	118	154	67	116	155	68	119	151	69	117	152	70
75	111	153	64	112	163	65	113	161	61	114	164	62	115	162
156	63	120	157	73	109	158	71	110	159	74	106	160	72	107
93	195	51	103	184	52	101	185	53	104	181	54	102	182	55
60	96	183	49	97	193	50	98	191	46	99	194	47	100	192
186	48	105	187	58	94	188	56	95	189	59	91	190	57	92
78	45	216	88	34	217	86	35	218	89	31	219	87	32	220
225	81	33	214	82	43	215	83	41	211	84	44	212	85	42
36	213	90	37	223	79	38	221	80	39	224	76	40	222	77

图27.6

（四）幻方等和层次越多组合均匀度越高

组合均匀度还与幻方等和结构中的层次多少及各层次的优化程度有关。若合数阶幻方可分解为 a，b，c，…多个因子，以各因子大小为序做多层次组合，比单一组合结构的均匀度高，各层次等和组合比等差组合的均匀度高，各等和层次最优化组合比非优化组合的均匀度高。

现以一幅 16 阶完全幻方（幻和"2056"）为例，分析与欣赏具有高组合均匀度幻方的数学机制：图27.7 这幅 16 阶完全幻方采用"模拟合成法"，以明代陆琛墓出土的元代伊斯兰教传世遗物上的那个 4 阶完全幻方为模本，做 3 重次模拟制作而成。它的组合性质如下：第 1 重次，由全等 2 阶子单元（4 数之和 514）合成 16 个全等 4 阶子完全幻方（4 阶子幻和"514"）；第 2 重次，由全等 4 阶子完全幻方合成 4 个全等 8 阶子完全幻方（8 阶子幻和"1028"）；第 3 重次，由全等 8 阶子完全幻方合成 16 阶完全幻方（16 阶幻和"2056"）。这幅 16 阶

图27.7：

121	168	217	8	118	171	214	11	115	174	211	14	128	161	224	1
200	25	104	185	203	22	107	182	206	19	110	179	193	32	97	192
40	249	136	89	43	246	139	86	46	243	142	83	33	256	129	96
153	72	57	232	150	75	54	235	147	78	51	238	160	65	64	225
116	173	212	13	127	162	223	2	122	167	218	7	117	172	213	12
205	20	109	180	194	31	98	191	199	26	103	186	204	21	108	181
45	244	141	84	34	255	130	95	39	250	135	90	44	245	140	85
148	77	52	237	159	66	63	226	154	71	58	231	149	76	53	236
126	163	222	3	113	176	209	16	120	169	216	9	123	166	219	6
195	30	99	190	208	17	112	177	201	24	105	184	198	27	102	187
35	254	131	94	48	241	144	81	41	248	137	88	38	251	134	91
158	67	62	227	145	80	49	240	152	73	60	229	155	70	59	230
119	170	215	10	124	165	220	5	125	164	221	4	114	175	210	15
202	23	106	183	197	28	101	188	196	29	100	189	207	18	111	178
42	247	138	87	37	252	133	92	36	253	132	93	47	242	143	82
151	74	55	234	156	69	60	229	157	68	61	228	146	79	50	239

图27.7

完全幻方具有 4 阶、8 阶与 16 阶 3 重次最优化全等结构，而且在其上面任意划出的每一个 2 阶子单元 4 数之和一定等于 "514"，因此组合均匀度非常高。

但这幅 16 阶完全幻方还有提高组合均匀度的余地。例如，在每 4 个相邻 4 阶完全幻方之间的中央结合部都存在一块 "4 阶空档"，事实上可以把它们做成 4 阶完全幻方。又如，它只有 4 个全等 8 阶完全幻方，但若建立每 4 个相邻 4 阶完全幻方都可以合成 8 阶完全幻方的数学关系，就会产生 9 个全等 8 阶完全幻方，由此可获得更高的组合均匀度。

三、构造复杂性

什么是幻方的构造复杂性？就是指幻方内含的数学关系、组合性质、结构层次、抗攻击力即被解码、复制或修改的可能性等的构图难易程度，反映幻方构图方法及其技术水平与机密性的一个专门指标。幻方组合复杂度与均匀度是两个不同概念，但两者又密切相关。一般而言，幻方均匀度高会增加组合复杂度；反之不然，追求幻方结构复杂变化，可能会降低组合均匀度。幻方复杂度指标的量度十分复杂，包括如下基本内容。

（一）优化程度

从幻方组合性质角度比较，总体而言完全幻方比非完全幻方更为复杂、技术含量更高。有的幻方爱好者认为相反，非完全幻方比完全幻方构图难度大。怎么来说呢？构图难度问题很大程度上属于主观评介，如果你掌握了方法就会觉得容易，而在掌握之前你就会觉得很难；另外，完全幻方组合精密，"排他" 性极强，难容一丁点 "杂质"；而非完全幻方组合比较宽松，包容性很大，可收纳多种多样的东西，常用 "手工" 方式构图，因此觉得非完全幻方是棘手的活计。总之，最优化幻方比非最优化幻方的技术要求高，如平方 "自乘" 完全幻方远比平方 "自乘" 非完全幻方复杂，"不规则" 完全幻方远比 "不规则" 非完全幻方复杂。

（二）数学关系

幻方的数学关系，指行、列、对角线所表达的等和、等差、等积、等幂的各种数学关系。一般而言，等幂幻方远比等和幻方所包含的知识与构图技术含量高。在一幅幻方内部，所容纳的不同数学关系越多，其组合复杂度就越高。例如，幻方内含一个 "双重幻方" 子单元，或者兼容等和与等积两种数学关系等，就比只具单一等和关系幻方的组合复杂度高。一种数学关系就是一个约束条件，不同数学关系之间的相互制约都会影响构图难度。同时，同阶幻方内部 "双重幻方" 子单元的阶次相对较高，因其约束面积较大而导致构图难度更高等。

（三）结构与层次

幻方的组合结构包括多种形式，如各式各样的子母结构（全面覆盖）、局部子单元结构、奇偶结构、逻辑结构及其结构性优化程度等；幻方的组合层次也可

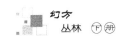

分为单一层次、多重层次与层次交叉等的组合方式。这些都是影响幻方构造复杂性的重要因素。

（四）特定数理要求、数字分布与造型、图案设计

在幻方中特意选择便于区分与识别的数字，如一段连续数、一组奇偶数、一串有特定数形的数字等，并运用这些特选数字创作变化多端的各种几何图形、花样造型，有特定含义的标志、文字、符号与图案，以及象征性动、植物的各式造像等。这属于艺术类幻方设计，显然提升了幻方的技术与文化含量，从而增加了构图的复杂性与难度。例如，图 27.8 这幅 7 阶幻方，奇、偶数分布有特

23	35	3	40	8	48	18
21	24	33	1	41	11	44
45	19	22	34	4	37	14
12	43	20	25	30	7	38
36	13	46	16	28	31	5
6	39	9	49	17	26	29
32	2	42	10	47	15	27

图 27.8

色、设计巧妙，中央 5 阶空心环与对角两个 3 阶空心环互衔，虽然没有特定含义，但花样造型非常美，比其他数字分布复杂。

四、幻方稀缺度

物以稀为贵，幻方稀缺度是评价幻方的一个综合性指标。什么是幻方稀缺度呢？指具有某种特定造型、结构、特征与数理关系的幻方占同阶幻方全部解的比重。这种幻方的比重小其稀缺度高，反之则低。一般地说幻方越稀缺，幻方的组合关系就越复杂。幻方稀缺度的表达式如下：$Q = n/m$，n 为评价对象数量，m 为幻方总体，且 $m > n$。具有某种特定造型、结构、特征与数理关系的幻方通常或多或少有一个群，一般不会只有独一无二的一幅幻方，因此幻方稀缺度是一个可比的评价指标。例如，4 阶完全幻方与 4 阶非完全幻方的稀缺度比较，前者高于后者，说明完全幻方更珍贵，这一评价结果与幻方均匀度、复杂度评价相一致。稀缺度指标宜应用于同阶幻方之间评价。再如，不能比较 4 阶完全幻方与 5 阶完全幻方的稀缺度，这种稀缺度高低比较毫无意义，因为表现同一数学关系的不同阶幻方是等价的。需要说明的是，当表现不同数学关系时，稀缺度可以作为不同阶幻方之间比较的评价指标。

幻方稀缺度评价的例外原则如下。

①评价对象只有一个解（严格求证），而其幻方总体解 $m > 1$，在这种情况下，该幻方占同阶幻方总体解的比重最小，即相对稀缺度最高，表示其独一无二的孤本地位。在经典幻方领域迄今尚未发现这一例外，主要见之于另类幻方领域，如求幻和最小的 3 阶素数幻方，其解是唯一的（3 阶不存在同构体），而非幻和最小 3 阶素数幻方的全部解 $m > 1$。

②幻方总体解 $m = 1$，如 3 阶幻方，其比重为 1/1 达到最小，即相对稀缺度最低，因而又转化绝对稀缺。这一例外在大于 3 阶的经典幻方领域不存在，也主要见之于另类幻方领域。例如，美国阿当斯花了 47 年时间创作的著名"六角形幻方"，

它不存在第二个解。

根据这些例外情况看，稀缺度指标不宜在经典幻方与另类幻方之间做比较评价，因为两者的游戏规则有所不同，又因各种另类幻方中的大多数，其全部解不是有限的而是无限的等，总之可比性不大。

影响幻方稀缺度的因素非常多，凡在幻方基本游戏规则（幻方成立条件）外叠加上去的其他约束条件都是幻方稀缺度的影响因素，当然要求这些约束条件不违反、不改变幻方基本游戏规则为原则。各种约束条件之间有些是相互排斥的，即不能在同一幅幻方内存在；有些约束条件是相互兼容的，即可以在同一幅幻方内共存。在同一幅幻方中包容的不同约束条件多少，并且这些约束条件的相互制约关系及其约束力强弱，以及这些约束条件的覆盖方式与覆盖面积大小（即被约束数字的量）等，都影响着幻方稀缺度。

幻方稀缺度是一个量化指标，应用时的难点是：目前尚不能彻底清算各阶幻方的全部解，同时与评价对象同类的幻方群究竟有多少也未必能准确地检索计数等。但随着计数问题的解决，稀缺度不失为评价幻方技术的一个可操作综合性指标。

五、幻方品相

幻方千姿百态，变化无穷，犹如万花筒般令人眼花缭乱。一幅新奇、精美、独特、怪异的幻方图形，常常被人们当作艺术品来欣赏。这类幻方精品设计所追求的目标是幻方内在美与直观美的高度统一。所谓内在美是指幻方在数理结构、逻辑关系与动态组合等方面所反映的理性美。所谓直观美是指幻方在数字排列、布局与造型变化等方面所表现的形式美，如行列的对称性、有序与整齐划一，或者奇偶数、互文数、回文数等的巧妙安排，或者用特定数字勾画的图像、文字、符号等。幻方的理性美是幻方的灵魂，而美的表现形式即为幻方品相。"品"者，乃指品质、品位，内在的高技术含量；"相"者，乃指形象、神韵，富于力度的艺术含量。一幅品相上乘的幻方：内涵丰富，意境深邃；数理结构简约、新颖、独特、精巧或者怪异、诡秘；数字造型自然、和谐、流动、通透，乃鬼斧神工之作。

六、幻方首创性

在幻方的技术评价中，首创性、独创性或突破性作品总是第一位的。一幅首创幻方包含着如下多方面的重要价值。

①构图方法、技巧的创新。

②幻方设计理念、思路与创意别开生面。

③打开了幻方迷宫一扇从未触及过的大门。

④丰富、深化与发展了幻方组合理论。

幻方迷宫的开创性、首创性、独创性、突破性研究与发展，历经了人们锲而不舍的追求。这些具有里程碑意义的杰出成果，凝聚、折射着数学家们、广大幻方爱好者们智慧的光彩。一幅首创性幻方的问世，不是一蹴而就的，一般要在积累几年、几十年，甚至几百年许多前人不断探索所取得的点点滴滴知识与经验的基础上，才能最终破土而出。继而，吸引更多的后来人以这些"幻方里程碑"为起点，不停步地再创造再追求，从而得以深化、丰富、发展与超越。

综上所述，关于幻方组合技术评价指标体系：幻和容量、组合均匀度、结构复杂性、幻方稀缺度、品相及幻方首创性等。前 4 个指标之间相互联系、各有侧重，专于技术含量考评。而幻方品相与首创性是一个特殊"贡献"指标，在幻方研究领域具有创新、超越的重要意义。

幻方是建立"素数新秩序"最适当的组合形式

素数是间距无序、数性桀骜不驯的一支特种数系。20 世纪初先驱者们开创了素数入幻的尝试，这是比传统幻方更具挑战性与趣味性的智力游戏。因而，之后有更多人对素数幻方创作产生了浓厚兴趣，如我国张道鑫等众多幻方爱好者，在素数幻方领域中取得了卓著成果，让世人领略了素数入幻的无穷奥秘。随着研究地不断深入，一个崭新的素数命题进入了我的视野，即幻方是建立素数数系"新秩序"的重要组合形式，这个构想把素数入幻从智力游戏提升到了理论探索之高度，其研究重心与思路将发生重要转移。

素数入幻按其 k^2 个素数构成的配置方式可分为如下 3 类基本情况。

①素数等差数列入幻。这类素数幻方采用含 k^2 项的素数等差数列编制（入幻长度要求 $k \geqslant 3$），迄今数学家们已发现了 22 列符合入幻长度要求的素数等差数列，阶次最大的为 4 阶素数等差数列幻方，其构图方法等与传统幻方相同。

②"自选"素数入幻。这类素数幻方的入幻素数配置方案设计灵活，款式新奇，精品迭出，构图变化莫测。在"自选"素数幻方探索过程中，爱好者们不断创新课题设计，以增加构图难度与素数入幻趣味性。例如，有著名的孪生素数幻方对、素数幻方串、"掐头去尾"素数幻方、最优化素数幻方、素数平方幻方与素数幻立方等。我主要开辟了哥德巴赫素数幻方对、回文素数幻方等新项目。"自选"素数入幻已成为幻方高手们各显神通、自由创作的广阔园地，硕果累累。

③连续素数入幻。在素数表上以某一个素数为起点连续截取 k^2 个奇素数，而制作"节选"的连续素数幻方。我国蔡宣文先生搜索了 100 阶以内的大量"节选"连续素数幻方（如以"523～105913"构造了 100 阶连续素数幻方，幻和"5064634"），令人佩服。目前，中外幻方爱好者们制作的"节选"连续素数幻方已有 3 阶至

100 阶的构图记录，初步显示了连续素数入幻具有普遍性。

以上 3 种素数入幻方式，为"素数数系的幻方新秩序"这个构想的立论，提供了广泛的例证支持。由此可以这样确认：任何一个奇素数都存在一次以上的机会被组织到幻方的等和关系中来。诚然，唯一的偶素数"2"不能直接入幻，但建立"孪生素数幻方对"却非"2"莫属，这从另一种角度说明"2"以其独特方式入了幻。

据研究，k^2 个素数的入幻条件：当 k 大于 4 阶时，其 k^2 个素数之和必须能被 k 整除，且所得之"商"（即幻和）与"k"的奇偶性必须相一致。即便 k^2 个素数的间距是无序的、不规则的"乱数"关系，凡符合这一入幻条件的 k^2 个素数配置方案（包括 k^2 个连续素数），都可以构造 k 阶素数幻方。设计也许并不难，但"施工"谈何容易。除了素数等差数列入幻外，"自选"素数、连续素数入幻相当难，一般采用"乱数"综合平衡求和法。

然而，3 阶或 4 阶素数幻方，对入选素数及其入幻模式另有一个独特要求：入选素数必须具备间距有序的分段式等差结构，因此这两个阶次的入幻资源相对比较稀缺，尤其连续素数入幻屈指可数。加利福尼亚大学哈里·尼尔逊（Harry Nelson）于 1988 年在 10 亿以上素数域中发现了 22 个 3 阶"节选"连续素数幻方（其中幻和最小的一个是从素数"1480028129"开始的，幻和"5440084513"）。3 阶素数幻方的入幻方法与洛书相同。西藏的潘凤雏于 2002 年创作了 102 个幻和不同的 4 阶"节选"连续素数幻方（其中幻和最小的一个是从素数"31"开始的，幻和"258"；幻和最大的一个是从素数"4190355083"开始的，幻和"16761420690"）等。这两位学者对 3 阶或 4 阶的"节选"连续素数幻方，在一定数域内做了系统搜索工作。同时，张道鑫发现了 6 类 10 个不同的 4 阶"自选"素数幻方入幻模式，此法也适用于 4 阶连续素数幻方构图，他为以幻方形式建立"素数新秩序"做出了重要贡献。

先驱者们的素数幻方都有"1"加入或从"1"开始的，如 1913 年 J. N. Muncey 以"普选"方式即采用"1 ~ 827"的 144 个素数构造了一个 12 阶连续素数幻方。之后，数学家们从"素数"定义出发，有理由否定了"1"的素数属性，因此如今排除了"1"加入素数幻方的要求。但这些从"1"开始的早期"素数幻方"，仍然是素数入幻研究的开山之作。

至今，从最小奇素数"3"开始构造的连续素数幻方尚为"空白"。比较接近的如有日本苏祖肯以"7 ~ 167"构成的 6 阶连续素数幻方，幻和"484"；又以"7 ~ 239"构成的 7 阶连续素数幻方，幻和"797"。更接近的有蔡文宜以"5 ~ 7013"构造的 30 阶（幻和"98316"）、以"5 ~ 8747"构造的 33 阶（幻和"134641"）、以"5 ~ 17627"构造的 44 阶（幻和"372165"）、"5 ~ 93487"构造的 95 阶（幻和"4207781"）等连续素数幻方，离最小奇素数"3"只差一步之遥。这类"节选"连续素数幻方大量问世，为素数特种数系建立"幻方秩序"提供了重要佐证。

在此我重申如下一个基本观点：为了实证以幻方形式建立"素数新秩序"构想，必须从最小奇素数"3"开始，不重、不漏以"普选"方式提取符合入幻条件的前 k^2 个连续素数配置方案，并以此构造 k 阶"普选"连续素数幻方。这是一个富于挑战性的基础作业，然后我对 1 ～ 100 万以内的素数表进行了普选检索，枚举结果公布如下。

①当 $k = 12$ 时，"3 ～ 829"内有 144 个连续素数，其总和"54996"，除 12 得商"4583"，这就是说偶数 12 阶的幻和是个"4583"奇数，其奇偶性不一致，所以该方案不符合入幻条件，不可能构成 12 阶连续素数幻方图形。

②当 $k = 35$ 时，"3 ～ 9941"内有 1225 个连续素数，其总和"5706505"，除 35 得商"163043"，奇偶性与其阶次一致，因而可构造 35 阶连续素数幻方，其幻和"163043"。

③当 $k = 215$ 时，"3 ～ 562129"内有 46225 个连续素数，其总和可被"215"整除，且所得之"商"的奇偶性与阶次一致，因而可构造 215 阶连续素数幻方，幻和"57689237"。

④当 $k = 225$ 时，"3 ～ 620227"内有 50625 个连续素数，其总和可被"225"整除，且所得之"商"即幻和的奇偶性与阶次一致，也符合入幻条件，可构造 225 阶连续素数幻方，幻和"66684561"。

在 1 ～ 100 万以内共有 78497 个素数（不包括偶素数"2"），可检出以上 3 个符合入幻条件的连续素数配置方案。这 35 阶、215 阶、225 阶 3 个"普选"连续素数幻方，初步显示了素数存在"幻方秩序"的构想。而下一个可能入幻的阶次：$k > 280$，拟存在于 100 万自然数域之外的素数表内。"普选"连续素数入幻的阶次发生，如同素数的数性一样桀骜不驯，无章可循，无法可依，只能靠"普选"枚举或计算机检索。在无穷无尽的素数数系中，按总和"整除性"及其幻和"奇偶一致性"入幻条件，采用地毯式普查，一定能捕捉到 k 的取值（阶次）越来越大的无限多个可能的入幻方案。

另外，素数幻立方是素数幻方的高级发展形式，虽然目前所见都是以"自选"方式入幻，但因其用数更大，所以尝试从最小奇素数开始，"普选"连续素数构造幻立方，乃是对"素数数系幻方新秩序"立论的更大支持。目前，非常遗憾，在 100 万自然数域内没有查到构造幻立方的"普选"连续素数入幻方案，令人望而生畏。但"愚公移山"精神，已经是注入了中国人血液中的基因，大家挖掘不止吧。

总之，素数数系存在"幻方新秩序"这一构想具有合理性，有一定的学术探讨价值。目前，我国幻方爱好者的素数入幻研究已达到了世界领先水平，所给出的例证为本命题立论提供了有相当说服力的依据，但尚需更为深入的实证与更严密的数学论证。

参考文献

［1］匹克奥克弗 C A. 果戈尔博士数字奇遇记. 谈祥柏，译. 上海：上海科学技术出版社，2006.

［2］帕帕斯 T. 数学趣闻集锦. 张远南，译. 上海：上海教育出版社，1998.

［3］亨特 J A H，玛达琪 J S. 数学娱乐问题. 张远南，译. 上海：上海教育出版社，1998.

［4］吴鹤龄. 幻方与素数. 北京：科学出版社，2008.

［5］谈祥柏. 乐在其中的数学. 北京：科学出版社，2006.

［6］易南轩. 数学美拾趣. 北京：科学出版社，2008.

［7］王新义. 数学益智思维游戏. 北京：中国时代经济出版社，2008.

［8］马丁·加德纳. 数学加德纳. 谈祥柏，唐方，译. 上海：上海教育出版社，1992.

［9］伊库纳契夫. 数学的奥妙. 王力，编译. 北京：北京燕山出版社，2007.

［10］伊弗奇 H W. 数学圈. 李泳，刘晶，译. 湖南：湖南科学技术出版社，2007.

［11］西奥妮·帕帕斯. 数学的奇妙. 陈以鸿，译. 上海：上海科技教育出版社，2008.

［12］亨斯贝尔格 R. 数学中的智巧. 李忠，译. 北京：北京大学出版社，1985.

［13］阿尔伯特·H 贝勒. 数论妙趣. 谈祥柏，译. 上海：上海教育出版社，1998.

［14］徐达. 数学探秘. 天津：天津科学技术出版社，1989.

［15］郭凯声. 数学游戏. 北京：科学技术文献出版社，1999.

［16］张顺燕. 数学的美与理. 北京：北京大学出版社，2004.

［17］郭凯声，王元凯. 数学迷宫. 北京：科学技术文献出版社，2005.

［18］金丕龄. 幻方的智慧. 上海：上海交通大学出版社，2010.

［19］邹瑾，杨国安. 开心数学. 哈尔滨：哈尔滨工业大学出版社，2003.

［20］劳斯·鲍尔，考克斯. 数学游戏与欣赏. 杨应辰，译. 上海：上海教育出版社，2001.

［21］邹庭荣. 数学文化欣赏. 武汉：武汉大学出版社，2007.

［22］张远南. 未知中的已知. 上海：上海科学普及出版社，1988.

［23］姜东平，李继彬. 数学趣题与妙解. 北京：科学出版社，2006.

［24］福尔克·泊尔斯. 数学狂想曲. 马怀琪，译. 北京：现代出版社，2006.

［25］西奥尼·帕帕斯. 数学还是这么有趣. 李中，译. 北京：电子工业出版社，2008.

［26］梁之舜. 数学古今纵横谈. 广州：科学普及出版社广州分社，1982.

［27］让－弗朗索瓦·费黎宗.神奇方阵.赵清源，译.北京：中国市场出版社，2008.

［28］克利福德·A 皮科夫.数学之恋.马东玺，译.湖南：湖南科学技术出版社，2010.

［29］Lan Stewart.数学万花筒.张云，译.北京：人民邮电出版社，2010.

［30］亨利·E 杜德尼.1/1000000 的人才会做的数学游戏.考永贵，聂永革，译.北京：电子工业出版社，2010.

［31］黎娜.百年哈佛给学生做的 600 个思维游戏.北京：华文出版社，2009.

［32］侯瑞光.数学大师的经典谜题.哈尔滨：哈尔滨出版社，2009.

［33］伊凡斯·彼得胜.数学与艺术.袁震东，林磊，译.上海：上海教育出版社，2007.

［34］王鳃.数海撷珍.杭州：杭州出版社，2006.

［35］倪进，朱明书.数学与智力游戏.大连：大连理工大学出版社，2008.

［36］吴振奎.品数学.北京：清华大学出版社，2010.

［37］道鑫.素数幻方.香港：香港天马图书公司出版（内部），2003.

［38］杨高石.幻环探秘.北京：国际文化出版公司，2005.5.

［39］沈文基.最小偶数阶幻方的解.周易研究，1992（3）：59-68.

［40］沈文基.后天学关于性别决定的理论模式.宁波大学学报（人文科学版），2001，14（3）：43-46.

［41］沈文基.先天学关于太阳系定位原理.宁波大学学报（理工版），2003，16（1）：61-66.

［42］沈文基.杨辉口诀新用法.宁夏大学学报（自然科学版），2004，25（1）：17-19.

［43］陈礼.素数逐次排除论.北京：中国农业出版社，2009.

［44］司钊，司琳.哥德巴赫猜想与孪生素数猜想.西安：西北工业大学出版社，2002.

［45］杨茂祥，王维珍，郇晓斌.孪生素数根系理论与孪生素数猜想.西安：西北工业大学出版社，2002.

［46］黄寿琪，张善文.周易译注.上海：上海古籍出版社，2004.

［47］韩永贤.周易探源.北京：中国华侨出版公司，1990.

［48］刘大钧.大易集义.上海：上海古籍出版社，2002.

［49］胡渭.易图明辨.上海：上海古籍出版社，1990.

［50］彭晓.周易参同契.上海：上海古籍出版社，1990.

［51］江国梁.周易原理与古代科技.厦门：鹭江出版社，1990.

［52］李俨.中国算学史.上海：上海书店，1984.

［53］孙宏安.中国古代数学思想.大连：大连理工大学出版社，2008.

后　记

　　幻方好玩，玩法不难，玩好不易。变化莫测是幻方迷人的魔力。出于好奇，我成了一个幻方爱好者。铁杵磨针，日积月累，不知不觉走到了幻方研究前沿。

　　今《幻方丛林（全3册）》正式出版，得到了中国幻方研究者协会和张雅光先生大力协助，得到了李绍嵩、赵义远、王文金、李潮清、张建平、叶国华等同学的热心资助，终于圆了我10多年来的一个梦。在此谨向大家表示诚挚谢忱！

沈文基

2018 年 8 月 8 日